WOODCUTS OF CHINA

雕版上的中国

——图像、文字与传说

韩雪 / 编著

人民出版社

目　录

弁 言

中国是世界上最早产生雕版图像印刷技术的国家，雕版图像已在我国存有上千年的历史，比世界上任何一个国家的版刻图像历史都要久远。尤其是木刻版画与社会发展、信息传播息息相关，是文明传播、文化承继、宗教信仰、经济发展、社会进步和人们日常生活的重要推动力量之一。

雕版铭刻了古代中国最为丰富的文明印迹，留存着中华文化的基因，蕴含着历史文化、民俗信仰，甚至地理风貌、史料史实等重要信息，是中华民族物质文明与精神文明重要的组成部分。

凝视这些雕版上的历史图像，一幅幅、一幕幕的中国脸谱扑面而来，活灵活现地映入我们的眼帘，展示出中华民族的视觉文明长卷。

目前学界对于中国版刻图像确凿的起源时间还没有得出统一的结论，但大都认为是从唐代发现的多件以宗教题材版刻作品为开始，如唐咸通九年（868）的木刻版画《金刚般若波罗蜜经》中的“说法图”，被认为是现今发现有确切年代记载的最早雕版图像刷印作品。该图刻工之成熟，印工之精美，已不是雕版图像刷印初创期的作品，应该是经历了一个相当长时期的发生和发展过程。所以，我们几乎可以肯定地说，雕版图像印刷技术的肇始时间应该比唐朝更早些。

雕版图像印刷技术的诞生必须具备两个条件：刻和印。开始，这项技术的使用被用于普及宗教，而后服务于社会经济活动和普及文化知识，雕版图像印刷技术开始进入社会生产与日常生活的各个领域。1972 年，湖南长沙马王堆一号汉墓（前165年左右）出土了两件采用印染技术凸纹板印制的印花纱。印染是在木板上刻出花纹图案，再用染料印在布面上的技术。专家考证这种技术的出现可能早于秦汉，可上溯至战国时期，可以说是较早的雕版图像复制技术。其后兴起的拓印则可视为印染技术的发展分支。

根据考古材料判断，雕刻的历史可以推演到八千多年以前，原始人类在山崖的坚硬石壁上刻制图像——岩画。目前中国已有十二个省（自治区）的四十多个县发现了岩画，如距今约八千年前镌刻在江苏省连云港市西南郊锦屏山马耳峰西崖上的将军崖岩画，有一组“幻面人像”的雕刻特别引人注目。将军崖岩画是以敲凿、磨刻于平整的黑亮岩石上，勾画出抽象的人像或者象形符号。在河姆渡文化遗址（前5000—前3300）中，出土过一件刻有两只双头鸟的骨匕，它的雕刻工艺已经非常精细，鸟身和两边装饰的线条刻制得非常流畅。

到了商周时期，精美的玉石雕刻和青铜器花纹的模具雕刻，令人叹为观止。商周时的玉器纹饰主要是云纹、弦纹、龙凤纹等，云纹为最多，也是最基本的纹饰。商代的纹饰，是一种双阴线刻，并且在两条阴线之间巧妙地形成了一条阳线。而周代的纹饰为一面是阴线，一面是斜坡线，两者之间形成的阳线有倾斜感，产生一种光与影的变化。上海博物馆收藏有一件商周时期的玉虎，采用的就是双阴线，在两条阴线之间形成了一条阳线，玉虎的造型非常生动鲜活。

生活在社会下层的先人们没有办法像上层社会那样得到质料上好的雕刻材料，他们只能在木质材料上雕刻动物形象以及想象中的形象，以此来进行祭祀和日常民俗活动。雕版木刻图像这种“平民”技术可以得到大量的“同一”作品，满足众多的实际需求。也正是因为价廉的木刻版画在民间的大量使用和广泛的传播，它刻录了中国社会生活的方方面面，成为中国历史中十分珍贵的视觉档案。

汉朝时在太学门前竖立了《诗经》《尚书》《周易》《礼记》《春秋》《公羊传》《论语》等七部儒家经典的石碑，供需要的人们抄写。由于抄写太费事并且容易有错漏，在东汉蔡伦发明造纸术后的魏晋南北朝时，就有人用纸将经文拓印下来，这样的方法比手抄简便、可靠。印染和拓印的产品都可称为印刷品，也可以说是较早的雕版图像复制技术，它们朝着各自的方向不断推进拓展，共同构成了雕版图像印刷技术发展的总体历程。至宋代，雕版图像印刷技术已经十分成熟，雕版图像印刷技术的程式已经内化为中华民族文化的重要基因。

中国古代这种被称之为“雕版”或者“刻图”的刷印形式，它利用刻刀在模板（木头或石头）雕出负（反）像的线条，经涂色刷印出来，这样可以得到多幅画面几乎一致的图像。20 世纪初，对这种源自中国的“雕版”“刻图”的印刷形式却使用了从日本传入的称谓：版画。实际上，这是一种沿用至今的雕版（刻图）印刷（复制）技术，世界上先进的印刷技术也大都运用这个原理。

到了近代，雕版图像异常盛行，使用雕版印刷技术的时事画刊、艺文画刊如雨后春笋般出现。据不完全统计，从 1872 年至 1949 年的七十多年间，可以查到的有名见刊的就有五百多种，只见名未见刊的有三百多种，总计八百多种。笔者多年来有机会接触到不少近代印制的画刊，其中多数为雕版印制。一些记录性雕版图像就如同它的生产过程一样，拓印着中国近代社会的历史事实，痕迹性地保存了近代中国社会形形色色的碎片，大致勾勒出近代中国人的文化脸谱。在那个没有摄影、电影与电视、手机随拍的年代，记录性质的版刻图像就如同今日的视频直播，将繁复无常、剧烈变化和动荡不安的社会各个方面、各色人等、各个角落，甚至奇闻怪事都一一纳入视野，进行版刻刷印和形象呈现，可谓无孔不入，无所不及。其涉猎的范围之广，涉及的主题之深令人惊叹。

本书尝试采用新社会史学的视点，结合黄现璠、饶宗颐、叶舒宪等诸位先生发展和完善的“四重证据法”（文本叙事、口传与身体叙事、图像叙事、物的叙事），对雕版图像、文字记载与民间传说进行综合考辨、交互印证。这些研究对象大多来自民间的雕版图像，虽说用料质劣易损、刷印工艺简单粗糙、图像美感欠佳，但它们也许更能反映彼时的社会状况，令今人得以窥其模样，遥感历史“原貌”。

中华民族从古至今葆有的雕版图像，经过广泛持久地传播，已经内化为中华文化的基因，渗透在中华民族子孙的脑海里。这些图像已成为中华文明最有效的记忆载体，同时又被记忆为历史。雕版图像既是中国历史文明演进的物证，又是中华文化生生不息传播的结果，更是一种高度发达社会的文明形态。通过对在中国历史发展过程起到重要作用的雕版图像的认知，可以穿透性地理解中国社会历史发展的社会特征。与其他研究手段和方法相比，雕版图像不仅可以活化历史场景，重构“历史原境”，更重要的是丰富历史内涵，重现“生活场域”，让人们“看”到昨日中国的模样。

雕版上的中国，蕴含着中华民族历史发展的文明密码，让我们一起解读吧。

第一章

农耕中国

中国是世界上农耕文明出现最早的国家之一，在长达上万年的历史中形成的农耕生活，深刻地影响着中国的社会、文化、风俗等各个方面，成为中华文明的精神底色，成为中华民族的文化基因。习近平总书记就曾强调指出“耕读文明是我们的软实力”①；“农村是我国传统文明的发源地。”②

在没有纪实性的摄影、电影、电视等影像技术手段记录的中国古代，版画刷印复制的图像就如同历史“纪录片”，留下了许多关于那个时代的历史图景，成为今天我们使用这种视觉性的媒材研究历史的文献资料。中国古代发明的版画刷印复制技术，不但“记录”了中国的历史，同时，使得中国社会的知识、观念，乃至文化、思想都得到了更为广泛的传播和普及。版画图像在中国的社会历史变迁中是影响至为深远的一种文化传播技术，或者说是一种物质文明形态。

第一节　农耕文明的始祖

传说，在农耕生活以前，人们吃的是爬虫走兽、果菜螺蚌，后来随着人口的逐渐增加，食物明显不足，迫切需要开辟新的食物来源。神农氏（炎帝）尝遍百草，历尽艰辛，多次中毒，终找到解毒方法，选择出可供人们食用的谷物。接着又观察天时地利，创制耒耜，教导人们种植谷物，于是人们进入了农耕社会。

一、始祖神农

炎帝是中国远古传说中的“三皇”之一。他和黄帝一样，是中华民族的人文始祖。炎帝本为姜水流域姜姓部落首领，世号“神农”，后世尊他为农业之神。神农氏除了发明农耕技术外，还发明了医术，制定了历法，开创九井相连

① 习近平：《论“三农”工作》，中央文献出版社 2022 年版，第 64 页。
② 习近平：《论“三农”工作》，中央文献出版社 2022 年版，第 100 页。

的水利灌溉技术等。

据一些史籍方志的描述：神农氏，身长八尺七寸，声音洪亮，额角很宽，眉棱圆而凸出，胡须很多，鼻子很大，嘴唇很厚。在《历代古人像赞》中，神农氏额头宽大，头上有两个突出的“神角”，眉棱凸起，圆睛，鼻子很大，嘴唇很厚，四周长着长须（如图 1-1 所示）。

图 1-1　明·弘治十一年（1498）刊本
《历代古人像赞》中的“神农”像

在明嘉靖九年（1530）山东布政司刊本《农书》中的“神农氏”像（如图 1-2 所示），与《历代古人像赞》中的“神农”像也十分相似，呈现的是一种原始人类的形象。

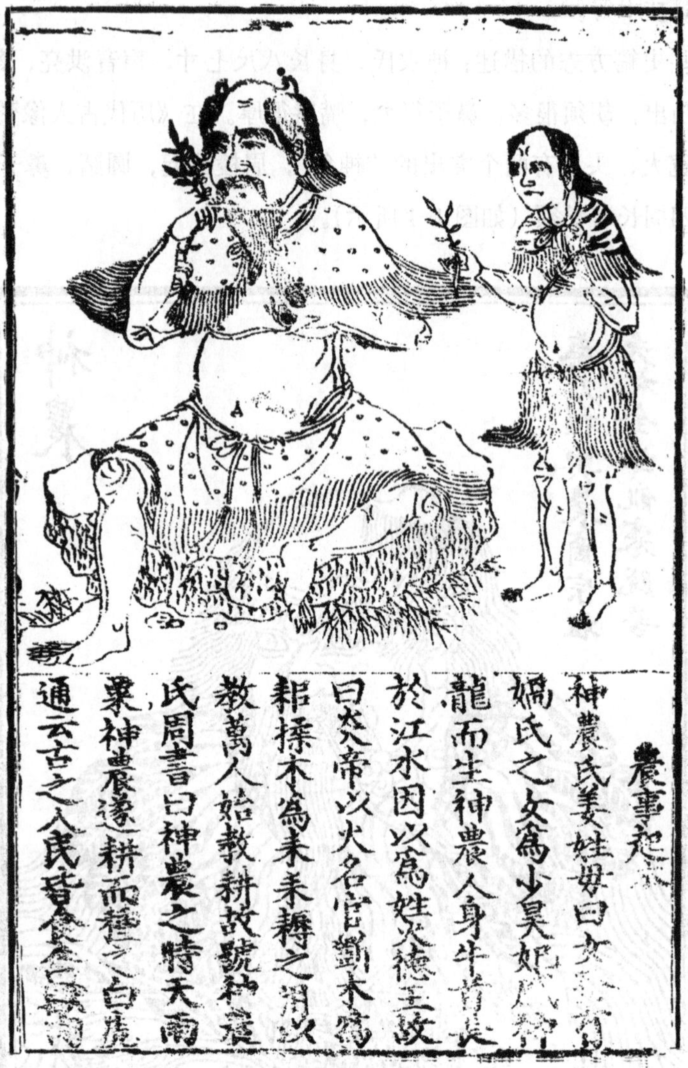

图 1-2　明·嘉靖九年（1530）山东布政司刊本《农书》中的“神农氏”像

而在民间流传的神农氏像却是另一番形象，清朱仙镇的一幅民间木刻版画《神农氏》，坐着的神农氏，手拿禾草，脚下放置一些农具斧斤耒耜，是用来教民从事农耕的工具。千百年来，人们称他为“田家祖师”。这幅版画上的神农氏的形象比《历代古人像赞》中的神农氏的形象更加生活化，似一位长者（如图 1-3 所示）。

图 1-3　清 · 河南朱仙镇民间木刻版画《神农氏》

二、后稷

后稷，姓姬，名弃，是黄帝的玄孙，帝喾嫡长子（如图 1-4 所示）。后稷的母亲叫姜嫄，是有邰氏之女，帝喾的元妃。

传说，四千多年前，炎帝后裔有邰氏的女儿姜嫄，因心里不舒服，经常外出散步。一天，她见到一个巨大的足迹，这个足迹远比常人的足迹要大，正当她惊讶的时候，顿觉一股暖流涌向她的气海、涌泉穴，冲击全身的穴位，竟有一种说不出的舒坦和畅快，并莫名地产生一种踩踏这个大足迹的强烈欲望。当她将脚踩在巨人足迹的大拇指上，顷刻感到腹中有东西在微微颤动，好似胎动一般。她又惊又怕，但毫无办法，十月后产下一子，姜嫄以为儿子是妖怪，就

图 1-4 清·道光十年（1830）刻本《古圣贤像传略》中的“后稷”像

把他抛入隘巷，可是，发生了一连串的怪现象。起先是隘巷中过往的牛马都会避开婴儿，绝不踩到他身上。后来，姜嫄把他丢到山林中去，后被山上伐木的人捡到，归还给姜嫄。她又让人将婴儿抛到结冰的河上，忽然飞来一只大鸟，用自己丰满的羽翼把婴儿盖住，以防婴儿冻僵。姜嫄得知后，以为这是神的指示，便将婴儿抱回来精心抚养。因最初本想把他抛弃，所以给他起了个叫“弃”的名字。此段传说载于《古今列女传评林·弃母姜嫄》：“弃母姜嫄者，邰侯之女也。当尧之时，行见巨人迹，好而履之。归而有娠，溢以浸大，心怪恶之，卜筮禋祀以求无子，终生子以为不祥，而弃之隘巷，牛马避而不践，乃送之平林之中，后伐平林者，咸荐之覆之，乃取置寒冰之上，飞鸟伛翼之，姜嫄以为异。乃收以归。因命曰‘弃’。”① 在明万历年间（1573—1619），金陵富春堂刊刻的《古今列女传评林》中有一幅“弃母姜嫄”图，图上姜嫄在郊外散步时，发现巨大的足迹，她有一种强烈的欲望，要用脚去踩这个巨大的足迹（如图 1-5 所示）。

弃从小喜欢农艺，在母亲姜嫄的教育下，很快掌握了种树、种桑麻的知识。他看到人们靠打猎维持生活，不仅食物太单调，有时候打不到猎物，常常是饥一顿，饱一顿。他心里很难受，就决心要想办法寻找更多可以吃的食物，

① 《古今列女传评林·弃母姜嫄》，《中国古代版画丛刊二编》（第四辑），上海古籍出版社 1994 年版，第 34 页。

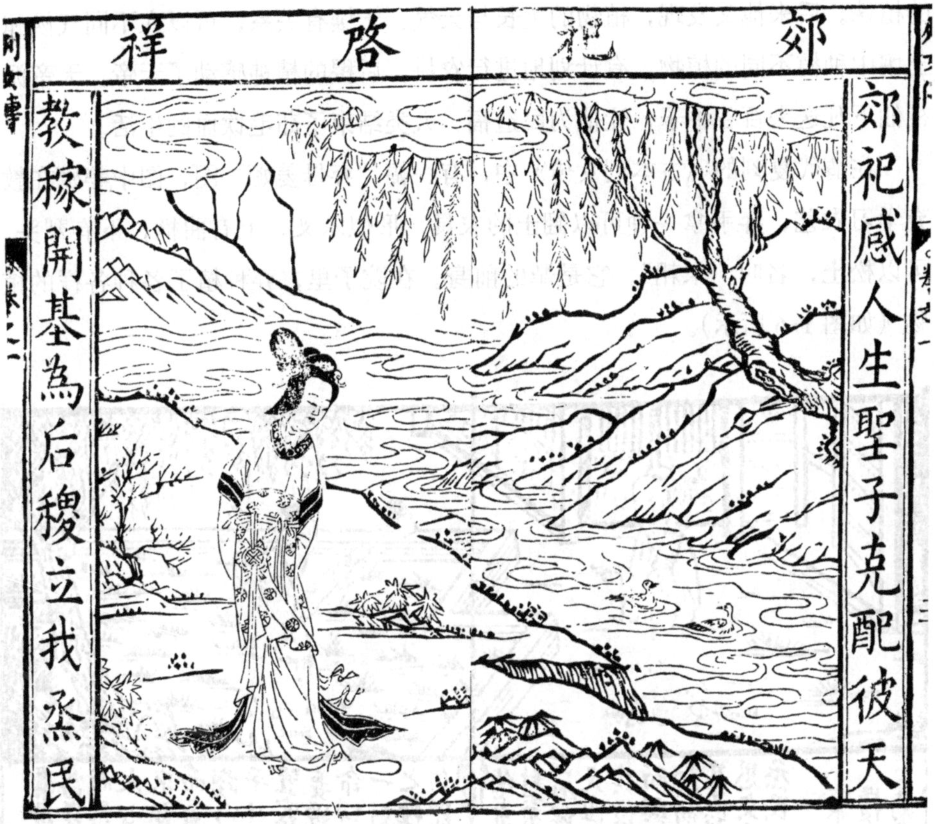

图 1-5　明·万历年间（1573—1619）金陵富春堂刊本
《古今列女传评林》中的“弃母姜嫄”图

来保证人能生存下去。他看着满山遍野的树木和花草，突然心想，人们为什么要渔猎吃肉呢？这些树木的果实、茎叶是不是能吃呢？于是，他便决定亲口尝一尝各种野生植物的滋味，以确定哪些能吃、哪些好吃，哪些不能吃或不好吃。尝遍百草，为人找寻食物，被尊为“农业始祖后稷”。在民间流传着一首歌谣：“神农后稷尝百草，不怕蛇咬狼挡道，死而复生不动摇，只为民众能吃饱……”

可是，后稷并不满足于这些发现，人们为了找到好吃的食物，要走很远的路，累得满头大汗。能不能在家门口自己种植这些食物呢？他发现，飞鸟吃下的果核掉在地里，人们吃完的瓜子、果核扔在地上，到第二年会发芽，长出新的植株。后来他又发现，植物的生长与天气、土壤有关系，可以在不同气候和土壤中种植不同的植物，有计划地进行农耕。后稷的精神感动了天帝，天帝派神仙下凡送来百谷种子，让他为民造福，人类结束了茹毛饮血的生活。

在清代复刻的《古本列女传》中，有一幅“弃母姜嫄”图，图中姜嫄在教弃学习农艺，弃手拿一种可以翻土的农具，形似木叉，上有曲柄，下有犁头，可以松土，名叫“耒耜”。它是犁的前身。在院子里，弃种植了各种各样的植物（如图 1–6 所示）。

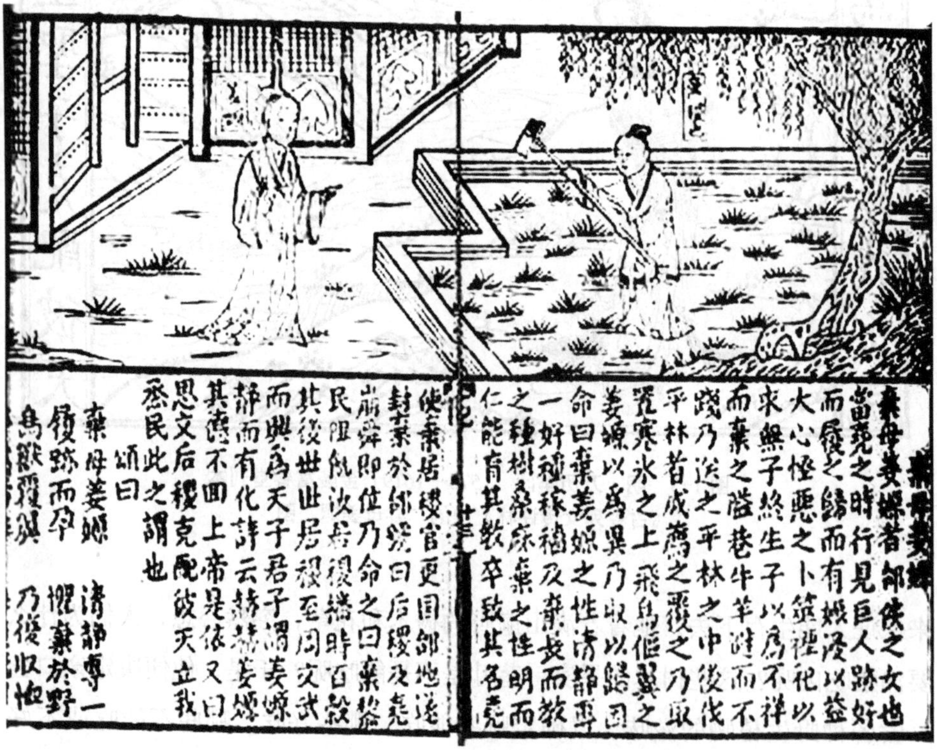

图 1–6　清·复刻本《古本列女传》中的“弃母姜嫄”图

后来，后稷教周围的乡民种庄稼，向乡民示范农耕的方法。他手把手地教乡民农耕、开渠修堰、排水、灌溉技能，使田野长出一片绿油油的庄稼。后稷教乡民种的庄稼穗儿大、颗粒饱、产量高。后稷是远古时期的一位农艺大师。舜帝为了表彰他的功绩，把有邰地赐予他。在《史记·周本纪》和《诗经·大雅·生民》中都有颂扬他功绩的记载。《史记·周本纪》载："周后稷名弃。其母有郃氏女，曰姜嫄。"①《诗经·生民》把后稷发展农业的成就详细记述下来："诞后稷之穑，有相之道。茀厥丰草，种之黄茂。实方实苞，实种实褎。实发实秀，实坚实好。实颖实栗，即有邰家室。"②

三、嫘祖

中国是丝绸的故乡，早在几千年前，中国已经有人养蚕。传说，嫘祖是中国养蚕的发明人。嫘祖，一作累祖，为西陵氏之女，黄帝的元妃。在《史记·五帝本纪》中，载有："黄帝居轩辕之丘，而娶于西陵之女，是为嫘祖。嫘祖为黄帝正妃，生二子，其后皆有天下。其一曰'玄嚣'，是为青阳，青阳降居江水。其二曰'昌意'，降居若水。"③ 在《通鉴纲目前编·外纪》中，载有："西陵氏之女嫘祖为帝元妃，始教民育蚕，治丝茧以供衣服，而天下无皴瘃之患，后世祀为先蚕。"④ 唐代大诗人李白的老师赵蕤在《嫘祖圣地》碑文中称：嫘祖"生前首创种桑养蚕之法，抽丝编绢之术，谏诤黄帝，旨定农桑，法制衣裳，兴嫁娶，尚礼仪，架宫室，奠国基，统一中原，弼政之功，殁世不忘。是以尊为先蚕"⑤。

有关嫘祖发明养蚕缫丝的传说有很多，有一则传说：几千年前，黄帝与蚩尤发生有名的涿鹿之战，结果黄帝战胜了蚩尤，黄帝被推选为部落联盟的首领。

黄帝带领大家发展生产，有种五谷、驯养动物的；有冶炼铜铁、制造生产工具的……他将做衣冠的事，交给了他的正妃嫘祖。嫘祖和手下的人上山剥树

---

① 《史记·周本纪》，《二十五史》(1)，上海古籍出版社、上海书店出版社 1988 年版，第 16 页。
② 《诗经·大雅·生民》，《黄侃手批白文十三经·毛诗》，上海古籍出版社 1983 年版，第 114 页。
③ 《史记·五帝本纪》，《二十五史》(1)，上海古籍出版社、上海书店出版社 1988 年版，第 7 页。
④ 宋荣：《御批资治通鉴纲目前编》卷一，康熙四十七年（1708）本。
⑤ 转引自《盐亭发现李白老师赵蕤无字碑》，《绵阳晚报》2014 年 3 月 23 日。

皮，织麻网，把猎获的各种野兽的皮毛剥下来，进行加工。不长时间，各部落的大小首领都穿上了衣鞋，戴上了帽子。

有一天，嫘祖不想吃东西，人们想了许多办法，嫘祖总是摇头，不想吃。

几个妇女商量，上山采些野果回来给嫘祖吃。她们跑遍了山野，摘了许多果子，可是用口一尝，不是涩的，便是酸的。直到天快黑，在一片桑树林里找到一种从来未见过的“白果子”，她们采了一筐，天色已晚来不及尝了，就匆忙下山。回来后，她们尝了尝“白果子”，不仅没有味道，而且用牙也咬不开。嫘祖是一个非常聪明的女人，知道后，将这些“白果子”放在水里用火煮，煮了一段时间，嫘祖将“白果子”捞出来尝一下，还是咬不动。她拿了一根棍子，放在锅里不断地搅动这些“白果子”，想将它们煮透，可以咬得动，出乎意料的是，在棍上缠着许多细细的白丝，而且越搅棍上的白丝越多。锅中的“白果

图 1–7　清·乾隆三十九年（1774）刊本
《农书》中的“嫘祖”图

子”也不见了。嫘祖将白丝抽出来一拉，白丝还很结实，不会被拉断，她就想是否可以像麻丝一样来织布。一试，织出来的绸布不仅柔软，而且十分光亮，做成衣服穿在身上漂亮极了。嫘祖将这件事告诉了黄帝，并要求黄帝下令保护这片桑树林，黄帝同意了。桑树上面的“白果子”原来是一种叫“蚕”的小虫结的茧。

从此，在嫘祖的倡导下，开始了栽桑养蚕。在元代王祯《农书》中，有一幅嫘祖教妇女养蚕的图像，嫘祖在察看妇女养蚕，身后跟着的几个妇女，手中拿着放蚕的扁筐，一个妇女正在下蚕（如图 1–7 所示）。

嫘祖开创了育桑养蚕，抽丝织巾，肇造衣饰文明，被称为“蚕丝鼻祖”。后世人为了纪念嫘祖的这一功绩，就尊称她为“先蚕娘娘”。每年三月初六，嫘祖生日，养蚕人家都会进行祭拜。在元代王祯《农书》中，就有古代人祭祀嫘祖的图像，名为“先蚕图”，在祭坛中央竖立先蚕灵位，皇后率领群妃亲自拜祭(如图 1–8 所示)。

图 1–8　清・乾隆三十九年（1774）刊本《农书》中的“先蚕图”

在宫中还设有皇后亲自养蚕的地方，称为“茧馆”。茧馆建在皇家桑园中。每年三月，准备好蚕箔、蚕架、圆筐、方筐，后妃们斋戒，亲自朝着东方一面采桑，不许梳妆打扮，做针线活，一心养蚕。蚕茧成熟后，分茧缫丝，织成丝绸。《农书》上的“茧馆图”，描绘的是皇后乘着辇车来到茧馆，按照周礼：皇后亲自采桑，开始采下一条，执筐人接过来放进筐里；采了三条，女尚书跪请说："可以停止了。"执筐人把桑递给蚕母，蚕母拿桑进室（如图 1-9 所示）。

另外，又汇聚皇室和民间流传的各种蚕神，绘成的"蚕神图"，"蚕神图"的上方中央为天驷星。天驷星即"房宿"，黄昏时刻，当房宿出现在东方地平线的时候，也就是春天到来的标志。后代民间养蚕，祭嫘祖为蚕神，房宿天驷星为先蚕。因此，祀先蚕也有祭天驷星的。所谓"有星天驷，象合乎龙；唯蚕辰生，精气相通；孕卵而出，寓食桑中，取育于室，茧丝内充"①。天驷星下，坐着黄帝元妃西陵氏嫘祖。嫘祖的左下位坐着马头娘（女身和头背后有马头）及蚕母；嫘祖的右下位坐着菀窳妇人和寓氏公主，以及大姑、三姑（如图 1-10 所示）。王祯《农书》上的这幅版画将官方和民间流传的蚕神文化融合在一起，这是一种很有趣的文化现象。

图 1-9　清·乾隆三十九年（1774）刊本
《农书》中的"茧馆图"

① 王祯：《农书》卷二十，元皇庆二年（1313）本。

图 1-10　清·乾隆三十九年（1774）刊本
《农书》中的“蚕神图”

图上的马头娘是在民间中广为流传的蚕神之一。蚕神马头娘在民间影响颇大，与之相关的传说也广为流传。这个传说是根据先民们普遍具有的“变形”信仰，由事物形态的相似性引发的联想：蚕在仰起头时，姿态像马，蚕吃桑叶的动作也极似马吃草料，从而把蚕与马联系起来。同时，蚕的形态柔媚丰腴，颇似妇女，所以与女性联系起来。

第二节　日出日入的日子

“日出而作，日入而息”来自先秦时期民间流传的一首《击壤歌》，歌中唱道：“日出而作，日入而息。凿井而饮，耕田而食。帝力于我何有哉。”① 这首

① 沈德潜选编：《古诗源》，中华书局 1963 年版，第 1 页。

歌的意思是：“太阳出来就去耕作田地，太阳落山就回家去休息。凿一眼井就可以有水喝，种出庄稼就不会饿肚皮。这样的日子有何不自在，谁还去羡慕帝王的权力。”这首歌谣描述了当时农耕社会的生产方式和生活状况。“日出而作，日入而息”，描述了远古时人们的生活方式。每天看着太阳作息，或劳作或休息。生活简单，无忧无虑。后两句“凿井而饮，耕田而食”，描述远古时人们的自给自足的劳动生产方式。自己凿井，自己种地，生活自由自在，不受拘束。“帝力于我何有哉。”这样安闲自乐，谁还去向往那帝王的权力？充分反映了远古时代先民的处世态度。

一、日出而作

长期以来，“日出而作，日入而息”的农耕思想一直影响着中国古代人们的生产和生活，并且反映在各种艺术作品中。

1.“渔樵耕读”

“渔樵耕读”是古代的四大贤人。渔是东汉的严子陵，他是汉光武帝刘秀的同学，刘秀很赏识他。刘秀当了皇帝后多次请他做官，都被他拒绝。严子陵一生不仕，隐于浙江桐庐，垂钓终老。樵则是汉武帝时的大臣朱买臣。朱买臣出身贫寒，靠卖柴为生，但酷爱读书。妻子不堪其穷而改嫁他人，他仍自强不息，熟读《春秋》《楚辞》，后由同乡推荐，当了汉武帝的中大夫、文学侍臣。耕指的是舜在历山下教民耕种的场景。读则是讲述苏秦埋头苦读的情景。战国时纵横家苏秦到秦国游说失败，为博取功名就发愤读书，每天读书到深夜，每当要打瞌睡时，他就用铁锥子刺一下大腿来提神。

清代天津杨柳青民间版画《丑末寅初》图，描绘的就是渔、樵、耕、读开始一天的“日出而作”生活方式的情景。

我国古代计时采用“子丑寅卯辰巳午未申酉戌亥”十二字来表示，每一个字表示两小时，如子时为晚上十一点到凌晨一点，丑时为凌晨一点到三点，寅时为凌晨三点到五点。“丑末寅初”就是早晨三四点钟的时候，如果在春夏时节，这时天空开始发亮，正如北京京韵大鼓“单弦”《丑末寅初》里唱的：

丑末寅初日转扶桑……天上星，星共斗，斗和辰，它（是）渺渺茫茫，恍恍忽忽，密密匝匝，直冲霄汉（哪），减去了辉煌。一轮明月朝西坠……架上的金鸡不住的连声唱，千门开，万户放，这才惊动了行路之人急急忙忙打点着行囊，出离了店房，够奔了前边的那一座村庄。渔翁出舱解开缆，拿起了篙，驾起了小船，飘飘摇摇晃里晃当，惊动了（哪）水中的那些鹭鸶对对的鸳鸯，是扑楞楞楞两翅儿忙啊，这才飞过了（那）扬子江。

打柴的樵夫就把（这个）高山上，遥望见山长着青云，云罩着青松……农夫清晨早下地，拉过牛，套上犁，一到南洼去耕地，耕得是春种秋收冬藏闭户，奉上那一份钱粮。念书的学生走出了大门外，我只见他头戴着方巾，身穿着蓝衫，腰系丝绦，足下蹬着福履，怀里抱着书包，一步三摇脚步儿仓惶，他是走进了这座书房。绣房的佳人要早起，我只见她面对着菱花，云飞两鬓，鬓上戴着鲜花，花枝招展（哪），她（是）俏梳妆。

牧牛童儿不住地连声唱。（我）只见他头戴着斗笠，身披着蓑衣，下穿水裤，足下蹬着草鞋，腕挂藤鞭，倒骑着牛背，口横短笛，吹的是自在逍遥。吹出来的（这个）山歌儿是野调无腔，（这不）越过了小溪旁。

古代最有代表性的渔、樵、耕、读四业，一天的“日出而作”的农耕生活就这样开始了。

在这幅《丑末寅初》版画中，描绘在云淡星稀，东方欲曙时，民间渔、樵、耕、读四相世俗人物，开始了一天的农耕生活。图上一个樵夫从山上打柴回来，地上放着一担柴草等待着买柴草的村民。父子两人，腰间挂着竹篓，肩上放着鱼竿，准备去河里钓鱼。一对夫妇，拿着锄头，下田去耕作。远处的牧童骑着牛，吹着短笛，在溪旁放牛。小桥上，还有一书生和书童在赶路，奔向前边的一座村庄。图的背景是风光秀丽的乡村，近处是小桥流水，远处是重峦叠嶂，生动地表现“日出而作”的古代农耕生活（如图 1-11 所示）。

“渔樵耕读”是民间版画的传统题材，也是深受人们喜爱的图像题材。清

图 1–11　清 · 天津杨柳青民间版画《丑末寅初》

代苏州民间木刻版画《渔樵耕读图》为我们描绘了古人农耕生活的又一场景（如图 1–12 所示）。

在一个沿河的小乡村，一户人家正在纺纱织布，河边的一只小船上，停着几只会捕鱼的鹭鸶，渔民把刚捕获的鱼拿到岸上贩卖，远处的桥上，有一名樵夫将从山上砍来的柴火，挑到乡村里来找买家。打谷场上，人们将收获的粮食进行翻晒。农耕生活的平和、宁静，跃然纸上。

2.“皇帝亲耕”

中国古代上自天子，下至士大夫，都非常重视农耕活动。北京有个先农坛，先农就是神农，相传神农开创了中国的农业文化。每年二月初二，春耕时节，皇帝会率百官来此，先祭拜神农，然后皇帝亲自耕田。皇帝左手扶犁，右手挥鞭，前面有人牵牛。明朝的皇帝要来回走三趟，清朝的皇帝也要走三趟。据说，有一次乾隆推完三趟，还想再推几趟，大臣说：“主子，使不得，只能三趟，这是祖上传下来的规矩。”乾隆只好作罢。皇上亲耕完后，登上“望耕台”，看大臣们耕田。皇帝亲耕前，还会在西苑（今中南海）丰泽园前的演耕地里练习一番，以免亲耕时生疏，闹出笑话。宋代的苏东坡曾描述“苍龙挂阙

图 1-12　清·苏州民间木刻版画《渔樵耕读图》

农祥正，父老相呼看藉田”[①]的热闹。天子亲耕的仪式虽然只是一个象征，但对农耕的特殊尊重，已表达得非常清楚。

杭州有一处八卦田，也是皇帝耕田的地方。据记载，八卦田始于南宋，朝廷被金兵赶到了杭州，每年春耕时节，宋高宗赵构率文武百官在此耕种。

据《宛署杂记》记载，明朝的皇帝曾“圣驾躬耕籍田于地坛”。当时得到皇帝某月某日要亲耕的指令后，顺天府管辖下的宛平、大兴两县，于大典前一个月开始筹备各事项。比如首先去寻得数十名德高望重、经验丰富的老农进行礼仪培训，并同时备齐耕牛及相关的农具。另外，再准备一座约一千平方米的耕棚。皇帝耕田的土是不能随便用的，必须用箩精心筛过以后，并运来肥沃的土覆盖其上。为显示隆重和正式，到正式庆典那天，教坊司的“优人”们还得装扮成风、雷、雨、土地诸位神仙，另有儿童装扮成农夫农妇模样，高唱庆祝天下太平的颂歌。其他民众则手执农具排列两侧，静候圣驾光临。皇帝左手执黄龙绒鞭，右手执金龙犁亲自耕田时，前有两名“导驾官”牵牛，两名老农协助扶犁，往返三个来回，圣驾躬耕“三推三返”亲耕礼就算完成了。然后，皇帝就会登上耕棚的“望耕台”，坐观大臣们耕作，由顺天府官员播撒种子，老农随后牵牛覆土，就这样，一年一度的圣驾躬耕算是真正完成。能够荣幸地协助皇帝完成亲耕工作的老农和小孩等，都会得到好处。比如在场的民众每人都会得到皇帝赏赐的两个馒头和二斤肉。在皇帝起驾回宫时，众人拿着农具簇拥其后，走到午门止，老农每人还可得两匹布，其他人等得一匹。顺天府官员记录此次皇帝春耕总共花费白银八十九点五两，这些银两由宛平、大兴两县财政支出[②]。

皇帝亲耕，据史书记载，最早可以追溯到伏羲时期。在商周时期，就有皇帝祭拜先农、行耕耤（音籍）礼的国家典礼，以表示天子“劭农劝稼、祈求年丰”。在《史记》上，记有周武王每年举行“亲耕”仪式。根据《礼记正义·月令》记载：“天子三推，三公五推，卿诸侯九推。”[③]一推就是一个来回。

---

① 见苏轼：《元祐三年春贴子词·皇帝阁》之四，《全宋诗》，北京大学出版社 1998 年版。

② 沈榜：《宛署杂记》卷十四，北京古籍出版社 1980 年版，第 131 页。

③ 《礼记正义·月令》，上海古籍出版社 1990 年影印本，第 286 页。

有一幅《二月二龙抬头》的民间木刻版画，就是描绘皇帝亲耕时的情景。图上有一首打油诗："二月二龙抬头，万岁爷使金牛。九卿四相前头走，八大朝臣在后头。正宫娘娘来送饭，保佑黎民天下收。"图上画着一个头戴王冠、身穿龙袍的皇帝，一手扶着犁把，一手挥舞龙鞭，后面跟着一个撑着华盖(伞)的内侍，前面有一名头戴官帽的小官员牵着牛，四周站着文武官员在观看皇帝亲耕，后面还站着一排手持锄头等耕种工具的官员在做准备。一名内侍推着一辆辇车，车内坐着正宫娘娘，辇车旁有一个挑着饭菜的人来给皇上送饭（如图 1-13 所示）。

农耕活动也是圣贤乐意的生活。上古时的圣贤者舜，就有一则"虞舜耕田"的故事，故事出自《史记·五帝本纪》：舜的父亲叫"瞽瞍"，是一个不明事理的人，对舜很不好。舜的母亲叫"握登"，非常贤良，在舜很小的时候就过世了。父亲娶了个没有妇德的后母，生了个弟弟，叫"象"。父亲偏爱后母和弟弟，三人经常联合起来谋害舜。

图 1-13　清·天津杨柳青民间木刻版画《二月二龙抬头》

但是，舜对父母非常孝顺，即使父亲、后母和弟弟千方百计想要杀害他，他仍孝敬父母，友爱兄弟。他终其一生，为这个目标不懈地努力。

舜的一片孝心，不仅感动邻里，甚至感动了天地万物。他曾在历山下耕种，与山石草木、鸟兽虫鱼相处得非常和谐。大象来到田间帮他耕田，小鸟帮他除草，让人们感到惊讶。

这时尧帝正为传位的事情操心，四方大臣举荐舜，尧帝就把两个女儿——娥皇和女英嫁给他，并派九个男子来辅佐他。希望由两个女儿来观察、考验他对内的行持；由九个男子来考验他对外立身处世的能力。

有一次，瞽瞍让舜上房修补屋顶。舜上去之后，瞽瞍就在下面放火。就在万分危险之时，只见舜两手各持一个斗笠，像大鹏鸟一样从房顶上跳下来，原来这是聪慧的妻子给他预先准备好的。

又有一次，瞽瞍命舜凿井。舜凿到井的深处，瞽瞍和象从上面往井里倒土，想把舜埋在井底下。没想到舜在两位夫人的安排下，早已在井的半腰凿了一个通道，从容地躲过一劫。但舜见到弟弟象时，并未露出愤怒的脸色，而是若无其事。此后他奉侍父母，对待弟弟，越加谨慎了。

舜到历山耕种时，当地的农夫经常为了田地互相争夺。舜便率先礼让他人，尊老爱幼，用自己的德行来感化众人。果然，一年之后，这里再也没有互相争田的事了。

他曾到雷泽打鱼，年轻人常常占据较好的位置，孤寡老弱的人就打不到鱼。舜把水深鱼多的地方让给老人，自己到浅滩去打鱼。一年之后，大家都互相礼让老人。

舜在陶河见土壤质量不佳，生产的陶器粗劣。经过舜的治理，陶土变好了，做出来的器皿也好了，大家认为这是舜的德行感召的结果。后来，只要他所居的地方，来者甚众，一年即成村落，两年成为县邑，三年就成为城市。亦即是史书所称的“一年成聚，二年成邑，三年成都”。

舜历经种种考验，尧又让他处理政事，代为摄政。经过二十八年之后才把君主之位传给舜。当舜继位时，并不感到特别的欢喜，反而伤感地说：“即使我做到今天，父母依然不喜欢我，我作为君主又有什么用？”

清代陕西凤翔民间版画《大舜耕田》，描绘的就是这则故事：左边一幅图上，画的是尧到历山访问舜，舜在历山耕田。右边一幅图是象与其后母捧土埋井，欲将舜埋在井下（如图 1–14 所示）。

图 1–14　清 · 陕西凤翔民间版画《大舜耕田》

3. 士大夫的田园梦

渔樵耕读即渔夫、樵夫、农夫与书生，是古代农耕社会比较重要的四类人。有些官宦用退隐表示对田园生活的恣意和淡泊自如的人生境界的向往。我国古代有许多隐士，如著名的田园诗人陶渊明，东晋义熙元年（405）八月，他最后一次出仕，为彭泽令。十一月，解印辞官，开始了他的归隐生活，直至生命结束。陶渊明一生追求田园生活，隐居后过着接近一般农民的生活，其间创作了许多反映田园生活的诗文，其中《饮酒（其五）》尤为人们所熟知："结庐在人境，而无车马喧。问君何能尔？心远地自偏。采菊东篱下，悠然见南山。山气日夕佳，飞鸟相与还。此中有真意，欲辨已忘言。"[①] 其中尤以"采

① 陶渊明：《饮酒（其五）》，《中国历代诗歌选》上编（一），人民文学出版社 1964 年版，第 197 页。

菊东篱下，悠然见南山”，是千年以来脍炙人口的名句。这自然是一位微醉的、飘飘然的诗人，在自己的庭园中采摘菊花，偶然间抬起头来，目光恰与南山（陶宅南面的庐山）相会。见南山之物有：日暮的岚气，若有若无，浮绕于峰际；成群的鸟儿，结伴而飞，归向山林。这一切当然是很美的。但这也不是单纯的景物描写。这就是人与自然的和谐统一，也是陶渊明向往的一种生活方式。

清代河北武强的民间木刻版画《陶潜爱菊》（陶潜即东晋诗人陶渊明），图中描绘陶渊明辞去彭泽令，解印绶归去，赋《归去来兮辞》以遂其志。“陶潜九月九日无酒，于宅边东篱下菊丛中摘盈把坐，未几，望见一白衣人至，乃刺史王宏送酒也。即便就酌而后归。”① 在陶渊明诗中，有：“芳菊开林耀，青松冠岩列。怀此贞秀姿，卓为霜下杰。”② 因此，人们常把菊花与陶渊明联系在一起。图中陶渊明采菊归来，两名童子一前一后，一个捧着一盆菊花，一个挑着两筐菊花。图上还有一首题诗：“九月秋菊各色新，朵朵青香可爱人。盛夸此菊开不尽，家童又送花两盆。”（如图 1–15 所示）

包拯是人们十分熟悉的历史人物，有关他的故事大多是为官清廉，为民做主。但有一则故事，叫《包文正上任》，与农耕生活有关。包拯，字希仁，庐州合肥（今安徽合肥肥东）人，北宋名臣，以清廉公正闻名于世，曾任天章阁待制、龙图阁直学士，小说《三侠五义》中说他字“文正”，故民间有以包文正相称者。民间传说，包拯“生于草茅，早从宦学”，意思是说他生于乡村农家，包拯的父母是农民，以耕作为生，对子女有很高的期望，希望他能出人头地。包拯五岁开始识字，十三岁读完四书五经。农忙时，他帮助父母下田做农活，农闲时，就寄居在城南的一座古庙里，埋头钻研学问。宋仁宗天圣五年（1027），包拯二十八岁，考中了进士。朝廷任命他为“大理评事”，大致相当于现在的法院陪审员，级别很低。接着，又任命他为建昌（今江西永修）知县。由于父母年事已高，不愿意随他一起到江西赴任，包

① 转引自《汉语大词典》（8），汉语大词典出版社 1991 年版，第 173 页。

② 陶渊明：《和郭主簿二首（其二）》，《先秦汉魏晋南北朝诗》（中），中华书局 1983 年版，第 979 页。

图 1-15　清 · 河北武强民间木刻版画《陶潜爱菊》

拯只好放弃官职，留在家里，侍候父母。后来，朝廷又委派他到家乡附近的和州（今安徽和县）做官，负责管理税收钱粮，这一回，包拯去赴任了，但是因为放心不下留在家中的父母，只坚持了几个月就辞职了。父母相继去世后，包拯才离开家乡。景祐三年（1036），包拯被任命为天长（今安徽天长）知县。在那里，他公正地断了好多积案，博得了清官的好名声。后又升为端州（今广东肇庆）知州。两任满后，他刚正清廉的英名已经传遍天下，包拯为官执法严正，不畏权贵，故有"关节不到，有阎罗包老"①之说，广为人们崇敬。有一天，包拯正与众儿童在农田里收割小麦，忽然传来圣旨，调包拯进京上任，包拯并不以为"光荣"，回头对传旨的人说："等我割完小麦再接旨。"

这幅清代山东潍县的民间木刻版画《包文正上任》，描绘的正是这一场景。图上黑脸的包文正正在农田里收割小麦，突然来了一位钦差，单腿跪在包文正

① 《宋史 · 包拯传》，《二十五史》(8)，上海古籍出版社、上海书店出版社 1988 年版，第 6334 页。

身后，两手高举圣旨，来向包文正宣读圣旨，调包文正进京做官，并要包文正立即启程，朝廷已派人抬着八抬大轿来接包文正。包文正要求割完麦子再接圣旨，然后赴京履新。画面的右下方，天官从袖中抖出数名手执农具的仙童，帮包文正收割麦子。图上还有一首打油诗："圣上宋朝廷，出旨请包公。正然割大麦，神仙来助工。一品宰相坐，富贵万万冬。"包文正不以升官为荣，而以农耕为重，感动了上天（如图 1-16 所示）。

图 1-16 清·山东潍县民间木刻版画《包文正上任》

4. 民间耕获图

农耕生活为版画的常见题材，如《耕种图》之类的版画，各朝各代都有。在元代至元六年（1340），福建建阳郑氏积诚堂刊刻的《事林广记》中，有一幅"耕获图"，描绘了古代"日出而作"的农耕生活。图上一共有男女老少五人，在日光的照耀下，他们正在农田中进行劳作。远处有一个头戴草帽、手握锄头的老农正在锄地，为播下新的种子做准备。在一块灌满水的田中，站着一个人，一手拿着装满稻种的竹篓，一手向水田里播下稻种。近处一个男人将收获下来的庄稼，从农田中挑回家。一个妇女手中拿着一把水壶，给田头的人送水，后面跟着一个小孩，形象地反映了元代农耕生活的情景。小河中四只戏水

图 1–17 元・至元六年（1340）建阳积诚堂刊本
《事林广记》中的“耕获图”

的小鸭，更是体现了自然情趣（如图 1–17 所示）。

《事林广记》是一本包含有日常生活所需知识的实用图书。古代把这类书称为“类书”。早在黄初元年到三年（220—222）间，魏文帝曹丕召集儒臣王象、缪袭等人，将群籍分类编成一部供皇帝阅读的书，这种体例新颖的书，称为《皇览》。以后历代类似《皇览》的包含“百科全书”与“资料汇编”性质的书，又编出不少，人们称它为“类书”。类书就是辑录各门类或某一门类的资料，根据其内容分门别类编排成的书。《事林广记》为元代陈元靓编，采用“纂图互注”的形式，共四十二卷，分为农桑、花品、果实、竹木、货宝、医学、文籍、器用、音乐、文艺、武艺、算法、伎术、茶果、酒曲、面食、饮馔、禽兽、牧养、地舆、胜迹等五十三门。书中有许多版画，都是很写实的。

5. 渔夫的智慧

在中国古代，仕途是读书人最向往之路，但是，就生活方式而言，古人并不这样认为，古人将贤人分为渔、樵、耕、读四种，第四种才是读书人。

捕鱼者出没在风浪中，社会地位很低，但是，古人认为渔夫充满着智慧，但又不是那种用丰富智慧去博取功名的人。在世俗生活中，渔夫显得那么飘逸、那么超然，成为中国古代读书人理想的化身，是老庄哲学的典型代表。因此，在渔樵耕读中位列第一，最后才是读书人。

春秋时期，楚、吴和越三国，楚国最强大。但是，楚国的君主楚平王十分平庸，为了“西结强秦”，与秦国联姻。秦女来到楚国后，他一看秦女十分漂亮，便不让其与儿子成亲，而纳秦女为妻。这件事遭到朝中老臣伍奢的反对。楚平王杀了伍奢的一家三百余人。只有他的第二个儿子伍子胥逃了出来，楚平王派兵追杀伍子胥。伍子胥历尽磨难，逃到吴楚分界的边城昭关。前面有一条大江堵截了他的去路。在这生死关头，突然，芦苇深处来了一只小船，船上的老渔翁一边唱歌一边把船摇到伍子胥面前，说：“你上船吧。”伍子胥刚上船，楚国的追兵就到了岸边，追兵高叫渔翁将船摇回来。渔翁笑了笑，仍是一边唱歌一边将船摇到江中心。伍子胥终于脱离了危险，他非常感谢老渔翁，当时对老人尊称为丈人，伍子胥说：“丈人，我该怎么感谢你呢？”渔翁反问：“你说怎么感谢我呢？”伍子胥说：“我这里有一把祖传的宝剑，我把它送给你。”在春秋时，这是最高的馈赠。渔翁笑了笑说：“我知道你是伍子胥，我知道楚王在追杀你，我也知道楚王悬赏的价值，如果我将你交出去，我不但可以得到侯的爵位，还可以得到五千顷的土地，可以说是封侯拜相啊！我连那个都不要，我还会要你这把剑吗？”伍子胥非常感动，渔翁仍然一边唱歌一边摇船将伍子胥送走。当伍子胥上岸，再回头一看，小船上已经没有人了，渔翁已沉江自尽了，他明白回去就会被楚王的军队杀掉。这则故事出自《史记·伍子胥列传》①。这位渔翁的形象，是中国智慧的化身，是英雄的化身，也是有儒雅之气的侠客的化身。渔翁独善其身，那么悠闲，读书人羡慕渔翁的平淡和悠闲，所以将渔夫位列第一。渔夫的形象受到人们的欢迎，在民间版画中多有卖鱼者，如清代江苏苏州民间木刻版画《渔娘图》，图中一个绾高髻扎头巾，身着万字团花锦衣，下系素裙的渔娘，手提一篮鲤鱼，旁有一扎双髻赤足儿童，蹲于地上，在看竹篓中的鳜、鲫等鱼。虽然是一个女子，渔娘衣着华丽，形态婀娜多姿，表现出当地渔家妇女之美姿（如图 1-18 所示）。

图 1-18　清·苏州民间木刻版画《渔娘图》

二、日入而息

“日入而息”，太阳落山了，结束了一天的农耕活动，也该休息了。清代有

① 《史记·伍子胥列传》，《二十五史》(1)，上海古籍出版社、上海书店出版社 1986 年版，第 250 页。

一部短篇小说集《豆棚闲话》，圣水艾衲居士撰，鸳湖紫髯狂客评，清顺治年间（1644—1661）刊刻。在它的卷首有一幅版画“豆棚架下”，这是一幅双面连页版画，图中描绘的是“日入而息”的场景，休息的农夫们正坐在豆棚架下，听一位老人讲故事。图上十一位老、中、小农夫围在老人周围，有站的，有坐的；有为自己摇扇子的，也有为讲故事的老人打扇的；有妇女领着小孩、老人拿着板凳从桥上过来的。顶上的豆棚，周围的荷塘、田埂，远处的高山、小船……图画中的一群农民过着自由自在、无忧无虑的休闲生活，很真实，也很惬意，充满着日常生活的乐趣（如图 1-19 所示）。

图 1-19 清·顺治年间（1644—1661）刊本
《豆棚闲话》中的“豆棚架下”图

这正是绘画者理解书的作者向往的一种境界。一个十分单纯、和谐、随意的氛围，它是那样的无须做作、雕饰，自然而平和。祥和的画面是绘画者对作者内心世界的开掘而产生的共鸣，也感染了读者，这幅版画无论古人与今人都多次提及，也许是因为大家都羡慕图中的气氛与图中人的心态吧。

第三节　男耕女织的生活

男耕女织，即在家庭中，男的种田，女的织布，它是中国农耕文化的基础。从西周开始的礼制，天子亲耕藉田，后妃亲蚕。这种农耕生产方式最早可追溯到父系氏族社会时期，即原始社会的中晚期。在此以前，男子只是森林的主人，从事狩猎和打仗。原始农业全部由妇女承担。随着社会第一次大分工，原始的锄耕农业发展为传统的犁耕农业，同时也有了纺织。从此，农业转入男子之手，纺织成为女性的专长，开始了男耕女织。在农耕社会中，传统的生产工具最重要的有两种，一是男人的犁，一是女人的纺车。在罗泌的《路史·后纪十二·夏后氏》中，有“男耕女织，不夺其时”①。南宋诗人范成大在《四时田园杂兴(其一)》中，描绘了古代男耕女织这一别具风情的家庭劳动场景：“昼出耘田夜绩麻，村庄儿女各当家。童孙未解供耕织，也傍桑阴学种瓜。”②《四时田园杂兴》是他退居家乡后写的一组大型的田家诗，有六十首，描写农村春、夏、秋、冬四个季节的景色和农耕生活。这是其中的一首，描写农村夏日生活中的一个场景：白天下田去除草，晚上搓麻线。“耘田”即除草。初夏，水稻田里秧苗需要除草了，这是男人们干的活。“绩麻”是指妇女们在白天干完别的活后，晚上就搓麻线，再织成布，男女不得闲。小孩从小耳濡目染，在茂盛成荫的桑树底下学种瓜。清代王夫之《读通鉴论·陈宣帝三》：“地之力，民之劳，男耕女织之所有，殚力以营之，积日以成之，委输以将之，奉之异域，而民力尽、民怨深矣。”③ 中国古人认为，最美的生活是田园生活，像“牛郎织

① 罗泌：《路史·后纪十二·夏后氏》，《四库全书》卷二十二，上海古籍出版社1990年影印本，第16页。

② 范成大：《四时田园杂兴（其一）》，《诗歌总集丛刊·宋诗卷》，上海三联书店1988年版，第329页。

③ 王夫之：《读通鉴论》卷十八《宣帝》，中华书局2013年版，第14页。

女”“董永和七仙女”的美丽传说，就是表达对于“男耕女织”的田园生活的美好向往。

一、《耕织图》

《耕织图》是描绘农耕社会中，男耕女织的劳动生产图像。在以农业经济为主的封建社会里，统治阶级深知农业生产对于他们治国抚民的重要性，《耕织图》也成为历朝历代封建帝王十分看重的绘画题材。最早的《耕织图》是南宋初期楼璹所作。楼璹，字寿玉，一字国器，浙江奉化人。生于北宋元祐五年（1090），卒于南宋绍兴三十二年（1162）。绍兴三年（1133）任于潜县令，绍兴五年（1135）任邵州通判，绍兴二十五年（1155）为扬州知府兼淮东安抚使，后官至朝议大夫。南宋之初，高宗以农桑为先务，楼璹任于潜县令时，深领帝旨。《耕织图》，耕部：从浸种、耕、耙耨、耖、碌碡、布秧、淤荫、拔秧、插秧、一耘、二耘、三耘、灌溉、收刈、登场、持穗、舂碓、筛、簸扬、砻到入仓共二十一事，作图二十一幅；“织”，自浴蚕、下蚕、喂蚕、一眠、二眠、三眠、大起、捉绩、分箔、采桑、上簇、炙箔、下簇、择茧、窖茧、练丝、蚕娥、祀谢、纬、织、络丝、经、攀华至剪帛，共二十四事，作图二十四幅，一共四十五幅。每图有一首五言诗。书成后，由近臣推荐，进呈御览，得到高宗的嘉奖。此书在南宋理宗时有汪纲刻本。以后就不见记载，元代的《耕织图》是据楼本绘制的。在日本有狩野永纳翻刻明天顺六年（1462）刻本，还能看到宋本《耕织图》的大概，如《耕织图·插秧》，为双面连页，图上画有四个老农站在水田里插秧，地上放着喝水的水壶和茶碗，一位老妇提着水壶给他们送水，画面上的人物比较小，背景也比较简单朴素，画面写实，没有刻意雕琢，接近生活的原始状态（如图 1–20 所示）。

到了清朝康熙二十八年（1689），康熙南巡，江南人士进献的书非常多，其中就有一部《耕织图》，有耕图二十一幅，织图二十四幅，每图上均有楼璹的诗。康熙看后，感慨万千，命内廷供奉焦秉贞根据原意作耕图二十三幅，增加了“初秧”和“祭神”两图；织图二十三幅，减去了“下蚕”“喂蚕”“一眠”

图 1-20　明 · 天顺六年（1462）刊本《耕织图》中的“插秧”图

三图，增加“染色”和“成衣”两图，重新绘制《耕织图》。

在《御制耕织图 · 序》中，康熙写道：“古人有言，‘衣帛当思织女之寒，食粟当念农夫之苦’。朕惓惓于此，至深且切也。爰绘耕织图各二十三幅，朕于每幅制诗一章，以吟咏其勤苦，而书之于图。自始事迄终事，农人胼手胝足之劳，蚕女茧丝机杼之瘁，咸备极其情状。复命镂板流传。”①

焦秉贞是清康熙时期（1662—1722）中国第一位融合西方画法的中国宫廷画家，山东济宁人，钦天监五官正。在钦天监中，有许多西洋传教士，西洋传教士大凡都会绘画，他们以宗教画为传教工具。焦秉贞经常与他们接触，后来，成了天主教传教士汤若望的门生。他在与西方传教士日相濡染的过程中，

① 《御制耕织图 · 序》（清康熙三十五年内府刻本），《续修四库全书》（第 975 册），上海古籍出版社 2002 年版，第 391 页。

深受西洋画法的影响与浸染，擅长画人物，亦工花卉、山水、楼台。他融合西方画法的《耕织图》，深得康熙的喜欢。在四十六幅“耕织图”上，都有康熙的题句。康熙还将它镂刻刊印赐予诸臣。

焦秉贞的《耕织图》虽说是依据楼璹的《耕织图》，但并不是照搬照抄，而是有所创新的。首先，在绘画技巧上，他采用了透视法，使绘画具有很强的立体感。就像《国朝画征录》上说：“焦秉贞……工人物，其位置之自近而远，由大及小，不爽毫毛，盖西洋法也。”①

同样一幅“插秧”图，焦秉贞绘的画面上的人物全都是男性，没有一个女性，突出了“男耕”的主题。图上十一个老农，六个在前，五个在后。人物表情和动作各不相同，很具个性，丰富了画面。前面六个老农，一个坐在田埂上，跷起足与一个站在水田中插秧的老农在交谈；一个老农弯着腰在插秧，一个在后面送秧的老农手捧满满的稻秧，准备送给田里插秧的老农。另外两个老农，手上拿着稻秧，微弯着腰，相互在商讨着插秧的事。后面的五个老农也是动作和表情各异。图的背景也更华丽、更复杂。同时，焦秉贞在构图、布局和画面的空间处理方面，采用了景物近大远小，道路曲折纵深的透视法，使图中前面六个老农比后面五个老农明显要大许多，前面的田埂也比后面的田埂更宽大。曲折的田埂增加了画面的纵深感(如图 1–21 所示)。焦秉贞绘的“插秧”图，所绘人物众多，人物表情丰富，画面鲜丽细腻，将插秧描绘得绘声绘色，更具观赏性，显现了焦秉贞的艺术才华。

《耕织图 · 经》是一幅描绘在织布前，先要将纺好的纱，一根根接在一根木棍上，另一端依次接在另一根木棍上，并把被这两根木棍固定了的纱绷紧，这些绷紧的根根纵向纱线叫“经线”。由经线组成“经面”，在纺织机上，织入纬线，与经线交织，织物就织成了。图上有三个妇女正在整理经线，没有一个男性成年人，只有两个小孩躲在经面下面玩耍，富有农家乐的情趣。图上有一首诗：“素丝头绪多，羡君好安排。青鞋不动尘，缓步交去来。脉脉意欲乱，

---

① 张庚：《国朝画征录》(清乾隆四年刻本)，《续修四库全书》(第 1067 册)，上海古籍出版社 2002 年版，第 121 页。

图 1-21　清·康熙三十五年（1696）内府刊本
《耕织图》中的“插秧”图

图 1–22 清·康熙三十五年（1696）内府刊本
《耕织图》中的“经”图

卷眷首重回。王言正如丝，亦付经纶才。织纴精勤有季兰，牵丝分理制罗纨。鸣机来往桑阴里，已作吴绡匹练看。”（如图 1–22 所示）

《耕织图》中的男耕女织，一幅幅很美丽的田园经济图景展现在人们眼前。这些图画，如实描绘了耕种、纺织的生产全过程，对发展农耕经济，起到了一定的积极作用。焦秉贞的《耕织图》刊行后，对后世的影响很大，雍正、乾隆两朝都曾几度摹绘、刊行焦秉贞的《耕织图》。在国外，日本、韩国也都有临摹本、翻刻本的《耕织图》。

此外，还有清代杨屾撰的《豳风广义》（有图七十三幅），介绍蚕桑生产及畜牧、园艺等农业技术。清乾隆三十年（1765）的《钦定授衣广训》（有图十六幅），介绍清前期冀中棉花种植业及纺织技术。乾隆间（1736—1795）的《钦定授时通考》（有图十四幅），介绍清代农事。光绪木刻刊本《桑织图》（有图二十四幅）等。

官版的《耕织图》对民间版画影响很大，在民间版画中，它也是受欢迎的题材之一。如清代苏州民间木刻版画《耕织图》，描绘春天到来后，农民鞭牛耕田，冒雨插秧；妇女在家纺纱织布，弹花捻线；渔夫在河中撒网捕鱼，一派繁忙景象。图上的题诗："村塘隔市廛，处处种湖田；鸣鹭洲边落，牛羊道上联。遥看青镜合，近与白云连；除却催租吏，无人更索钱。"江南农耕生活和田园山水的美景尽收眼底。

在清代，版画技艺虽已不及前代，唯有民间木刻版画中的农耕图像一直广泛流传，尤其是以男耕女织为题材的民间木刻版画受到人们的欢迎，创作出如《纺纱织麻》《闲忙图》《庄稼忙》《男十忙》《女十忙》《纺织图》《大庆丰收》《采桑织锦》《采茶歌图》《耕织图》等数十种木刻版画作品。王树村先生在评介清代木刻版画时，曾说，"清代年画艺术的高度发展，是以往任何一个朝代无法比拟的"①，年画是民间木刻版画之一种。明代木刻版画的繁荣，一直延续到清代，为清代木刻版画的发展提供了优越的物质基础。

二、《男十忙》与《女十忙》

清代山东杨家埠民间木刻版画《男十忙》展示的是"男耕"的图像。在《男十忙》中，男耕生产的情景，充满了乡土气息。图上绘有十四个人，其中十三个是男子，只有一个是女性，是来送饭的，下田干农活的都是男性，他们或犁地或播种，或运或拖，或收或割，或扬鞭赶车，活脱出男子一年四季在田间劳作时的场景，把农民在农忙中的勤恳与欢乐生动地表现出来，是表现农耕生活

---

① 王树村、王海霞：《年画》，浙江人民出版社 2005 年版，第 130 页。

故事的佳作（如图 1–23 所示）。

图 1–23　清・山东杨家埠民间木刻版画《男十忙》

另一幅清代山东杨家埠民间木刻版画《女十忙》，则是“女织”的图像，这是女性在农耕中所担负的责任。当地盛产棉花，这里的妇女从小就熟悉棉花种植、纺纱织布。从棉花收起，到织成布，需要经过十个操作步骤：弹花、搓股卷、纺线、拐线、浆线、打筒、接线、引线、缠纬纱、织布等。图上的十名妇女，分别进行这十项操作。其中还穿插着五个小孩，在帮助妈妈纺纱织布。画面简练概括，大胆使用装饰艺术手法，刻画早年农家妇女典型的发式和装束，以及人物的劳作动态和生产用的各种工具（如图 1–24 所示）。

在民间木刻版画中，反映“女织”内容的特别多，除了《女十忙》外，还有清代陕西武翔的民间木刻版画《纺织图》，描绘妇女弹花、纺线、成纱、晒纱、织布的全过程，图中的九名妇女在操作，虽然人物勾画的线条十分简练，却动作逼真，非常生动（如图 1–25 所示）。

清代苏州的民间木刻版画《采桑织帛》，描绘妇女的纺织生活，图上一个妇女坐在窗前的纺织机前，手拿木梭，正在织帛。窗外桑树下，一个妇女提

图 1-24　清·山东杨家埠民间木刻版画《女十忙》

图 1-25　清·陕西武翔民间木刻版画《纺织图》

图 1–26 清 · 苏州民间木刻版画《采桑织帛》

着竹篮在采桑，窗下有一幼童在与一花犬嬉戏，图中的两位妇女，采用的是古代工笔仕女画法，抓住女性妩媚的特征，用淡墨勾出脸部、手部的线条，再用浓淡线条勾出衣裙（如图 1–26 所示）。

清代福建漳州的民间木刻版画《纺织图》，图中描绘一家祖孙三代女性在纺纱织布时的情景。最小的女儿一手摇纺纱车，一手拿棉团，随着纺车上锭子的转动，棉絮变成了棉线。老奶奶在用手搀线，妈妈坐在织布机前织布，一手拿着梭子，一手在理着织布机上的经线，旁边还有一个年幼的小孩。在堂屋中，还有母鸡在给小鸡觅食，母猪与幼猪在争食，一只懒猫蜷曲着睡在地上。堂屋的边上有烧饭煮菜的炉灶，案桌上放着祭祀的香炉、烛台，是一幅农村家庭中妇女劳动时情景图（如图 1–27 所示）。

清代天津杨柳青的民间木刻版画《闲忙图》，虽然描绘的也是纺纱织布图，但与上面的这幅《纺织图》不同。图中妇女坐在房中的织布机前，正在忙于织布，窗外一个男子正在搓麻线，一边搓着麻线，一边还要照看着一个小儿郎，反映男人在忙完田里的庄稼活，收完田里的粮食、棉花，空闲时，还要帮助家中女子干活（如图 1–28 所示）。

这些木刻版画记录的中国古代农耕生活风貌，尤其是植根于民间的木刻版

图 1-27　清 · 福建漳州民间木刻版画《纺织图》

图 1-28　清·天津杨柳青民间木刻版画《闲忙图》

画，更接近于生活的实际，其刻绘的社会生产和生活场景，对古代农业社会的政治、经济、农学、文化、艺术、思想等各方面的研究，提供了珍贵的图像资料。

第四节　耕灌织造的把什

只要是遗留下来的图像，必然有它存在的历史价值。古代木刻版画上存留下来的农耕生产工具，是古代农业历史的宝贵图像资料。

一、耕耘工具

传说，上古时代，神农种庄稼，连简单的工具也没有，地里长满了草，就用石片在地里敲着、走着、喊着："草死，苗长。"后来，天热了，人们用绳子把石片吊在树上，人坐在树下敲着、喊着，但草就是不死。没办法，人们只得拿着铲子铲草。地晒干了，铲草费力气。有的劲用猛了，铲子也弯了，翻过来扒，比铲子着力，从此就有了锄，慢慢地有了各种各样的耕种机械。

1. 耒耜

耒耜是一种翻土工具，形状似木叉，上有曲柄，下面是犁头，可以用来松土，是犁的前身。在《易经・系辞》中说，神农"斫木为耜，揉木为耒，耒耨之利，以教天下"①。《礼纬含文嘉》中说，神农"始作耒耜，教民耕种"②。传说，神农和大家一起围野猪，来到一片林地。林地里，一头凶猛的野猪正在田里找食物，它将长长的嘴巴伸进土里，再一撅一撅地把土拱起来，一路拱过，留下一条被翻过的松土。野猪的这种翻土情形，给神农留下了深刻印象。他想，种子种到田里，土一定要松软，种子才能发芽，如果有一种像野猪拱土的工具，就可以用来松土，经过反复琢磨，神农在一根尖木棒的下部，横绑一段短木，将尖木棒插入田里，用脚踩在横木上，将木棒的尖端深深地插入土里，然后将木棒往身边一扳，木棒就将土撬起，连续这样操作，就能松出一片土来。这一改进，不仅深翻了土地，改善了地力，而且将种植由穴播变为条播，使谷物产量大大增加。这种加上横木的工具，史籍上称之为"耒"。在翻土过程中，神农还发现弯曲的耒柄比直的耒柄更省力，于是他将耒的木柄用火烤，弯成曲柄，使劳动强度大大降低。

耜类似耒，但尖头改成了扁头（耜冠），类似今天的锹、铲。早期也为木制，后来为石质、骨质或陶质等。

有了耒耜，才有了真正意义上的"耕"和耕播农业，耒耜的发明开创了我国的农耕文化。

在明崇祯十年（1637）刊刻的《天工开物》中，有一幅"耕"的版画，图上描绘用耒耜耕田时的情景：一头水牛拉着耒耜，耒耜后面跟着一个面带笑容的老农，一手扶着耒耜，一手挥舞着鞭子，驱赶着前面的水牛，拉着耒耜向前走（如图 1–29 所示）。这幅版画构图十分简单，没有复杂、华丽的背景，只有

---

① 《周易正义・系辞》，上海古籍出版社 1990 年影印本，第 169 页。

② 《礼纬含文嘉》，应劭：《风俗通义》卷一引，中华书局 2021 年版，第 2 页。

图 1–29　明·崇祯十年（1637）刊刻的《天工开物》中的“耕”图

天上飘浮的几朵白云，但是，将耒耜耕田的功能表达得十分清晰。

2. 木犁

木犁是从耒耜发展而来的一种耕作工具。木犁由犁尖、犁镜、犁床、犁托、犁柱等部件组成，再配上一个横“8”字形的犁辕。木犁分旱犁和水犁两种。旱犁，俗称“箭犁”，粗大牢固，有一个形状为“箭”的构件，因而得名；水犁，构造简单、轻便，俗称“独犁”。木犁从春秋战国开始逐渐在一些地区普及使用。在汉代广泛使用直辕的长辕犁，耕地时转弯不方便，起土费力，效率不高。经过改进，到唐代创制了一种“曲辕犁”，由铁制的犁镵、犁壁和木制的犁底、压镵、策额、犁箭、犁辕、犁梢、犁评、犁建、犁盘等十一个部件组成。曲辕犁，使犁架变小，轻便灵活，起土省力，效率高，特别适合南方水

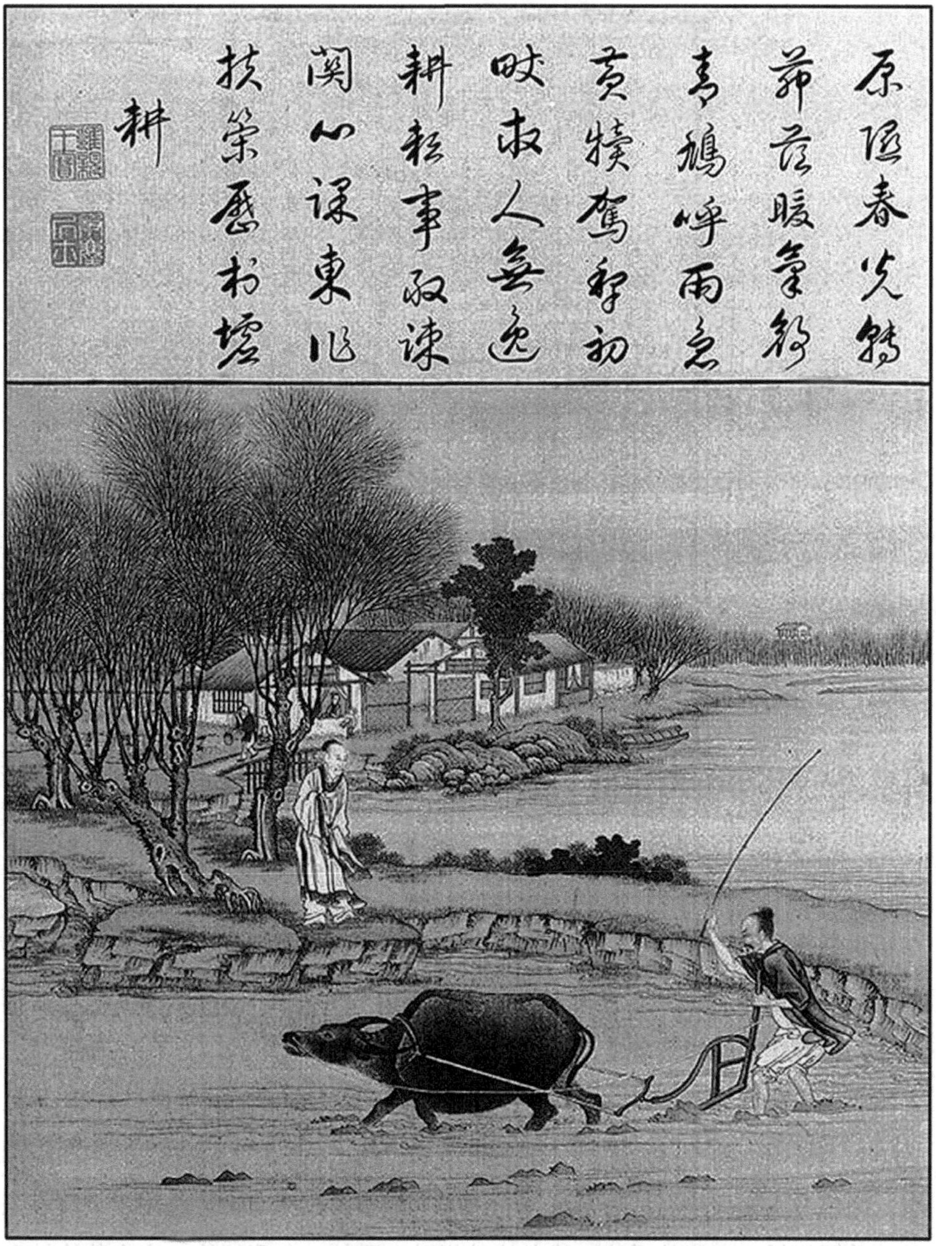

图 1–30　清·雍正年间刊本《耕织图》中的“耕”图

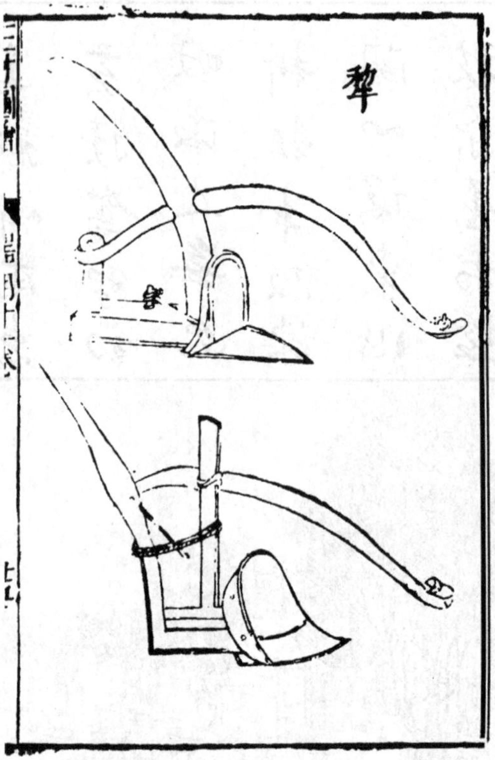

图 1–31 明·万历年间（1573—1619）刊本《三才图会》中的“犁”图

田精耕细作。在《耕织图·耕》、杨家埠民间木刻版画《男十忙》和《三才图会》中都有犁的图像，但三者都有一些区别，可以相互补充，《耕织图·耕》是描绘人们在操作犁时的情景（如图 1–30 所示）；《男十忙》中的犁更具装饰性，《三才图会》中的犁，带有说明性，对犁的大体结构都有详细的描绘（如图 1–31 所示）。《耕织图》和《三才图会》为传播农耕技术，采用写实手法，构图、刻线、用色、人物安排等都较精细。而民间木刻版画《男十忙》是用于节庆日张贴，采用概括、夸张的手法，线条比较粗犷、质朴，色彩鲜艳，富有装饰性和趣味性。

3. 耧车

耧车是一种播种机械，是现代播种机的始祖。由耧架、耧斗、耧腿、耧铲

图 1-32 明·崇祯十年（1637）刊本《天工开物》中的“北耕兼种”图

等构成，播种时，只需用一头牛、一匹马或一匹骡子来拉，按可控制的速度将种子播成一条直线（如图 1-32 所示）。耧腿有一腿至七腿多种，以两腿耧播种较均匀，可播大麦、小麦、大豆、高粱等。

在耧车没有发明以前，人工播种有两种，一种是点播，用一根尖头棒，在地上戳一个小洞，将种子放入洞里，然后盖上土，这种播种方法效率很低。还有一种撒播，就是将种子直接撒到田里，这种播种方法播种不易均匀，而且播得太浅，种子容易被鸟兽吃掉。正如《便民图纂》“播种”竹枝词上所说：“初发秧芽未成长，撒来田里要匀平。还愁鸟雀飞来吃，密密将灰盖一层。”①

① 《便民图纂》，《中国古代版画丛刊》（2），上海古籍出版社 1988 年版，第 896 页。

据说，耧车是汉武帝时一位主管农业生产的都尉赵过发明的。据东汉崔寔《政论》中说："其法：三犁共一牛，一人将之，下种，挽耧，皆取备焉。日种一顷。今三辅犹赖其利。"①"三犁"即三个耧脚，耧脚下面有一个开沟器，用耧车播种时，用一头牛拉着耧车，一人扶耧车，耧脚在平整好的土地上开沟播种，种子盛在耧斗中，耧斗与空心的耧脚相通，且行且摇，种乃自下。它能同时完成开沟、下种、覆土等多道工序。一次播种三行，行距一致，下种均匀，"日种一顷"田，大大提高了播种效率和质量。

元代农学家王祯曾作过详细的描述：劐……或播种用铧，是耧车播种时用的铧，类似三角犁铧，但较小些，中间有一高脊，三寸长，二寸半宽。将劐插入耧车脚背上的二孔中并紧紧绑在横木上。这种铧入地二寸半深，而种子经过耧脚撒落下来，因此能在土中种得很深，并使产量大为提高。用耧车耕种的土地，如同用小犁犁过那样。②

元代还出现过一种耧锄，它是从耧车发展而来的。耧锄同耧车非常相似，只是没有耧斗，取而代之的是耰锄，使用一驴挽之，耧锄的入土深度达二三寸，超过手锄的三倍，而且速度快，每天可锄地达二十亩之多，效率非常高。耧车经过改进，还可以用来施肥，而成为下粪耧种。下粪耧种，是在原来播种用的耧车上加一个斗，斗中装有筛过的细粪，或拌过的蚕沙，播种时随种而下，将粪覆盖在种子上，起到施肥的效果，使开沟、播种、施肥、覆土等作业一次完成，大大提高了播种的功效。

在元代的王祯《农书》中，有这样一段话："近有创制下粪耧种，于耧斗后别置筛过细粪，或拌蚕沙，耩时随种而下，覆于种上，尤巧便也。"③

下粪耧种是宋代发明的。北宋韩琦在《祀坟马上》中提到："二茔逢节展松楸，因叹农畴荐不收。高穗有时存蜀黍，善耕犹惜卖吴牛。泉干几处闲机碓，雨过谁家用粪楼。首种渐生还自喜，尚忧难救赤春头。"④诗中提到的"粪

① 王祯：《东鲁王氏农书》，上海古籍出版社 2008 年版，第 393 页。

② 王祯：《东鲁王氏农书》，上海古籍出版社 2008 年版，第 393 页。

③ 王祯：《东鲁王氏农书》，上海古籍出版社 2008 年版，第 394 页。

④ 韩琦：《祀坟马上》，《全宋诗》卷三百三十六，北京大学出版社 1998 年版，第 4111 页。

楼”，即粪耧、下粪耧种。

4. 风扇车

风扇车是一种能产生风（或气流）的机械，也叫“扇车”或“扬车”，由人力驱动的一种清除粮食中的糠秕、灰尘等杂质的农具。

风扇车的组成是在一个轮轴上安装若干扇叶，转动轮轴就可产生强气流。西汉时，长安有一位著名的机械师丁缓，发明过一种“七轮扇”，就是在一个轮轴上装有七个扇轮，转动轮轴，则七个扇轮同时旋转，对来自漏斗的稻谷进行鼓风，饱满结实的谷粒会落入出粮口，而糠秕杂物则沿着风道随风一起飘出出风口（如图 1–33 所示）。

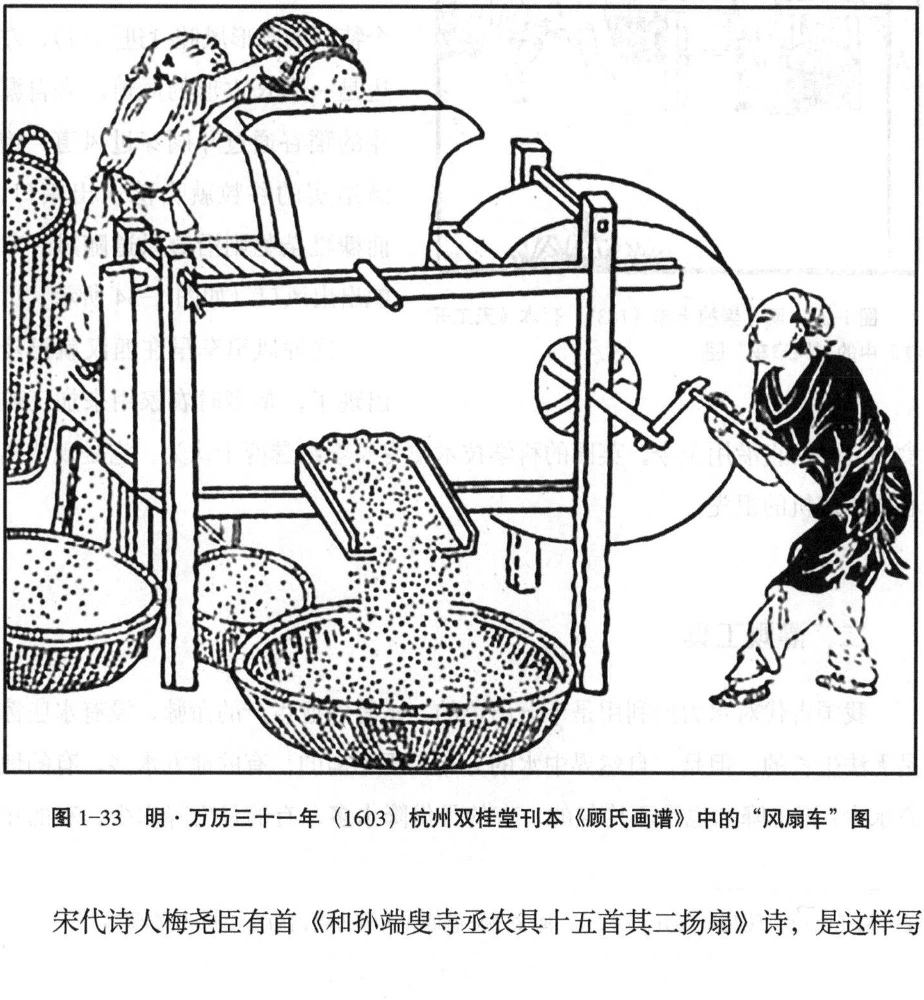

图 1–33　明 · 万历三十一年（1603）杭州双桂堂刊本《顾氏画谱》中的“风扇车”图

宋代诗人梅尧臣有首《和孙端叟寺丞农具十五首其二扬扇》诗，是这样写

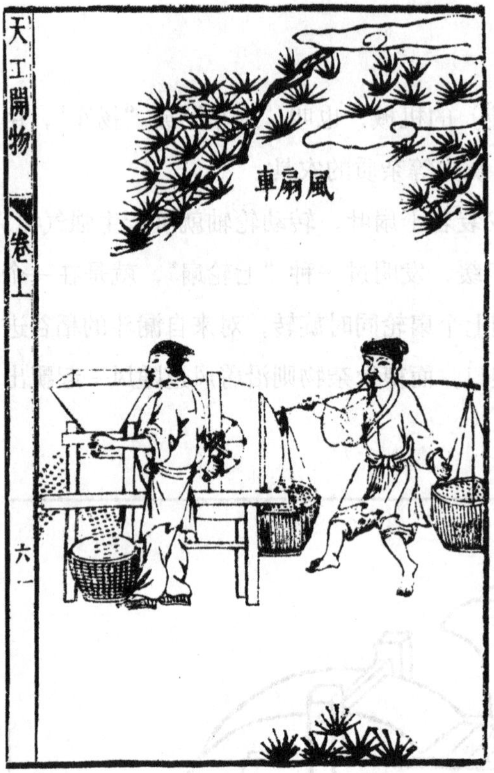

图 1–34　明·崇祯十年（1637）刊本《天工开物》中的“风扇车”图

的：“田扇非团扇，每来场圃见。因风吹糠籺，编竹破�箭。任从高下手，不为暄寒变。去粗而得精，持之莫肯倦。”① 这首诗描写的是一种叫扬扇的农具，是古代用来精选的工具，利用手摇产生的风力把粮食籽粒与糠秕分开。

在宋应星的《天工开物》中，有幅风扇车的版画，在装有轮轴、扇叶板和曲柄摇手的右边，有一个特制的圆形风腔（进风口），左边是一个长方形的风道，来自漏斗的稻谷通过斗阀穿过风道，饱满结实的谷粒就会落入出粮口，而糠秕杂物则沿着风道随风一起飘出出风口（如图 1–34 所示）。

这种风扇车早在西汉就已经出现了，是当时农家用来加工粮食的，并一直沿用至今。英国的科学技术史专家李约瑟博士认为，它是现代离心式压缩机的祖先。

二、灌溉工具

我国古代对水力的利用是十分出色的。水是农业生产的命脉，没有水庄稼是无法生长的。但是，自然界中水的分布是不平衡的，有的地方水多，有的地方水少；天上降水也是不均匀的，有的月份降水多，有的月份降水少，有的年

① 梅尧臣：《宛陵集》卷五十一，《四库全书》卷四，上海古籍出版社 1990 年影印本。

份降水多，有的年份降水少。如何让庄稼很好地生长，就要保证水的供应。古代人会开挖河道，兴修水利，让水流到庄稼边，但是，有时候做不到，人们又发明了各种运水的工具，用人工的方法将水送到庄稼边。在大水来临时，田中的水又太多了，将庄稼淹死，这时又要将水从田里排出去。古人发明了一种水车。最早的水车，叫“龙骨水车”，至今已有近两千年的历史。

1. 龙骨水车

龙骨水车，又称“翻车”。它是一种刮板式连续提水机械，是我国古代最著名的提水工具之一。龙骨水车由木链、刮板、链轮等组成，一节一节的木链似根根龙骨，因而得名（如图 1–35 所示）。木链、刮板卧于矩形的水槽中。提水时，水车车身斜置河边或池塘边，下链轮和车身一部分没入水中，木链和刮板直伸水下，以人力（或畜力）驱动链轮，带动木链转动，木链上的刮板在长

图 1–35　明 · 崇祯十年（1637）刊本《天工开物》中的“踏车”图

槽中将河水提升到岸上，然后水就沿着垄沟流入田里，进行农用灌溉。如此连续循环，把水输送到需要的地方去。这种龙骨水车除了可以用人力踩动外，也可以利用畜力、风力、水力等转动。

由于龙骨水车可连续取水，效率大大提高，操作搬运方便，还可及时变换取水点。龙骨水车是古代最先进的排灌机具。千百年来一直流传沿用，直到20世纪50年代末。

但踩水车是一项吃力的劳动，有首名《车戽》的竹枝词上说："脚痛腰酸晓夜忙，田头车戽响浪浪。高田车进低田出，只愿高洼不做荒。"① 在农忙时，

图 1–36 清·道光癸卯曙海楼重刊本《农政全书》中的"翻车"图

① 《便民图纂》，《中国古代版画丛刊》(2)，上海古籍出版社 1988 年版，第 897 页。

日夜踩得“脚痛腰酸”。但是，在徐光启的《农政全书》中的一幅“翻车”图上，两个踩翻车的年轻人，一个手持破雨伞，遮挡太阳的暴晒，一个头戴斗笠，手拿书本，一边用脚踩翻车，一边用心在看书，十分潇洒。与竹枝词《车戽》上的描述截然相反（如图 1–36 所示）。

最为有趣的是水车接龙，就是由多部水车一架接一架，将水送到高远的地方去。在一本叫《熬波图》的书中，有一幅“车接海潮”图，用水车接龙的方法，将海水车至盐场，用作晒盐，场面非常壮观。图后有百把字的说明：“五六七八月间，天道久晴，正当酷热之时，虽大汛潮，不抵岸，沟港干涸，缺水晒灰，只得雇请人夫，将带工具，就海三五里开河，多用水车，逐接高车戽咸潮入港，所以备灶丁掉水，灌泼摊场，淋灰取卤”，将“车接海潮”的用途讲得清清楚楚。说明后面还有一首诗：“翻翻联联荦荦确，东海巨蛇才脱壳。滔滔车腹水逆行，辊辊车声雷大作。能消几部旱龙骨，翻得阳侯波欲涸。谁家

图 1–37 《熬波图》中的“车接海潮”图

少妇急工程，径上车头泥两脚”，扼要而形象地描述了“车接海潮”时的状况（如图 1–37 所示）。

“车接海潮”图，共画了十八个人，有十六人在踏龙骨水车，背对画面，读者虽然看不到他们的脸，但是，从他们各自不同的背影中可以想象出他们的表情，有的人在东张西望，有的人在互相交谈，有的人在看自己脚下不知发生了什么，还有的人在抬头观看两个挖沟的人……各不相同。版画的布局和构图也很确当，没有臃肿和多余的感觉。图中的五部水车排列非常壮观，有一部水车只画了它的尾部，表示前面还有水车，正在源源不断地将海水引入晒盐场地，点出了“车接海潮”的画题。

由于龙骨水车结构合理，制作简单，可靠实用，所以一代代地流传下来。直到近代，随着农用水泵的普遍使用，它才完成了自己的历史使命，悄悄地退出历史舞台。

2. 筒车

筒车，亦称“水转筒车”，是一种古老的提水工具，始于唐代，一直沿用至 20 世纪五六十年代。它由竹木制作一个大转轮，轮叶用竹篾或木材制成，在轮叶间斜装多个小竹筒或木筒。小筒处于转轮顶部或底部时呈水平，上升时筒口向上，下降时筒口向下。筒车架在河边，像水轮机一样，靠水流冲击轮叶，使它吱吱悠悠地不停转动，带动在河中灌满水的小筒上升，待小筒升至接近转轮顶部时，将水徐徐倒入与转轮平行相接的水槽中，然后引入需要灌溉的农田。筒车转轮的大小，视河岸高低而定。筒车提水的扬程较高，一般五至六丈，最大的可达十丈以上，但效能低，提水量少。在《天工开物》的“筒车”图中，竹筒（已灌满了水）将离开水面被提升。筒底所在的外环半径大于筒口所在的内环，由于两者为同心圆，所以在低处时，竹筒盛水（筒口高于筒底），在高处时，竹筒泄水（筒口低于筒底）。可以通过调整水槽的位置和长度，使水槽能够接到更多的水。当筒车旋转太慢，或者提不起水时，可在筒车上装一些木板或竹板，便于筒车从水中获得更多的动能，也可以将筒车浸入水中更深一些，来获得更多的势能。当水流的速度较低时，竹筒相对小一些，否则，筒车从水中获得的能量，不足以克服被提起时的位能。如此往复，循环提水。筒

图 1–38 明·崇祯十年（1637）刊本《天工开物》中的“筒车”图

车的效率虽然很低，但无须供给动力（如图 1–38 所示）。

王祯在《农书》中说：“大可下润于千顷，高可飞流于百尺；架之则远达，穴之则潜通。世间无不救之田，地上有可兴之雨。”① 高转筒车，“其高以十丈为准。上下架木，各竖一轮，下轮半在水内。各轮径可四尺。轮之一周，两旁高起，其中若槽，以受筒索。其索用竹，均排三股，通穿为一；随车长短，如环无端。索上相离五寸，俱置竹筒。筒长一尺，筒索之底，托以木牌，长亦如之，通用铁线缚定；随索列次，络于上下二轮。复于二轮筒索之间，架刳木平底行槽一连，上与二轮相平，以承筒索之重，或人踏，或牛曳转上轮，则筒索自下，兜水循槽至上轮；轮首覆水，空筒复下。如此循环不已，日所得水，不减平地车戽。若积为池沼，再起一车，计及二百余尺。如田高岸深，或田在山

① 王祯：《东鲁王氏农书》，上海古籍出版社 2008 年版，第 564 页。

图 1–39　王祯《农书》中的“高转筒车”图

上，皆可及之”①（如图 1–39 所示）。

中国使用筒车历史悠久，唐代陈廷章在《水轮赋》中说：“水能利物，轮乃曲成。升降满农夫之用，低徊随匠氏之程。始崩腾以电散，俄宛转以风生。虽破浪于川湄，善行无迹；既斡流于波面，终夜有声……”② 宋代梅尧臣《水轮咏》：“孤轮运寒水，无乃农者营。随流转自速，居高还复倾。利才畎浍间，功

① 王祯：《东鲁王氏农书》，上海古籍出版社 2008 年版，第 579 页。

② 陈廷章：《水轮赋》，《全唐文》，上海古籍出版社 1990 年影印本，第 4363 页。

欲霖雨并。不学假混沌，亡机抱瓮罂。”①

三、织造工具

古代的农耕社会，庄稼人身上穿的、家中用的所有布和衣服都是自己纺、自家种的棉花织出来的。从棉花种植开始，施肥浇水到长出棉桃，棉桃成熟，开出洁白的棉絮。每家每户把收下来的棉絮，从中取出棉花籽，再用偌大的弹弓将棉絮弹得松软。有一种水力弹花机，是在外面修个带水斗的水轮子，用拨子(木头做的齿轮）连着，将河里的水引进到弹花房，利用水的落差推动水斗，拨动弹花磙子转动，将棉絮弹得蓬松、柔软。棉絮弹好后，就可以用来纺纱，再织成布。

1. 轧花机

从雪白的棉花到绚丽多彩的棉布，需要经过许多加工步骤，单棉花加工就要经过去除棉籽、弹絮、卷成棉条。去除棉籽看似简单，但是，在没有轧花机前，全“用手剖去籽”，费时费力。

轧花机是一种去除棉籽的机械。在桌子上固定一个架子，架子上部横安一木轴，一铁轴。铁轴在上，木轴在下。木轴右边装有曲柄。铁轴左边安一个十字形木架。轧棉时，右手转动曲柄，与曲柄相连的木轴随之转动，左脚踩动踏杆，使木轴与铁轴做相等速度运动，但方向相反。左手将籽棉添入轴间，二轴相轧，棉花从车前吐出，棉籽落在车后。

在清嘉庆十三年(1808）刊刻的《授衣广训》中，就有一幅“轧花机”图(如图 1-40 所示)。图中有两家轧花店，一家轧花店有一名年轻妇女在帮一位老妇轧棉花，去除棉花中的棉籽。轧花机像一个固定的书架，“为铁木二轴，上下叠置之中留少罅，上以毂引铁，下以钩持木，左右旋转，餧棉于罅中，则核左落，而面(棉）右出。”② 房中一个小孩躲在房门口，与一只小狗相伴。还有一

① 梅尧臣：《宛陵集》，《四库全书》卷四，上海古籍出版社 1990 年影印本，第 4363 页。

② 《授衣广训》，《中国古代版画丛刊》(4)，上海古籍出版社 1988 年版，第 648 页。

图 1-40 清·嘉庆十三年（1808）刊本《授衣广训》中的“轧花机”图

位老人背着一袋棉花，走进后面一家轧花店，店中一位老人家正在轧棉花，去除棉籽的棉花源源不断地从轧花机中吐出，后面一个小孩在玩弄着放在箩筐里的棉籽。画面很生活化，一点儿不感觉枯燥乏味。

在王祯的《农书》中，记有“木棉搅车”，是一种由三个人操作的手摇轧花机。明代在此基础上发展出一种一人操作的轧花机。在明代科学家徐光启（1562—1633）的《农政全书》中提到的搅车——“今之搅车，以一人当三人矣。所见句容式，一人可当四人；太仓式，两人可当八人”①——讲的就是轧花机。

在宋应星的《天工开物》上，有另一种轧花机，称为“赶棉”，用绳子将碾轴一端的曲柄与踏杆相连。这种赶棉，一人就可以操作。右手转动曲柄，右

① 徐光启：《农政全书》，岳麓书社 2002 年版，第 570 页。

足踩动踏板，左手喂棉花，将籽棉中的棉籽分离出来（如图 1-41 所示）。

图 1-41　明·崇祯十年（1637）刊本《天工开物》中的“赶棉”图

2. 纺花车

棉花变成棉线是由纺花车完成的。纺花车是用竹木做成的，右边是一只直径二尺左右的竹轮，架在车轴上，车轴上有一个摇手柄。车轴架左边用一根木头延伸，有三尺多长，头上有一个小轴，用作插锭子。右手转动摇手柄，竹轮上的绳弦带动左边的锭子转动。竹轮转一圈，锭子要转上七八十圈。纺花时，先把弹好的棉花撕成小片，用一根筷子粗细的棍子放在棉花片上，用搓花板来回搓动，变成指头粗细的花捻，从花捻中抽成一根细线，先缠在锭子上，然后左手执花捻，右手摇竹轮，随着竹轮的转动，花捻变成棉线，棉线在锭子上越缠越多，变成两头尖肚子大的线穗（如图 1-42 所示）。

图 1-42　清·嘉庆十三年（1808）刊本《授衣广训》中的“纺线”图

在清刻本《列女传》中，有一幅“鲁寡陶婴”图，上面有一位妇人正在用纺车纺纱（如图 1-43 所示）。这个妇女叫陶婴，是鲁陶门之女。年纪很轻就守寡，为了抚养幼孤，以纺织为生。有鲁国人向她求婚。陶婴不允，听后作《黄鹄之歌》，其歌曰：“悲夫黄鹄之早寡兮，七年不双。宛鵛独宿兮，不与众同。夜半悲鸣兮，想其故雄。天命早寡兮，独宿何伤。寡妇念此兮，泣下数行。呜呼哀哉兮，死者不可忘。飞鸟尚然兮，况于贞良。虽有贤雄兮，终不重行”，以明其志。鲁国人听到后，就不敢再提求婚之事。因此，书中称赞她：“陶婴少寡，纺绩养子，或欲取焉，乃自修理，作歌自明，求者乃止，君子称扬，以为女纪。”

这幅木刻版画是从宋人《列女传》上转刻的，图中绘制的纺车该是宋时使

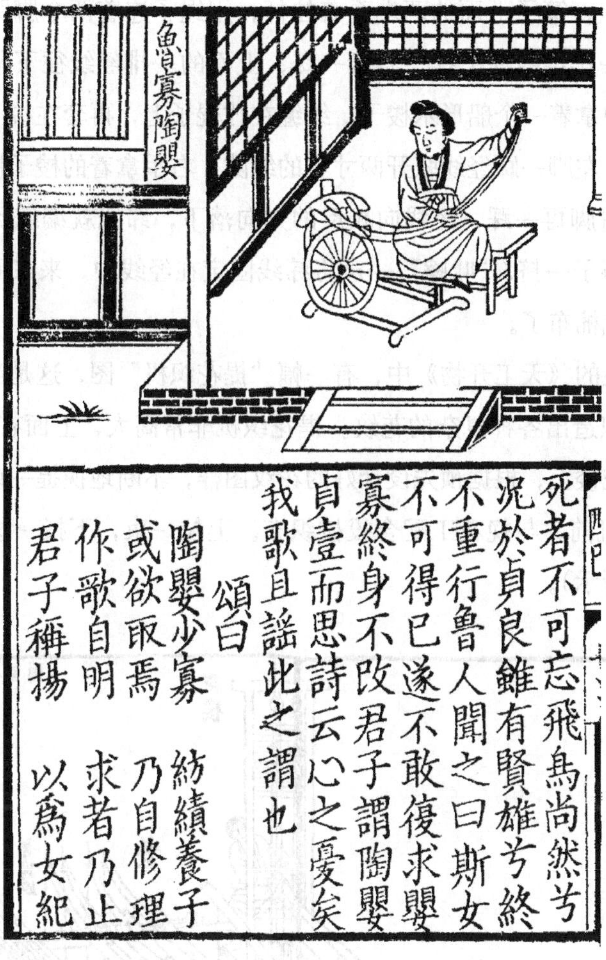

图 1–43　清·刻本《列女传》中的“鲁寡陶婴”图

用的一种纺车。它有三个锭子，并且用脚踏的，不用手摇竹轮，结构也更为复杂，上面增加了偏心轮和摆轴等机构，用脚踩就可以让竹轮转动起来，并通过绳弦带动锭子旋转。由于用脚踩，手被解放出来了，可以同时操作多个锭子。

3. 织布机

纺线的目的是为了织布，棉花纺完了，就准备织布了。织布机的架子像一张大床的木架子，前端装着专用的筝子。筝子是一个用细竹篾做成的篦梳一样的东西，每个细缝里穿一根经线，筝子背后将经线再分成上下两个部分，紧紧挤压在主轴上。筝子下面的两端系着拉杆，用绳子连着两个脚踏板，左脚一踩，下边的一排经线往上提，右脚一踩，上面的一排经线往下落。织布的时候，女人手中拿着一个船形木梭子，线缠在竹棍子上，再套在梭心里。女人坐在织布机前，左脚一踩经线张开两寸宽的缝隙，右手拿着的梭子快速从经线空当中穿过，右脚再一踩，经线向相反的方向落下，纬线就编织到了经线的中间，左手用筝子一挤，“咔嚓”一声将纬线固定在经线中。来来回回，一上一下，就编织成棉布了。

在宋应星的《天工开物》中，有一幅“提花织机”图，这是当时最先进的织机，它能织造出各种复杂的花纹。提花织机非常高大，上面有专门的花楼，挽花工坐在花楼上，根据预先设计好的花纹图样，不断地挽提一束束综束。织布工坐在织机前，与挽花工配合投梭织布。上拉一束，下投一梭，有条不紊（如图 1-44 所示）。

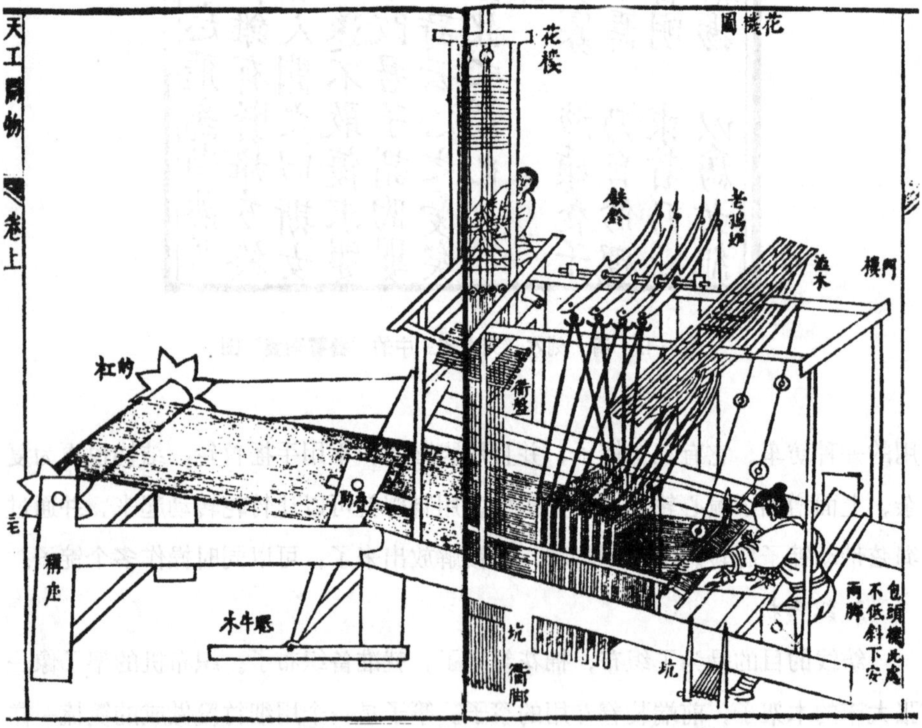

图 1-44 明·崇祯十年（1637）刊本《天工开物》中的“提花织机”图

几千年来，我国古代劳动人民用自己的勤劳和智慧，创造、发明了许许多多生产、生活所必需的工具和器械，极大地提高了劳动效率和生活质量，同时也推动了社会的进步。随着科学技术的发展，农业社会被工业社会所取代，以至于到当代信息社会，曾经为农业社会作出过杰出贡献的生产、生活工具和器械，逐渐从人们的视线中消失，有的都已尘封为历史，被遗弃或遗忘。这些象征我们祖先农耕文明的生产、生活工具和器械，是我国古代劳动人民奉献给人类的一笔丰厚的精神财富，我们应该倍加珍惜和爱护。

古朴的木刻版画虽然带有艺术家及刻工的主观情感，但其内容及题材反映了古代社会的各个方面，古代木刻版画中的农耕图像真实、客观地记录了古代农耕生产生活的各个方面，对耕织技术、民俗文化的传承与发展起到了非常重要的作用。同时，推动了耕织技术、传统农耕文化、传统木刻版画、民间艺术的传承与传播。古代木刻版画中的农耕图像的物象造型，如农具、家具、房屋建筑等造型与现代留存的一些农具、房屋建筑有些相似之处。

古代木刻版画无论在题材内容上还是形式上，都呈现出多样化、民族化、时代化的特征。其中在山水、人物题材上，绘刻精良，这为我们研究中国古代农耕生活提供了大量的图像资料。

第二章

家里家外

描绘古代女性生活的绘画被称为“仕女画”。早在魏晋南北朝时，东晋的顾恺之就绘有《洛神赋图》《女史箴图》等。它们是根据曹植的《洛神赋》和张华的《女史箴》等诗赋创作的，从侧面反映了当时社会中的中上层妇女的生活。早期的木刻版画，大都为宗教图像。虽有像观音这样的女性图像，以及在经卷图中出现的女施主的形象，如《宝箧印陀罗尼经》中的女施主吴越王妃黄氏图像，却很少有独立的女性图像，更缺少描绘妇女生活的图像。宋朝有《列女传》，从目前仅存的两页来看，它们描绘了古代贤妇的故事。只是到了明清时期，女性人物图像在木刻版画中呈现多元化的发展趋势，表现古代妇女在家里家外日常生活中的方方面面。

彼得·伯克在《图像证史》一书中提到：女性图像对“日常生活中的妇女”研究有重要意义，他分别列举了中国、日本与欧洲各国家的绘画作品是如何透露出城市妇女对街头活动的参与程度、妇女从事哪些生产劳动、妇女的空间和角色。这些内容都是我们很难在官方档案和文字史料中找到的。例如，他列举中国的一幅长卷画《清明上河图》，在一千一百年前开封的城市街道上，行走的人大部分是男性——尽管可以看到画中显著的位置上有一名妇女端坐在轿内被抬着穿行而过。一位宋史专家由此得出结论：“在首都的繁华商业地区到处都可以看见男人，妇女却非常少见。”①

那么，我们可以从传统木刻版画中的女性图像中看到些什么呢？

第一节　传说中姣容貌美

提到女性，首先映入我们脑海的就是她（们）的“相貌”，这种“词语”与“意象”对应关系的紧密程度令人感到惊讶；其次，评价女性大多数是以男人的视角来看待女性的“脸蛋”的美貌程度，女性的其他优点均居其后，古今皆然。

① ［英］彼得·伯克：《图像证史》，北京大学出版社2008年版，第145—153页。

一、《四美图》

现存最早一幅美女版画作品是金代平阳姬家雕印的《随朝窈窕呈倾国之芳容》（如图 2-1 所示）。《随朝窈窕呈倾国之芳容》又称《四美图》，图中的四位美女分别为汉代的赵飞燕、班姬、王昭君和晋代的绿珠。

图 2-1　金·平阳姬家雕印的《随朝窈窕呈倾国之芳容》

但按现在比较流行的说法，中国古代的四大美人为西施、王昭君、貂蝉、杨玉环。著名文史专家纪连海先生在他的《纪连海叹说四大美人》一书中，称这“四大美人”的提法是在元末明初才有的，因为杨贵妃是唐朝人，貂蝉是《三国演义》中的人物，《三国演义》成书于明朝初年，而被称之为“四美图”的《随朝窈窕呈倾国之芳容》刻于金代，图中的四位美女都是西晋以前的人物，远早于元明。可见，四大美女这种提法早在金代以前就已经有了。

赵飞燕（前45—前1），在中国历史上是与杨贵妃齐名的著名美女，“女子之丽者，汉之飞燕，唐之太真（杨贵妃），亦无能出其上矣。”[①]她出身于平民，家里很贫穷。父亲赵临因她是一个女孩子，一出生就想抛弃她，但她命大，三天不死，只好将她抱回家抚养。长大后，依附在西汉阳阿公主府中，学习歌舞，因其舞姿轻盈如燕飞而得名“飞燕”。

汉成帝来到阳阿公主府中见到赵飞燕，被她的美貌和舞姿所迷倒，便把她招入宫中，赐号“昭仪”。“昭显其仪，示隆重也，昭仪位视丞相，爵比诸侯王。”[②]赵飞燕成为汉成帝宫中最得宠的人。

一天，汉成帝与赵飞燕同游太液池，一阵狂风，将她吹起来，幸好她的裙子被一名宫女拉住，没有被风吹走。但是，裙子上出现许多褶皱，反而比原来的裙子更柔美。后来，这种有着细褶皱的裙子在宫内流行起来，被称为“留仙裙”[③]。

汉成帝因迷恋声色，荒疏朝政，绥和二年（前7）死于赵飞燕妹妹赵合德怀中。建平元年（前6）哀帝刘欣继位，先后将赵飞燕姐妹废为庶人，赵飞燕在元寿二年（前1）在宫中自杀。

班姬（前48—前6），中国历史上著名的才女。她是西汉左曹越骑校尉班况的女儿，东汉著名历史学家班固、班昭和东汉名将班超的祖姑。她自幼聪明

① 永瑢等：《四库全书总目提要》，中华书局1965年影印本，第677页。

② 陈梦雷编：《钦定古今图书集成·明伦汇编·宫闱典》第四十五卷，清雍正四年（1726）内府铜活字印本。

③ 金宗直：《佔毕斋集》卷二十二，韩国民族文化推进会编：《影印标点韩国文集丛刊》（第12册），景仁文化社1996年版，第13页。

伶俐，文才出众。

汉建始元年（前32），汉成帝刘骜即位，她被选入宫中，开始为少使（下等女官），不久得宠，赐封“婕妤”。但是，班婕妤依然按照古礼，不要专宠。

有一则“班姬辞辇”的故事，讲述汉成帝为班婕妤的美貌及文才所吸引，为了能够时刻与班婕妤形影不离，他特别命人制作了一辆较大的辇车，以便同车出游，但遭到班婕妤的拒绝，她说：“看古代留下的图画，圣贤之君，都有名臣在侧。夏、商、周三代的末主夏桀、商纣、周幽王，才有嬖幸的妃子在侧，最后竟然落到国亡毁身的境地，我如果和您同车出进，那就跟他们很相似了，能不令人凛然而惊吗？”汉成帝认为她言之有理，只好作罢。张华在《女史箴》中写道：“班妾有辞，割欢同辇。夫岂不怀？防微虑远”[①]，对班婕妤辞辇的事大加赞扬。

王太后对班婕妤以理制情，不与皇帝同车出游，非常欣赏，对左右近臣说：“古有樊姬，今有班婕妤。”樊姬是春秋时代楚庄王的夫人，她曾辅佐楚庄王成为“春秋五霸”之一。王太后把她比作樊姬，期望汉成帝成为像楚庄王一样的明君，但汉成帝不是楚庄王，自赵飞燕姐妹入宫后，声色犬马。班婕妤只好自请去长信宫侍奉太后。成帝死后，她去守灵，死后便葬于园中。在郁闷和幽怨中，她写下了一些哀婉动人的诗赋，留下来的有《自悼赋》《捣素赋》《怨歌行》等三篇。

王昭君，名嫱，字昭君，中国古代四大美女之一，生于西汉南郡秭归（今湖北省宜昌市兴山县）的一户普通的农家。西汉建昭元年（前38），王昭君被选入宫中，成为宫女。但在选秀时，不肯贿赂画师，在画像时，画师毛延寿在她的眼角画了一颗落泪痣，被认为是不祥之征，因而《后汉书·南匈奴列传》记载：“入宫数岁，不得见御，积悲怨。”

西汉竟宁元年（前33）正月，呼韩邪单于提出“愿婿汉氏以自亲”。元帝答应将五名宫女赐给他。王昭君自愿求行。元帝命画工将赐给呼韩邪单于的宫

① 何楷：《诗经世本古义》卷十八之上，《四库全书·经部》，上海古籍出版社1990年版，第18页。

女的图像进呈。元帝从图像上看王嫱相貌一般，但在临行时，当他见到王昭君，却被她的美貌惊住了。《后汉书·南匈奴列传》记载："帝见大惊，意欲留之，而难于失信，遂与匈奴。"

昭君出塞和亲时，望着漫天黄沙，孤雁南飞，便弹起琵琶，以一首催人泪下的《琵琶怨》遂成千古绝唱。

王昭君抵达匈奴后，与呼韩邪单于非常恩爱，被封为"宁胡阏氏"，并为呼韩邪单于生下一子，取名伊督智牙师，封为右日逐王。三年后，呼韩邪单于去世，依匈奴的习俗，昭君嫁于呼韩邪单于长子。昭君向汉廷上书求归，汉成帝敕令"从胡俗"。昭君被迫与呼韩邪单于长子共同生活了十一年，生有两个女儿，长女叫须卜居次，次女叫当于居次。后死于约公元前 15 年，葬于今呼和浩特市南郊。昭君出塞成为千古流传的故事。

绿珠（？—301），传说姓梁，白州（南昌郡）博白（今广西博白县绿珠镇）人。越地民俗以珠为名，生女称为"珠娘"，生男称作"珠儿"，绿珠的名字由此而来。也有一说，西晋交趾采访使石崇以珍珠买下她，名为绿珠，并成为石崇的宠妾。绿珠善吹笛，石崇制《王明君词》，让绿珠吹奏。王明君即王昭君，以避晋文帝讳改为明君。

《王明君词》是一首写王昭君和亲遭遇的词。词中说："我本汉家子，将适单于庭。辞诀未及终，前驱已抗旌。仆御涕流离，辕马悲且鸣。哀郁伤五内，泣泪沾朱缨。行行日已远，遂造匈奴城。延我于穹庐，加我阏氏名。殊类非所安，虽贵非所荣。父子见陵辱，对之惭且惊。杀身良不易，默默以苟生。苟生亦何聊，积思常愤盈。愿假飞鸿翼，乘之以遐征。飞鸿不我顾，伫立以屏营。昔为匣中玉，今为粪上英。朝华不足欢，甘与秋草并。传语后世人，远嫁难为情。"

绿珠妩媚动人，又善解人意，在石崇众多妻妾中，绿珠最受宠爱。石崇在家中宴客，绿珠必来歌舞侑酒，绿珠的美名闻于天下。

后来，赵王司马伦专权，石崇被免职，依附于赵王的孙秀暗慕绿珠，派人向石崇索取绿珠。一天，石崇与群妾饮宴，孙秀差人来索取绿珠，石崇叫出数十个婢妾，让使者挑选，使者说："只要索取绿珠。"石崇勃然大怒。石崇也预感会被司马伦杀死，对绿珠叹息。绿珠对石崇说："愿效死于君前。"坠楼而亡。石崇也被乱兵杀于东市①。

《随朝窈窕呈倾国之芳容》是黑白的。竖二尺五寸，横一尺多。用这样尺寸的图画来贴在墙上，是很适宜的。四位美女虽都是西晋以前的人，但她们的衣着装饰都是唐朝的，雍容华贵，婀娜多姿，迈着轻盈的步履在庭院里漫步、观赏。人物形象栩栩如生。人物之间的流眄盼顾使画面前呼后应，浑然一体。此外，作者还在人物后面以栏杆、花石作背景，更加烘托出画面的华丽。同时，作者在边框上精心安排了鸾凤和蔓草的图案作装饰，使画面的视觉内容更加丰富。在雕栏玉阶、奇石牡丹花前的四位美女，每人像后均像汉画像石一样有题名。贾平凹在《说舍得：中国人的文化与生活》中称："四美图"画面是四大美人绿珠、王昭君、班姬、赵飞燕。绿珠左手提裙登阶，回眸又望右手所持的玉麒麟，风情毕现；王昭君身着异族服饰，执笔修书，神情沉郁；赵飞燕金饰玉佩，袖手昂头，志满意得；班姬持扇列后，文静矜持。整个画面素色，讲究线条，一派清穆之风。②图题"随朝窈窕呈倾国之芳容"，"窈窕"，旧时用来形容女子美好的姿态，也指宫室；乔知之的《秋闺》中有"窈窕九重闺，寂寞十年啼"③之句，指的就是美女的宫室；"倾国"，指全国人都佩服、爱慕；李延年歌："北方有佳人，绝世而独立，一顾倾人城，再顾倾人国；宁不知倾城与倾国，佳人难再得"；"倾城倾国"也用来形容绝色的女子；"呈芳容"，就是说把容貌绝美、才华出众的女子展现出来；在《四美图》中的人物，是宫室中的美女（或妃嫔），所以，这幅版画称为《四美图》，是十分贴切的。

《四美图》古朴典雅，装饰性强，繁而不杂，别具风韵。人物的个性非常鲜明：王昭君忧国忧民的表情，班姬惨遭折磨的神态，赵飞燕志得意满的面色和绿珠缠绵悱恻的情状，都刻画得淋漓尽致，惟妙惟肖。画中还十分注意人物对道具的运用，如班姬手持团扇，这是因为她的《团扇歌》闻名遐迩，并避免

---

① 见陈梦雷：《钦定古今图书集成·明伦汇编·闺媛典》卷三百五十八，清雍正四年（1726）内府铜活字印本。

② 贾平凹：《说舍得：中国人的文化与生活》，东方出版中心 2006 年版，第 39 页。

③ 乔知之：《秋闺》，《全唐诗》，上海古籍出版社 1986 年影印本，第 207 页。

了与东汉的班昭相混淆。

从人物的丰肌厚体，优柔健美，人物线条舒展自如，流畅劲健，笔势圆转，服饰飘举，褶纹稠叠不乱，衣带紧窄潇洒来看，颇有“吴带当风，曹衣出水”之妙，除了衣着打扮，又个个都像敦煌壁画中的供养人（如图 2–2 所示）。尽管，这时离唐朝已有数百年之久，宋代以后版画的内容发生了显著的变化，转向反映社会生活，但是，唐代的宗教版画风格的影响仍然存在。

《随朝窈窕呈倾国之芳容》也反映出当时社会对妇女的审美取向，男子的择偶标准，对未来的妻子外貌的期望。

图 2–2　唐 · 段蕳璧墓壁画《三仕女图》

在以男性为主体的社会中，男性不但掌控着妇女的审美取向，他们还通过种种渠道——如小说、诗歌、绘画、墓志等传播他们的审美观点，而大多数妇女只能在男性所圈定的审美范围和个人的社会身份之间，尽量迎合着他们的价值标准。

《四美图》所表现的正是男性的这种审美取向，女子应该稳重、端庄、内敛、柔美。

二、《春宵闺怨图》

约翰·伯格指出："在父权社会中，男性可以在广阔的天地里驰骋，女性则被封闭在家庭这个狭小的空间。为了生存，女性被迫寻求男性的保护，而这种保护，需要她们用自己作为商品来交换。女性是否有足够的魅力，能否给男性留下印象，将决定她们终身的幸福，这就决定了女人永远只是男人的凝视对象。"① 在约翰·伯格看来，在父权社会中，女性仅是男人的"景观"而供男性观赏。

男性在观看女性图像时，并不是单纯地看，是携带着权力或者欲望观看；不仅是一种凝视，还是一种控制。通过观看女性图像，一方面满足男性的视觉，同时也满足男性深层次的欲望。精神分析学理论认为，人（特别是男人）天生有种窥视癖，需要有某种观看的东西来满足他的这种癖好。同时，男子在凝视女性形象时，确立自己的主体位置，从而取得了相对于女性的特权。"男子重行动而女子重外观。男性观察女性，女性注意自己被别人观察。这不仅决定了大多数的男女关系，还决定了女性自己的内在关系，女性自身的观察者是男性，而被观察者是女性。因此，她把自己变为对象——而且是一个极特殊的视觉对象：景观。"②

这样，男性的目光就成为女性塑造自己外形的一个标尺，久而久之，这种

① 赵一凡等：《西方文论关键词》，外语教育与研究出版社 2006 年版，第 357 页。

② ［英］约翰·伯格：《观看之道》，广西师范大学出版社 2005 年版，第 47 页。

看与被看的关系就产生了严重不平等的权力关系，男人是观看者，女人只能是被观看者，且作为男人的“物”。但是，现实中，女性并不那么容易成为男性凝视的对象，男性不得不寻求一种替代品，而女性图像的出现正好满足男性凝视的欲望。这样，通过对女性图像的观看，男性依然可以获得某种满足。这样，版画中的女性图像不仅是为了以形象化的形式示人，而是为了满足男性的凝视欲望。

例如，描写男女私情的木刻版画《春宵闺怨图》，一个女子斜坐在床沿上，敞开着外衣，手扶着床柱处思念着，怨恨着……她倒垂着眉，耷拉着脑袋（如图 2–3 所示）……这幅描绘细腻有意境的版画作品，使人不禁想起了温庭筠《更

图 2–3　清中期民间版画《春宵闺怨图》

漏子》词："星斗稀，钟鼓歇，帘外晓莺残月。兰露重，柳风斜，满庭堆落花。虚阁上，倚阑望，还似去年惆怅。春欲暮，思无穷，旧欢如梦中。"①细微地感到主人公纷繁悠远的思绪，寂寞独处的心情，是一幅把脸部表情与动作紧密结合起来的版画作品。

明清时期，男性对女性的审美取向发生了变化，从稳重、端庄，变化为"眉清目秀、唇红齿白"。所谓"眉清"就是眉毛丛生的女性，会使男性如醉如痴；而一字眉的女性，缺乏羞答答的姿态；两边眉毛相系的女性，有点神经质，均不会讨男性喜欢。"目秀"就是瞳偏向上方，会使媚眼的女性，男性见了会销魂落魄。"唇红"就是红色的口唇，是一个健康女性的象征。如果口唇太红，或者口唇紫色，容易引起心脏病。"齿白"表明阳气饱满，齿与肾关系密切，牙齿好，身体健康。②这在民间画工绘制美女图像的口诀中也有所体现："鼻如胆，瓜子脸，樱桃小口，蚂蚱眼（形容眼色朦胧的意思）；慢步走，勿奓手，要笑千万莫张口。"③

同样的赵飞燕、班婕妤、王昭君和绿珠，在明清时代的人物图像中与《四美图》中的形象有很大的不同。这里取明刻本《历代百美图》中的赵飞燕、班婕妤、王昭君和绿珠四幅画像。

赵飞燕和绿珠的形象不再是稳重、端庄，而是以一种张扬、外露、艳丽的容貌示人（如图 2-4、图 2-5 所示）。班婕妤的形象从妇道人家脱胎成一个小家碧玉（如图 2-6 所示）。王昭君虽然身着戎装，手捧琵琶，端坐在马旁，但仍是"瓜子脸，樱桃小口，蚂蚱眼"的碧玉小姐相（如图 2-7 所示）。

这样的变化正表明了明清时代，男性审美取向的变化，进一步说明了男性的择偶标准的变化，对女性的外貌有了不同的要求。

---

① 温庭筠：《更漏子》，《全唐诗》，上海古籍出版社 1986 年影印本，第 2167 页。

② 沈弘：《古代生活·民间年画中的脉脉温情》，中国财富出版社 2013 年版，第 6 页。

③ 吴山：《中国工艺美术大辞典》，江苏美术出版社 1989 年版，第 1344 页。

趙飛燕
明刻历代百美图 - 赵飞燕
《飞燕外传》：宫女燕赤凤与皇后和昭仪关系都很好，一次赤凤到少嫔馆，正好皇后来，命人唱歌，赤凤奏曲，皇后问昭仪："赤凤为谁来？"昭仪答道："当然为姐姐来，难道还为他人吗？"皇后大怒，用杯子顶住昭仪说："区区鼠子还能咬人吗？"昭仪说："有安身之处足矣，为什么要咬人呢？"皇帝后来听说了此事，便问昭仪，昭仪答道："是皇后嫉妒我罢了。由于汉家有火德所以称皇帝为赤龙凤。"皇帝便相信了他的话。

图 2–4　明刻本《历代百美图》中的赵飞燕

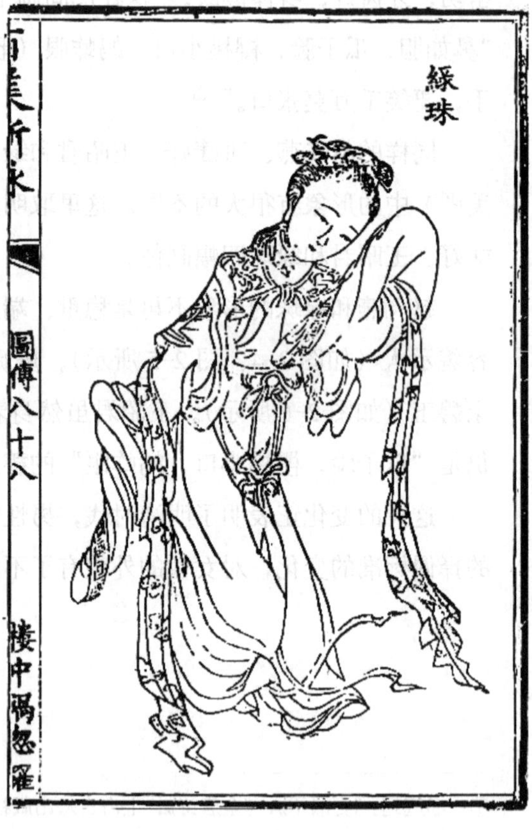

图 2–5　明刻本《历代百美图》中的绿珠

图 2-6　明刻本《历代百美图》中的班婕妤

图 2-7　明刻本《历代百美图》中的王昭君

第二节　富家女读书识字

有句话说："女子无才便是德。"这是明人陈继儒（1558—1639）提出的。他在《安得长者言》中说："男子有德便是才，女子无才便是德。"① 他认为：女子通文识字，而能明大义者，固为贤德，然不可多得；其他便喜看曲本小说，挑动邪心，甚至舞文弄法，做出丑事，反不如不识字，守拙安分之为愈也。所以他得出结论："女子无才便是德。"

但是，在中国古代的大多数中上层家庭，只要条件允许，都赞同女子读书识字。唐人李华在给他外孙女的信中说："妇人亦要读书，解文字，知今古情状，事父母舅姑，然可无咎。"② 东汉才女班昭在《女诫·夫妇》中谈到妇女教育问题时说："察今之君子，徒知妻妇之不可不御，威仪之不可不整，故训其男，检以书传。殊不知夫主之不可不事，礼义之不可不存也。但教男而不教女，不亦蔽于彼此之数乎！《礼》，八岁始教之书，十五而至于学矣。独不可依此以为则哉？"③ 意思是当今人们只知道以书传教育男孩子，殊不知要让女子学会侍奉丈夫、通晓礼义，读书学习也十分重要，只教男而不教女是一种糊涂做法。男子八岁开始读书，十五岁学成，女孩子也同样应该照此行事。宋代的大学问家司马光主张：女子七岁始诵《孝经》《论语》，九岁为之讲解《论语》《孝经》及《列女传》《女诫》之类，使之略晓大义。并强调"古之贤女，无不观图史以自鉴"④。他们都主张女子应该识字读书。

在一般士大夫家庭中，书香门第的女子大多从小读书，许多市民、商贾人家同样让女儿认字学习，一些高门大户的姬妾，甚至婢女，也被要求学书学算。所以古代妇女有文化者比比皆是，倡优、妾婢、尼姑等女性中也有识文断字的人。

---

① 陈梦雷：《钦定古今图书集成·明伦汇编·闺媛典》卷三，清雍正四年（1726）内府铜活字印本。

② 李华：《与外孙崔氏二孩书》，《全唐文》，上海古籍出版社 1990 年影印本，第 1412 页。

③ 《后汉书》，《四库全书·史部》卷一百十四，上海古籍出版社 1990 年影印本，第 8 页。

④ 司马光：《书仪》，《四库全书·经部》卷四，上海古籍出版社 1990 年影印本，第 8 页。

一、教育的方式

古代女性虽然不能同男性一样接受同等的教育，但是，在宫廷中和比较富裕的家庭中，也有设立学堂，由专职教师教授妃嫔、宫女和女性子女的。

例如，东汉和帝的皇后邓绥（81—121）从小就受到严格和良好的教育，六岁时已能诵读史书，十二岁便通《诗经》《论语》，进宫后，还向博学多才的曹大家（班昭）学习经书，兼习天文、算数等。在东汉和帝死后，频繁更换帝位，成为太后的邓绥，一直临朝听政，邓太后十分重视经史学术，教化天下。在繁忙的政务中，她还带头读书，在宫中形成一股读书风气。邓太后还十分重视对后代的教育。元初六年（119），她创办了一所官学，以教授经书，和帝之弟济北王、河间王的五岁以上子女四十余人，以及她自己的近亲子孙三十余人入学。她还亲临监试。①

在吕坤撰的《闺范》中，有一幅木刻版画“班氏婕妤”图（如图 2–8 所示），描绘了她亲临教场时的情景。图中的曹大家正在宫中教宫女读书，书桌上放着一本书，背后的屏风边上写着“班惠姬”三个字，正是她的名字。面对着她的是三个年轻的宫中女子，她们两手合抱，安静地坐在凳子上，旁边站着一个侍女，手中捧着一叠书本，也许这天是曹大家第一天给她们上课，正要将她教课的书本发给她们。旁边坐着的是邓太后，桌上也放着一本书。这些书本应该是曹大家写的《女诫》吧！

曹大家就是东汉著名才女班昭。班昭（约 49—约 120），字惠班，扶风安陵（今陕西咸阳东北）人，家学渊源，尤富文采。她的父亲班彪是东汉的大文豪，哥哥班固是著名的史学家，写有《汉书》。她本人常被召入皇宫，教授皇后及诸贵人诵读经史，宫中尊之为师。十四岁嫁给同郡曹世叔为妻，所以人们又把班昭叫作“曹大家”。曹世叔活泼外向，班昭则温柔细腻，夫妻两人颇能相互迁就，生活得十分美满。

班昭是一位博学多才、品德俱优的中国古代女性。她既是一位史学家，又

① 郑樵：《通志》卷十九，《四库全书》，上海古籍出版社 1990 年影印本，第 83 页。

图 2–8　明 · 万历十八年（1590）刻本《闺范》中的“班氏婕妤”图

是一位文学家，还是一位政治家。在父亲班彪和兄长班固死后，她继续完成《汉书》的纂写工作，出版以后，获得极高的评价，人们称赞它“言赅事备，与《史记》齐名”。全书分纪、传、表、志几类。学者们争相传诵。《前汉书》中最棘手的是第七表“百官公卿表”，第六志“天文志”，这两部分都是班昭在她兄长班固死后独立完成的，但班昭谦逊地仍冠她兄长班固的名字。班昭的学问十分精深，当时的大学者马融，为了请求班昭的指导，还跪在东观藏书阁外，聆听班昭的讲解呢。

班昭著有《女诫》一书，是女教的开山之作，对后世影响很大。《女诫》由卑弱、夫妇、敬慎、妇行、专心、曲从和叔妹等七篇组成，原本是用来教育自己女儿的，后来被很多人抄去教育自家的女儿，时间一长，便流传开了。

以宫廷教育为代表的上层社会的女性教育，早在先秦就已有对宗室女子进行教育的规定。在《周礼·天官·冢宰》中，就有："九嫔掌妇学之法，以教九御妇德、妇言、妇容、妇功"①，意思是九嫔掌管着有关妇人的学习，以教育女御作为妇人所应具有的德行、言辞、仪态、劳动技能。九嫔是国君的配偶，同时也是宫廷中对后宫女子专门进行教育所设立的官员。女御是宫中的女官，掌女红及侍御之事。共八十一人，分九组轮流侍御。先秦时期，宗室王公家的女子都有保姆、傅母、女师等负责教育和照料工作。保姆一般由年老无子，品行端正温良，能以妇道教人的寡居士大夫妻妾承担。她们从女子幼年就一直跟随在身边，不离左右，教女子学习诗书礼法与纺织缝纫等。女子出嫁前三个月，还要由女师教以德、容、言、功"四德"，学成后才能出嫁，后世的贵族家庭也常为女儿聘请教师、设立家塾学习文化。

后来，以宫廷教育为代表的上层社会的女性教育，延伸到民间社会，一些经济富庶的地方，贵族和富裕家庭为女儿聘请闺塾师教课授业。例如，有一幅民间年画《春香闹学》，描绘杜太守在家中设"闺塾"，为自己的女儿请了一名闺塾师，名叫陈最良，他是一位年逾花甲的老儒，教授太守的女儿杜丽娘读书，杜府侍女春香为小姐杜丽娘伴读。陈最良固执礼法，传经授典，枯燥无味。长久闭守学堂的小姐，深感烦闷；春香仗恃小姐在侧，再三扰乱学规，弄得老学究非常尴尬（如图 2–9 所示）。图上侍女春香正在捉弄闺塾师陈最良，长着满面白须的陈最良显得一脸尴尬，站在春香后面的小姐杜丽娘在暗暗发笑，整个画面显得生动活泼。

有些人家专门聘请女塾师为女子授业，如清代女诗人胡慎仪，字采齐，号石兰，著有《石兰集》。后因早年守寡，家道中落，为闺塾师四十年，受业女弟子前后二十余人，多以诗名。

也有的家庭在家中设立家塾或学馆，让兄弟姐妹或家族、亲戚的男女孩子在一起读书。《女聊斋志异》卷四中，有一则"双缢庙"的故事，讲述清代浙

① 《周礼·天官·冢宰》，上海古籍出版社 1983 年影印本，第 20 页。

江一名儒生任迂叟，无子，只生一名女儿，名宜男，一直将她女扮男装，聊娱膝下。任迂叟为女儿请了一位老师教女儿宜男读书。他家东邻有一白家，白家老来得子，担心儿子娇柔难养，所以给他取了一个女性的名字，叫白云娥，并为之贯耳披鬟，以云姐称呼，到任氏的家塾，与宜男一起读书。当时，宜男年十三，云娥年十四；两小无猜，两情相洽。有一天，老师外出，宜男的母亲与姑姑来看她，看到云娥柳眉叠翠，杏脸舒红，与其女璧合珠联，争辉并耀。叹曰："假如宜男是个男的，与云姐真是一对好姻缘。"这时，云娥始知宜男是个女的……这是一则讲述男女孩子同学后产生爱情的故事。

图 2-9　民间年画《春香闹学》

除了这种大户人家的家塾外，有的村镇设有学馆或塾师在自己家中设馆教学，女童也可进入这种学馆读书。

到了清末，西方教育传入中国，出现了不同于学馆、私塾的新型学校，不仅有男女同学的学校，还有专门招收女生的女子学校。一幅民间木刻版画《女学堂演武》（如图 2-10 所示）描绘近代女子学堂的女学生，既读书，又习武，提倡爱国，御侮图强。图上的女学生一身戎装，有的举着枪正在练习打靶，有的肩扛步枪在操练。

另一幅天津杨柳青民间木刻版画《美术教育》（如图 2–11 所示），描绘教育儿童习字作画的情景。图上有四位年轻女子，正在教育男女儿童习字作画，

图 2–10　民间木刻版画《女学堂演武》

图 2–11　天津杨柳青民间木刻版画《美术教育》

还有一名家长手捧一束花，带着一个小孩来习字作画。这幅版画描绘的不仅是男女同学，而且读书的内容不只是四书五经，展现了新式教育对美学的重视。

尽管，在中国古代历史上，女子延师授业不是个例，但是，她们在全体妇女中所占的比例还是极小的，大多数女性的教育主要还是通过父母、家长教授的。在吕坤撰的《闺范》中有一则“陈氏堂前”的故事，“堂前”是对妇女的一种尊称。

图 2-12　明 · 万历十八年（1590）刻本《闺范》中的“陈氏堂前”图

这则故事讲述：陈安节之妻王氏，始嫁岁余而夫卒。遗孤甫月家贫，王氏躬操勤苦如男子。修行最谨，教子孙有法，家渐以饶。乡人敬之，呼曰“堂前”。初堂前之归陈氏也。舅姑殁时，夫之妹尚幼。堂前教育抚字如女。及笄，厚嫁之。舅姑殁，妹求分财，堂前尽出室中所有与之，无吝色。妹得财，尽为夫淫荡所罄，贫不能自存。堂前为又置田宅，抚诸甥如己出，终无怨语①(如图 2-12 所示)。书中的一幅木刻版画“陈氏堂前”图，描

① 吕坤：《闺范》，《中国古代版画丛刊二编》（第五辑），上海古籍出版社 1994 年版，第 702—703 页。

绘的是王氏待小姑如自己的女儿，在一张方桌前，一边坐着王氏，另一边坐着她的小姑，在小姑的前面放着一本书，王氏正在教她识字读书。

二、教育的方向

在男尊女卑的社会里，重男轻女的观念必然会反映到子女的家庭教育上。在社会分工上，男主外，女主内，男耕女织。因此，对女性的闺媛教育主要是放在理家纺织上，并不重视对女性的文化教育。东汉和帝的皇后邓绥从小喜欢读书，“志在典籍，不问居家之事。”① 有一天，她母亲嘲笑她：“你不习女红，不学针线，却专心致志研读经书，难道想做博士官吗?”在汉朝，通一经就可做博士官。从此以后，她听从母亲的劝告，白天修习女儿家的技艺，学做女红，晚上诵读经典，乐此不疲。

女红是闺媛教育的必修课。女红是作为妇女基本操行的“四德”之一的“妇工”（也作“妇功”，或称“女工”“女红”）。班昭对它的解释是：“专心纺绩，不好戏笑；洁齐酒食，以奉宾客，是谓妇功。”② 纺织缝纫、整治酒食，这是女子在家庭中最重要的职责，古人称之为“妇职”。由于女子成年后都要履行“妇职”，所以父母、家长从小便要教她们学习女红、酒食之事。对于大多数古代妇女，尤其是中下层的女性来说，学习女红远比学习文化更为重要，在一些古代木刻版画中，被非常清晰地表现出来。如有一幅民间木刻版画《课子教女》（如图 2–13 所示），图分为左右两幅，左面是“课子”，右面为“教女”。“课子”就是教子读书写字。在一间窗明几净的书房里，一位年轻的妈妈手持一支毛笔，正在教一个男童写字，男童瞪着两只大大的眼睛看着妈妈手中的毛笔，画面十分传神。“教女”就是教女儿学做女红。在闺房里，一张圆桌上，放有针线盒，年轻的妈妈一手拿着一只绣花的棚架，一手拿着一根绣花针，在棚架上绣花给女儿看，女儿盯着妈妈手持的绣花针，两人显得十分默

① 范晔：《后汉书》卷十（上），上海古籍出版社、上海书店出版社 1986 年影印本，第 12 页。

② 范晔：《后汉书》，《四库全书·史部》卷一百一十四，上海古籍出版社、上海书店出版社 1986 年影印本，第 9 页。

契。棚架上已有绣成的花卉图案。男学读书写字，女学绣花缝衣，这就是古代的教育。

图 2-13　清末民间木刻版画《课子教女》

还有一幅民间木刻版画叫《呼女窗前图》（如图 2-14 所示），图中描绘的是清末家庭教育的状况，与《课子教女》图如出一辙，图中年轻妈妈将女儿叫到窗前，给她看凤凰花样的刺绣，教她学习刺绣；同时，教儿子拿笔练字。图上的题词也很有意思："呼女窗前看刺凤，课儿灯下学涂鸦"，在受教育方面，男女有别，一目了然。它是清末著名画家高荫章（桐轩）所作。

此两幅版画所展现的女性教育都是女红，可见，女红已是妇女基本操行的"四德"之一，即使像著名才女班昭也认为女红是妇女在家庭中最重要的职责，她说："专心纺绩，不好戏笑；洁齐酒食，以奉宾客。"

在中国古代，无论贵贱贫富，都要求女孩从小学习女红。尤其是贫穷人家

图 2-14　清末民间木刻版画《呼女窗前图》

的女孩，更注重学习女红，将来还要以此谋生。如清初江苏吴江女诗人姚栖霞，五六岁就能辨四声，十岁后握管即成章。然而，因家境贫困，无法与家境殷实的闺阁女子相比，不到十岁，她就学习女红，以炊饮缝纫帮助父亲养家糊口，从小她就承担起沉重的家庭生活担子。但她仍嗜书如命，稍有空余时间，就取唐宋诸家诗集在灯下默诵，不幸年仅十七因痨病而殒。在她短暂的生命中，留下了一本《剪愁吟》诗集。

东汉乐府诗《焦仲卿妻》讲述：东汉建安年间（196—219），庐江府小吏焦仲卿妻刘兰芝，因不能忍受焦母的虐待，被遣回娘家。但她与仲卿的爱情异常深笃，互誓不再嫁娶，等待日后破镜重圆。谁知兰芝的兄长利欲熏心，逼迫她再嫁给一位太守为妻，以攀高枝。兰芝不愿顺从，“举身赴清池”，投水自尽，焦仲卿闻讯后，也“自挂东南枝”，自缢身亡，上演了一出殉情的悲剧。《焦仲卿妻》诗中有（刘兰芝）“……十三能织素，十四学裁衣，十五弹箜篌，十六诵诗书，十七为君妇，心中常苦悲。君既为府吏，守节情不移。鸡鸣入机织，夜夜不得息。三日断五疋，大人故嫌迟……”①，十来岁的女性就要学女红，做针线与纺织了。

而女子读书识字，主要还是学习礼仪，即女子的“四德”：“妇德、妇容、妇言、妇功”。这是古代妇女教育的主体，所谓“女教”其实就是礼教。“妇人本自有学，学必以礼为本”②，“妇人所以有师何？学事人之道也”③。妇女应该学习礼法和妇道，即“事人之道”。

中国古代有一套专供女子学习的教材，即西汉刘向撰写的《列女传》和“女四书”（东汉女学者班昭的《女诫》，唐宋若莘和宋若昭姐妹的《女论语》，明徐皇后的《内训》，明王相母刘氏的《女范捷录》）。

《列女传》是中国第一本妇女人物传记著作，刘向编写它的初衷，是目睹西汉王朝“女祸”迭起，后妃越礼干政，搜集古代“贤妃贞妇”、“兴国显家”者和“孽嬖乱亡”者，以警诫天子和世人，并非有意推动妇女教育。由于它集中了古代著名女性的事迹，具有故事性，又以礼教为标尺进行评论、褒贬，成为后世妇女最常用教材。

《女诫》是班昭专门为女性教育而写的书，是女性教育的开山之作，对后世影响很大，成为妇女教育的“圣经”和必读书（如图 2–15 所示）。《女诫》分为卑弱、夫妇、敬慎、妇行、专心、曲从和叔妹等七篇。

《女论语》是宋若莘姐妹仿照《论语》写成的一部妇女教材，分为立身、学作、学礼、早起、事父母、事舅姑、事夫、训男女、管家、待客、和柔和守节等十二章。由于采用了流畅顺口的四言诗形式，语言通俗易懂、朗朗上口，而且具体形象地对女子一生从幼至老，每天从早到晚的一言一行、一颦一笑都作了详细的规定。如“行莫回头，语莫掀唇，坐莫动膝，立莫摇裙，喜莫大笑，怒莫高声。内外各处，男女异群。莫窥外壁，莫出内庭。出必掩面，窥必藏形”，取代以前空洞、古板的说教，以浅显易懂、具体好学的语言讲述，十分适宜于年轻女子或文化水平不高的妇女，所以对后世影响很大。

---

① 《焦仲卿妻》，《中国历代诗歌选·上编》（一），人民文学出版社 1964 年版，第 115 页。

② 章学诚：《文史通义·妇学》（上），中华书局 1985 年版，第 537 页。

③ 班固：《白虎通义》卷二，《四库全书·子部》，上海古籍出版社 1990 年影印本，第 57 页。

《内训》由明成祖朱棣的皇后徐氏所编，徐氏为明开国功臣徐达的女儿。她自幼好文，为了教诲宫中妇女，她选择前代女教书，编著成《内训》。全书分为德性、修身、慎言、谨行、勤励、节俭、警戒、积善、迁善、崇圣训、景贤范、事父母、事君、事舅姑、奉祭祀、母仪、睦亲、慈幼、逮下、待外戚等二十章，但文字比较艰深。

图 2-15 明刻本《无双谱》中的"班昭像"

《女范捷录》是明代儒士王相的母亲刘氏所撰。刘氏守节六十年，人称"王节妇"，《女范捷录》分为统论、后德、母仪、孝行、贞烈、慈爱、秉礼、智慧、勤俭、才德等十篇，彰扬古代列女的事迹，教育妇女。

除"女四书"外，比较著名的女教书，还有明代吕坤的《闺范》、吕得胜的《女小儿语》、清代贺瑞麟的《女儿经》、陈宏谋的《教女遗规》等。这些女教书教的就是“事人之道”。

三、教育的人文化

女性受教育的目的与男性不同，后者非常明确是为了获取功名，走上仕途。女性受教育没有这样的功利性，因为女性没有仕途可走，只有相夫教子一条路。所以女性学习的内容历来比较狭窄，除了刘向的《列女传》和“女四书”，以及《女孝经》等女教书外，就是女红。但是，到了明清时期，一部分上层社会的知识女性，她们在儒家传统规定的范围内，不断调整儒家教育规范的边界，或者说在儒家规范的缝隙中，创造出一种丰富多彩和颇具意义的才女文化。她们从习女教、做女红的狭窄生活圈中走出来，培养和发展吟诗作赋填词、琴棋书画、参禅论道、交友游玩等文人生活情趣，使她们的生活视野和社交活动的范围不断扩大，社会经验不断增长，成为一种生活艺术化及对俗世的超越。

在明清时期，作为中国古代的四大艺术的“琴棋书画”，已经成为知识女性修身养性所必须掌握的技能，一个人的文化素养的标志。“善琴者通达从容，善棋者筹谋睿智，善书者至情至性，善画者至善至美”，它已作为一种文化载体根植于中华民族的血脉当中，成为中华民族的一个文化符号，表达一种圣洁高雅的情操。

在明清年间的木刻版画中，出现大量以琴棋书画为题材的女性图像。例如，有一幅取自《镜花缘》的清代民间木刻版画《文考才女琴棋书画》（如图2–16所示），描绘的是唐朝武则天开女科，招贤纳士的故事。在《镜花缘》第四十二回“开女试太后颁恩诏，笃亲情佳人盼好音”中，写道：“到了次年，唐敏不时出去探信。这日，在学中得到了恩诏，连忙抄来，递给小山道：‘考才女之事，业已颁发恩诏，还有规例十二条，你细细一看就知道了。’”① 第

① 李汝珍：《镜花缘》（上），人民文学出版社1955年版，第408页。

图 2–16　清末天津杨柳青民间木刻版画《文考才女琴棋书画》

六十六回“借飞车国王访储子，放黄榜太后考闺才”中描述了武则天殿试女才子的情景：“不知不觉到了四月初一殿试之期。闺臣于五鼓起来，带着众姐妹到了禁城，同众才女密密层层，齐集朝堂，山呼万岁；朝参已毕，分两旁侍立。那时天已发晓，武后闪目细细观看，只见个个花能蕴藉，玉有精神，于那娉婷妩媚之中，无不带着实欢喜。因略略问了史幽探、哀萃芳所绎《璇玑图》诗句的话；又将唐闺臣、国瑞征、周庆覃三人宣来问道：‘你三人名字都是近时取的么？’闺臣道：‘当日臣女生时，臣女之父，曾梦仙人指示，说臣女日后名标蕊榜，必须好好读书。所以臣女之父当时就替取了这个名字。’国瑞征同周庆覃道：‘臣女之名，都是去岁新近取的。’武后点点头道：‘你们两人名字都暗寓颂扬之意，自然是近时取的，至于唐闺臣名字，如果也是近时取的，那就错了。’又将孟、卞几家姐妹宣至面前看了一遍道：‘虽系姐妹，难得年纪都相仿。’又赞了几句，随即出了题。众才女俱各归位——武后也不回宫，就在偏殿进膳。——到了申刻光景，众才女俱各交卷退出。原来当年唐朝举子赴过部试，向无殿试之说，自武后开了女试，才有此例。此是殿试之始。当时武后命上官婉儿帮同阅卷。所有前十名，仍命六部大臣酌定甲乙。诸臣取了唐闺臣第一名殿元，阴若花第二名亚元。择于初三日五鼓放榜。”①

清末，天津杨柳青的这幅民间木刻版画《文考才女琴棋书画》，虽说取材于《镜花缘》中的武则天开设女子科考，亲自殿试前十名才女，但图中描绘的场景与小说《镜花缘》上讲述的完全不同。图中武则天坐在殿中央，两旁站着两名宫女，前面站着两名女官，在录取的百人中，选取的前十名才女参加武则天亲自主持的殿试，这十名才女相聚在“鸿文宴”，武则天考她们的不是四书五经，而是琴棋书画。十名从科考中脱颖而出的才女，被分成四组：一名女子，坐在案桌前，一手抚古琴，一手拨弄琴弦。古琴是中华文化中最古老的一种拨弦乐器，有四千余年历史。因琴声的“清、和、淡、雅”，它的音乐品格寄寓了文人的凌风傲骨、超凡脱俗的处世心态。古琴象征天、地、人的和合，在传统文化中，格外体现出礼乐文化。右边的两名女子，一个坐在桌子旁，桌上放着一个围棋棋盘；另一个女子手捧放棋子的罐子走来。围棋，传说在尧的时代就已诞生了。围棋巨匠吴清源认为，它的棋盘象征着宇宙。天体由三百六十之数组成，棋盘上的交叉点共三百六十一个，多出来的一个是天元，即太极，代表宇宙本原。而棋盘上的三百六十一个交叉点正好代表一年农历的天数。从天元将其四分，分属四个角，象征春、夏、秋、冬四季。白子代表白昼，黑子代表黑夜。围棋还包含着东方文化的精髓和妙谛，以及东方文化的神秘色彩和高雅情趣。前边坐着的三名女子，一个女子手持毛笔，正准备落笔，在纸上写些什么。另外两名女子，一个在翻阅放在桌子上的一本书，另一个回头向宫中的侍女索要什么，是纸、笔墨，还是书？这三名女子就是“书”的组合。“书”不仅包括四书五经、经史子集的古代文明积淀，也包括笔墨情趣中的中国传统。还有三名女子手持一张画着花草、山石的图画，正在相互观看。这四组女子正好组成了琴棋书画中国古代的四大传统艺术。

这幅木刻版画虽然描绘的是唐朝的故事，但是，它透视出的是明清时期的一个十分有趣的文化现象：才女文化向“文人化”的转向。她们从狭隘的女教书中走出，进入一个更为广阔的人文世界。

---

① 李汝珍：《镜花缘》（下），人民文学出版社 1955 年版，第 487—488 页。

在明清以前，琴棋书画虽然早已在女性中广泛流传，如晋代“书圣”王羲之的老师便是一位女性——卫铄，人称“卫夫人”，她受家风熏陶，毕生研习书法，有很深造诣（如图 2-17 所示）。有人评价她的书法“如同插花的美女”。五代蜀中才妇李夫人以善画丹青载入史册。李夫人的墨竹栩栩如生，当时就有许多人模仿。古代妇女多下围棋，上自宫廷贵妇，下到小家碧玉。唐代翰林院有一位棋手，名叫王积薪，自以为棋术天下无敌，一日投宿客店，夜间听到隔壁店主婆与儿媳在黑暗中以口说对弈，王积薪记住了棋局，第二天复盘，自愧不如，于是他向店主婆求教，从此他的棋艺大长，成为国手。这则故事出自《唐国史补》卷上。南朝还有一个叫娄逞的女子，为了能同男子在围棋中一比高下，女扮男装，隐瞒自己的女儿身，在围棋界获得了名声，但是好景不长，暴露了真相，被齐明帝下令赶回了家，只得重新穿上女儿装，她感叹地说：“我空有这样的棋艺，叫我回去做老太婆，真太可惜了！”

图 2-17 明刻本《历代百美图》中的卫夫人

但是，到了明清时期，琴棋书画已经成为中上层知识女性修身所必须掌握的技能，并且进入了日常生活中。

一幅《抚琴》图（如图 2-18 所示），展现了清末的闺阁中的生活情趣。图中三名女子，一个抚琴，一个吹箫，一个弹琵琶，她们正沉醉于音乐声中。一

图 2–18　清末上海小校场民间木刻版画《抚琴》

个刚会走路的小孩也扔掉了手中的玩具，跟着音乐声翩翩起舞。一些名门闺秀，不仅以抚琴弹奏借以彰显自己的文化修养和技艺，而且，以一派清新高雅的音乐，将闺门的生活情趣生动地展现在人们面前。

焚香抚琴，敲棋对弈，在明清小说中最为常见。在《红楼梦》八十七回“感秋声抚琴悲往事，坐禅寂走火入邪魔”中，有一段惜春与妙玉弈棋的描述：那天，贾宝玉因家塾放学“无处可去，忽然想起惜春有好几天没见，便信步走到蓼风轩来。刚到窗下，只见静悄悄寂无人声。宝玉打谅他也睡午觉，不便进去。才要走时，只听屋里微微一响，不知何声。宝玉站住再听。半日，又‘啪’

的一响。宝玉还未听出，只听一个人道：‘你在这里下了一个子儿，那里你不应么？’宝玉方知是下大棋。但只急切听不出这个人的语音是谁。底下方听见惜春道：‘怕什么？你这么一吃，我这么一应，你又这么吃，我又这么应。还缓着一着儿呢，终久连得上。’那一个又道：‘我要这么一吃呢？’惜春道：‘阿嗄！还有一着反扑在里头呢，我倒没防备。’宝玉听了听，那一个声音很熟，却不是他个姊妹。料着惜春屋里，也没外人，轻轻的掀帘进去，看时，不是别人，却是那栊翠庵的‘槛外人’妙玉。这宝玉见是妙玉，不敢惊动。妙玉和惜春正在凝思之际，也没理会。宝玉却站在旁边，看他两个的手段。只见妙玉低着头，问惜春道：‘你这个畸角儿不要了么？’惜春道：‘怎么不要？你那里头都死着子儿，我怕什么？’妙玉道：‘且别说满话，试试看。’惜春道：‘我便打了起来，看你怎么样？’妙玉却微微笑着，把边上子一接，却搭转一吃，把惜春的一个角儿都打起来了，笑着说道：‘这叫做倒脱靴势。’”①一幅清代苏州桃花坞民间木刻版画《惜妙弈棋》，描绘的正是这番情景。图上月窗外桂树吐香，红蓼拂栏，惜春和妙玉两人正在相向下棋（如图 2–19 所示）。从中可以看出，弈棋是明清时期上层妇女日常生活内容之一。

图 2–19 清 · 苏州桃花坞民间木刻版画《惜妙弈棋》

① 曹雪芹：《红楼梦》（三），上海古籍出版社 1988 年版，第 1443 页。

明清时期，女性吟咏诗赋蔚然成风，不仅是士大夫阶层的闺阁小姐喜欢吟咏诗赋，而且一些中下层社会的市井人家的女子也受此影响，喜爱吟咏诗歌。并且，还相互之间以诗文赠答唱和，互相交流，逐渐形成一个不唯女性，亦有男性，跨地域的社交圈子——诗社。

最初的诗社大多是以家族的形式存在，如《红楼梦》第三十七回“秋爽斋偶结海棠社，蘅芜院夜拟菊花题”，探春、惜春、迎春、宝钗、黛玉、宝玉、李纨等七人在秋爽斋发起成立海棠诗社，推李纨为社长（如图 2–20 所示）。第

图 2–20 清刻本《红楼梦》中的“秋爽斋偶结海棠社”图

一次诗会，以白海棠为题，每人限韵赋诗一首，众人评论宝钗诗为上。几天后，在大观园中赏桂花吃螃蟹时，又以菊花为题，拟出了忆菊、访菊、种菊、对菊、供菊、咏菊、画菊、问菊、簪菊、影菊、菊梦、残菊等十二个诗题，众人分别领题赋诗，这一次黛玉的诗夺魁；第二年春天，诗社改为桃花社，黛玉为社主，以柳絮为题各人填词，宝钗的《临江仙》则被公推为尊。① 这些情节生动地反映明清时期，上层社会中的知识女性结社赋诗已成风气，也促成了明清时期的才女灿若群星，在我国文学史上留下了浓重的一笔。

文人结社是中国古代文学领域中引人注目的文学现象，尤其在明清之际，江南出现了大量的诗派和文社，如清初，由知识女性发起组织的“蕉园诗社”，创于清康熙四年（1665），到康熙四十七年（1708），前后存在四十余年。蕉园诗社“分题角韵，接席联吟，极一时艺林之胜事。终清之世，钱塘文学，为东南妇女之冠，其孕育滋乳之功，厥在此也”②。

文人结社无疑对各派的文学观念的相互碰撞与交流、渗透与融合，以及明清之际文学思潮的形成与发展产生很深远的影响。同样，知识女性的结社对清代女性文学的繁荣也是十分有益的。

明清女性文学创作呈现多元化、群体性、共享性的特点，以诗词为主，编选诗集。清代著名文学家袁枚招收几十位女弟子，她们大多是大家闺秀，经常举行诗会，互相品诗评诗，袁枚将她们的诗作结集，刻印成专集。在《红楼梦》第四十八回“滥情人情误思游艺，慕雅女雅集苦吟诗”中，有一段黛玉与宝玉的对话：“黛玉都笑道：‘谁不是顽？难道我们是认真做诗呢。若说我们真个做诗，出了这园子，把人的牙还笑掉了呢。’宝玉道：‘这也算自暴自弃了。前日我在外头，和相公们商量画儿，他们听见咱们起诗社，求我把稿子给他们瞧瞧，我就写了几首给他们看看，谁不是真心叹服？他们抄了刻去了。”③（如图 2-21 所示）在清朝刻印诗集十分普遍，其中女性诗集也不在少数。

据胡文楷所著的《历代妇女著作考》收录女性作家四千余人，其中汉魏

---

① 曹雪芹：《红楼梦》（二），上海古籍出版社 1988 年版，第 579—596、599—609、1149—1160 页。

② 梁乙真：《中国妇女文学史纲》，开明书店 1932 年版，第 404 页。

③ 曹雪芹：《红楼梦》（二），上海古籍出版社 1988 年版，第 770—771 页。

图 2-21　清刻本《红楼梦》中的“慕雅女雅集苦吟诗”图

六朝仅三十三人，唐、五代二十二人，宋、辽四十六人，元代十六人，明代二百四十五人，清代三千六百七十六人。这些数字足以说明当时妇女刻印诗集的风气十分盛行。

第三节　为家国相夫教子

现在，人们常说“孩子是家中的小皇帝”，“六个大人养一个孩子”，似乎人的一生就是在为孩子活着。从孩子一出生，教子成才就成为人们心目中抹不去的梦想。其实，这不仅在现代，早在几百年、几千年前的古代就已经是这样了，这从清末的一幅民间木刻版画《闺房教子》上就可以看出，教子的重任落在妇女的身上，母亲是子女的第一位老师（如图 2-22 所示）。

图 2-22　清末山西新绛民间木刻版画《闺房教子》

民间木刻版画《闺房教子》，展现的是古代中上层社会的家庭教育。图中一位梳双髻簪花的妇女，身穿绣云披肩，花边大袖短旗袍，坐在一把两边有扶手的圈椅上，右手拿一把折扇，左手拿一本书，书上是一首孟浩然的《春晓》诗："春眠不觉晓，处处闻啼鸟。夜来风雨声，花落知多少。"膝前站着一个扎牛角小辫的儿童，穿对襟马褂，垂袖直立，正在背诵着这首诗文。后面的云形花坛上，摆放着文房四宝、笔墨水盂。从人物形象秀雅，衣装华丽来看，这是一个中上层社会家庭。女性也因教子成龙，常常成为千古美谈。

一、“三娘教子”

“三娘教子”是一则广为流传的故事。故事讲述了明代有一个叫薛广的儒生，往江苏镇江经商，家中留有妻子张氏，妾刘氏和王氏。刘氏生有一子，乳名倚哥。全家老小由家中的老仆薛保照顾。薛广在镇江经商多年，一直没有回家，一次遇到一名同乡，正好要返回故乡，薛广就托他带五百两白银交给妻妾做生活费。不料，他所托的人将这笔巨款私吞，并且买了一口空棺，停厝荒郊，谎称薛广已客死他乡。

大娘张氏、二娘刘氏和三娘王氏（王春娥）都信以为真，号啕大哭，让老仆薛保运回灵柩安葬。

后来，薛家因没有了生活来源，家道逐渐衰落，大娘、二娘先后改嫁，唯有三娘坚贞守节，家中只剩三娘和老仆薛保及二娘刘氏所生的倚哥。倚哥虽非三娘所生，但三娘对他如同己出，承担起抚养和教育他的责任。三娘依靠自己织布换回米粮，含辛茹苦地养活一家三口。尽管家中已十分贫寒，三娘还是将倚哥送到学堂读书，对倚哥的教育甚严。

一天，倚哥在学堂受到同学讥刺，说他是没有娘的孩子，深深地刺痛了他的心。一回家，他就对三娘发脾气，表示不想再去学堂读书。从此，他变得贪玩，不喜读书，不肯勤学，还不认三娘为母，处处与三娘作对。三娘苦口相劝，要他用心读书。倚哥不仅不听，还出言不逊，三娘眼看她的辛苦将毁于一旦，她怒斥倚哥，还用刀砍断织布机上已经织好的布，折断机杼，欲毁织机。幸亏老仆薛保劝解，跪地求情，帮三娘教导倚哥。三娘用家中的变故教育倚哥，勉励倚哥奋发读书。倚哥也自知错了，跪地请求三娘原谅。母子终于和好，倚哥也收心读书了（如图 2–23 所示）。

薛广因生意失败，入伍从军，后来官至兵部尚书。十几年后，薛倚也金榜题名，成为新科状元。父子两人在京相见，一起荣归故里，全家团圆。这时薛广的妻子张氏、薛倚的亲妈刘氏丢弃已成的家，都来认丈夫和状元儿子，三娘劝大娘张氏回家照顾老伴，劝二娘刘氏也回家照顾老伴和几岁的孩子。并告诉她们：欲尝甜瓜自己种，自种苦瓜自己尝。

图 2-23　清・河南朱仙镇民间木刻版画《三娘教子》

二、“四大贤母”

古代妇女对子女的教育往往是含辛茹苦，克勤克俭。孟子的母亲、陶侃的母亲、岳飞的母亲和欧阳修的母亲是中国历史上最著名的四位母亲。她们是母亲的典范，被称为中国的“四大贤母”。

1.“断机教子”的孟母

孟母是中国古代著名的思想家、教育家，战国时期儒家代表人物孟子的母亲。孟子能成为仅次于孔子的一代儒家宗师，有“亚圣”之称，与他母亲的教育是分不开的。

孟子的父亲孟激是一个怀才不遇的读书人，他抛下娇妻和稚子，远赴宋国游学求仕，三年后，孟父客死他乡，这如晴天霹雳般的噩耗，并没有将孟母击倒，她决心要用自己的双手把独生子教养成一个有用的人。

孟母仉氏，战国时晋国（今山西省）人。她克勤克俭，含辛茹苦，坚守志节，抚育儿子，数十年如一日，成为后世母亲教育子女的楷模，受到人们的尊崇。黎民百姓传颂着她教育孟子的故事，文人学士为其立传作赞，达官显贵、孟氏后裔为其树碑修祠。孟母对儿子的教育，不只是关注儿子的起居生活，而是以“言教”和“身教”来完善儿子的人格。在儿子很小的时候，孟母突然发现，一向伶俐听话的儿子，受到了不良环境的影响，沾染了一些不良习惯。为此孟母不断选择邻居，给儿子寻找一个好的生活、学习环境。开始，孟家住在靠近墓地的地方，孟子学了一些丧葬时痛哭的样子。孟母想：“这个地方不适合孩子居住。”就离开了。她将家搬到了街上，这里离杀猪宰羊的地方很近，孟子又学了做买卖和屠杀的样子。孟母想：“这个地方还是不适合孩子居住。”她又将家搬到学校旁边。每月初一，官员进入文庙，行礼跪拜，揖让进退，孟子见了，将这些礼仪一一记住。孟母想：“这才是孩子居住的地方。”他们就在这里定居了下来。这就是传为美谈的“孟母择邻”（如图 2–24 所示）。

孟子具有天生的灵性与慧根，但也有一般幼童的怠惰贪玩。有一天，孟子逃学到外面玩了半天，当他回到家中，孟母坐在织布机前织布，她问儿子：“《论语》的《学而》篇会背诵了吗？”孟子回答说：“会背诵了。”孟母就说：“你

图 2–24　清 · 天津杨柳青民间木刻版画《孟母择邻》

背给我听听。”可是，孟子总是翻来覆去地背诵这么一句话：“子曰：‘学而时习之，不亦说乎？’”孟母听了又生气又伤心，举起一把刀，“嘶”的一声，把刚织好的布割断了，麻线纷纷落在地上。孟子看到母亲把辛辛苦苦织好的布割断了，心里既害怕又不明白其中的原因，忙问母亲出了什么事。孟母教训儿子说：“学习就像织布一样，你不专心读书，就像断了的麻布，布断了再也接不起来了。如果学习不努力，不常常温故知新，就永远也学不到本领。”说到伤心处，孟母呜咽地哭了起来。孟子很受触动，从此以后，他牢牢地记住母亲的话，起早贪黑，刻苦读书。这则“断机教子”的故事，就是孟母鼓励儿子读书不要半途而废。孟母施教的这种做法，对于孟子的成长及其思想的发展影响极大。良好的环境使孟子很早就受到礼仪风俗的熏陶，并养成了诚实不欺的品德和坚韧刻苦的求学精神，为他以后致力于儒家思想的研究和发展打下了坚实而稳固的基础。

日后，“断机教子”的典故成为版画中的一个传统题材，也成为妇女教育子女中的一个经典故事。在《古今列女传评林》的“断机教子”中，孟母手持一把尖刀，面露怒气，手指着织机上的布，面对着双膝跪地的孟子，对他学习上不求上进，不惜割断辛辛苦苦织成的布来教育他，读书不能像布上断掉的线，断掉的线是接不起来的，读书也是这样，要专心，要努力（如图 2–25 所示）。这幅木刻版画作品采用的是写实手法，非常直白，让人一看就明白。一边的书桌上放置着孟子正在读的书，另一边有一架织机，织机上有孟母正在织的布，中间两个人物，一个是孟母，一个是跪在地上的年幼的孟子。两人目光相视。两人脸上的表情各异，孟母一脸的不高兴，跪在地上的孟子则是一脸的恐惧。画面的背景非常简单。两旁有一副对联：“教出慈亲诗礼受三迁之益，学承往圣文章开百代之宗。”

孟母教子的影响颇为深远，早在西汉时期韩婴的《韩诗外传》中，就用孟母的故事来解释诗义，刘向的《列女传》中，首次出现了“孟母”这个专用名词。东汉女史学家班昭曾作《孟母颂》，西晋女文学家左芬也作《孟母赞》。南宋时的启蒙课本《三字经》引证的第一个典故就是“昔孟母，择邻处，子不学，断机杼”，这些普及于封建社会中期的启蒙读物，虽经明清学者陆续修订补充，

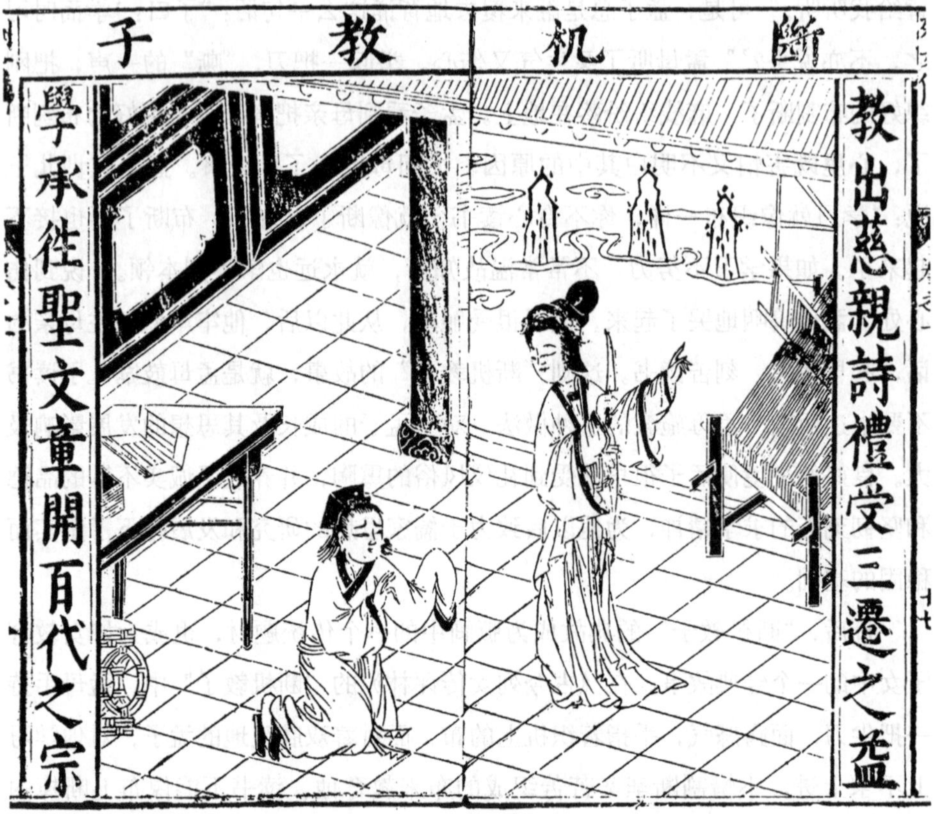

图 2–25 明刻本《古今列女传评林》中的孟母“断机教子”图

而“孟母三迁”“断机教子”的故事始终冠于篇首。

2.“截发筵宾”的陶母

陶母湛氏为东晋名将陶侃的母亲。陶侃曾任东晋八州都督、征西大将军，封长沙郡公。但他年轻时，家境贫穷，日子过得十分清苦。他是孤儿，全由陶母纺纱织麻，供他读书，含辛茹苦地将他抚养成人，但陶母待客仍很热情。有一天大雪，陶侃的好友（一说陶侃父亲的好友），鄱阳郡孝廉范逵等数人途经他家，因冰雪封路，天色将晚，就到陶侃家来借宿。到陶家时，他们赶了一天路，尚未吃过东西，但陶侃家中又拿不出一点吃的东西来招待客人。陶母见状后，先是把垫在床上的禾草席子拿出来切碎喂马，然后毫不犹豫地拿出剪刀，“咔嚓”将头发剪下，出门与小店换回米油酒菜，招待客人，还撬下几块旧楼板当柴烧。范逵等人见之，深为感动，连声赞道：“非此母不生此子！”这就是有名的“截发筵宾”的典故。

在吕坤撰的《闺范·晋陶侃母》中，有一幅木刻版画（如图 2-26 所示），生动地描绘陶母刚刚拿着她用头发换回来的米油酒菜，走出小店时的情形，她一手提着盛菜的陶罐，一手挡住纷飞的雪花。在雪地里，她弓着背，艰难地走着，任劳任怨。雪地上留下她清晰可见的脚印。远处，马在安心地吃着草，宾主正在厅堂上交谈甚欢。唯有陶母在寒风中奔波，让人看了怎能不肃然起敬！图中的人物勾画简单，画面构图开阔、疏朗，刚柔相济，动静结合，是一部淡雅切题的好作品。

陶母对陶侃的教育不是一时一事，而是一生一世的，即使在陶侃已经做官，陶母还不时提醒他要兢兢业业、忠于职守、待人和善。在《世说新语》中有一则“陶母责子退鲊”的故事。陶侃在浔阳（今江西九江）做主管渔业生产的小官时，一次，他的下属见其生活清苦，便从鱼品腌制坊拿来一坛糟鱼给他食用。孝顺的陶侃念母亲平素好吃糟鱼，便趁同事去鄱阳之时，顺便捎上这坛糟鱼，并附上一封请安信。

图 2-26 明刊本《闺范》中的“晋陶侃母”图

陶母收到信和糟鱼，为儿子有一片孝心而十分高兴。于是，她随口问了一下来人："这坛糟鱼，在浔阳要花多少钱？"那客人不解其意，直夸耀说："嗐，这坛子糟鱼用得着花钱买吗？去下面作坊里拿就是了，伯母爱吃，下次我再给您多带几坛来。"陶母听罢，心情陡变，喜去忧来，将糟鱼坛口重新封好，叫客人把鱼带回去，并附上一封责怪陶侃的书信。书信上言辞严厉："汝为吏，以官物见饷，非惟不益，乃增吾忧也。"

陶侃收到母亲返回的糟鱼与书信，万分愧疚，深感辜负母训，发誓不再做让母亲担忧的事情。从此，陶侃为官公正廉洁，公私分明，直到晚年告老还乡，他也一丝不苟地将军资、仪仗、仓库亲自加锁交公。陶侃的一生浸透了陶母湛氏的言传身教，具有助人为乐、不受酬谢的高尚品质。

3.“画荻教子”的欧阳公母

欧阳公母是北宋政治家、文学家欧阳修（1007—1072）的母亲。欧阳修出生于一个小官吏家庭。在他出生后的第四年，父亲离开了人世，于是家中生活重担全部落在了欧阳修的母亲郑氏身上。

眼看欧阳修就到了上学的年龄，郑氏想让儿子去读书，但家里很穷，买不起纸笔。有一次，她看到屋前的池塘边长着荻草，荻草是一种禾本科植物，为多年生草本水陆两生植物，秆直立，高一米至一点五米，直径约五毫米，也有秆高达五点五米至七点七米，直径二厘米至五厘米的。郑氏突发奇想，用这些荻草秆在地上写字不是也很好吗？

于是，她用荻草秆当笔，地上铺一层沙当纸，教欧阳修练习写字。欧阳修跟着母亲在地上一笔一画地练习写字，反反复复地练习，错了再写，直到写对写工整为止，一丝不苟。在吕坤撰的《闺范·欧阳公母》中，有一幅版画作品，描绘的正是“画荻教子”这则故事。在一间破旧的茅屋里，家徒四壁，一贫如洗，欧阳修正跟着郑氏在学写字。郑氏坐在一只凳子上，手持一根荻草的茎秆，在地上比画着，教欧阳修写字。少年欧阳修认真地看着母亲用荻草茎秆在地上写出一个个字来，生动、逼真地还原出欧阳修母亲“画荻教子”的情景（如图 2–27 所示），让人看了十分感动。

幼小的欧阳修在母亲的教育下，很快爱上了书写。每天写读，积累越来越多。在他还小的时候，就已经能够过目成诵了。

图 2–27 明刊本《闺范 · 欧阳公母》中的“画荻教子”图

欧阳修长大后做了官，母亲还经常将他父亲为官的事迹讲给他听。欧阳修的父亲生前曾在道州、泰州做过管理行政事务和司法的小官。他关心民间疾苦，正直廉洁，为百姓所爱戴。欧阳修的母亲对他说：你父亲做司法官时，常在夜间处理案件，对于涉及平民百姓的案件，他十分慎重，翻来覆去地看。凡是能够从轻的，都从轻判处；而对于那些实在不能从轻的，往往深表同情，叹息不止。她还说：你父亲做官，廉洁奉公，不谋私利，而且经常以财物接济别人，喜欢交结宾朋。他的官俸虽然不多，却常常不让有剩余。他常常说不要把金钱变成累赘。所以他去世后，没有留下一间房，没有留下一垄地。

她还告诫儿子说，对于父母的奉养不一定要十分丰厚，重要的是要有一份孝心。自己的财物虽然不能布施到穷人身上，但一定是心存仁义。我没有能力教导你，只要你能记住你父亲的教诲，我就放心了。母亲这些语重心长的教诲，深深地印在欧阳修的脑海里。

4. 刺字“精忠报国”的岳母①

岳母姚太夫人是南宋抗金英雄岳飞的母亲。在国家危亡之际，她深明大义，鼓励儿子投笔从戎。一天，岳飞正与母亲在家中说话，有人前来叩门，岳飞把那人接到屋中，谈话中才知道来人是洞庭湖杨幺起义军的部将王佐，因杨幺久慕岳飞文武全才，特差王佐前来聘请前去相助。当下王佐拿出许多金银珠宝作为聘礼，岳飞正色说道：“岳飞生是宋朝人，死是宋朝鬼！”坚辞不受。王佐无可奈何，最后只得收拾起聘礼回山去了。

王佐走后，岳飞将刚才的事细说给岳母听。岳母听后，沉思了一会儿，就让岳飞去中堂摆下香案，端出香烛，随后带儿媳一同出去，焚香点烛，拜过天地祖宗，又叫岳飞跪在地上，儿媳研墨。岳母对岳飞说道：“孩儿，做娘的见你甘守清贫，不贪富贵，是极好的。但恐我死之后，又有些不肖之徒前来勾引，倘我儿一时失志，做出些不忠之事，岂不把半世清名丧于一旦？故我今日祝告天地祖宗，要在你背上刺下‘尽忠报国’四字，愿你做个忠臣，尽忠报国，流芳百世，我就含笑于九泉了！”岳飞听罢，说道：“母亲说得有理，就与孩儿刺字吧。”说毕，便将衣服脱下半边。岳母取过笔来，先在岳飞背上写了“尽忠报国”四个字，然后将绣花针拿在手中，在他背上以墨迹刺出“尽忠报国”四字。只见岳飞的肉一耸，岳母问：“我儿痛吗？”岳飞道：“母亲刺也不曾刺，怎么问孩儿痛不痛？”岳母流泪道：“孩儿，你怕娘的手软，故说不痛。”说罢，咬着牙根刺起来。刺完，将醋墨涂上，使字永远不褪色。岳飞起来，叩谢母亲训子之恩。岳飞背后刺“尽忠报国”四字，被传为佳话。有关岳飞刺字在宋时的正史或野史，以及笔记小说中并无记载。最早见于元时所编的《宋史》。《宋史·岳飞传》中有“飞笑曰：‘皇天后土，可表此心。’初命何铸鞫之，飞裂裳，以背示铸，有‘尽忠报国’四大字，深入肤理”②。

① 《宋史·岳飞传》原写为“尽忠报国”，后流传为“精忠报国”。后文同，不再作注。

② 《宋史·岳飞传》，中华书局 1977 年版，第 11393 页。

但在明清时期，岳飞刺字的故事屡屡出现在戏曲、小说和绘画作品中。一幅“岳母刺字”的版画作品描绘岳母为岳飞刺字的情景。图上岳飞双膝跪地，脱去上半身衣服，裸露背面，身后坐着的岳母，手持银针，在岳飞背上刺“精忠报国”四个字。岳母的一旁站着岳飞的妻子李夫人，她手抱一个小男孩，看着岳母为她丈夫在背上刺字。岳飞旁边有一名书童手持文具盒在一旁侍候。图上有“刺字报国”四个大字（如图 2–28 所示）。图上还有一段简单介绍岳飞事迹的文字：“宋岳飞，字鹏举，家贫好学，尤好左氏春秋孙吴兵法，尝镌精忠报国四字于臂。靖康初，金人南侵，飞应募，破兀术于朱仙镇，后为秦桧所害。”整个画面简单朴实，没有多余的笔墨，把事情交代得清清楚楚。

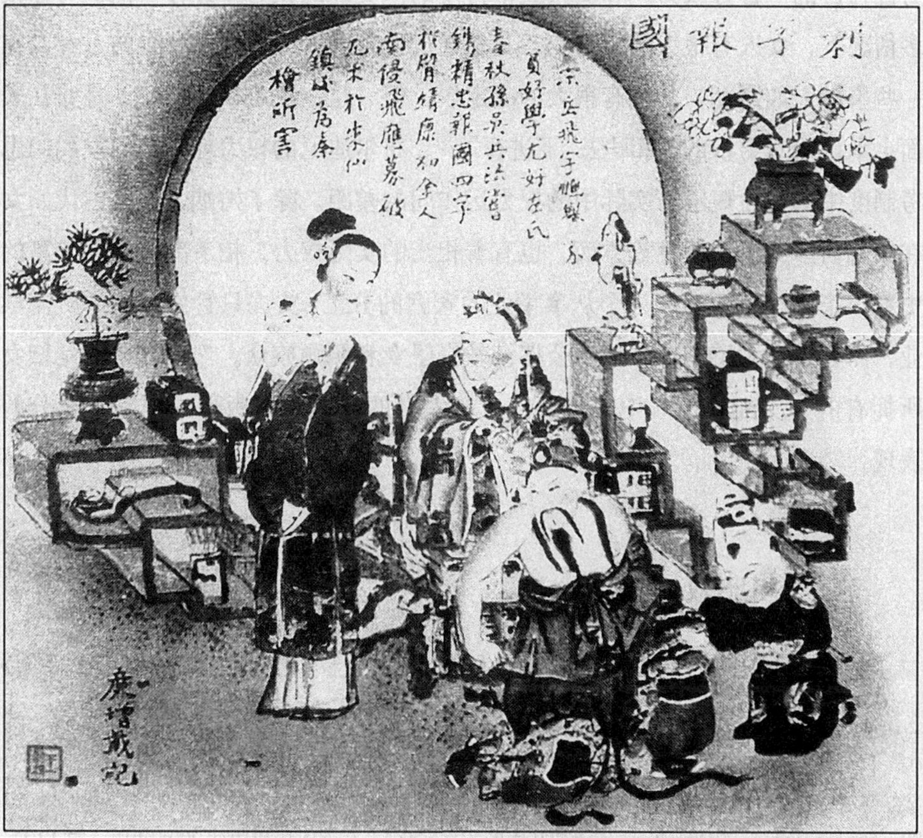

图 2–28　清 · 天津杨柳青民间木刻版画《岳飞》中的“岳母刺字”图

在古代的木刻版画中，类似于孟母的“断机教子”、陶母的“截发筵宾”、欧阳公母的“画荻教子”和岳母刺字的题材屡见不鲜，成为那个时代的传统题材，其背后的社会意义，就是妇女在家庭中成为承担教育子女的主要角色和所处的主角地位。英国学者彼得·伯克在《图像证史》一书中说：“图像不能让我们直接进入社会的世界，却可以让我们得知同时代的人如何看待那个世界。”①正是如此，在古代封建社会中，尽管妇女的地位低下，女子一旦出嫁后，“妇人有三从之义，无专用之道，故未嫁从父，既嫁从夫、夫死从子”②。女人一生中经历“女—妻—母”三个阶段，在这三个阶段中，妇女依附于男性，未出嫁依附于父亲，出嫁后依附于丈夫，丈夫死后依附于儿子。但是，妇女在家庭中并不是一点权力都没有。法国的一位学者皮埃尔·布尔迪厄提出：男性独占的“官方权力”和女人经常行使的“支配的权力”并存，他认为在很多情况下，女人有很大的决定权，只是通过代理男人的权力而获得的，女人在一些事情上如婚姻，其实有很大的决定权，但“这一决定权的行使，是要在表面上承认绝对男权的‘障眼法’下进行”③。布尔迪厄的权力理论，启发我们思考制度中的权力规定与实际中的权力运作间的差距。除了婚姻，中国古代妇女在家庭财产、子女教育等方面，也有着相当的实际权力。柏清韵就根据丰富的史料，指出了宋元时期一个从事举业的家庭的分工：丈夫只管修习科举所需学业，而妻子则主持家计、侍奉公婆、教育子女和照顾族众。④教育子女是妇女所拥有的“支配权力”中的一项。这在大量的古代木刻版画中得到了充分的表现。

三、十月胎教

胎教并不是现代才有的新鲜事，早在古代就已有之。在《大戴礼记·保傅》

① [英]彼得·伯克：《图像证史》，北京大学出版社2008年版，第188页。
② 《仪礼注疏·丧服》，上海古籍出版社1990年影印本，第358页。
③ 转引自高彦颐：《闺塾师：明末清初江南的才女文化》，江苏人民出版社2005年版，第12页。
④ 李志生：《中国古代妇女史研究入门》，北京大学出版社2014年版，第19页。

中，就有“古者胎教，王后腹之七月，而就宴室”。又说“周后妃（邑姜）任（孕）成王于身，立而不跂（不踮脚尖），坐而不差（身子歪斜），独处而不倨（傲慢），虽怒而不詈（骂），胎教之谓也”①。刘向在《列女传》中说：“古有妇人妊子，寝不侧，坐不边，立不跸，不食邪味，割不正不食，席不正不坐，目不视邪色，耳不听淫声，夜则令瞽诵诗道正事”②，这样生出来的婴儿才会“形容端正，才德必过人矣”③。刘向还以周文王之母（太任）为例：太任在妊娠期间，“目不视恶色，耳不听淫声，口不出敖言，生文王，生而明圣，太任教之，以一而识百，君子谓太任为胎教”④，意思是说，周文王母（太任）怀孕时，眼不看邪恶的东西，耳不听淫乱的声音，口不说狂傲的话，夜里诵诗，文王生下来就非常聪明，教之以一而识百，这是周文王的母亲施行胎教的结果。郑氏的《女孝经》第十六章就是“胎教”。《女孝经》为唐代郑氏撰。郑氏是唐朝散郎侯莫陈邈之妻。侯莫陈是三字复姓。《女孝经》共有十八章：开宗明义、后妃、夫人、帮君、庶人、事舅姑、三才、孝治、贤明、纪德、五刑、广要道、广守信、广扬名、谏诤、胎教、母仪、举恶等。在“胎教”一章中说：“大家曰：‘人受五常之理，生而有性习也，感善则善，感恶则恶，虽在胎养，岂无教乎！古者妇人妊子也，寝不侧，坐不边，立不跛；不食邪味，不履左道，割不正不食，席不正不坐，目不视恶色，耳不听靡声，口不出傲言，手不执邪器；夜则诵经书，朝则讲礼乐。其生子也，形容端正，才德过人，其胎教如此。’”⑤这里的“大家”就是“曹大家”班昭。其意与刘向在《列女传》上所说的大同小异。

这表明中国古代极为重视“饴养”“胎教”。晋代张华在《博物志》中记载

---

① 《大戴礼记·保傅》，《中国经学史基本丛书》（一），上海书店出版社 2012 年版，第 214 页。
② 刘向：《古列女传一·周室三母》，《四部丛刊初编·史部》，上海书店出版社 2015 年版，第 9 页。
③ 刘向：《古列女传一·周室三母》，《四部丛刊初编·史部》，上海书店出版社 2015 年版，第 9 页。
④ 《古今列女传评林》，《中国古代版画丛刊二编》（第四辑），上海古籍出版社 1994 年版，第 50 页。
⑤ 陶宗仪：《说郛》卷七十（上），《四库全书·子部》，上海古籍出版社 1990 年版，第 17 页。

的胎教方法还包括："妇人妊身，不欲令见丑恶物、异类、鸟兽，食当避其异常味，不欲令见熊罴虎豹并及射鸟射雉，食牛心、白犬肉、鲤鱼头……不可啖兔肉，又不可见兔，令儿唇缺，又不可啖生姜，令儿多指"①，虽然其中有些说法实属荒诞，如不可见兔，不可食姜，会诞生畸形儿。但，女子怀孕时注意饮食的思想还是对的。

元朝有一本营养学专书《饮膳正要》，也谈到"胎教"。它说："上古圣人有胎教之法。古者妇人妊子，寝不侧，坐不边，立不跸；不食邪味，割不正不食，席不正不坐，目不视邪色，耳不听淫声，夜则令瞽诵诗，如此则生子，形容端正，才过人矣。故太任生文王聪明圣哲，闻一而知百，皆胎教之能也。圣人多感生妊娠，故忌见丧孝、破体、残疾、贫穷之人，宜见贤良、喜庆、美丽之事，欲子多智，观看鲤鱼、孔雀；欲子美丽，观看珍珠、美玉；欲子雄壮，观看飞鹰、走犬；如此善恶，犹感况饮食不知避忌乎！"②

《饮膳正要》是由元代太医官忽思慧所编，他对前代人的食疗作了较多的研究，介绍了二百三十八种药膳菜肴配料、汤、抗衰老药膳处方和二百余种食物本草，此外，还介绍了饮膳卫生、食性宜忌、养生保健、妊娠育婴等内容。在《饮膳正要·妊娠食忌》中的一幅木刻版画作品"妊娠宜看鲤鱼孔雀"图（如图 2–29 所示），图中一个孕妇坐在床沿上，正在观看两个侍女举着的鲤鱼图和孔雀图。右边的鲤鱼图上，两条鲤鱼正在水中戏水，充满活力。左边的孔雀图上，孔雀虽然没有开屏，但仍显得非常美丽。整幅画面的构图虽然繁密，但不零乱，人物造型古朴生动，线条粗犷硬朗，风格浑厚质朴，严谨写实。

婴儿诞生以后，用母亲的乳汁喂养孩子，也是女人的天职，她们在喂养孩子时，孩子在家庭内得到最初的爱会激发他们以后爱自己的国家，履行自己的职责。这其实也是女性对子女的一种教育方式。

在远古时代，人类喂养婴儿都是用母乳喂养的，新生儿要么由亲生母亲哺乳，要么由别的母亲喂养。虽然，也有被动物养大的婴儿，如被母狼哺育长大

① 张华：《博物志》卷十，《古今逸史 11·博物志》，文物出版社 2020 年版，第 1 页。

② 忽思慧：《饮膳正要·妊娠食忌》，《中国古代版画丛刊二编》（第一辑），上海古籍出版社 1994 年版，第 43 页。

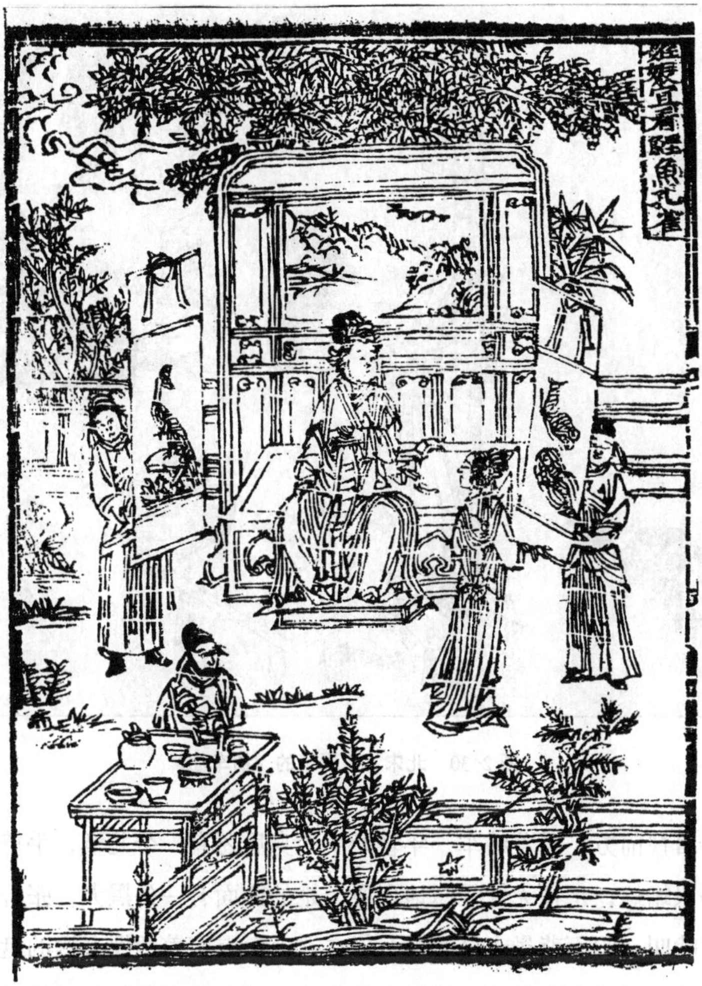

图 2-29 元·天历三年（1330）刊本《饮膳正要》中的“妊娠宜看鲤鱼孔雀”图

的狼孩，这不仅是极为罕见的个例，而且狼孩长大后，与人类已有隔阂。

因此，人们早已认识到母乳喂养对教育子女的重要性。在中国的绘画中就有哺乳的妇女图像。早在北宋王居正的《纺车图》上，就已经出现了女性哺乳的图像。《纺车图》描绘的是农村妇女在大树下纺纱时的场景(如图 2-30 所示)。图上一共有三个人，一个儿童、一个年轻妇女和怀抱中的婴儿，还有狗和蟾蜍等动物。右半幅画面繁密活泼，一个年轻妇女身穿满缀补丁的衣衫，坐在小板凳上，左手抱着正在哺乳的婴儿，右手摇动着纺车。她双手拉着线团，身体略

图 2-30 北宋·王居正的《纺车图》

微前躬，目视前方，看着纺车。年轻妇女的身后还有一个儿童，手持短竿，绳端系着一只蟾蜍，正在无忧无虑地玩耍。她的前面有一条黑犬，张着嘴，似乎在对蟾蜍吠叫。画面背景十分简略，仅在右上角点缀着两棵老树的盘根，几串垂挂的柳叶，以及点点青草，显得安静自然。两条若有若无的纱线把整个画面连接起来。小孩和小狗使画面活泼生动，仿佛在纺车的吱呀声中，还能听到小狗的叫声。

在明清的民间木刻版画中，慈母哺乳画是十分流行的传统题材，在民间广泛流传。

清代，在上海小校场民间木刻版画中，就有多幅慈母哺乳的版画。一幅《哺乳图》，图上表现了日常妇女哺乳的景象，画面静中有动。在井井有条的室内，一个少妇斜卧在一张榻上，敞开胸怀正在给一个婴儿哺乳，婴儿双手捧持母亲的乳房，安静地吃着母乳，身后一个大一点的孩子，趴在少妇膝上，看着

图 2–31　清末上海小校场民间木刻版画《哺乳图》

他弟弟满足地吃着奶。榻边坐着一个年龄稍大的妇女，注目观望，照顾着他们母子三人（如图 2–31 所示）。从她们的衣着和房内陈设看，非贵即富，表明不仅生活在底层的妇女自己哺乳，即使生活在中上层的妇女自己哺乳也日渐增多。

另一幅清末上海小校场民间木刻版画《慈母哺乳闺门画》，画面静中有动，一位母亲坐在榻上，搁起一条腿，抱着一名婴儿，敞开胸怀，正在给一个男婴哺乳，婴儿满意地吮吸着母亲的乳头，母亲注目着婴儿露出微微的笑容。母亲身后还有一个小男孩，手摇拨浪鼓，看着妈妈给弟弟喂奶，婴儿的憨态与另一个男孩的顽皮劲相映成趣。旁边站着的一个年轻妇女，照看着他们母子三人（如图 2–32 所示）。母亲自己喂奶，被看成妇女的职责。

其实，母亲喂养儿女，不仅是给婴儿满足他们生长的必需营养，也汲取了哺乳母亲的文化营养。在民间中，曾经流传一种说法，婴儿吃了谁的奶，不仅相貌会像，而且行为举止也会像。

图 2-32　清末上海小校场民间木刻版画《慈母哺乳闺门画》

四、望子成龙

望子成龙往往是古代人生活的全部内容。从孩子生下来，父母为之奋斗、努力、付出、奉献。这一传统一直延续至今。

1. 抓周习俗

孩子生下来后，父母就对儿女有了一定的期望。民间流行的抓周习俗最能反映出父母的这种心态。抓周，又称“试儿”。据北齐颜之推《颜氏家训 · 风操》记载：“江南风俗，儿生一期，为制新衣，盥浴装饰。男则用弓、矢、纸、笔，女则用刀、尺、针、缕，并加饮食之物及珍宝服玩，置之儿前，观其发意所取，以验贪廉愚智，名之为‘试儿’”，就是小孩满周岁（也有说满百日的），在桌上放置弓、矢、纸、笔（或刀、尺、针、缕），让小孩自行抓取，测试小孩贪廉愚智（如图 2–33 所示）。不少著述在论及抓周习俗的历史时，都称此俗至少在南北朝时已普遍流行于江南地区，至隋唐时逐渐普及全国。

传说，三国时，孙权称帝未久，太子孙登得病而亡，孙权只能在其他皇子中立太子。有个叫景养的布衣求见孙权，进言立嗣传位乃千秋万代的大业，不仅要看皇子是否贤德，而且还要看皇孙的天赋，并称他有试皇孙贤愚的办法。孙权遂命景养择一吉日，诸皇子各自将儿子抱进宫来，只见景养取出一个满置珠贝、象牙、犀角等物的盘子，让小皇孙们任意抓取。众皇孙有的抓翡翠，有的取犀角。唯有孙和之子孙皓，一手抓过简册，一手抓过绶带。孙权大喜，遂册立孙和为太子。然而，其他皇子不服，各自交结大臣，明争暗斗，迫使孙权

图 2–33 古代抓周图

废黜孙和，另立孙亮为嗣。孙权死后，孙亮仅在位七年，便被政变推翻，改由孙休为帝。孙休死后，大臣们均希望拥戴一位年纪稍长的皇子为帝，恰好选中年过二十的孙皓。这时一些老臣回想起先前景养采用的选嗣方式，不由啧啧称奇。其后，许多人也用类似的方法来预测儿孙的未来。

《红楼梦》第二回中，贾雨村在扬州城外酒肆喝酒时，碰到了老熟人冷子兴，聊起了荣国府贾政之子贾宝玉，“子兴叹道：‘……不想次年又生了一位公子，说来更奇，一落胞胎，嘴里便衔下一块五彩晶莹的玉来，还有许多字迹，你道是新闻异事不是？’雨村笑道：‘果然奇异，只怕这人的来历不小。’子兴冷笑道：‘万人皆如此说，因而乃祖母爱如珍宝。那周岁时，政老爷便要试他将来的志向，便将那世上所有之物，摆了无数，与他抓取。谁知他一概不取，伸手只把些脂粉钗环抓来玩弄。那政老爷便不喜欢，说他将来是酒色之徒，因此便不甚爱惜，独那太君还是命根一般。说来又奇，如今长了七八岁，虽然淘气异常，但聪明乖觉，百般不及他一个。说起孩子话来也奇怪，他说：“女儿是水做的骨肉，男人是泥做的骨肉。我见了女儿便清爽；见了男子便觉臭浊逼人。”你道好笑不好笑？将来色鬼无疑了’……雨村道：‘天地生人，除去大仁大恶，余者皆无大异。若大仁者，则应运而生，大恶者，则应劫而生。运生世治，劫生世危……大仁者修治天下，大恶者挠乱天下。’”①

抓周礼俗一般在小孩满周岁时举行。宋代吴自牧《梦粱录·育子》中载：“其家罗列锦席于中堂，烧香炳烛，顿果儿饮食，及父祖诰敕，金银七宝玩具，文房书籍、道释经卷、秤尺刀翦、升斗等子、彩段花朵、官楮钱陌、女工针线、应用物件并儿戏物，邻置得周小儿子中座，观其先拈者何物，以为佳谶。”②

抓周时，在床（炕）前陈设的大案上，摆有印章，儒、释、道三教的经书，笔、墨、纸、砚，算盘、钱币、账册，首饰、花朵、胭脂，吃食、玩具等；如是女孩抓周还要加摆铲子、勺子（炊具）、剪子、尺子（缝纫用具）、绣线、花

① 曹雪芹：《红楼梦》（一），上海古籍出版社 1988 年版，第 27 页。
② 吴自牧：《梦粱录·育子》，黑龙江人民出版社 2003 年版，第 188 页。

样子（刺绣用具）等。一般人家，限于经济条件，多予简化，仅用一铜茶盘，内放私塾启蒙课本：《三字经》或《千字文》一本、毛笔一支、算盘一个、烧饼油果一套。女孩加摆铲子、剪子、尺子各一把。由大人将小孩抱来，令其端坐，不予任何诱导，任其挑选，视其先抓何物，后抓何物。以此来探测其志趣、前途和将来要从事的职业。

如果小孩先抓了印章，则谓长大以后，必承天恩祖德，官运亨通；如果先抓了文具，则谓长大以后好学，必有一笔锦绣文章，终能三元及第；如是小孩先抓算盘，则谓将来长大善于理财，必成陶朱事业；如是女孩先抓剪、尺之类的缝纫用具或铲子、勺子之类的炊事用具，则谓长大善于料理家务。反之，小孩先抓了吃食、玩具，也不能当场就斥之为“好吃”“贪玩”，也要被说成“孩子长大之后，必有口道福儿，善于‘及时行乐’”。总之，长辈们对小孩的前途寄予厚望。小孩抓周习俗，反映父母对儿女的舐犊深情，也寄托着父母望子成龙的一种期望，希望儿女能好好成长。

在古代的木刻版画中，更多的是期望登科，孩子金榜题名，走向仕途。最常见的有“五子登科”“五子夺魁”“连中三元”“蟾宫折桂”“冠带流传”“春风得意”“一品当朝”“平升三级”“富贵寿考”等传统题材。

2. 五子夺魁

古代的科举考试，夺得头名的人称为“魁元”。“盔”是“魁”的谐音。在渴望子孙争气的民间木刻版画《五子夺魁》中，用五个童子争夺一顶头盔，来寓意子孙个个贤能，争抢头名状元，满足人们望子成龙的渴望，对亲友子弟成才的美好向往（如图 2–34 所示）。

“五子”是借“窦氏五龙”的典故，在《三字经》中，有“窦燕山，有义方，教五子，名俱扬”。窦燕山，原名窦禹钧，为五代后晋时幽州（今北京）人，因幽州属燕，故名燕山。窦禹钧也称窦燕山。

窦禹钧出生于富商家庭，他最初为人心术不正，专用大斗进，小斗出，老百姓十分痛恨他的为富不仁，并激怒了上天，到三十岁膝下无子。

一天夜里，他梦见去世的父亲，父亲对他说：“你心术不好，品行不端，已被天帝知晓，将你命中注定无子，你要赶快悔过从善，大积阴德，才能挽回

图 2-34 清末上海小校场民间木刻版画《五子夺魁》

天意。”窦燕山醒来后，决定重新做人。

一年新年，窦禹钧到延庆寺去拜佛，在寺中拾得白银二百两，黄金三十两，他在寺中守候失主。果然，一个哭哭啼啼的人跑来，窦禹钧问他何故哭泣，那人说：“我父亲给绑匪掳去，好不容易凑得白银二百两，黄金三十两，赎回父亲。现在丢失了，父亲就难免一死。”窦禹钧就将黄金白银归还给了这名失主，并赠给他一笔路费。

之后，窦禹钧又做了许多好事，还在家乡设立学堂，让附近贫穷的孩子免费上学。他自己生活十分节俭，没有金玉饰品，也没有华丽衣服。一天晚上，窦禹钧又梦见自己的父亲。老人告诉他：“你现在阴功浩大，美名远播，天帝已经知道。以后你会有五个儿子，个个能金榜题名，你也可活到八九十岁。”

后来，他果然有五个儿子，因为教子有方，五个儿子都先后中了进士。长子名仪，在后晋时中进士，入宋官至礼部尚书，是宋初一代名臣。次子名俨，也是后晋进士，历仕汉、周，宋初任翰林学士。三子名偁，为后汉进士，曾任宋参知政事。四子名侃，为后汉进士，入宋任起居郎。五子名僖，是后周进士，曾任宋左补阙。当时，人们美称为“窦氏五龙”。当五个儿子均金榜题名时，侍郎冯道赠诗一首：“燕山窦十郎，教子有义方。灵椿一株老，丹桂五枝芳。”窦禹钧还有八个孙子，也都很贵显。最后，窦禹钧做到谏议大夫的官职，享寿八十二岁，临终前谈笑风生，向亲友告别，沐浴更衣，无病而卒。

“五子”还有其他的各种说法，如宋永泰人张肩孟的五个儿子相继登科，江南江淮流传的知善、知孝、知勇、知义、承恩五子登科，春秋时的管仲、宁戚、隰朋、宾胥无、鲍叔牙等五人，秦时的由余、百里奚、蹇叔、丕豹、公孙支等五人，宋时的周敦颐、程颢、程颐、张载、朱熹等五人。“五子登科”寄托着一般人家期望子弟都能像窦家五子那样，联袂获取功名、拥有大富大贵锦绣前程的理想。

3. 连中三元

古代的科举考试，是从县、州、府基层开始的，叫作童试，考生叫作童生，考中之后叫秀才，第一名叫“案首”。再向上一级考试叫乡试，在省城举行，赴考者是各地的秀才，考中之后称举人，第一名是“解元”；再高一级会试，在礼部举行，赴考者是举人，考中后称“贡生”，第一名是“会元”，第二至五名是“经元”；最后是殿试，在皇帝的金銮殿举行，皇帝亲自主持，赴考者是贡生，考中后称“进士”，殿试的第一名称“状元”。在乡试、会试、殿试中，均取得第一名（解元、会元、状元），合称为“三元”。历史上曾有过十七人中过“三元”，其中文科十四位，武科三人。文科有唐朝的张又新、崔元翰；宋朝的孙何、王曾、宋庠、杨置、王岩叟、冯京；金朝的孟宋献；元朝的王宗哲；明朝的黄观、商辂；清朝的钱棨、陈继昌。武科有明朝的王名世、王玉璧，明末清初的尹凤。

相传，北宋名臣王曾的父亲见破旧的经籍，必加整修，片言只字，不敢丢弃。一天晚上，孔子托梦给他：“你如此敬惜我的书，我让曾参投胎做你的儿子。”曾参（前 505—前 435），即曾子，春秋末鲁国人，是孔子的学生，勤奋好学，颇得孔子真传。

后来，夫人果然怀孕，生下一子，取名为曾。二十出头的王曾在乡试中名列第一，在礼部的会试中，再居榜首。接下来，在宋真宗亲自出题的殿试中，以“神龙异禀，犹嗜欲之可求；织草何知，尚薰莸而相假”等警句，甚得宋真宗的赏识，擢为第一名。王曾成为宋朝开国以来第一个集解元、会元、状元于

图 2–35　清末扬州民间木刻版画《连中三元》

一身的“三元”，登上了科考的金字塔塔尖。

捷报传回王曾的故乡，青州知州给他故里挂上“三元坊”的金匾。有人用桂圆、荔枝、核桃各三枚合成图案，取圆谐音“元”，意为“连中三元”。

大多数的《连中三元》民间木刻版画，采用的是寓意，图上没有连中三元的主角，如一幅清代的扬州民间木刻版画《连中三元》，图上有三个小孩和一个年轻女子。这四个人显然不是连中三元的人。这位年轻女子手里拿着一只花篮，三个顽童，一个在地上玩着蟹；一个举着上面写有“连中三元”的旗幡，也就是这幅民间木刻版画的主题；还有一个在攀登桂花树，寓意“攀高枝”（如图 2–35 所示）。

4. 蟾宫折桂

蟾宫就是月宫，意思是攀折月宫桂花。在科举考试中，比喻应考高中（如图 2–36 所示）。

《晋书 · 郄诜传》：“武帝于东堂会送，问诜曰：‘卿自以为何如？’诜对曰：‘臣举贤良对策，为天下第一，犹桂林之一枝，昆山之片玉。’”① 相传蟾宫中有桂树，遂以“蟾宫折桂”谓科举应试及第。元代施惠《幽闺记 · 士女随迁》：“镇

① 《晋书 · 郄诜传》，上海古籍出版社、上海书店出版社 1986 年影印本，第 1411 页。

朝经暮史，寐晚兴夙，拟蟾宫折桂之梯步。”①《红楼梦》第九回：“彼时黛玉在窗下对镜理妆，听宝玉说上学去，因笑道：‘好，这一去可是要蟾宫折桂了，我不能送你了。’”②

图 2–36 清·民间木刻版画《蟾宫折桂》

晋武帝泰始年间（265—274），吏部尚书崔洪举荐郄诜当左丞相。后来郄诜当雍州刺史，晋武帝问他的自我评价，他说：“我就像月宫里的一段桂枝，昆仑山上的一块宝玉。”用广寒宫中一枝桂、昆仑山上一片玉来形容特别出众的人才，这便是“蟾宫折桂”的出处。蟾宫即月宫。晋武帝大笑并嘉许他。唐代以后，科举制度盛行，蟾宫折桂便用来比喻考中进士。唐代大诗人白居易先考中进士，他的堂弟白敏中后来中了第三名，白居易写诗祝贺说：“折桂一枝先许我，穿杨三叶尽惊人。”

蟾宫折桂，也有一些传说和掌故。其中以明初宋濂的《重荣桂记》所叙最详：江西庐陵周孟声与其子学颜都是读书人，在当地很有名气。其家在吉水泥石村，院内有棵大桂树，枝叶繁荣，树荫可遮盖二亩地。在元末动乱中，房屋被焚毁，树也被烧死，树枝被人砍做烧柴，只留下光秃秃的树干。到明初天下安定，老树干竟发出新芽，不几年便又郁郁葱葱。有人说，此树经火之后，外

① 王奕清：《御定曲谱》卷六，《四库全书·集部》，上海古籍出版社 1990 年影印本，第 5 页。
② 曹雪芹：《红楼梦》（九），上海古籍出版社 1988 年版，第 4 页。

焦内枯，现发新芽，事出反常，恐非好兆。也有人说，草木无知，却得风气之先。当年寇准病故，人们为凭吊他插下的竹枝竟都生笋，田氏兄弟闹分家，其家的荆树无故枯萎，兄弟和好不分，树又重荣，可见周家又将复兴。不久，学颜之子仲方考中进士，人们就都认为是此树重荣的祥瑞。① 祥瑞之说虽是迷信，但老树能重荣，则是它的顽强生命力。

唐代，段成式《酉阳杂俎》中演绎出吴刚砍桂的神话。传说月中桂树高达五百丈，有一名叫吴刚的人，因学仙术违规，被罚在月宫砍桂树，每砍一斧，桂树的伤口又会自动愈合。因此，吴刚常年在月宫砍桂树，桂树始终不倒。文人学士每当中秋望月，吟诗作赋，都会把月中桂树、桂子作为常用的典故，月亮又被称为“桂月”“桂宫”“桂窟”“桂轮”等。

第四节　看护孩儿童年游戏

古代妇女最重要的职责就是看护儿童的健康成长，现如今也是将“妇”“幼”放在一起。我们知道，儿童的快乐成长离不开游戏，可以说是游戏陪伴着儿童一起成长。无论是富人家的儿童，还是贫穷人家的儿童，小时候都玩过游戏。儿童的世界是个游戏的世界，孩子们在游戏中寻求乐趣，发泄自己剩余的精力，同时在不知不觉的玩耍活动中，学会与他人交流，逐渐培养自己的社会生存能力。儿童游戏的历史源远流长。那么，古代的儿童玩些什么游戏呢？在古代木刻版画中，描绘了多少古代儿童做游戏的场面呢？

一、骑竹马

骑竹马是古代儿童最常见的一种游戏，在汉朝就已经广泛流传。东汉官员

① 宋濂：《重荣桂记》，《四库全书·江西通志》卷一百六十二，上海古籍出版社 1990 年影印本，第 35 页。

郭伋在担任并州牧时，曾到下属处巡视，到达西河郡美稷县（今内蒙古准格尔旗之北），有数百名儿童，各自骑竹马，在道旁依次拜迎。在《后汉书·郭伋传》中载有："始至行部，到西河美稷，有童儿数百，各骑竹马，于道次迎拜。"① 可见，儿童削竹做马骑，汉朝已有。

图 2-37 清·苏州民间木刻版画《婴嬉竹马》

竹马并不是用竹子做的马，它只是一根竹竿，十分简单，也可以用木、秫或者以扫帚等代替。小孩跨在竹竿上，一手扶着竹竿，一手拎个小竹枝做马鞭子，嘴里喊着"驾！驾！"追赶着、欢笑着，像真的骑在马上一样，深得男孩子的喜爱。后来复杂一点，以竹、纸等扎成一个马头，戴在竹竿的头上。唐代诗人李白的《长干行》诗中，有"妾发初覆额，折花门前剧。郎骑竹马来，绕床弄青梅。同居长干里，两小无嫌猜……"②，将男女儿童在一块儿活泼嬉戏的情景，描绘得活灵活现。在一幅清代的苏州民间木刻版画《婴嬉竹马》上，桂花飘香，海棠娇艳。窗内，一个手拿团扇、穿着华丽的妇人，与一个小孩在做骑竹马游戏。身穿花袍、襕裤的小孩，胯下有一根装有马头的竹竿。小孩左手扶竹马，右手执一根带树叶的树枝，作为赶马的马鞭。小孩高兴地抬头望着妇人（如图 2-37 所示），一个纯真、快乐的小孩

① 《后汉书·郭伋传》，上海古籍出版社、上海书店出版社 1986 年影印本，第 900 页。
② 李白：《长干行二首》，《全唐诗》（上），上海古籍出版社 1986 年影印本，第 99 页。

跃然纸上。

这种游戏现在虽已不多见了，但是在20世纪50年代，像上海这样大城市的街头巷尾仍能见到。这是小男孩们最喜欢玩的一种游戏。他们用一根五尺长的竹竿，一手握着竹竿的一头，另一端拖在地上，跨过身子骑在斜着的竹竿上，模仿骑马的姿态，在小巷、街角、天井中奔跑，往往可以见到成群放了学的儿童在一起玩竹马。

马在古代有着非常重要的作用，不仅是交通运输工具，在战场上，还是勇敢士兵们的乘骑。小孩子喜欢学习勇敢的人，骑马成为他们憧憬的梦想，但是，小孩学骑马太危险，于是他们找来竹竿放在胯下，幻想着这就是马。虽然这是一根小小的竹竿，可代表小孩渴望驰骋的梦想。

二、踢毽子

毽子也叫毽儿、鸡毛毽儿。在高承《事物纪原》中，有“今时小儿以铅锡为钱，装以鸡羽，呼为毽子，三四成群走踢，有里外廉、拖枪、耸膝、突肚、佛顶珠、剪刀、拐子各色，亦蹴鞠之遗事”①。毽子是由羽毛和金属钱币做成，将鸡鸭的羽毛捆扎成束，插入作为底托的铜钱方孔中，再用布裹紧缝牢，一只鸡毛毽子就做好了。

相传，毽子源于古代的蹴鞠，是中国古代很早就已有的一种传统民间竞技活动。根据史料记载和出土文物证明，它起源于汉代，唐宋时期开始盛行，一直流传至今。

唐代道宣《高僧传·魏嵩岳少林寺天竺僧佛陀传》记载有北魏人跋陀在去洛阳路上看见年方十二的沙门慧光，在天街井栏上反踢毽子，“一连五百，众人竞异而观之。”②踢毽子活动尤其受到女孩子的喜欢，清初著名词人陈维崧曾赞美女子踢毽，说女子踢毽比踢足球还巧妙，比下棋还有趣味。

---

① 高承：《事物纪原》，《四库全书·钦定日下旧闻考》卷一百四十七，上海古籍出版社1990年影印本，第10页。

② 道宣：《续高僧传·习禅初》卷十六，中华书局2014年版，第551页。

儿时玩踢毽子还常伴有儿歌："一个毽儿，踢两半儿，打花鼓儿，绕花线儿，里踢、外拐，八仙过海，九十九,一百!"

晚清苏州的山塘画铺刻印的民间木刻版画，有一组儿童游戏，其中有一幅《踢毽子》图，描绘儿童在玩踢毽子时的快乐。图上有四名儿童，一名女童在踢毽子，用左脚将毽子从背后踢得很高，转头看着被踢到空中的毽子。旁边三个男童，有的站着，有的坐在地上，在看女童踢毽子。图面虽然是十分简单的线描，但是，却是那么生动活泼（如图 2-38 所示）。

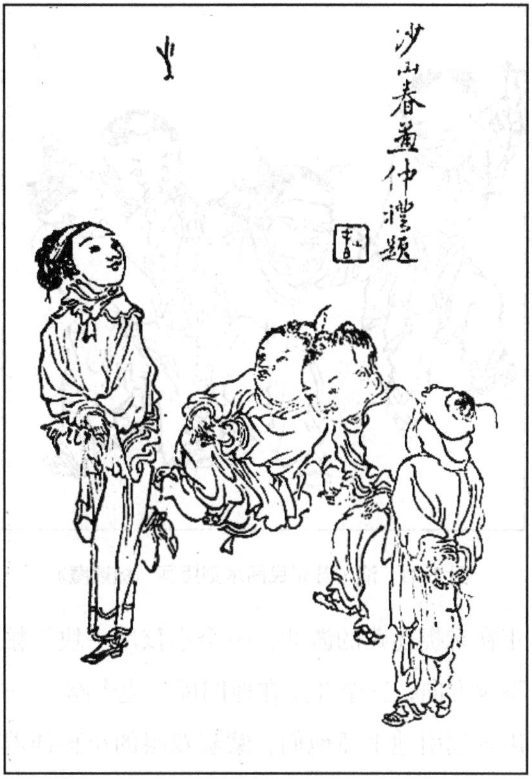

图 2-38 清 · 苏州民间木刻版画《踢毽子》

三、捉迷藏

捉迷藏，亦称"摸瞎子""躲猫猫""兵捉贼""水鬼上岸"等，是儿童中非常流行的一种寻人游戏。具体玩法是选择一处有许多遮蔽点的地方，开始的时候，所有人会聚集在一个中心点。其中一个人当捉人者，其他人要在指定时间内找到藏身处，时间到了，捉人者便会四处找出其他参加者。捉人者需要保证他不会看见其他人的藏身处，通常会把他的双眼蒙住，或者背对其他参加者，然后倒数一分钟。倒数结束后，捉人者会通知其他参加者(如"我来了!")，游戏便开始。在捉人者找寻的过程中，参加者可趁他不注意时转换位置，躲得

图 2-39　清·苏州民间木刻版画《捉迷藏》

最久的，便算是赢家。

还有一种捉迷藏，它的玩法与上面的“兵捉贼”不同，一个小孩用手帕蒙住双眼，其他小孩在其周围跑动，或拍手，或叫喝，逗引蒙住双眼的小孩去抓他，一旦被他抓到，蒙住双眼的小孩就可以取下手帕，将被他抓的那个小孩蒙上双眼，继续玩下去。清朝苏州地区的民间木刻版画中有一幅《捉迷藏》，图上画着四个儿童正在玩捉迷藏的游戏，一个小孩用一块手帕蒙住双眼，先把他转得晕头转向，不辨方向，三个儿童在他四周一边奔跑，一边向他呼喊取乐，发出嘻嘻哈哈的声音逗引他来抓他们。蒙着双眼的小孩伸着双手在四周探摸，找寻身边的人，四个儿童玩得不亦乐乎（如图 2-39 所示）！

这种儿童游戏世界各国都有，我国很早就有这种儿童游戏，而且流传时间也很长，直到现在在儿童中仍在流行着。唐代元稹有“忆得双文胧月下，小楼前后捉迷藏”① 的诗句。在戏曲《琅环记》中，有“元宗与玉真恒于皎月之下，以锦帕裹目，在方丈之间，互相捉戏，谓之捉迷藏”②，说的就是这种捉迷藏游戏。

四、滚铜钱

滚铜钱游戏比较简单，找一块长条木板（或者砖头），放在地上，一头用

① 元稹：《杂忆五首》，《全唐诗》，上海古籍出版社 1986 年影印本，第 1031 页。

② 见《琅环记》，《致虚杂俎》，陈梦雷：《钦定古今图书集成·明伦汇编·人事典》卷十二，清雍正四年（1726）内府铜活字印本。

砖头垫起，形成一个斜坡，然后用大拇指和食指捏着铜钱，在砖头上用力一磕，铜钱就“叮”的一声，从砖头上弹到地面，顺着地面向前滚动，看谁的铜钱滚得远，谁就可把对方的铜钱赢过来。铜钱滚得远不远，与力度、平衡和铜钱的质量都有关系。

滚铜钱的游戏历史很久远，《后汉书·梁冀传》上有：“性嗜酒，能挽满、弹棋、格五、六博、蹴鞠，意钱之戏。（李贤注引何承天《纂文》曰：诡亿，一曰射意，一曰射数，即摊钱也）。”[①]《资暇集》：“钱戏有每以四文为一列者，即史传所云意钱。世俗谓之摊钱，摊铺其钱，不使叠映欺惑也。”[②]

由于滚铜钱不受场地限制，在地上斜支一块砖就可以玩了，深受男孩子的欢迎。在清代苏州民间木刻版画《掷钱图》上，有四个男孩在一起玩滚铜钱。地上放着一块斜置的砖头，在砖头的四周已有三枚铜钱，一个小孩手持一枚铜钱，用眼瞄准地上的砖头，让他手中的铜钱，从砖头的斜面上滚落下去，看能不能超越其他三枚铜钱。其他三个小孩也正在紧张地等待结果。三个人表情各异，一个蹲在地上的小孩的脸朝着滚铜钱的小孩，紧盯着他手中的铜钱。另一个站着的小孩，注目着地上自己的一枚铜钱。还有一个蹲在地上的小孩，看着地上斜置的砖头，希望能看到铜钱落在砖头上的一瞬间（如图 2–40 所示）。

图 2–40　清·苏州民间木刻版画《掷钱图》

① 《后汉书·梁冀传》，上海古籍出版社、上海书店出版社 1986 年影印本。

② 见李匡乂：《资暇集》卷中，《四库全书·子部》，上海古籍出版社 1990 年影印本。

五、攀单杠

攀单杠是古代儿童的一种体育锻炼的游戏。在古代文献中早有记载，《梁元帝纂要》中有：“有鱼龙漫衍，高絙玉案，跟挂腹旋，履索转石诸戏。”“跟挂腹旋”即今日之蟠杠（单杠）戏。攀单杠就是儿童在单杠上做各种的旋转动作。

图 2-41　清·苏州民间木刻版画《攀单杠》

清代苏州民间木刻版画《攀单杠》，对儿童攀单杠进行了生动的描绘。图上有四个男孩，三个男孩用稚嫩的肩膀扛着一根长长的竹杠，竹杠上有一个小男孩在做旋转翻滚，倒立在竹杠上（如图 2-41 所示）。

六、老鹰抓小鸡

老鹰抓小鸡是一种流行很久的户外儿童游戏。由一个小孩当老鹰，一个小孩当母鸡，其余参加游戏的小孩当小鸡，第一个当小鸡的小孩牵着扮母鸡的小孩衣襟，然后，依次一个接着一个牵着前面小孩的衣襟，由老鹰在前面去抓母鸡身后的小鸡，扮母鸡的小孩会伸出双臂，保护后面的小鸡，后面的小鸡也要灵巧地躲闪，不让老鹰抓到他们，一旦后面的小鸡被老鹰抓到，就要站到一旁去。

清末天津杨柳青民间木刻版画《群争富贵》（如图 2-42 所示），图上描绘的是一群小孩正在玩老鹰抓小鸡的游戏，将老鹰抓小鸡的游戏活灵活现地表现在纸上。这幅木刻版画由清末著名画家吴友如所绘，他是借老鹰抓小鸡之名，寓教育儿童要团结御侮之意。图上的题诗：“如鹰掣鸡，如羊避虎；奇正相生，善于御侮。”当时，正值清光绪甲午（1894）中日战争失败之后。

图 2-42　清·天津杨柳青民间木刻版画《群争富贵》

七、玩蝈蝈

蝈蝈是一种形似蚂蚱的夏秋季昆虫。它肚儿大，翅短、背突起、牙锋利，振翅能发出“蝈蝈”的声音，因此名为“叫蝈蝈”。每到夏季，街上便有卖蝈蝈的，在北方用秸秆编成一个四棱八角的小笼子，在南方则是用竹篾编成一个圆形的小笼子，每个笼子养一只蝈蝈。人们用毛豆、大葱叶子喂它，蝈蝈就会大嚼起来，一旦吃饱，蝈蝈就会叫个不停，像一首小夜曲，对喜欢睡午觉的人起到催眠作用。

蝈蝈不仅大人喜爱，小孩也喜欢，大一点的小孩还会跑到郊外自己去捕捉，养得考究的人，还会把蝈蝈养在葫芦里让它过冬。蝈蝈葫芦是很讲究的，葫芦上有山水人物花纹。清末天津杨柳青民间木刻版画《喜叫哥哥》，描绘的就是儿童玩蝈蝈的场景。房中有一位穿着华丽的贵妇人，一手拿着一把团扇，另一手将一只养蝈蝈的葫芦放在窗台上，让一个梳着两个羊角小辫子的小孩玩蝈蝈。窗外的两个小孩也在玩蝈蝈，地上放着一只用秸秆做成的蝈蝈笼子，一只蝈蝈从笼子里跑了出来，跳到了一个小孩的手臂上，另一个小孩挥舞着黍米秆在驱赶这只蝈蝈，想让蝈蝈回到笼子里去，画面生动有趣(如图 2-43 所示)。这幅描绘儿童玩蝈蝈的图画，还有一个含义，是寓意生男孩。蝈蝈又名“叫哥哥”。在古代的封建社会里，重男轻女，女性借“叫哥哥”的音义，寓意为“生男朕兆”，所以图中的几个小孩都是男孩，没有一个女孩。

图 2-43　清 · 天津杨柳青民间木刻版画《喜叫哥哥》

古时的儿童游戏还有许多，如抢窝，这是一种将一个用毛发缠成、外面包皮革的球，打进一个洞窝，类似现代的高尔夫球。叠罗汉由一个身强力壮的人作底，几个长于此项活动的孩子，依次在底下人的头、肩、背、腿等部位做站立、倒立、水平支撑等动作。争花斗草就是拉扯双方手中的草，比谁的花草的韧性强。捉玩、饲养昆虫和小动物也是古代儿童最普遍的娱乐活动之一。古代儿童的活动是十分丰富多彩的。

第五节　为家庭辛勤劳作

有一幅清代陕西凤翔民间木刻版画《女十忙》，它是民间木刻版画中的传统题材，各地都有“女十忙”的木刻版画作品，虽然图上的妇女数量多少不一，少则十来个，多则二十来个，但她们忙的都是弹棉花、纺纱、捻线、织布等十种不同的生产劳动，图中间穿插了儿童、花猫、黑狗等，填补画面的空缺，增添画面的生活气氛。《女十忙》描绘的是古代妇女的劳动生活（如图 2-44 所示）。

图 2-44　清·陕西凤翔民间木刻版画《女十忙》

一、采桑养蚕

采桑养蚕、纺纱织布，是大多数古代妇女不可或缺的劳动生活。因此，采桑、养蚕、纺织等劳动技艺，也成为人们评价女性的一条重要标准。

传说中还把蚕、桑的起源和女性联系在了一起。在《搜神记》中，有一则关于蚕女的神话故事："高辛时，蜀有蚕女，不知姓氏，父为人所掠，惟所乘马在，女念父不食，其母因誓于众曰：'有得父还者，以此女嫁之。'马闻其言，惊跃绝缰而去。数日，父乃乘马而归。自此，马嘶不止。母以誓众之言告父。父曰：'誓于人，不誓于马，脱我之难，固大功，所誓之言，不可行也。'马跑，父怒，欲杀之。马愈跑，父射杀之，曝其皮于庭，皮蹶然而起，卷女飞去。旬日，皮栖于桑上，女化为蚕，食桑叶，以丝成茧，以衣被于人。一日，蚕女乘云驾此马，谓父母曰：上天以我心不忘义，授以天仙嫔。"① 用现在的话说，意思就是在远古时代，一位父亲被人抓去，家中只留下他的妻子和女儿及一匹马。女儿思父不吃不喝，她母亲发誓说："谁能救出我

图 2–45　清·杭州木刻纸马《蚕皇殿》

① 见干宝：《搜神记》卷六，《四库全书·道部》，上海古籍出版社 1990 年影印本。

丈夫，就将女儿嫁给他。”没想到马听了这话，就脱缰而去，真的把她丈夫接了回来。从此，这匹马长嘶不止。妻子将她发誓之事告诉丈夫，丈夫对马说：“这是对人的发誓。”不同意将女儿嫁给它。后来，他又将马杀了，把马皮剥下来，晒在庭院里。马皮突然将女儿卷走。后来，人们在一棵桑树上发现了女儿已化成了蚕，结了很大的茧子，邻家的妇女把它拿回去纺丝，织成了丝绸。她被天帝授予了“天仙嫔”。这则神话，虽然不可信，但是，采桑养蚕、纺纱织布确实与妇女密不可分。后人将此女供为“蚕神”。清时，杭州木刻纸马有《蚕皇殿》，图中央坐着一位妇人——蚕神马鸣王（又称马头娘），前面放着养蚕的蚕箔。图上有题词：“马鸣王送蚕花二十四分”（如图 2-45 所示）。

古人养蚕要祭祀蚕神、祈求蚕丝丰收，除了供奉马头娘外，还有嫘祖。嫘祖是黄帝的元妃。传说，她发明了养蚕，史称“嫘祖始蚕”。

二、纺纱织布

在清康熙二十八年（1689），康熙南巡时，江南士绅以楼璹的《耕织图》为蓝本，重绘《耕织图》。康熙见《耕织图》幅幅生动，在每幅图的上方亲题绝句诗一章，各诗首钤“源鉴斋”章，书名也改为《御制耕织图》。《御制耕织图》分为耕图和织图。耕图自“浸种”至“入仓”，农事整个过程共二十三幅。织图自“浴蚕”至“祭神”，整个过程二十三幅。其中有一幅“祭神”图（如图 2-46 所示），上方有康熙题的七言绝句诗一首：“劳劳拜蔟祭神桑，喜得丝成愿已偿，自是西陵功德盛，万年衣被泽无疆。”图中的祀谢五言诗云：“春前作蚕市，盛事传西蜀。此邦享先蚕，再拜丝满目。马革裹玉肌，能神不为辱。虽云事渺茫，解与民为福。”意思是西蜀的养蚕人，在春丝上市后，怀着喜悦的心情祭拜先蚕嫘祖，保佑他们丰收。并表示人们对有功德之人的崇敬浮想联翩：如能上疆场，定要为国立功，虽死犹荣。如不能，也愿一生为民像嫘祖一样，做一个受人尊敬的人。这是作者楼璹对西陵之女——嫘祖发明种桑、养蚕、治丝，泽被华夏子孙的千秋功德的崇敬之情。传说，嫘祖的故里是西蜀西陵盐亭三元乡金河村。康熙的题诗更是想到上古五千前，西陵古国的首领嫘祖泽被天下的

图 2-46 清《御制耕织图》中的“祭神”图

千秋伟绩。

几千年来，采桑养蚕、纺纱织布被明确为妇女的职责。《周礼》中规定妇女之职是“化治丝枲”①。《诗经·瞻卬》说：“妇无公事，休其蚕织。”②这一职责自皇后以下的妇女都要履行。每年春天，后妃要亲自率领贵妇们采桑养蚕，夏天蚕事完成后，贵妇们还要将收获的蚕茧进献给后妃。历朝都有春日皇后“亲蚕”的礼仪，表示皇后率天下之先，以倡导全国妇女勤于蚕织之事。古代妇女无论贵贱贫富，都是把蚕桑、纺织之事当作自己的天职与本分。许多贵妇衣食富足，仍然不辍纺织。隋朝郑善果的母亲在儿子高官厚禄之时，仍然每天纺织到深夜。她说：“丝枲纺织，妇人之务，上自王后，下至大夫士妻，各有所制。若堕业者，是为骄逸。”③

在《红楼梦》第五十二回“勇晴雯病补雀金裘”的故事，晴雯“刚安静了些，只见宝玉回来，进门就嗐声顿足。麝月忙问原故，宝玉道：‘今儿老太太欢欢喜喜的给了这件褂子，谁知不防后衿子上烧了一块，幸而天晚了，老太太、太太都不理论。’一面脱下来，麝月瞧瞧，果然有指头大的烧眼，说：‘这必定是手炉里的火迸上了。这不值什么，赶着叫人悄悄拿出去，叫个能干织补匠人织

① 《周礼》，上海古籍出版社 1990 年影印本，第 28 页。

② 《毛诗正义》，上海古籍出版社 1990 年影印本，第 694 页。

③ 《隋书·列女传》，上海古籍出版社、上海书店出版社 1986 年影印本。

上就是了。’说着，便用包袱包了，一个嬷嬷送出去，说：‘赶天亮就有才好，千万别给老太太、太太知道。’婆子去了半日，仍就拿回来，说：‘不但织补匠，能干裁缝，绣匠，并做女工的，问了都不认的这是什么，都不敢拦。’麝月道：‘这怎么样呢？明儿不穿也罢了。’宝玉道：‘明儿是正日子，老太太、太太说了，这叫穿过这个去呢，偏头一日就烧了，岂不扫兴！’

“晴雯听了半日，忍不住翻身说道：‘拿来我瞧瞧罢！没那福气穿，就罢了。’说着，便递与晴雯，又移过灯来细瞧了一瞧。晴雯道：‘这是孔雀金线的，如今咱们也拿孔雀金线，就像界线似的界密了，只怕还可混的过去。’麝月笑道：‘孔雀线现成的，但这里除你，还有谁会界线？’晴雯道：‘说不的我挣命罢了。’宝玉忙道：‘这如何使得！才好了些，如何做得活？’晴雯道：‘不用你蝎蝎螫螫的，我自知道。’一面说，一面坐起来，挽了一挽头发，披了衣裳，只觉头重身轻，满眼金星乱迸，实实撑不住。待不做，又怕宝玉着急，少不得狠命咬牙捱着。便命麝月只帮着拈线，晴雯先拿了一根比一比，笑道：‘这虽不很像，若补上也不很显。’宝玉道：‘这就很好，那里又找俄罗斯国的裁缝去！’晴雯先将里子拆开，用茶杯口大小一个竹弓钉绷在背面，再将破口四边用金刀刮的散松松的，然后用针缝了两条，分出经纬，亦如界线之法，先界出地子来后，依本纹回来织补。补两针，又看看，织补不上三五针，便伏在枕上歇一会，宝玉在旁，一时又问：‘吃些滚水不吃？’一时又命：‘歇一歇！’一时又拿一件灰鼠斗篷，替他披在背上。一时又拿个枕头与他靠着。急的晴雯央道：‘小祖宗！你只管睡罢，再熬上半夜，明儿眼睛抠搂了，那可怎么好？’宝玉见他着急，只得胡乱睡下，仍睡不着。一时只听自鸣钟已敲了四下，刚刚补完；又用小牙刷慢慢的剔出毛来。麝月道：‘这就好了，若不留心，再看不出的。’宝玉忙要了瞧瞧，笑道：‘真真一样了。’”①（如图 2–47 所示）

虽然，这只是小说中的情节，但是，从这个侧面也反映出，在上层妇女手中女红还是拿得出手的。她们并非是为了生活，而是在封闭的家庭生活中消除寂寞的一种方式。

---

① 曹雪芹：《红楼梦》（二），上海古籍出版社 1988 年版，第 847—849 页。

图 2-47 清刻本《红楼梦》第五十二回“勇晴雯病补雀金裘”图

至于那些靠纺织交纳赋税、养家糊口的贫家妇女来说，就不得不夜以继日地埋头于织机旁。到了明清时代，纺织生产规模空前，出现了专事纺织的妇女。许多家庭衣食费用全靠妇女十指间出。

三、《湖丝厂放工抢亲图》

《湖丝厂放工抢亲图》虽是一幅戏谑、幽默的民间木刻版画作品（如图 2-48 所示），但是，它从侧面反映出清末我国丝织业已从家庭作坊式生产发展到工厂化生产，养蚕纺织由女性承担，这一点仍没有变化。

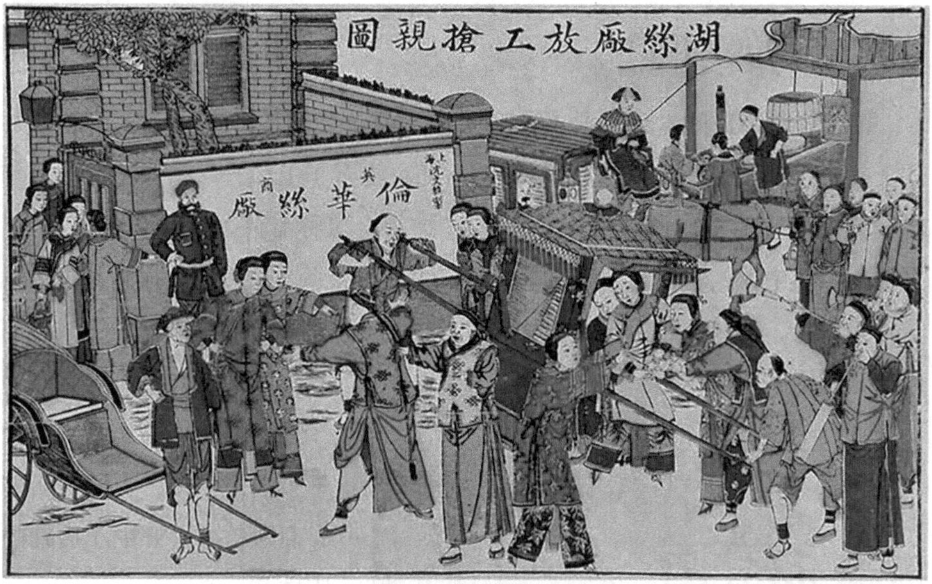

图 2-48 清·上海民间木刻版画《湖丝厂放工抢亲图》

由于男主外、女主内的家庭生活方式和男女体力上的差异，自古以来，各种手工业劳动谋生的妇女居多，这其中又以做刺绣、缝纫、编织等女红活计为最多。

有专以刺绣为业者。汉代妇女就有以刺绣谋生的，《史记·货殖列传》中的民谚说道："刺绣文不如倚市门"，就是形容妇女刺绣收入微薄，还不如倚门为娼（一说是为商）。明清时代刺绣也极为兴盛，江南一带妇女做绣工、卖绣品维持生计者甚多。

纺织之外，商业也是妇女活跃的一个职业领域。她们有的沿街或上门贩卖各种货物，有的开店做些小买卖，其中以饭店、酒店和旅店为最多。

明清时代女商贩遍及城乡，有许多专以登门卖货为业的卖婆，她们有的携带满箱珠翠，出入贵族宅第，受到闺中妇女们的欢迎。有的携带日用果蔬上门兜售。清朝人陈春晓的《卖花婆》以戏谑口吻调侃了卖花又兼做媒的老妇："卖花婆，秋娘虽老眼尚波，时世梳妆街上走，娉婷袅娜蛮腰傞（梭）。生来出入末门礼，春风笑脸家家喜。卖花能得几文钱，且为月老全凭嘴。"

四、《提鱼上市图》

清末，苏州民间木刻版画《提鱼上市图》，描绘的是一位沿街叫卖的渔娘。图上一个渔娘手提一只老鳖（甲鱼），后随负篓童子上市去贩鱼。图上的题句将渔娘贩鱼生活活脱脱地描绘了出来："捕得金鳌称有兴，渔娘快活喜非常。虽然不及闺中秀，也学时新巧样装；青布兜头齐额系，束腰裙子抹胸膛，天然俊俏难描绘，提鱼入市上街坊；引得闲人心似火，争先恐后话声扬，银钱袋内装。"（如图 2–49 所示）

图 2–49　清 · 苏州民间木刻版画《提鱼上市图》

不过，总的来看，妇女中大多是沿街、上门叫卖的小商贩，或是开中小店铺的店主。

女性从事的其他职业，还有女师（闺塾师），教授学生弹琴、书法；行医，妇产科医生，为孕妇接生；三姑六婆，三姑即尼姑、道姑、卦姑，六婆即牙婆、媒婆、师婆、虔婆、药婆、稳婆。尼姑和道姑是佛、道两教的神职人员；卦姑以看相为业；牙婆是专做人口买卖的经纪人，又称牙嫂；媒婆是撮合婚姻的妇女；师婆即巫婆；虔婆即妓院的鸨母；药婆是上门卖药的妇女；稳婆即产婆。此外，还有酒楼为酒客斟酒换汤的女服务员；给富家女子梳头插戴首饰的“插带婆”；走江湖卖艺女子，表演“踏摇娘”等歌舞戏的女艺人；说唱佛经变文的说唱艺人；表演杂技的卖艺女人；厨娘；等等。

第六节　有闲女悠哉娱乐

雕版木刻版画中的琴棋书画有鼓琴、横笛、藏谜、舞鹤、烹茶、赏雪、游戏、夜游、挟弹、宫骑、画扇、对诗、下棋、吹箫、唱曲、行酒令、猜灯谜、斗草、抛球、投壶、双陆、马吊、射鹄、打牌等，大体上反映了古代中上层社会妇女的文化娱乐活动。

下棋是各阶层妇女都喜欢玩的一种娱乐活动，从宫廷贵妇到小家碧玉都喜爱。尤其唐宋以来，妇女下棋的渐多，以至“闺秀自命者，书画琴棋四艺，均不可少”①，会下棋成为文化修养的一个标志，下棋也是上层社会妇女消闲的一种方式。《金瓶梅》第二十三回“玉箫观风赛月房，金莲窃听藏春坞”：“话说一日……西门庆贺节不在家，吴月娘往吴大妗子家去了。午间，孟玉楼、潘金莲都在李瓶儿房里下棋。玉楼道：‘咱们今日赌甚么好？’潘金莲道：‘咱每人三盘，赌五钱银子东道，三钱买金华酒儿，那二钱买个猪头来，教来旺媳妇子烧猪头咱们吃……’说毕，三人摆下棋子，下了三盘，李瓶儿输了五钱银子。”②（如图 2–50 所示）书中的一幅版画“赌棋枰瓶儿输钞”图，描绘的就是她们三人在空旷的院子里，放着一张八仙桌，上面摊着一张围棋盘，潘金莲与李瓶儿正在对弈，孟玉楼在一旁观看。她们三人以此来打发时光。

还有的女性以棋局的胜负来定自己的终身大事，如在明代小说《二刻拍案惊奇》中，有一则“小道人一着饶天下，女棋童两局注终身”的故事：“宋时蔡州大吕村有个村童，姓周，名国能，从幼便好下棋。父母送他在村学堂读

① 见李渔：《闲情偶寄》卷七，中华书局 2011 年版。

② 兰陵笑笑生：《金瓶梅词话》（一），上海杂志公司 1935 年版，第 239—240 页。

图 2–50 《金瓶梅》第二十三回“赌棋枰瓶儿输钞”图

书，得空就与同伴每画个盘儿，拾取两色砖瓦做子赌胜。出学堂来，见村中老人家每动手下棋，即袖着手儿站在旁边，呆呆地厮看。或时看到闹处，不觉心痒，口里漏出着把来，指手画脚教人，定是寻常想不到的妙着。自此日着日高。是村中有名会下棋的高手……遇着两个道士打扮的在草地上对坐，安枰下棋，他在旁边蹴着观看。道士……遂就枰上指示他攻守杀夺、救应防拒之法。也是他天缘所到，说来就解，一一领略不忘。道士说：‘自此可以无敌于天下矣。’”后来，他自称“小道人”，来到京中，却不见一个敌手。他就云游各地，一路行棋，无出其右。他听说北边有个辽国，必有高人的国手，何不去寻个国手一决高低。辽国有一位女国手，称“妙观道人”，她与蔡州棋手小道人下棋，输了一着，便嫁给了这位小道人。① 书中的一幅“女棋童两局注终身”版画上，两人对决正酣，周围坐着许多看棋的围观者，从这些人全神贯注的神态来看，两人的棋一定下得十分精彩（如图 2–51 所示）。

图 2–51　《二刻拍案惊奇》中的“女棋童两局注终身”图

与下棋类似的还有打牌、麻将之类，也是中上层社会妇女经常玩的娱乐活动。清末，苏州民间木刻版画《春闺斗牌》，表现的是时值盛夏，日长如年，两个闺房中的妇女闲暇无事，坐在条桌前玩斗纸牌的游戏。斗纸牌就是一种比纸牌的大小以决定输赢的游戏（如图 2–52 所示）。

① 《二刻拍案惊奇》，上海古籍出版社 1983 年版，第 23—44 页。

图 2-52　清末苏州民间木刻版画《春闺斗牌》

还有一种打麻将，麻将又称“麻雀”，以竹或骨制成，约有方寸许，呈长方形，上面刻有花纹，一共有一百三十六张，供四人同时玩弄，清末盛极一时。清末天津杨柳青民间木刻版画《打麻将》，图上在屏风前放置一张四方桌子，四个穿着华丽时尚的女子围坐在方桌前打麻将，旁边有侍女捧盘进茶，侍候着四个打麻将的妇女。麻将桌外还有两名女子，一个在观看打麻将，另一个坐在炕上边休息、边品茶，这两人随时准备替换打麻将的人（如图 2-53 所示）。

音乐、歌舞、戏曲、曲艺也都是上层社会妇女特别喜爱的艺术形式和日常消遣的娱乐方式。清末苏州民间木刻版画《清音雅奏》，展现的是上层社会女

图 2–53　清末天津杨柳青民间木刻版画《打麻将》

性用音乐自得其乐的情景。《清音雅奏》由三幅图画构成，第一幅图画是一个坐在椅子上的仕女，一脚弯曲地搁在椅子上，呈非常放松的样子，转着头，双眼看着一只小猫。她双手各击一只“撞钟”（星子）。撞钟是一种古代的打击乐器。《礼记·学记》：“善待问者如撞钟，叩之以小者则小鸣，叩之以大者则大鸣。”① 图上仕女手拿的是一种小的撞钟，似铜铃。图的下方有一石几，上面有一盆兰花和一盘盆景。从家中的陈设来看，这是一个富裕家庭，女主人生活也很清闲。中间的一幅图画，一个仕女坐在榻上，手捧笙，面露笑容，正在演奏。榻上陈设有瓶盘和果品，壁上还挂有一把三弦。旁边的桌子上放置一只插满鲜花的花瓶，地上是一盆置有假山石的盆景。最下面的一幅图画，一个仕女背对画面，身披轻裘坐在一张靠椅上，前面是一张斑竹方桌，上面有一盆梅花和一盏清茶，屏风上悬挂着一只琵琶。她手敲一枚小锣。这三幅图画展现的正是闺房妇女吹奏各种不同的乐器，借以消遣时光的图景（如图 2–54 所示）。

① 见卫湜：《礼记集说》卷九十，凤凰出版社 2010 年版。

图 2–54　清·苏州民间木刻版画《清音雅奏》

荡秋千是妇女的一种户外活动，将长绳系在架子上，下挂蹬板，人随蹬板来回摆动。它最早叫“千秋”，后来为了避忌讳，改为秋千。荡秋千是宫中、闺中女子十分喜欢的一种活动。在《金瓶梅》第二十五回中描述吴月娘、孟玉楼、潘金莲、李瓶儿等在花园里荡秋千，并引用了据说是出自唐伯虎之手的《秋千诗》，诗云：“二女娇娥美少年，绿杨影里戏秋千。两双玉腕挽复挽，四只金莲颠倒颠。红粉面对红粉面，玉酥肩共玉酥肩。游春公子遥鞭指，一对飞下九重天。”① 书中的一幅“吴月娘春昼秋千”图，描绘吴月娘在花园里，架着一架秋千，带着一帮姐妹在荡秋千，以消春昼之困。潘金莲与李瓶儿两人站在秋千的蹬板上，月娘叫宋惠莲在下面推送她们两人，正在潘金莲高兴的时候，只听得一声响，潘金莲从蹬板上跌落下来（如图 2–55 所示）。

蹴鞠是古代足球。唐代以后，蹴鞠成为一项很普遍的运动，不仅男子喜欢玩，女子也有玩的。在明崇祯刻本《金瓶梅》第十五回“佳人笑赏玩灯楼，狎客帮嫖丽春院”中，西门庆教妓女李桂姐蹴鞠：西门庆在妓女李桂姐处喝酒，这时来了圆社的三个人，圆社是宋代踢气球的社会组织。西门庆平时也认识他们，知道是来叫他去踢球。西门庆就对他们说：“你们且外边候候儿，待俺们吃过酒，踢三跑。”过后，“西门庆出来

① 兰陵笑笑生：《金瓶梅词话》（第二十五回），梦梅馆 1988 年版，第 285 页。

图 2–55　明 · 崇祯刻本《金瓶梅词话》中的“吴月娘春昼秋千”图

外面院子里，先踢了一跑。次教桂姐上来，与两个圆社踢。一个楂头，一个对障。拘踢拐打之间，无不假喝彩奉承……说：‘桂姐的行头（本事），比旧时越发踢熟了，撇来的丢拐，教小人每凑手脚不迭。再过一二年，这边院中，似桂姐这行头，就数一数二的盖了群，绝了伦，强如二条巷董官女儿数十倍。’当下桂姐踢了两跑下来，看桂卿与谢希大、张小闲踢行头。”① 书中的“蹴鞠”图上，画有妓女李桂卿与谢希大、张小闲踢球，西门庆与妓女李桂姐拉手搭肩，一旁观看，还有应伯爵、祝日念、孙天化与玳安等一帮十余人，众人神态不一，而眼睛都注视着气球。论动态、神情、气氛，较之仇十洲有过之而无不

① 兰陵笑笑生：《金瓶梅词话》（第十五回），梦梅馆 1988 年版，第 172 页。

图 2-56 明·崇祯刻本《金瓶梅词话》中的“蹴鞠”图

及（如图 2-56 所示）。“蹴鞠”，仍是妇女经常进行的室外活动。这种球也是用皮子做成，有的中间塞上毛绒等，成为实心球；有的则是灌上气，称“气球”。可以双方比赛，也可以一个人滚弄玩耍。中国历史博物馆收藏的宋代铜镜上便铸有一对青年男女在花园里踢球的花纹图案，故宫博物院所藏宋代陶枕上也有一位少女踢球的图案。

还有一幅清光绪末年苏州民间木刻版画《十美踢球图》，描绘了清末满汉女子上演的踢球戏。图中有十个年轻女子和两个儿童，中间三个年轻女子和两个儿童正在表演踢皮球，三个年轻女子玩转着三只皮球，球上缀有八根飘带。两只被踢至半空中，一只跌落在地上，中间的女子还手执一只在空中飘荡的气球，以示新气象。旁边有大大小小七个女子在观看她们的表演（如图 2-57 所

图 2-57　清末苏州民间木刻版画《十美踢球图》

示)。这表明踢球受到女性的欢迎，就像现在有许多女性足球迷一样。

第七节　缠足

缠足是中国古代的三大畸形现象之一，西方人常拿中国男人的长辫子和中国女人的“三寸金莲”作为中国愚昧、落后的象征。而如今这两样东西早已湮没在历史长河中。

什么是“三寸金莲”呢？

简单地说，就是女人的一双小脚（如图 2-58 所示)。这双小脚小到什么程度呢？小到三四寸（十厘米至十三点二厘米)。莲花是佛门中被视为清净高洁的象征。在佛教艺术中，菩萨多是赤脚站在莲花上的，在中国的吉祥话语和吉祥图案中，莲花占有相当高的地位。把妇女的小脚称为“莲花”，与菩萨联系在一起，是一种赞美之意。“莲”前加一个“金”字成为“金莲”更是表示珍贵的美称。后来，有人还以小脚的大小来分贵贱美丑，以三寸之内的为“金

图 2-58　明《鸳鸯秘谱》中的缠足女子

莲”，四寸的为“银莲”，大于四寸的为“铁莲”。“金莲”也被泛指缠足，成为小脚的代名词。

那么，什么是缠足呢？据《辞海》的解释是：“旧时陋习，女子用布帛紧扎双足，使足骨变形，脚形尖小，以为美观。相传南唐李后主令宫嫔窅娘以帛绕脚，令纤小作新月状，由是人皆效之。一说始于南齐东昏侯时。清康熙三年（1664），有诏禁裹足，七年又罢此禁。见《陔余丛考》。太平天国曾禁止缠足，辛亥革命以后，缠足之风始逐渐废绝。”①

① 《辞海》，上海辞书出版社 2002 年版，第 174 页。

一、窅娘——妇女缠足的起始

中国妇女缠足始于五代末。地下发掘和古代文献证明，五代以前没有缠足。五代前，男女所穿的鞋子是同一形制，只是颜色不同。在《周礼》中，规定男女的鞋子为同一形制。《周礼·天官·冢宰》中有“屦人”一条，“屦人”是掌管天子和王后衣服和鞋子的人。屦人“掌王及后之服屦，为赤舄、黑舄、赤繶、黄繶、青勾、素履、葛屦。辨外内命夫命妇之功屦（贵族穿的鞋子，做工略粗于命屦）、命屦（做工最精的贵族穿的鞋子）、散屦（无装饰的鞋子）”①。凡四季的祭祀，使他们（依照尊卑等级）穿所应穿的鞋。可见，那时女子所穿的鞋子，是与男子一样的，并不是弓弯细纤小脚妇女的小足鞋。三国曹植在《洛神赋》中曰：“践远游之文履，曳雾绡之轻裾”，赞美女人穿着绣有精美花纹的鞋子，拖着雾一样轻薄的纱裙，隐隐散发着幽幽兰香，在山中缓步徘徊。在东晋画家顾恺之绘的《洛神赋图》中，女子的脚还是很大的，如《洛神赋图》中，曹植坐在洛水畔，眼望离去的洛神，身旁站立的一个女侍，就有一双大脚（如图 2-59 所示）。东晋谢灵运《东阳溪中赠答》诗曰：“可怜谁家妇，缘流洒（一作洗）素足。明月在云间，迢迢不可得。”② 意思是可爱的谁家女子，在溪流中洗她那白皙的脚（素足）。你如同云间明月，相距遥远不可触摸。“素”的意思是原样，也就是现在常称的“原味”。因此，如果是小脚，就不是“素足”了。唐代李白《浣纱石上女》诗曰：“玉面耶溪女，青娥红粉妆。一双金齿屐，两足白如霜。”③ 意思是耶溪姑娘面如白玉，头发黑亮，脸扑红妆。脚下一双带齿的金色木屐，屐上两只雪白的小腿让人心魂摇荡。李白在《越女词》中又云：“长干吴儿女，眉目艳新月。屐上足如霜，不着鸦头袜。”④ 意思是江浙长干的姑娘，眉目清秀如明月。看她们踏着木屐的小脚，一双双白如霜雪，连袜子都

---

① 《周礼》，上海古籍出版社 1983 年版，第 22 页。

② 谢灵运：《东阳溪中赠答二首》，《汉魏六朝百三家集》卷六十六，上海古籍出版社 1994 年影印本，第 32 页。

③ 李白：《浣纱石上女》，《全唐诗》，上海古籍出版社 1986 年影印本，第 431 页。

④ 李白：《越女词》，《全唐诗》，上海古籍出版社 1986 年影印本，第 431 页。

图 2-59　顾恺之的《洛神赋图》中的女子是大脚

没有穿（裸小脚）。如果妇女缠足是不能赤足的。可见，至少在五代以前，妇女是不缠足的。

最早出现"缠足"一词，是宋人张邦基的《墨庄漫录》。张邦基"字子贤，高邮人。仕履未详……南、北宋间人也"①。《墨庄漫录》一书主要记宋徽宗年间（1101—1125）事，少部分涉及南宋初年，最晚时间为绍兴十三年（1143）。其书卷八记："妇人之缠足，起于近世，前世书传皆无所自。《南史》：齐东昏侯为潘（玉儿）贵妃凿金为莲花以帖地，令妃行其上，曰：'此步步生莲华。'然亦不言其弓小也。如《古乐府》《玉台新咏》，皆六朝词人纤艳之言，类多体状美人容色之殊丽。又言妆饰之华，眉、目、唇、口、腰支、手指之类，无一言称缠足者。如唐之杜牧、李白、李商隐之徒，作诗多言闺帏之事，亦无及之者。惟韩偓《香奁集》有《咏屧子诗》云：'六寸肤圆光致致。'唐尺短，以今

① 永瑢等：《四库全书总目》，中华书局 1965 年影印本，第 1042 页。

校之，亦自小也，而不言其弓。”①

南宋词人周密（1232—1298）在《浩然斋雅谈》一书中，提到缠足最早起源于后唐的窅娘。周密，字公谨，号草窗，又号霄斋、蘋洲、萧斋，晚年号弁阳老人、四水潜夫、华不注山人，南宋词人、文学家。祖籍山东济南，先人因随高宗南渡，落籍吴兴（今浙江湖州），置业于弁山南。一说其祖后自吴兴迁杭州，周密出生于杭州。宋宝祐年间（1253—1258），任义乌（今属浙江）令。宋亡，入元不仕。留有《草窗旧事》《蘋洲渔笛谱》《云烟过眼录》《浩然斋雅谈》《武林旧事》《齐东野语》《癸辛杂识》等诗词及著述，编有《绝妙好词》，保存许多宋代杭州风情及文艺、社会等史料。

周密在《浩然斋雅谈》中记有：“《道山新闻》云：李后主宫嫔窅娘纤丽善舞，后主作金莲，高六尺，饰以宝物组带缨络，莲中作五色瑞云，令窅娘以帛绕脚，令纤小屈上作新月状，素袜舞云中，曲有凌云之态。唐镐诗曰：‘莲中花更好，云里月长新。是人皆效之，以弓纤为妙。’盖亦有所自也。”②

窅娘原本是官宦人家女儿，后因家道败破，遂沦为金陵歌伎。据说，她是混血儿，眼睛生得与中原人不一样，双目深凹而顾盼有情，便为取名“窅娘”。由于她身材苗条，又善于歌舞。十六岁时，南唐后主李煜因爱其才貌，选入宫中，纳她为宫中嫔妃。李煜虽贵为一国天子，却不治朝政，终日霓裳羽衣，与后宫佳丽谈笑吟诗，提笔赋词，歌舞宴乐兴趣甚浓。窅娘进宫后，李煜单独召见，看她跳采莲舞，他最喜欢品味窅娘的采莲舞，于是，对窅娘讲述起“步步生莲华”的典故。

相传，南朝齐国第六位皇帝萧宝卷（483—501）是一个爱玩的昏君，永元三年（501）初，萧衍在襄阳起兵，十月，萧宝卷被太监所杀，年仅十八岁。萧衍贬他为“东昏侯”，谥号炀。萧宝卷有一个宠妃叫潘玉儿，由于美艳动人，被荒淫无度的萧宝卷看中。潘玉儿身材窈窕，有白嫩的肌肤和纤弱的美足，擅长舞蹈。一次，萧宝卷心血来潮，命工匠用金薄片做成一朵朵莲花，大小似脚

① 见张邦基：《墨庄漫录》卷八，《四库全书·集部》，上海古籍出版社 1990 年影印本。

② 见周密：《浩然斋雅谈》卷中，《四库全书·集部》，上海古籍出版社 1990 年影印本。

掌，并按一定的图案贴在后宫的地上。让潘玉儿赤脚，踩着朵朵莲花，翩翩起舞，她袅袅婷婷的舞步，婀娜多姿，腰肢轻扭，美目顾盼。在场的宫人都看得入迷，萧宝卷便连声赞叹"真是步步生莲华"（如图 2-60 所示）。

窅娘听了南唐后主李煜讲述"步步生莲华"的典故，为了取悦李后主，用锦帛缠裹双脚，屈作新月状，让足更美。她身轻如燕，纤丽善舞，创金莲舞，似莲花凌波，俯仰摇曳，优美动人。她用白帛裹足，一双白足似莲花在舞台上摆动，深受李煜的宠爱（如图 2-61 所示）。

李煜诏下令筑金莲台，高六尺，饰以珍宝，网带缨络，台中设置各色莲花，窅娘以帛缠足，屈作新月状，着素袜，在台上的莲花中回旋起舞，有凌云之态。李煜看了，喜不自禁。此后，窅娘忍受剧痛，用白绫紧裹双足，年复一年，月复一月，最终把双脚裹成"红菱形""新月形"。窅娘为了获得李煜的宠幸，不惜摧残自己的肢体，为后来封建统治者利用缠足摧残妇女，开了一个十

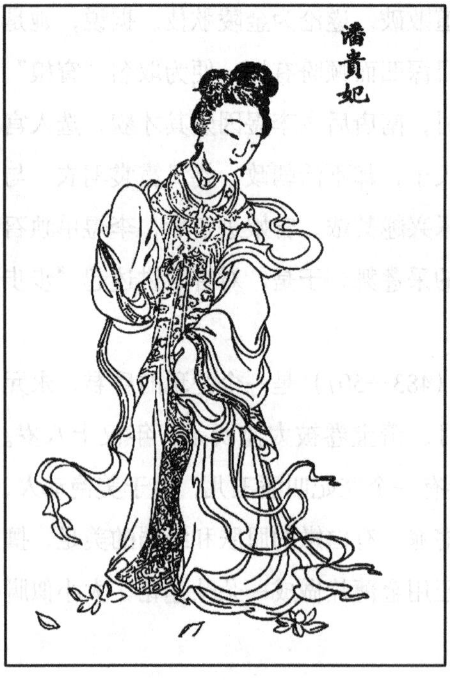

图 2-60 明刻本《历代百美图》中的"潘贵妃"像

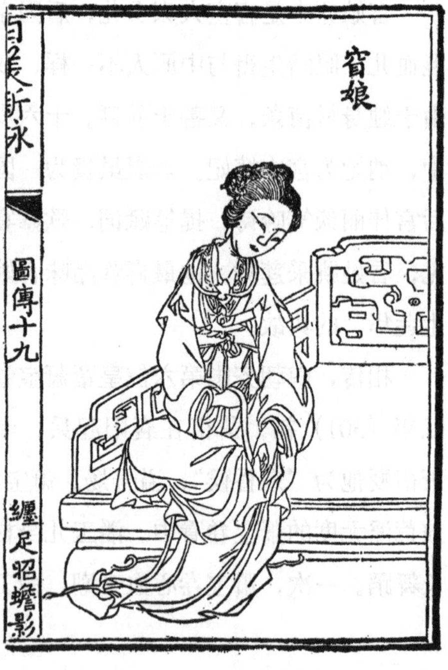

图 2-61 明刻本《历代百美图》中的"窅娘缠足"图

分恶劣的先例。

南唐唐镐写有一副对联：“莲中花更好，云里月长新”，只是南唐很快就灭亡了。

为了争得南唐后主的宠幸，在后宫中的嫔妃纷纷效仿。宋以后，女子缠足从宫中流传到民间，由于宫廷生活为一般人所羡慕，各地名媛闺秀争相仿效，逐渐遍及全国各地，足也愈缠愈小，以“三寸金莲”为美的标准，一直流传到民国初年才被废除。

二、“三寸金莲”是怎样“炼成”的

女子缠足是一件非常痛苦的事情，俗话说：“裹小脚一双，流眼泪一缸。”对于缠小脚的过程，清代小说家李汝珍在《镜花缘》第三十三回“粉面郎缠足受困，长须女玩股垂情”和第三十四回“观丽人女主定吉期，访良友老翁得凶信”中，有一段生动的描述，林之洋（如图 2–62 所示）到女儿国后，被选为王妃，并被穿耳、缠足：“有个黑须宫人，手拿一匹白绫，也向床前跪下道：‘禀娘娘：奉命缠足。’又上来两个宫娥，都跪在地下，扶住‘金莲’，把绫袜脱去。那黑须宫娥取了一个矮凳，坐在下面，将白绫从中撕开，先把林之洋右足放在自己膝盖上，用些白矾洒在脚缝内，将五个脚指紧紧靠在一处，又将脚面用力曲作弯弓一般，即用白绫缠裹，才缠了两层，就有宫娥拿着针线上来密密缝口：一面狠缠，一面密缝。林之洋身旁既有四个宫娥紧紧靠定，又被

图 2–62　清刻本《镜花缘》中的“林之洋”像

两个宫娥把脚扶住，丝毫不能转动。及至缠完，只觉脚上如炭火烧的一般，阵阵疼痛。”①

“林之洋两只‘金莲’，被众宫人今日也缠，明日也缠，并用药水薰洗，未及半月，已将脚面弯曲折作两段。十指俱已腐烂，日日鲜血淋漓。一日，正在疼痛，那些宫娥又搀他行走……走了几步，只觉疼的寸步难移。奔到床前，坐在上面，任凭众人劝解，口口声声只教保母去奏国王，情愿立刻处死，若要缠足，至死不能。一面说着，捽脱花鞋，将白绫用手乱扯。”结果遭到国王将他倒挂在梁上的处罚，更是令他痛苦不堪。将两足用绳缠紧，将足吊起，身子悬空，他“只觉眼中金星乱冒，满头昏晕，登时疼的冷汗直流，两腿酸麻……挨了片时，不但不死……两足如刀割针刺一般，十分痛苦……只得求国王饶命……不知不觉，那足上腐烂的血肉都已变成脓水，业已流尽，只剩几根枯骨，两足甚觉瘦小”②（如图 2-63 所示）。

缠足是一件非常不容易的事情。民间说：缠足一般从四五岁开始，历经三四年时间，初具模样。经过如此长时间的一番折腾，可以想象得出，那种疼痛必定是彻骨入髓、铭诸肺腑的。可见，俗话所说的“流眼泪一缸”，一点不夸张。缠足前需要做各种准备，光准备的物品就有：蓝色的裹脚布六条，每条长八尺至十尺，裹布还要上浆，缠到脚上才不会挤出皱褶。平底鞋五双，鞋形稍带尖头，大小宽窄，随缠足慢慢缝小、缝瘦。睡鞋两三双，睡觉时穿着，以防裹布松开。针线，裹布缠妥后，把裹布严密地缝好。棉花，在穿鞋时垫在脚骨凸出的地方，免得把脚磨破生鸡眼。脚盆及热水，缠足前用温水洗脚。小剪刀，修脚指甲及鸡眼。

在女童四五岁时，让女童坐在矮凳子上，先用热水烫脚，趁脚还尚温热，将除脚拇指外的四个脚趾，向脚底弯曲，紧贴脚底，并在脚趾缝间撒上明矾粉，用以干燥、杀虫、解毒，使皮肤收敛，然后，用一条狭长的布条，将足踝紧紧缚住，强行将一只平直的脚扭曲成一只不规则的三角形脚，就像

① 李汝珍：《镜花缘》，人民文学出版社 1955 年版，第 236—237 页。
② 李汝珍：《镜花缘》，人民文学出版社 1955 年版，第 240—241 页。

图 2–63 清刻本《镜花缘》中的“粉面郎缠足受困，长须女玩股垂情”图

现在我们包的一种三角粽子一样，这种三角粽，人们也称它为“小脚粽”。将脚的肌肉骨骼变成纤小屈曲，造成的刻骨铭心的疼痛是不可言喻的，然而要历经三四年，到七八岁时才能使脚底凹陷，脚背隆起，变成弓弯短小，整个脚的长度被极大地缩小，俗称“三寸金莲”。这中间有许多女孩子的脚会化脓出血，难以站立，只能爬行。其中，大多数妇女还会裹脚一直到成年之后，骨骼定型，方能将布条解开；也有终身缠裹，直到老死之日（如图 2–64 所示）。

图 2–64　清 · 陕西凤翔民间木刻版画《年过七十的缠小脚的老妇》

三、木刻版画中的小脚女子

在古代一般男人欣赏女人，有四个重要部位：眼睛、头发、身段和足部。眼睛包括面部的五官是否端正，头发连带发型及饰物，身段包括的范围较广泛，包括乳房、手腕、纤腰、曲臀、肤色等，足部有美腿和纤脚。

女性的足部要比其他三部分更隐秘，在古代木刻版画作品中，大多数女性的足常常被长裙所遮盖，只有极少的版画中，画有女性的小脚。即使如此，女性的小脚画得也是十分简单，露出一个足尖尖。如清末民间木刻版画《闹新房》，闹新房是结婚时的一种习俗，又称“闹洞房”（如图 2–65 所示）。

闹洞房据说可以驱除洞房内的狐狸、鬼魅作祟，俗话说：“人不闹鬼闹。”

图 2-65　版画《闹新房》中的小脚妇女

因此，闹洞房“三天不分大小”，只要热闹就好。《闹新房》是一幅人物众多，画面热闹非凡的民间木刻版画。图中有十多个成年女性和十多个小孩，把整个画面挤得满满当当。图中的小孩活泼可爱，个个百无禁忌，有钻进子孙桶的，有打翻子孙桶抢吃里面的红枣、花生的，有在床上胡闹的，有拉着新娘不放的，一旁站着的新娘奈何不了他们。十几个妇女陪着自己的孩子闹新房，裙下微微露出尖尖的“三寸金莲”。

自女子缠足以后，女性的“三寸金莲”变成了一个最隐私的部位，绝不可让陌生男子看见。荷兰汉学家高罗佩先生在《中国古代房内考》一书中说：“从宋代起，尖尖小脚成了一个美女必须具备的条件之一，并且围绕小脚逐渐形成了一套研究脚、鞋的特殊学问。女人的小脚开始被视为她身体最隐秘的一部分，最能代表女性，最有性魅力。宋和宋以后的春宫画把女人画得精赤条条，连阴部都细致入微，但我从未见过或从书上听说过有人画不包裹脚布的小脚。女人身体的这一部分是严格的禁区，就连最大胆的艺术家也只敢画女人开始缠裹或松开裹脚布的样子，禁区也延及不缠足女人的赤脚，唯一例外的是女神像，如观音。女仆像有时也如此。”

图 2-66 《鸳鸯秘谱》中一个男子跪地玩弄一名女性的小脚

"女人的脚是她的性魅力所在，一个男人触及女人的脚，依照传统观念就已是性交的第一步……当一个男子终于得以与自己钦慕的女性促膝相对时……如果他发现对方对自己表示亲近的话反应良好，他就会故意把一根筷子或一块手帕掉到地上，好在弯腰捡东西的时候去摸女人的脚（如图 2-66 所示）……如果她并不生气，那么求爱就算成功，他可以马上进行任何肉体接触，拥抱或接吻等。"①

高罗佩先生的这一说法，我们在小说《金瓶梅》中也可以读到。在《金瓶梅》中，西门庆看中了潘金莲，去求王婆，王婆给他出了一个主意说：她有没有这个心思，实在不好说。你可到我家来吃饭，"待他吃得酒浓时，正说得入港，我便推道没了酒，再教你买。你便拿银子，又央我买酒去，并果子来配酒。我把门拽上，关你和他两个在屋里。若焦躁跑了归去时，此事便休了；他若由我拽上们，不焦躁时，这光便又九分，只欠一分了便完就。这一分倒难。大官人，你在屋里，便着几句甜话儿说入去，却不可燥暴便去动手动脚，打搅了事，那时我不管你。你先把袖子向桌子上拂落一双箸下去，只推拾箸，将手去他脚上捏一捏。他若闹将起来，我自来搭救。此事便休了，再也难成。若

① ［荷兰］高罗佩：《中国古代房内考》，上海人民出版社 1990 年版，第 286—287 页。

是他不做声时，此事十分光了，他必然有意。”①第二天，西门庆按照王婆的计谋，“西门庆故意把袖子在桌上一拂，将那双箸拂落在地上。一来也是缘法凑巧，那双箸正落在妇人脚边。这西门庆连忙将身下去拾箸，只见妇人尖尖趫趫刚三寸、恰半扠一对小小金莲，正趫在箸边。西门庆且不拾箸，便去他绣花鞋头上只一捏。那妇人笑将起来，说道：‘官人休啰唣！你有心，奴亦有意。你真个勾搭我？’西门庆便双膝跪下，说道：‘娘子作成小人则个！’那妇人便把西门庆搂将起来。”②西门庆照此去做，结果成了（如图 2-67 所示）。

图 2-67　《金瓶梅词话》中的“赴巫山潘氏幽欢”图

① 兰陵笑笑生：《金瓶梅词话》（一），梦梅馆 1992 年版，第 33 页。
② 兰陵笑笑生：《金瓶梅词话》（一），梦梅馆 1992 年版，第 43—44 页。

这或许因为缠足与性有关系。古时候，附于足上的袜履是一种重要的传情之物。未婚女性喜欢用自制的罗袜和弓鞋赠给自己的意中人。

缠足后的一双小脚，不仅在实际生活中有种种不便，而且在整个裹脚过程中，妇女要承受极大的伤残痛苦。有一幅清末天津杨柳青民间木刻版画《女子自强》（如图 2–68 所示），图上画着一个家庭，夫妻两人带着两个孩子，男子垂头丧气，坐在一张桌子旁，看着妻子和一双儿女，为养家糊口发愁。图上的一篇短文："中国有家眷的男子，大半受累的多，诸位知道这毛病在那里吗？并不是男子不能赚钱，一男子养着好几口，女子裹了两只小脚，诸事不能用力，坐吃坐穿，皆靠着男子，男子怎么会不受累呢？现在的时势，无论男女必须自食其力，方能自保，不赶紧想法子，还是女的靠着男子，男子受了累，女子亦必活不了，中国不强，大病在此，若是男女一样做活赚钱还有不好过的吗？诸位同胞呀，快及早想想罢。"他将中国的不强大、家庭少吃少穿的祸根落在了女子的缠足上。

几百年来，有识之士一直在反对女子缠足，直到 20 世纪初才被禁绝。在

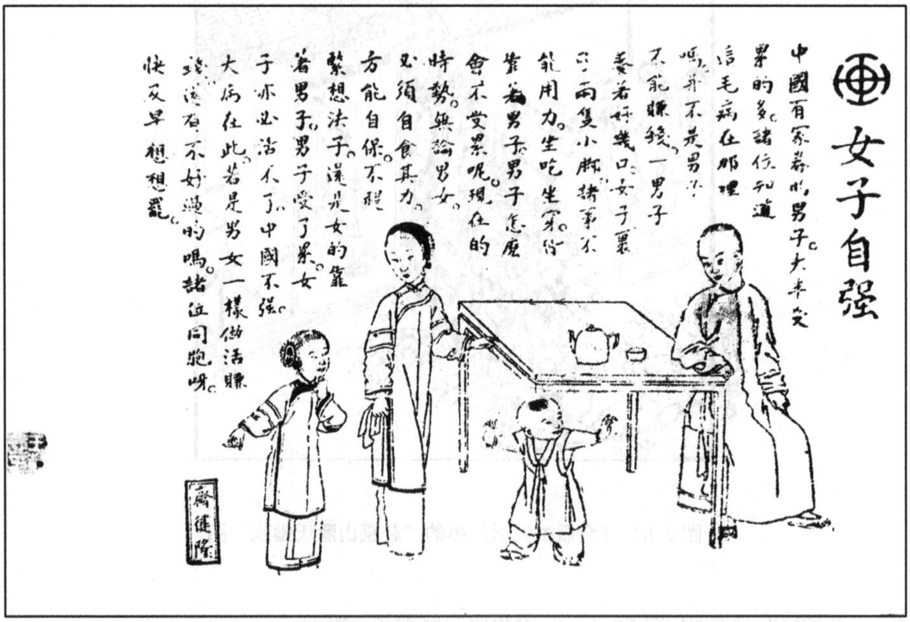

图 2–68　清末天津杨柳青民间木刻版画《女子自强》

两幅《玉堂富贵》的民间木刻版画中也反映出这股历史潮流。木刻版画描绘的是一个上层社会家庭，妇女闲来无事，以听评弹来消遣。她们请一位评弹女艺人来家中演唱评弹。这两幅木刻版画无论画面上的人物，还是画上的细节都一模一样，唯独评弹女艺人的足不一样，一幅是小脚，而另一幅却成了大脚（如图 2-69 所示）。这两幅木刻版画上的微小变化，也反映出社会已抛弃了女性缠小脚的陋习。

图 2-69　清末民间木刻版画《玉堂富贵》

古代中国是一个男性占主导的社会，在古代的文字史料与传说中，大多是记载男性的社会活动，有关女性的材料少之又少，但是，在绘画史料中，不乏女性图像，尤其在刷印众多、流传广泛的雕版木刻版画中。有一类专门以女性为题材的绘画，称之为“仕女画”。它们虽然是以男性的目光审视女性的图像，但是，在这些图像中，还是记录了当时女性的一些社会生产与日常生活的情况。例如，文中提到的女性缠小足。现在，缠小足已成为逝去的历史，很难再见到这一社会现象，现在我们只能通过古代留存下来的图像资料才能接触到它。再如，古代女性从事过哪些劳动，由于她们的劳动不属于正式的经济活动，因此，在官方材料中少有记载，但有一幅木刻版画作品《文君当垆卖酒》清楚地表明古代女性也有从事经商活动的人。图上是一家店铺，在店外的招幌上写着“美酒”两字，表明这是一家酒铺。店铺里面站着两个女性，一个是店主卓文君，另一个是她的侍女，站在酒柜前招呼两个文人打扮的人卖酒。尽管如此，她们的活动范围与男性相比还是很有限的，基本被限定在家里家外、堂前屋后，生儿育女、夫唱妇随的范围内，同时还要接受社会对其身心的摧残。

第三章

剑拔弩张

历史的发展常常夹杂着无情、残酷的战争，于是就有了兵家与兵书。兵家作为我国古代诸子百家之一，排在儒、道、墨、法之后。兵家是先秦、汉初研究军事理论、从事军事活动的学术派别。他们总结战争胜负的经验教训，提出各种克敌制胜的谋略，分析战争与政治经济的各种关系，考察影响战争的各种因素。他们撰写了大量军事著作流传后代。在我国悠久的历史文化长河中，兵书已经成为中华文化瑰宝之一，闪耀着璀璨的光芒。中国自古以来，兵家著作就很多，据有人统计，辛亥革命前的兵书多达四千多种，流传至今的也有四五百种。

在说到古代的军事，人们就会想到古代的十八般兵器。这是因为在古代的戏剧和小说中，会十八般兵器的人，表示一个人的武艺高强，如在施耐庵的《水浒传》第二回“王教头私走延安府，九纹龙大闹史家村”中，“史进每日求王教头点拨，十八般武艺，一一从头指教。”① 在坊间谈论“十八般武艺”就像今天的军事迷谈论起现代兵器一样会津津乐道。

第一节　十八般兵器

那么，什么是“十八般武艺”呢？它指的是使用十八种武器的本领，因此，也称“十八般兵器”。它最早出现在兵书上，是南宋华岳撰的《翠微北征录》，该书卷七记有“武艺一十有八，而弓为第一”②，但没有给出具体的哪十八种武艺。在《水浒传》中，有：“哪十八般武艺？矛、锤、弓、弩、铳、鞭、简、剑、链、挝、斧、钺并戈、戟、牌、棒与枪、杈。”③《水浒传》的作者是施耐庵，为元末明初的小说家。《水浒传》中所指的十八种兵器，大约也应是元末明初时流行的一种说法。明代后期，万历年间（1573—1619），“十八般武艺”又有一种新的表述：“一弓、二弩、三枪、四刀、五剑、六矛、七盾、八斧、九

① 施耐庵：《水浒传》（上），人民文学出版社 1975 年版，第 27 页。
② 华岳：《翠微北征录》卷七，远方出版社 2005 年版，第 65 页。
③ 施耐庵：《水浒传》（上），人民文学出版社 1975 年版，第 27 页。

钺、十戟、十一鞭、十二锏、十三镐、十四殳、十五叉、十六钯头、十七绵绳套索、十八白打。”①“白打”即徒手搏击。在明代戚继光的《纪效新书·拳经捷要篇》中曾说：“拳法似无预于大战之际，然活动手足，惯勤肢体，此为初学入艺之门也。”② 在清代，十八般兵器有多种说法，比较被人们接受的是刀、枪、剑、戟、斧、钺、钩、叉、鞭、锏、锤、抓、镗、棍、槊、棒、拐、流星锤等十八种兵器。其实，冷兵器远远不止十八种，明代有“军器三十有六”之说。

一、刀

刀是四大兵器之一，是最常见的一种兵器。刀的种类很多，在宋代军事著作《武经总要》第十三卷“器图”中，列出的刀的种类，有手刀、掉刀、屈刀、掩月刀、戟刀、眉尖刀、凤嘴刀、笔刀等八种（如图 3-1 所示）。此外，还有单刀，刀头宽大的，称“鳝鱼头刀”；刀头窄如柳叶的，名“柳叶刀”；刀头形如雁翎的，名“雁翎翅钢刀”；寺僧护法防身用的，称戒刀，有单、双两种。

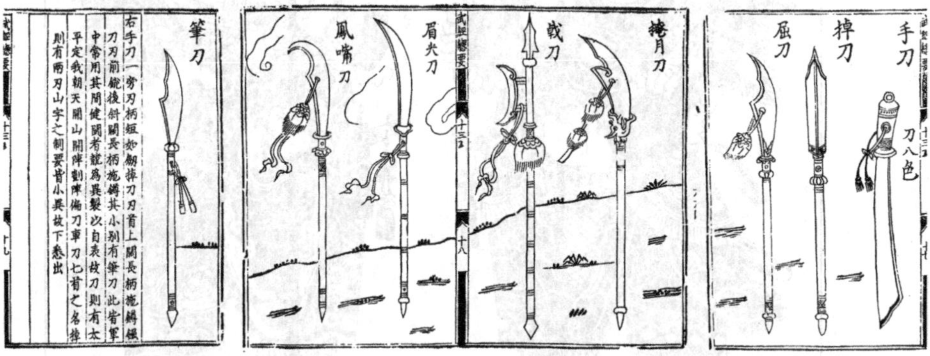

图 3-1　明·正德年间（1506—1521）刻本《武经总要前集》中的“刀”

---

① 见徐应秋：《玉芝堂谈荟》卷三十一，《四库全书·子部》，上海古籍出版社 1990 年影印本。

② 见戚继光：《纪效新书·拳经捷要篇》卷十四，《四库全书·子部》，上海古籍出版社 1990 年影印本。

偃月刀为大家所熟悉，就是人们常说的大刀，关公所持的青龙偃月刀。《三才图会》中称："关王偃月刀，刀势既大，其三十六刀法，兵仗遇之，无不屈者，刀类中以此为第一。"①三国时，关公擅使青龙偃月刀，重八十二斤，长一丈二尺，三十六路刀法，罕见敌手，过五关斩六将。俗话说："关公面前要大刀——自不量力。"关公的拖刀斩更是不传的绝技。关公是当之无愧的"刀神"。

大刀是兵器中的佼佼者，古代许多名将都使用大刀，除关公外，还有二郎神杨戬，擅使三尖两刃刀，故三尖两刃刀有"二郎刀"之称。宋代名将老令公杨继业，善使大刀，人称"杨无敌"。梁山泊青面兽杨志爷孙俩，五虎断门刀法十分厉害。

单刀被称为"百兵之胆"，有"刀如猛虎"之称。练单刀要勇猛有力，灵活机动。一要刚毅勇猛，二要快似流星，三要干净利落，四要杨柳临风。

图 3-2　清·四川绵竹民间木刻版画《对刀侍卫》

① 王圻、王思义：《三才图会》（中），上海古籍出版社 1998 年版，第 1196 页。

在民间木刻版画门神画中，常常有拿大刀的门神，如清代四川绵竹的民间木刻版画《对刀侍卫》，门神画是古代人用来除灾辟邪制鬼驱怪的。在《对刀侍卫》上，绘有两个镇殿将军，手持大刀，甲胄戎装，面露威严（如图 3–2 所示）。

二、枪

枪是四大兵器之一，种类更多，有双钩枪、单钩枪、环子枪、素木枪、鸦项枪、锥枪、梭枪、槌枪、大宁笔枪、拒马木枪、拐突枪、抓枪、拐刃枪、标枪、长枪、梨花枪等（如图 3–3 所示）。

俗话说：“七尺花枪八尺棍，大枪一丈零八寸。”枪舞动起来，灵活迅速，神出鬼没，故有人说花枪是“百兵之贼”。

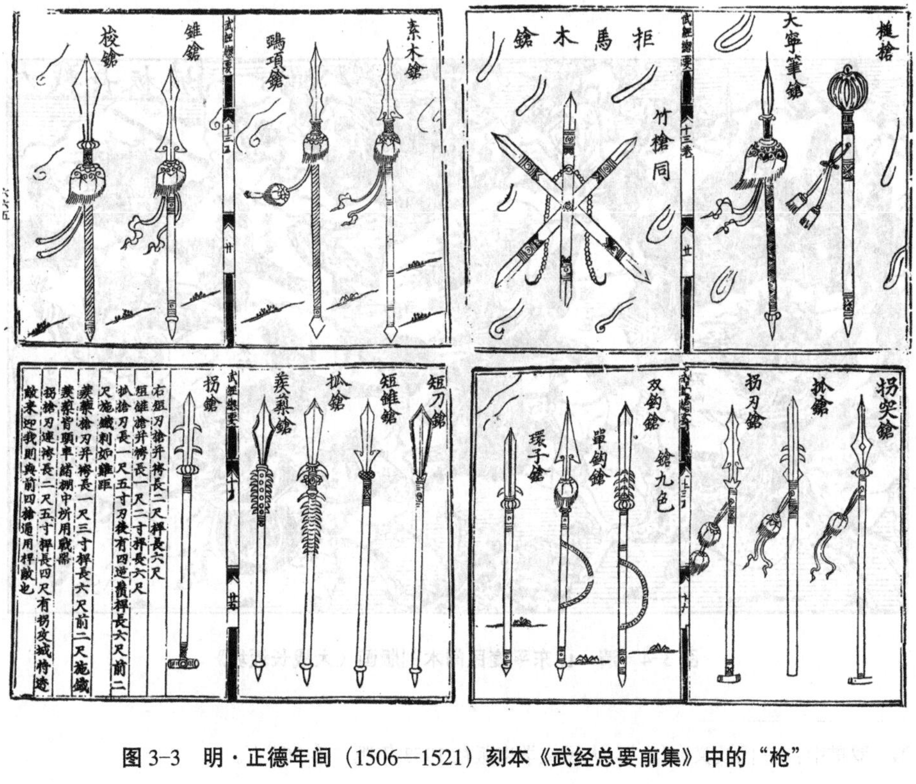

图 3–3　明·正德年间（1506—1521）刻本《武经总要前集》中的“枪”

三国时，蜀汉五虎上将之一赵云，英武潇洒，武力超群，使一杆银枪，威震天下。建安十三年（208），曹操率数十万大军进攻刘备，刘备兵败，向南逃往江陵，曹操派麾下快马追赶，终在当阳长坂坡附近追上了刘备。此时情势危急，刘备丢下妻儿，仅带着张飞、诸葛亮、赵云等数十骑向南逃逸。但赵云奋不顾身，七进七出曹营，靠一杆长枪，“前后枪刺剑砍，杀死曹营名将五十余员。”①之后，赵云怀抱刘备的幼子刘禅，回到刘备身边。当他把阿斗抱到刘备面前，刘备气得将小公子往旁边一扔，说：“你这逆子，差点损我一员上将！”赵云赶忙一把接住，对刘备说：“主公知遇之恩，云万死不辞。”这就是《三国演义》中的“长坂坡赵云救主”的故事。

在清代山东平度民间木刻版画《大战长坂坡》中，赵云骑着马，怀抱幼主，一手持杆长枪，一手高举从夏侯恩手中夺来的青釭剑，力战曹军将领张郃、曹洪、张文远、许褚、张南等人，毫不畏惧。曹操与徐庶躲在一处山坳里观阵（如图 3–4 所示）。

图 3–4　清·山东平度民间木刻版画《大战长坂坡》

---

① 罗贯中：《三国演义》（上），人民文学出版社 1953 年版，第 364 页。

在古代，还有许多名将使用长枪，如蜀汉五虎上将之一马超，使用一杆银枪，让曹操闻风丧胆，割须弃袍；隋唐名将罗成，用一杆五钩神飞枪，让罗家枪法闻名天下；北宋杨家将杨六郎的杨家枪法，让金兵吃尽苦头；南宋岳飞用沥泉枪横扫金兵。

《水浒传》第五十五回，呼延灼用连环马打败梁山人马。呼延灼“教三千匹马军做一排摆着，每三十匹一连，却把铁环连锁；但遇敌军，远用箭射，近则使枪直冲入去；三千连环马军分作一百队锁定。五千步军在后策应”①。第二天，呼延灼大胜宋江，生擒五百余人，夺得战马三百余匹。正在宋江等人对呼延灼的连环马无计可施时，梁山第八十八条好汉金钱豹汤隆献计说：“徐宁会用钩镰枪法破连环马。”汤隆是梁山上负责打造军器铁甲的，徐宁是他的表兄。吴用派汤隆、时迁到东京盗了徐宁的雁翎锁子甲，又叫赛唐猊。汤隆设计，将徐宁骗上了梁山。汤隆打造钩镰枪，徐宁教练枪法，梁山人马大破连环马，打败了呼延灼（如图 3–5 所示）。

图 3–5　明·郁郁堂刻本《忠义水浒全传》中的“大破连环马”

① 施耐庵：《水浒传》（中），人民文学出版社 1975 年版，第 770 页。

图上躲在败苇折芦、枯草荒林的梁山士兵，在一声哨声下，钩镰枪一齐举手，先钩倒两边马脚，中间的甲马便自咆哮起来。那挠钩手军士一齐搭住，芦苇中只顾缚人。

三、剑

剑是四大兵器之一，属于短兵器。剑被称为“百兵之君”，君是君子的意思，古时文人学士都喜欢佩剑。舞剑可以锻炼身体，还可以用来防身。剑有文武之分，文剑配带有剑袍（即剑穗），武剑则不带。古代的剑由金属制成，长条形，前端尖后端安有短柄，两边有刃。剑有单剑、双剑、短剑等。剑的历史，源远流长，有许多典故与它有关，如倚天剑、青釭剑、干将莫邪剑、鱼肠剑、胜邪剑、巨阙剑等。

青釭剑原是曹操的宝剑，削铁如泥，在剑把上有金嵌的“青釭”两字，交由夏侯恩佩之，在长坂坡一战中，被赵云夺走。

在《三国演义》第四十一回“刘玄德携民渡江，赵子龙单骑救主”中，是这样描述的：（赵云）“正走之间，见一将手提铁枪，背着一口剑，引十数骑跃马而来。赵云更不打话，直取那将。交马只一合，把那将一枪刺倒，从骑皆走。原来那将乃曹操随身背剑之将夏侯恩也。曹操有宝剑二口：一名‘倚天’，一名‘青釭’；倚天剑自佩之，青釭剑令夏侯恩佩之。那青釭剑砍铁如泥，锋利无比。当时夏侯恩自恃勇力，背着曹操，只顾引人抢夺掳掠，不想撞着赵云，被他一枪刺死，夺了那口剑，看靶上有金嵌‘青釭’二字，方知是宝剑也。云插剑提枪，复杀入重围。”① 因此，有的民间木刻版画《赵云》上，赵云一手拿剑，这把剑就是曹操的青釭剑，一手拿他自己的长枪。如清代陕西汉中的民间木刻版画《赵云》，图上的赵云，身着甲胄，坐着战马，一手举着剑，一手持着枪，无比英雄（如图 3–6 所示）。

钟馗是中国民间传说中能打鬼驱除邪祟的神。传说，唐朝（618—907）时，

---

① 罗贯中：《三国演义》（上），人民文学出版社 1953 年版，第 362 页。

图 3-6 清·陕西汉中民间木刻版画《赵云》

唐玄宗在一次外出巡游时，忽然得了重病，用了许多办法都没给治好。一天夜里，他梦见一个穿着红色衣服的小鬼偷走了他的珍宝，玄宗怒斥小鬼。这时，突然出现一个戴着一顶破帽的大鬼，把小鬼捉住，并将它吃到肚子里。玄宗问他是谁，大鬼说：臣本是终南进士，名叫钟馗，由于皇帝嫌弃我长相丑陋，不录取我，一气之下，我撞死在宫殿的台阶上，死后我专事捉鬼。

玄宗从梦中醒来，病也好了。于是，他命当时最有名的画家吴道子，把他梦中所见的钟馗画下来。从此，钟馗就成为捉鬼除邪的神。

清代天津杨柳青的民间木刻版画《武判》，上面画的就是钟馗，钟馗相貌奇异，豹头环眼，铁面虬鬓。卢毓嵩在《清嘉录》卷五中写道："眼如点漆发如虬，唇如猩红髯如戟。"图上钟馗身披铠甲，手举剑器，呈一位武士形象（如

图 3-7　清 · 天津杨柳青民间木刻版画《武判》

图 3-7 所示）。

剑长约三尺，所以有“三尺龙泉”之称。剑由剑身和剑柄两部分组成：剑身包括锋、脊、从（脊两侧呈坡状部分）、锷、腊（脊与两从的合称）；剑柄包括茎（把手部分，有扁形与圆形的两种）、格（剑茎和剑身之间的护手，又称为“卫”“璏”“剑镗”）、首（茎的末端，有的呈圆形，称为“镡”“箍”“茎”上的圆形凸起的纹饰）、缑（在茎上缠绕的绳子）、缰（系在剑首的皮绳，用于悬挂在手腕上）、穗（系在剑首的流苏，又称“剑袍”，有穗的剑称为文剑，佩带在文人、权贵身上）。

此外，剑通常配有剑鞘，又称为“室”，套在剑身之上，以保护剑身和方便携带。

四、戟

戟是由矛和戈合一的一种兵器。戟分为戟头和戟杆两部分，戟头装在戟杆的一端，戟头有金属枪尖，一侧有月牙形利刃，通过两枚小枝与枪尖相连，可刺可砍。戟头分为单耳和双耳，单耳叫“青龙戟”，双耳叫“方天戟”。戟杆为木、竹制成，最长可达一丈多。戟既可用来直刺、扎挑，又能用来勾、啄，是步兵、骑兵使用的利器。戟的种类很多，有长杆单戟，有短柄双戟。

长戟又分为方天戟、青龙戟和蛇龙戟等。方天戟戟头有两个月牙，青龙戟和蛇龙戟只有一个月牙。蛇龙戟与青龙戟不同之处，是其前端的刺为弓形。戟有“百兵之魁”之名，意思是兵器中的魁首。“剑无缠头戟无花”，练法不同于刀枪，故有“戟本一条龙”的说法：龙头能攒，龙口能刁，龙身能靠，龙爪能抓，龙尾能摆。

早期使用的戟是青铜戟，随着铁的使用，出现了铁戟。在方天戟上以画、镂等作装饰，便称为“方天画戟”。方天画戟属于重兵器，和矛、枪等轻兵器不同。方天戟使用复杂，功能多，需要极大的力量和技巧，集轻兵器和重兵器功能于一身。一般使用方天画戟的人必须力气很大，戟法精湛，才能发挥它的优势，对抗重兵器，如骨朵、锤、镗等。在小说和传说中，使用这种武器的多为天兵天将，在凡人中使用方天画戟最出名的是《三国演义》中的吕布。吕布是用方天画戟第一人，能让无数桀骜不驯的英雄豪杰甘拜下风。

在《三国演义》第十一回“刘皇叔北海救孔融，吕温侯濮阳破曹操”中，描述吕布大败曹军，曹操被手下典韦救出，典韦持双铁戟，冲出人群。这时，“吕布骤马提戟赶来，大叫‘操贼休走！’……曹操正慌走间，正南上一彪军到，乃夏侯引军来救援，截住吕布大战。斗到黄昏时分，大雨如注，各自引军分散。”

明万历十九年（1591）金陵万卷楼刊刻的《三国志通俗演义》中的一幅“吕温侯濮阳大战”图，描绘的正是这一情节，吕布骤马提方天画戟赶来，大叫“操贼休走！”，方天画戟正向着曹操刺去。曹操落荒而逃，挥着马鞭，一路狂奔（如图 3-8 所示）。

除此以外，还有项羽的天龙破城戟，在数十万秦军的铁阵中，如入无人之境。唐朝的薛仁贵，也是叱咤风云的善使方天画戟的名家。方腊的侄儿方杰，用方天戟一人独挡梁山关胜、花荣、李应和朱仝四条一等好汉，并将秦明挑落马下。这些战将，使戟充满了传奇色彩。

但是，到了唐代之后，戟中的方天画戟，逐渐成为皇家仪仗队的工具。

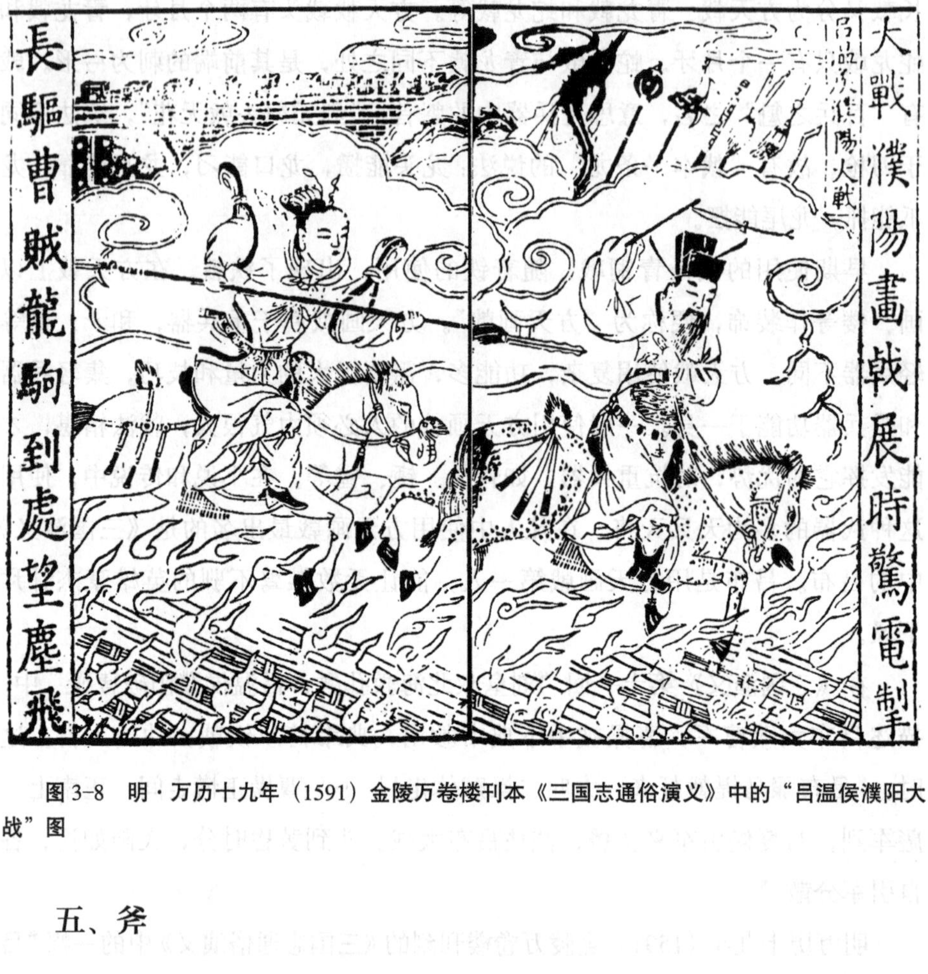

图 3-8　明·万历十九年（1591）金陵万卷楼刊本《三国志通俗演义》中的“吕温侯濮阳大战”图

五、斧

“程咬金三板斧”是一个人们耳详能熟的谚语。斧是一种古老得不能再古老的兵器。它最初是一种生产工具。汉代刘熙的《释名·释用器》中称：“斧，甫也，甫，始也。凡将制器，始用斧伐木，已乃制之也。”①原始人类已知拾利石为劈器，是斧的起源。后来，斧用作兵器，到了双锋剑出现后，用斧的人就少了，只作为砍斫的工具，或为乐舞仪仗之器。但各代仍有使用斧的人，喜练斧作为兵器。

① 刘熙：《释名·释用器》，《尔雅·广雅·方言·释名》，上海古籍出版社 1989 年影印本，第 1081 页。

在《水浒传》第四十回“梁山泊好汉劫法场，白龙庙英雄小聚义”中，“梁山泊共是十七个头领到来，带领小喽罗一百余人，四下里杀将起来。只见那人丛里那个黑大汉。轮两把板斧，一味地砍将来……晁盖便叫道：‘前面那好汉，莫不是黑旋风？’”①（如图 3–9 所示）黑旋风就是李逵，使两把板斧。

图上黑旋风李逵，双手抡两把板斧，一味地砍将过来，令守卫法场的士兵纷纷落荒而逃。板斧是古代的一种兵器，属于一种短斧，斧头呈扇形，斧端有弯刺，柄长三尺，可抡、劈、砍、扎、削、扫等，须大力的人才能使用。短柄双斧，柄长不可过肘，为步下所用。因其斧大，刃为月牙形，斧顶薄，其形似板，故又叫“板斧”，通常用这兵器的武将都是猛将型的，如西凉大将韩德、零陵邢道荣、瓦岗寨程咬金等。

图 3–9　明・容与堂刻本《忠义水浒传》中的“梁山好汉劫法场”

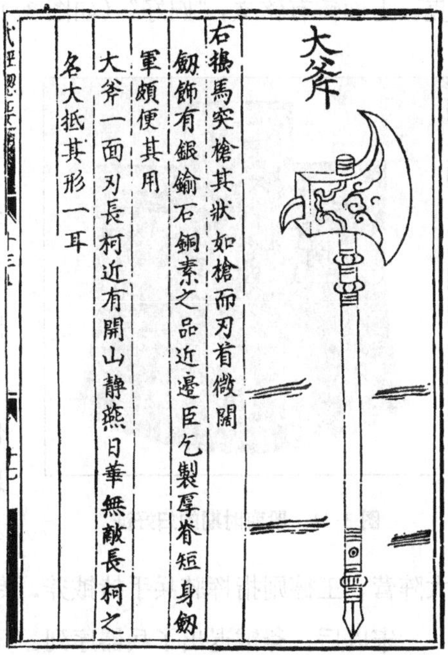

图 3–10　明・正德年间（1506—1521）刻本《武经总要前集》中的“大斧”

---

① 施耐庵：《水浒传》（中），人民文学出版社 1975 年版，第 555 页。

三国时的著名南北二上将“北潘凤，南道荣”使用大斧作为兵器。据宋代军事著作《武经总要》所载：“大斧一面刃，长柯，近有开山、静燕、日华、无敌、长柯之名，大抵其形一耳。”① （如图 3-10 所示）

斧用于车马之战，可斫马劈车。因斧前有刺，还可用扎法。练斧需要相当大的臂力。

六、钺

钺虽是一种古代的兵器，具备杀伤力，但早期大多作为护身之用。在原始社会，钺作为成年男子的象征。在河南安阳殷墟的妇好墓中，出土过两件大型青铜钺，其刃部宽三百七十五毫米至三百八十五毫米，重八点五千克至九千克，上面铸有铭文：“妇好”（如图 3-11 所示）。妇好是殷王武丁的妻子，她生前是一位骁勇善战的女统帅，曾多次率兵出征。

图 3-11　殷商时期的妇好钺

钺经过不断改进，成为一种兵器。在唐宋时期，钺主要是作为一种步兵武器，视斧钺与刀剑同等重要。因唐宋期间，战争的对象主要来自北方的剽悍骑兵。对付骑兵，长柄斧钺有意想不到的优势，上砍骑兵，下砍马蹄，可以步战取胜。据传，南宋大将王德，在一次与金兀术的战斗中，金兀术以铁骑排成强大阵营，王德则指挥骑兵手持钺斧，专砍马腿，金兵大败。

宋以后，斧钺退出了兵器序列，只是作为一种象征性的兵器，出现在祭祀等特定的场合，或者少量使用作为一种行刑的工具。

① 曾公亮主编：《武经总要前集》，《中国古代版画丛刊》（1），上海古籍出版社 1988 年版，第 664 页。

钺的形制似斧，以砍劈为主。两者的区别在于刃的宽窄，斧刃较钺刃为窄，钺刃较宽大，呈弧形，似新月。如《西游记》中沙僧手拿的兵器(在小说中，沙僧手拿的是棍子)。清代陕西凤翔民间木刻版画《狮子大洞》，图上描绘的是唐僧四人西行至玉华州，郡王之子从悟空学艺，被黄狮子精获知，偷走了他们的兵器，悟空设计打败黄狮子精，并焚烧了它的洞穴，黄狮子精逃走。图上唐僧四人，悟空与沙僧合力制伏黄狮子精，悟空手持金箍棒，沙僧拿着钺。唐僧和猪八戒站在一旁观看（如图 3–12 所示）。

图 3–12　清・陕西凤翔民间木刻版画《狮子大洞》

清朝的董海川创制一种“子午鸳鸯钺”，又叫“日月乾坤剑”，是由两个月牙组合而成。这种钺分子午，一雄一雌，演练时开合交织，不即不离，酷似鸳鸯，故名“子午鸳鸯钺”。遇上带兵器的敌人时，可攻可守，比赤手空拳好多了。

七、钩

钩是一种多刃兵器，由戈演变而来。唐代颜师古在《汉书・韩延寿传》注中说：“钩亦兵器也，似剑而曲，所以钩杀人也。”古时用钩者颇多，清朝有个叫窦尔敦的人，从小习武，曾拜在当地名师韩实门下，后又拜明末民族英雄史可法的部将石某为师。他十八般武艺样样皆精，尤擅使大刀，后感使用长兵器有诸多不便。他遂自己设计改制了一种护手双钩，兼有刀、钩、匕首的功能，攻防兼备。窦尔敦挥起双钩，疾如闪电，势如猛虎一般，后人称它为“虎头双钩”。清代朱仙镇民间木刻版画《拿窦尔敦》，图上窦尔敦挥舞着他的“虎头双钩”（如图 3–13 所示）。

图 3–13　清 · 朱仙镇民间木刻版画《拿窦尔敦》

这则出自清代公案小说《彭公案》的故事，描绘的是清太尉梁九公乘御赐金鞍玉辔追风赶月千里驹到围场打猎。窦尔敦探知这一消息后，只身潜入御马厩，用熏香熏倒守卫，用匕首杀死门丁，盗走了御马。此举，使绿林义士大受鼓舞，给了清廷又一沉重打击。首战告捷，窦尔敦在河间府从者如云。兵部尚书彭朋发兵河间，连战失利，被弹劾削职。黄三泰为搭救彭朋，派人向窦尔敦借钱。虽说是借，实为武力强夺。窦尔敦不买黄三泰的账。黄三泰恼羞成怒，遂与窦尔敦比武，并约定不得使用暗器。但在黄三泰与窦尔敦交手数十回合，黄渐觉气力不支，遂背弃盟约，用暗器“甩头”击窦。窦尔敦没提防对方会暗器伤人，遂被击中左膀，遭敌暗算。窦尔敦逃出河间府。清代朱仙镇民间木刻版画《拿窦尔敦》描绘的是窦尔敦与黄三泰比武，黄三泰使暗器“甩头”击中窦尔敦，窦尔敦愤愤而去。

还有一种在水战中用的钩拒。在《墨子 · 鲁问》中，有“公输子自鲁南游楚焉，始为舟战之器，作为钩强之备。退者钩之，进者强之。量其钩强之长，而制为之兵”①。公输子即鲁班。在两千多年前，楚国水军用“钩拒”钩住敌船，使其无法逃脱。后来，其他国家也仿制了钩拒。在水战中，力大一方往往能取胜。钩拒也成了水战的必备兵器。

后来发展出专用于钩船的“钩镰”。钩镰是一种锤和钩相结合的兵器，前面有一个铁锤，呈圆形或六角形，锤下为木柄。锤顶和柄尾各有一只钩子，用时，锤击钩刺，再配以刀剑，攻击力很强。在明代茅元仪《武备志·军资乘·水二》中说：“钩镰，刃阔一寸，三筲，竹长一丈五尺。舟中或割或缭，或钩其船，或割其棚间绳索，必不可少。须竹长而轻，刃弯而利，乃得实用。”钩镰只能钩割，用途较单一。明清战船上有的还配备“撩钩”，是单用于钩船的战具。

有一种由盾演变而来的钩镶，是钩与盾结合而成的复合兵器。刘熙在《释名·释兵》中称：“钩镶，两头曰钩，中央曰镶，或推镶，或钩引，用之之宜也。”②钩镶上下有钩，上钩约长二十五厘米，下钩约长十五厘米，中部是后有把手的小型铁盾，盾为圆角方形薄铁板，前面有突出的尖。

钩镶兼有防、钩、推三种功用。在战斗中，镶用以推挡和击刺，起盾的作用；钩可以钩住对方兵刃，以利于自己的兵刃出手。它的作用较单纯防御的盾要积极。所以汉代钩镶通常与刀、剑等兵器配合使用。左手持钩镶挡钩敌人的兵器，右手持刀、剑砍刺敌人。钩镶创制于汉代，当时盛行铁戟，而钩镶对抗戟的进攻特别有效。因戟有横出的小枝，被钩住后，很难迅速抽回，持钩镶者即可乘机砍刺对手。汉晋以后，戟逐渐退出战场，变为仪仗用器，钩镶也随之衰微以至绝迹。

钩的种类非常多，还有单钩、双钩、鹿角钩、虎头钩、护手钩等。

八、叉

叉是古代的长刺兵器。在《纪效新书》中说：“凡试叉钯，先令自使，手

① 《墨子·鲁问》，《二十二子》，上海古籍出版社 1986 年影印本，第 270 页。

② 刘熙：《释名·释兵》，《尔雅·广雅·方言·释名》，上海古籍出版社 1989 年影印本，第 1089 页。

其身手步法合一，复单人以长枪，短刀对较。能架隔长枪、刀、棍，出杀人者为熟。”① 叉原本是一种生产工具，古人使用叉打猎捕鱼，如《水浒传》第四十九回中，解珍、解宝用钢叉打老虎。

古时，叉作为兵器，有两股、三股、五股等。两股叉，顶端两股，似牛角，称“牛角叉”，也称“龙须叉”；三股叉，顶端三股，柄长七八尺，重约五斤。三股中，中锋刃长而直，锋挺出三四寸，叉的尾端有瓜锤。远古时代，是人们用来捕鱼的“飞叉”。三股叉的两旁叉锋呈牛角形，叉形似牛头，俗称“牛头叉”，也称“虎叉”“三须叉”“三角叉”等。在一幅清代山东潍县民间木刻版画《泥马渡康王》中，金兀术用的就是这种“三股叉”兵器（如图 3–14 所示）。

图 3–14　清 · 山东潍县民间木刻版画《泥马渡康王》中金兀术用“三股叉”兵器

“泥马渡康王”的故事，出自《说岳全传》第二十回“金营神鸟引真主，夹江泥马渡康王”，讲述北宋末，康王赵构留在金营做人质，被金兀术认作养子。在汴梁（今河南开封）陷落后，徽宗（赵佶）、钦宗（赵桓）被金兵俘虏

① 见戚继光：《纪效新书》卷六，《四库全书 · 子部》，上海古籍出版社 1990 年影印本。

至北国五国城，代州总管崔孝借医马为名，流落于金营，在五国城见到徽宗和钦宗二帝，二帝以血诏付予崔孝，要康王速离北国，逃往中原。赵构见到诏书，以射鸟为借口，往南面逃去。金兀术得报，马上骑马急追。康王被金兀术追赶到夹江边，康王骑着马跃入江中。但是，金兀术无论如何看不见康王和马。原来有神圣护住，遮住了金兀术的眼睛。康王骑马在江中，好比在雾里，一个时辰，马已过了夹江，跳上岸来，在一密林里，马将康王耸下地来，往林中跑去。康王正在生疑时，见有一座古庙，康王进入庙里，发现有一马槽，槽内卧着一匹泥马，与他刚才骑的马一样，马上浑身是水。康王暗想："难道是它渡我过江？"忽然失声道："那马乃是泥的，若沾了水，怎么不坏？"言未毕，只听得一声响，马即化了。这便是"泥马渡康王"的故事。

图上，金兀术手持三股叉从后面追来，在江边眼看着，康王骑着马跃入夹江中，崔府君站在云端，罩着康王渡江。

还有一种五股叉，顶端五股，其锋长，尾端有结节，可以系缚绳索，将叉掷出，抓住绳索，可将叉收回，又名"飞鱼叉"。

叉分为叉尖和叉把两部分，叉尖为钢制，如三股叉，中股直而尖，两侧股由中股底端弧形向前，后粗前尖，通体为圆形或扁平形。叉把有木制或铁制。叉的主要击法有转、滚、捣、搓、刺、截、拦、横、拍等。

在明代兵书《武备志》中，还有一种"马叉"，又称"马架"，上可叉人，下可叉马，为骑兵所用。"马叉"长一至三尺，通常为三道分岔，其中两旁分岔皆向前为"文叉"，一道向前而一道向后为"武叉"。"马叉"除握手这一边外，其余三边均可击人，而且四角生钩，有棍和钩的特点，既可砸、扫、点、打，又可钩、夹、搅、挂。明朝中叶抗倭时，流行于山东一带沿海地区。还有一种抱头钢叉，中股长出其余二股三四寸，形如蛇，旁边二股由中股底端环抱而曲。柄长八尺，柄尾有镦。二股叉，铁制长杆，杆头有二股平行的锥叉，故名。

飞叉之法，宋代以前，几乎未闻，相传创始者为宗泽偏将张纯。张纯为花县（今广东广州）人，力猛如虎，善使飞叉，能于二十步外取人，发无不中。

九、鞭

鞭属于短兵器，起源较早，至春秋战国时期已很盛行。《史记·伍子胥列传》中，有“及吴兵入郢，伍子胥求昭王。既不得，乃掘楚平王墓，出其尸，鞭之三百，然后已”，说明春秋战国时期，已开始用鞭。

鞭有单双之分、软硬之别。单鞭有两种，一名“竹节钢鞭”，形如竹节，属于硬鞭，其鞭长四尺半，把手为圆形，上有若干突出圆结，便于握手。把手前有圆形护盘。鞭身前细后粗，呈竹节状，共有九节或十一节不等。鞭身顶端很细。通体为铁制。一种叫“水磨钢鞭”，鞭长三尺五寸，鞭把为五寸，鞭身长三尺。鞭身后粗前锐，呈方形，有十三个方形铁疙瘩，鞭头稍细，为方锥形。鞭把粗为一寸三分。鞭头、鞭把三处均可握手，能两头使用。

双鞭又名雌雄鞭，左手较轻，右手较重。

硬鞭，如雷神鞭，鞭长四尺，鞭把与剑把相同，鞭身前细后粗，共为十三节，形如宝塔，鞭身为方形，每节之间有突出的铁疙瘩，鞭尖呈方锥形，有利尖，鞭身粗一寸有余。把手处有圆形铜护盘。鞭重三十斤，通体为铁制。一般用于马战，持鞭之将多持双鞭。钢鞭沉重而无刃，以力伤人。秦家鞭，鞭长四尺，通体为长铁杆。其上下两端各有一突出的圆球。没有明显的鞭把和鞭尖的区别。方节鞭，由鞭身和握把组成。鞭身由十一节方形铁疙瘩组成。鞭把为圆形铁制。用时可以鞭身击打，也可用鞭尾的小鞭甩击。

软鞭有七节鞭、九节鞭、十三节鞭等，每节有铁环相连，并有两个配环，是较难练的兵器。这种鞭携带方便，可以缠在腰上，或折叠起来放在袋里。

使用鞭的人都是力大勇猛之人，唐初名将尉迟恭（字敬德）擅长用鞭。尉迟恭，鲜卑族，朔州鄯阳（今山西朔州朔城区）人。唐朝名将，封鄂国公，成为凌烟阁武将第一人。尉迟恭纯朴忠厚，手执钢鞭，勇武善战，一生戎马倥偬，征战南北，驰骋疆场，屡立战功。玄武门之变助李世民夺取帝位。

后尉迟恭被尊为民间驱鬼辟邪、祈福求安的中华门神。在《三教源流搜神大全》中，有“唐太宗(李世民）不豫，寝门外抛砖弄瓦，鬼魅呼号，太宗惧之，以告群臣。秦叔宝出班奏曰：‘愿同胡敬德戎装立门以伺。’太宗可其奏，夜果无警。太宗嘉之，命画工图二人之形象，悬于宫掖之左右门，邪祟以息”①。

后世沿袭，在一些民间木刻版画的门神中，常常绘有尉迟恭的画像，如清代四川绵竹民间木刻版画《尉迟恭》，图上他手执钢鞭，一员戎装武将模样（如图 3–15 所示）。

《新五代史·安重荣传》记载，五代后晋有一名叫安重荣的猛将，曾让人制造了一柄大铁鞭，并将其神化，说用它指人，“人辄死”，人称“铁鞭郎君”。

图 3–15　清·四川绵竹民间木刻版画《尉迟恭》

① 《绘图三教源流搜神大全》，上海古籍出版社 1990 年版，第 348 页。

图 3-16 明·正德年间（1506—1521）刻本《武经总要前集》中的“铁鞭”

这是史书中有关铁鞭的最早记载。北宋庆历三年（1043）曾公亮撰修的《武经总要·器图》绘有铁鞭的图形，鞭身呈竹节形，根部较粗，越往前越细，鞭身后有护手、短柄和首，当以竹鞭为其原型（如图 3-16 所示）。

在《宋史·王继勋传》中，有宋代武将王继勋使用铁鞭的记载。北宋开国时期，追随赵匡胤南征北战的王继勋，是一员猛将，每临阵常用铁鞭，使敌将莫敢往前，他还常用铁槊、铁檛，军中称他为“王三铁”。宋代使用鞭的武将还有很多，如《杨家将演义》中的呼延赞，《水浒传》中的呼延灼（呼延赞的后人），善用两条水磨八棱钢鞭，他操练的连环马曾让梁山人马吃尽苦头。后来，呼延灼的连环马被宋江破掉。在一幅“宋江大破连环马”图中，挥舞两条水磨八棱钢鞭的呼延灼被梁山好汉击败（如图 3-17 所示）。

图 3-17 明·万历三十八年（1610）容与堂刻本《忠义水浒传》中的“宋江大破连环马”

梁山孙氏兄弟，哥哥孙立绰号“病尉迟”，“射得硬弓，骑得劣马，使一管长枪，腕上悬一条虎眼竹节钢鞭”；弟弟孙新，生得身强力壮，全学得哥哥本事，使得几路好鞭、枪，号“小尉迟”。第五十五回“高太尉大兴三路兵，呼延灼摆布连环马”中，呼延灼与孙立有过交手，“两个都使钢鞭……在阵前左盘右旋，斗到三十余合，不分胜败”①。

到了明清时期，明代有一种将冷兵器与火器结合在一起的兵器，叫“雷火鞭”。在茅元仪《武备志·军资乘·火十》中，载有：“以铁鞭为原形，长三尺

① 施耐庵：《水浒传》（中），人民文学出版社 1975 年版，第 769 页。

二寸，木柄。前端五寸空心，可装火药和三枚铅子，下面锥有火眼。”①（如图3-18所示）这种兵器既可以像鞭一样用来砸击敌人，也能像火铳一样射击敌人。

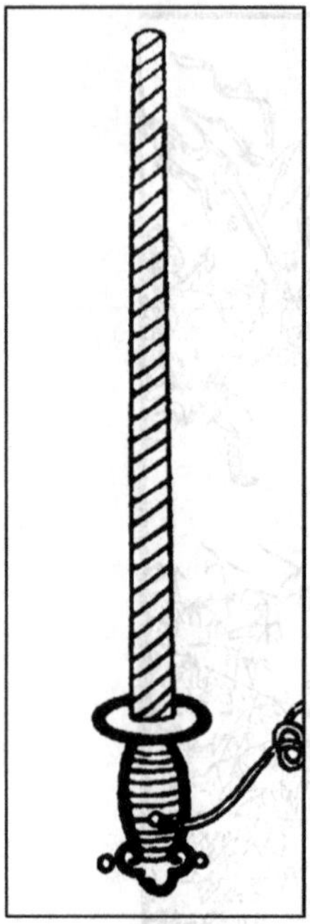

图3-18　明刻本《武备志·军资乘·火十》中的“雷火鞭”

十、锏

锏为古代的一种短兵器，由铜或铁制成，分为锏把和锏身两部分。锏把有圆柱形和剑形两种。锏把末端有吞口，如钻形。吞口上系一环扣，上有丝弦或牛筋，可悬于手腕。锏身为正方形，有四棱，长约四尺，粗约二寸，前细后粗，呈方锥形，因形似“简”故名。锏身有棱、无刃，棱角突出，每距六七寸有节，名“竹节锏”。锏身顶端尖利，可作刺击用。自把至端，完全平直的，名“方棱锏”。锏多双锏合用，故有“雌雄锏”“鸳鸯锏”等名。锏属于短兵器，利于步战。锏非力大之人不能运用自如，杀伤力十分可观，即使隔着盔甲也能将人活活砸死。

锏的种类非常多，有八棱锏，由一根八棱形铁杆制成，长约四尺。平棱锏长四尺，锏把为圆柱形，尾短有一小孔，可作穿绳之用，锏把前有六边形铜护盘，锏身呈六棱形，尾部粗而丰。锏顶端粗为一寸。平棱锏亦有单使，单使的平棱锏，粗有二寸。凹面锏，长二尺五寸左右，锏把为圆柱形，锏身为方形，内中有凹槽，故得其名。四棱锏，呈四棱形，故得其名。浑圆锏，长四尺，通体呈圆柱形，以铁制成。狼牙锏，锏身是一根前端小、后端粗的圆形木棒，长

① 见茅元仪：《武备志·军资乘·火十》卷一百二十八，《四库禁毁书丛刊》，北京出版社1997年影印本。

为二尺，上面装有四排铁钉，每排四至六刺，交错排列。棒的顶、尾各有一刺，铁钉呈三角形，由于铁钉尖锐，且又犬牙交错，攻击力很强，其棒尾端五寸为握手处，无铁刺。

秦琼（字叔宝）是唐初开国名将，勇武威名震慑一时，是一个于万马军中取人首级如探囊取物的传奇式人物，曾追随李渊父子为建立大唐王朝而南征北战，立下了汗马功劳。因其战功卓著，位居凌烟阁二十四功臣之一。秦琼是善使双锏之人（如图 3-19 所示）。

秦琼的绝招就是撒手锏，根据《兴唐传》的描述，“秦琼说了声：‘着锏！’

图 3-19　清·四川绵竹民间木刻版画《秦叔宝》

就瞧这锏打着旋飞了过去"①，是够吓人的。在《隋唐演义》中，山西刘武周用尉迟恭为先锋攻唐，尉迟恭日抢三关，夜夺八寨。李世民领兵抵御，与程咬金轻骑暗探白壁关，被尉迟恭发现，李世民大败，落荒而逃，尉迟恭穷追不舍。正在危急时刻，秦琼得报，飞马来救。与尉迟恭比试，尉迟恭打了秦琼三鞭，秦琼忍受住了；秦琼反打尉迟恭两锏，尉迟恭吐血而逃。这就是传说"三鞭换两锏"的故事。这两锏是"撒手锏"，一招制胜。

秦琼的锏，材质为铜鎏金，为双手锏，两个共重一百二十八斤，四面为凹面，中空内有铜球。

十一、锤

锤，古称"椎"，古代兵器之一，是在木柄或铁柄上安装一个蒜头或蒺藜形的重铁器，凭借重力锤击敌人。锤有长杆单锤、短柄双锤和链子锤等。长杆单锤又称"金瓜"，可分为两种，一种为"立瓜锤"，锤头如瓜形，立于杆顶。另一种为"卧瓜锤"，锤头则横卧于杆顶。短柄双锤，据其形状，可分为两种：一种为"八棱锤"，锤头呈八棱。另一种为"瓜形锤"，锤头似瓜形。锤柄都为短柄，柄长不过肘。短柄双锤非常沉重，舞动起来很费力气，所以有"锤棍之将，不可力敌"之说。链子锤是一种软锤，分锤身、链两大部分。锤形如小瓜，多为铜铁所制，链长三尺五寸。链尾有环，可以套于手中，利用惯性可以增大链锤的杀伤力，还可缠绕拖拉对方的兵器。

锤的历史非常悠久，在一则"窃符救赵"故事中，就有朱亥用铁锤砸死魏国晋鄙一事。秦昭襄王派兵打赵国，赵孝成王要魏安釐王发兵救赵。魏安釐王怕得罪秦国，不敢发兵。赵国的平原君给魏公子信陵君（无忌）写信，求魏国发兵救赵。平原君的妻子是信陵君的姐姐。信陵君接信后，再三央告魏安釐王叫晋鄙出兵。魏安釐王始终不答应。有一叫侯生的门客提醒信陵君，魏王有一宠姬，叫如姬，当初如姬的父亲被人害死，是信陵君叫门客去给她报仇，把仇

---

① 陈荫荣：《兴唐传》（六十八回），中国曲艺出版社 1984 年版，第 1405 页。

人给杀了。如姬非常感激魏公子，就是替公子去死，也心甘情愿。公子只要请她把兵符偷出来，拿了兵符去就可出兵救赵。

信陵君去跟如姬商量，如姬当晚就把兵符偷了出来交给信陵君。信陵君要去邺城，让晋鄙发兵，侯生要信陵君带上他的朋友朱亥。朱亥是天下数一数二的勇士。要是晋鄙不把兵权交出来，公子就叫朱亥杀了他。

信陵君带着朱亥和一千多个门客到了邺城，对晋鄙说："大王特地派无忌来接替将军。"说着，拿出兵符给晋鄙看。但晋鄙起了疑心，说："这军机大事，我还得奏明大王……"他的话还没说完，朱亥从袖子里拿出一个四十斤重的铁锤，冲着晋鄙的脑袋一砸，晋鄙的脑袋被打得粉碎。

但是，最让人难以忘怀的是，隋唐的裴元庆、李元霸（如图 3–20 所示）和宋时的岳云三员小将，把锤用得出神入化。

《说唐》中"天下第三条好汉"、银锤太保裴元庆，手持一对银锤（八棱梅花亮银锤，重三百斤）成为瓦岗寨头号猛将。《说唐》中"天下第一条好汉"

图 3–20 清 · 苏州民间木刻版画《四平山》中的"李元霸与裴元庆"

李元霸，少年英雄，眉横一字，貌似雷公，板肋虬筋，力能举鼎，手使一对金锤（擂鼓瓮金锤，重八百斤），无人能敌。宋时，岳飞之子岳云，为“八大锤四大将”之一，使“烂银锤”（单锤重八十六斤）。在宋抗金时期，金国因害怕宋国的马上长枪，就用很沉重的狼牙棒攻击宋军的长枪阵。长枪虽善刺，但遇上借助马力的狼牙棒时，就比较吃亏，常常一个长枪方队被挥动着狼牙棒的金军冲击得溃不成军。后来，岳飞想到用铁锤来对付狼牙棒，尤其是岳飞长子岳云力大无穷，使两只大锤，每只重八十余斤，把金兵的狼牙棒队打得七零八落、溃不成军。在牛头山岳云大战金蝉子时，巧用智谋，一式“落马分鬃锤”将金蝉子击毙。在《武经总要·器图》中，记有：岳云所使之双锤略大于拳，重八十余斤。

十二、抓

抓，即“挝”，是古代的一种兵器，在民间流传也较广。它是一种专门用来捕获敌人的擒拿武器，也称为“系兵”“绳套”“飞钩”或“飞挝”等。

抓由抓头和缚以长绳或木柄组成（如图 3-21 所示）。抓头似鹰爪，五指可以活动，系在铁索或绳索上，抛到敌人身上后，急收绳索，就可以将敌人抓获。抓有长、短、单、双、软之别。

图 3-21 明刻本《三才图会》中的“龙吒”

长杆抓有“金龙抓”，杆长约六尺，杆端有抓，形如人手，中指伸直，其余四指屈挠。又有一种叫“笔砚抓”，中指与食指并拢伸直，形如剑指，掌中握一笔，又名手槊。短杆抓有“短柄双抓”，长三尺左右，柄端是一只手，手指微屈，名为“虎爪双抓”。软抓，一种是在一根绳索的绳端，有一只铁形的鹰抓，名鹰抓飞挝，还有一种两端各有一个抓，名为“双飞抓”，系一种暗器，用金属打造，像鹰爪，缚以长绳，用于击人马，脱手掷去，转身后收回，使其不能脱走。

十三、镗

镗，古代兵器之一，隋朝便已有之，是由枪发展而来的。茅元仪《武备志》中有：“此器自有倭时始用，在闽、粤、川、贵、云、湖皆旧有之，而制不同。”① 镗似马叉（如图 3–22 所示），中间似剑状，上有利刃，称正锋，长一

图 3–22 明刻本《新刻按鉴编纂开辟衍绎通俗志传》中的“轩辕救驾灭蚩尤”

---

① 见茅元仪：《武备志 · 军资乘》卷一百一十一，《四库禁毁书丛刊》，北京出版社 1997 年影印本。

尺半，尖锐如枪，横有弯股刃，两锋中有脊。锋与横刃互镶，并嵌于七八尺长的柄上，柄下端有长约半尺的梭状铁钻。镋的形状较多，有月牙镋、四节镋、五齿镋、三节镋、雁尾镋、雁翅镋、雁嘴镋、凤翅镏金镋、锯翅镋、金牛镋、燕子镋、夜战镋、牛头镋、燕子镋、雷震镋等。

镋长而重，多为力大身高者两手交换使用，有时左把在前，有时右把在前。舞动起来，两手捻转，真是龙飞凤舞，故有"镋扎捻势""镋不离肩"之说。

周纬在《中国兵器史稿》中说："镋兵之重要者为枪头齿翼月牙镋，长与月牙铲同；茅氏（茅元仪）注曰：以纯铁为之，盖恐用生铁则易折其翼也；镦亦有尖刃，可倒用为刺兵，左、右、中三面均可刺，其齿形镋则兼有碴兵、句兵之用，诚属利器，惟恐使用较难，须经过精细之练习耳。"①

传说，隋朝大将宇文成都使用凤翅镏金镋，威猛罕匹，仅次于李元霸，凤翅镏金镋重二百八十斤，它的两边外展像是凤凰翅膀而得名。

十四、棍

棍为"百兵之首"，是四大兵器之一。"少林烧火棍"曾名扬天下，成为佳话。相传，在元朝末年的有一天，少林寺遭到红巾军的攻击。一个和尚手持做饭用的烧火棍，面对强敌，舞棍如风，变幻莫测，打退了众多的红巾军。

棍亦称作"棒"，古代多称棍为"梃"，名称虽异，实为一物。棍是从头到尾粗细一致，跟人的身高差不多长的条状物（如图 3-23 所示）。

棍可以从中断开，比如一根棍分成三截叫"三截棍"，分成九截叫"九截棍"。棍是一种长兵器，通长双手使用。棍为无刃兵器，是一种打击兵器。棍的历史悠久，在原始社会，主要用作生产工具，也是最早用于战争中的兵器之一。棍的长度为四尺至九尺，也有的长达一丈多的，截面一般为圆形。棍是近战搏斗兵器，它的攻击范围大于刀、枪，自古有"棍扫一大片"的说法。但是，棍主要是造成钝器伤和瘀伤，其杀伤力比刀、枪等要小。

① 周纬：《中国兵器史稿》，中国友谊出版社 2010 年版，第 228 页。

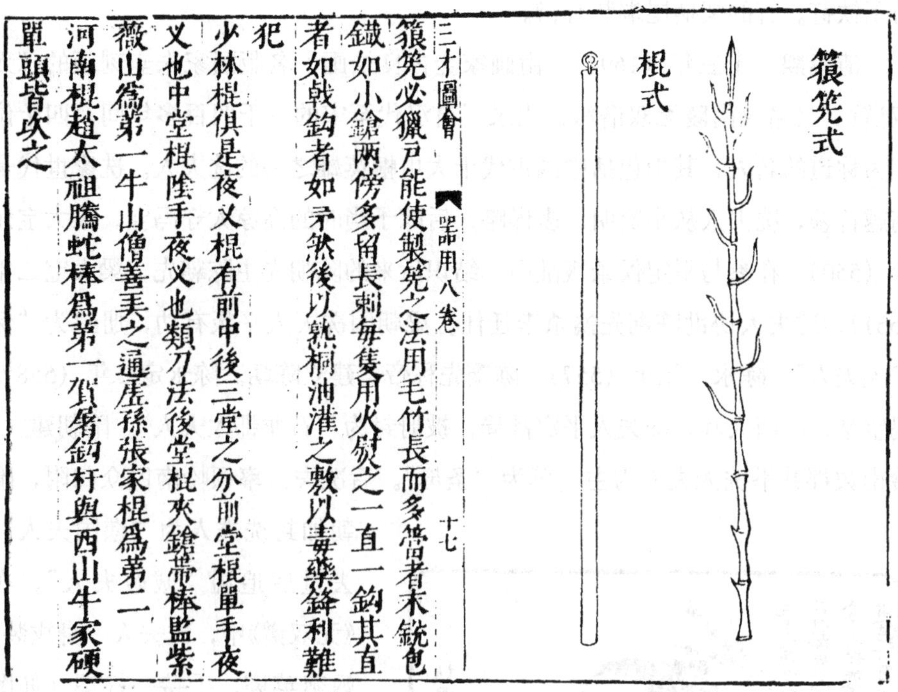

图 3-23　明刻本《三才图会》中的“棍式”

棍的种类较多，有大棍、齐眉棍、短棍、三节棍、大梢子棍、两节棍、流星棍等。大棍长八尺至八尺五，是棍中最长的。三节棍又名“太祖棍”“蟠龙棍”，是用三节木棍，中间以铁环相连，全长七八尺，两手可握两端之棍根部使用，或握中间一节舞花；更可握中间与前端两节，用另一端抽打；甚至单手握一节，用两节往前抽打。棍法勇猛，动作泼辣。

十五、槊

槊，形似矛，是中国古代的一种兵器，可用于刺、挑、扫、削，最早出现于汉朝，在魏晋南北朝和隋唐时期发展迅速。主要种类有马槊、枣阳槊、步槊、狼牙槊、指槊、掌槊、杈槊、衡槊等。

槊分槊柄和槊头两部分。槊柄一般长六尺。槊头呈圆锤状，有的头上装有若干铁钉。有的槊柄尾端装有镈。

清康熙三十三年（1694），由画家金古良绘画，名版画家朱圭刻版的《无双谱》（又名《南陵无双谱》），收录了自汉代至宋的一千四百多年间，四十位广为称道的名人，其中包括中国古代十大巾帼英雄之一的冼夫人。冼家世代是南越首领，冼夫人从小贤明，多谋略，后嫁予当时的高凉太守冯宝，梁大宝元年（550），在参与平定侯景叛乱中，结识后来的陈朝先主陈霸先，梁大宝二年（551），冼夫人协助陈霸先擒杀李迁仕。梁朝因冼夫人平叛有功，册封为“保护侯夫人”。陈永定元年（557），陈霸先称帝，建立陈朝。陈永定二年（558），冯宝卒，岭南大乱，冼夫人平定乱局，被册封为“石龙郡太夫人”。隋朝建立，岭南数郡共举冼太夫人为主，尊为“圣母”。后冼夫人率领岭南民众归附，隋朝加封冼夫人为“谯国夫人”，去世后追谥“诚敬夫人”。在《无双谱》中，冼夫人一身戎装，飒爽英姿，手持一杆槊（如图3–24所示）。

图3–24　清·康熙三十三年（1694）刻本《无双谱》中的“谯国夫人”像

使用槊的高手还有《隋唐演义》中的单雄信、《水浒传》中地威星百胜将军韩滔等，均善使马槊。

马槊的最长可达到一丈多，所以也叫丈八长矛。槊的前端类似短剑，可砍可削，刃部下通常有留情结，在战马高速冲锋时，不至于贯穿对手，使槊容易拔出。刃部下的杆，采用一种复合结构，外包韧木或竹，用虫胶、鱼鳔胶和猪皮胶混合而成的胶水胶合，再刷以大漆封闭，外部再缠麻绳，浸入桐油，干透后涂以生漆，再裹葛布，待干透再涂生漆。这种复合结构使杆身的弹性和韧性非常强。在战马高速冲锋时，刺中对手，力量会分散，杆就不易断折。槊杆通常重达十五到二十斤，非猛将无法使用。

大将一般持槊中段，两端各六尺，以护左右两侧和自己的战马，刺远处目标时，滑把手持末端，可长达十二尺，既可以用于高速冲锋，也可以用于低速格斗。

十六、棒

棒是从棍中演化而来的，但比棍短，俗话说："棒齐胸、棍齐眉"。棒长约五尺，用坚韧的白蜡木制成。棒身两端粗细不一，一端粗的为手握处，往上愈细，顶端为加强打击力度，会加上铁钉，如狼牙棒。《武经总要》介绍说：棒"取坚重木为之，长四五尺……铁裹其上者，人谓'诃梨棒'。近边臣施棒者，施锐刃下作倒双钩，谓之'钩棒'。无刃而钩者……植钉于上，如狼牙者，曰'狼牙棒'。本末均大者为'杵'。长细而坚重者为'杆'，亦有施刃镩者，大抵皆棒之一种"①。

棒的种类较多，仅《武经总要》所载，有诃梨棒、钩棒、杆棒、杵棒、白棒、抓子棒、狼牙棒等七种（如图 3–25 所示）。除此以外，还有"行者棒"，孙悟空用的金箍棒，通长同直径的棒，两头都缠上了厚重的铜箍，以加强打击力。"哨棒"，长约四尺，比"齐眉棍"短，硬藤制，为古时军营中巡哨和更夫所用。"丈二棒"，长度为一丈二尺，活动范围很大，便于攻防。"铁链棒"，又称"梢子棒""二节棍"，由两根长短不一的木棍连接而成。长棍约四尺，短棍一尺五寸。长短棍每段各有一铁箍，箍上带环，用铁链将两者相连而成。

棒虽不像刀、剑那样用于劈砍，但因其长而重，仍有相当大的威慑力。由

---

① 曾公亮主编：《武经总要前集》，《中国古代版画丛刊》（1），上海古籍出版社 1988 年版，第 663 页。

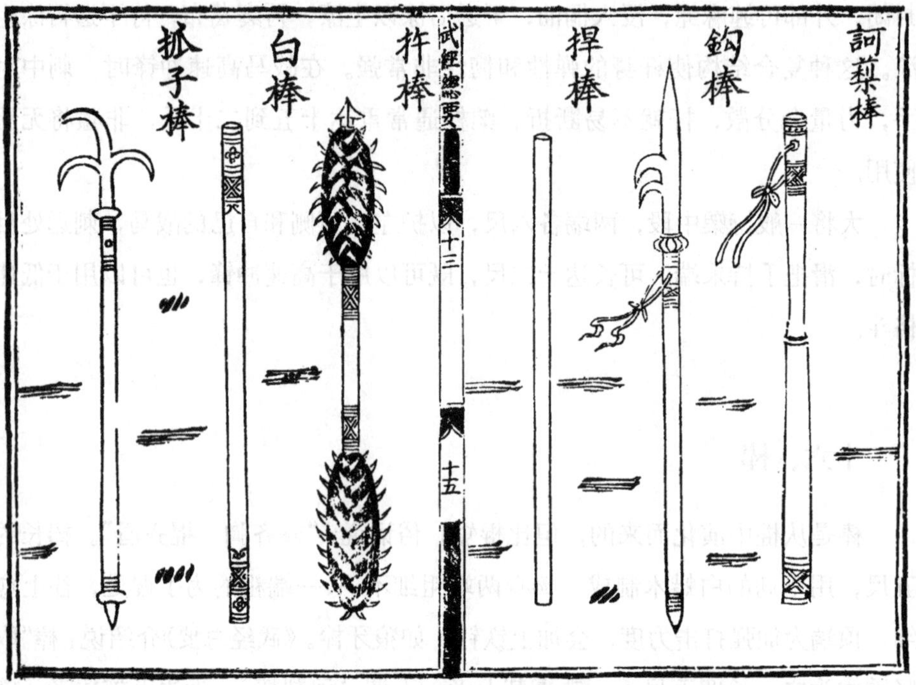

图 3-25 明·正德年间（1506—1521）刻本《武经总要前集》中所载的各式“棒”

于棍的柄粗而坚硬，不容易被倭刀之类的锐器砍断。古时，用棒的武将也不少，隋朝，隋文帝杨坚的弟弟（一说叔叔）杨林，武艺高强，手持一对“囚龙棒”。《水浒传》中的武松，在过景阳冈打虎时，手中拿的是一根“梢（哨）棒”。在《水浒传》第二十三回“横海郡柴进留宾，景阳冈武松打虎”中，“跳出一只吊睛白额大虫来。武松见了，叫声：‘呵呀！’从青石上翻将下来，便拿那条梢棒在手里，闪在青石边。那个大虫又饥又渴，把两只爪在地上略按一按，和身望上一扑，从半空里撺将下来……武松见那大虫复翻身回来，双手轮起梢棒，尽平生力气，只一棒，从半空劈将下来……定睛看时，一棒劈不着大虫……把那条梢棒折两截，只拿得一半在手里……武松把左手紧紧地揪住顶花皮，偷出右手来，提起铁锤般大小拳头，尽平生之力，只顾打……半歇儿把大虫打做一堆”（如图 3-26 所示）。

棒除了双手使用的长棒外，还有单手使用的短棒。棒以沉重，追求打击力，所以不及棍轻巧灵活。

图 3–26　明·万历三十八年（1610）容与堂《忠义水浒传》中的“景阳冈武松打虎”

十七、拐

拐，俗称“拐子”，由民间老人的拐杖演变而成的一种兵器。人们一见到这种兵器，马上就会联想到八仙之一的铁拐李。铁拐李，本姓李，名玄，因右脚是跛足，所以铁拐杖不离手，人称“铁拐李”。他的铁拐杖，一端有一横杙，作为手把，另一头离地数寸处有一与拐杖垂直突出的横拐（如图 3–27 所示）。

“拐”有铁制的，也有木制的。拐由拐柄和横杙组成。拐柄呈圆柱形；横

图 3-27　清·四川绵竹民间木刻版画《铁拐李》

杙较短，垂直于拐柄。拐有大小之分，大拐为单拐，小拐为双拐。大拐，杆长四五尺，杆端有一形似牛角的横杙，有人称之为“牛角拐”。小拐有很多种，如“丁字拐”“李公拐”“二字拐”“十字拐”“苏勒拐”等。“丁字拐”，长约二尺六寸，柄上有一横杙，因形似“丁”字而得名。“李公拐”，拐身与丁字拐相似，但较短，形如“卜”字。“二字拐”，在拐柄的两端各有一横杙，二横杙与柄垂直，因上下横杙构成“二”字形，故名。“十字拐”，柄为木制，长约二尺五寸，横杙长八寸三分，呈十字形，故名。“十字拐”的柄上，上端装一矛头，下端装握把。横杙左面为尖刺，右面为月牙铲，可三面出击。“钩镰拐”，拐柄的两端各有一钩镰枪头，距拐柄两端各三分之一处，均有一突出之横杙。“鸳鸯拐”，拐柄中间呈弯曲状，拐柄两端各有一个突出的横杙，但方向相反。

拐这种兵器，现在民间已难寻觅，但在警队中仍有使用。

十八、流星锤

流星锤，是一种将金属锤头系于长绳一端或两端制成的一种兵器，亦属索系暗器。流星锤，由锤身、软索、把手三部分组成（如图 3-28 所示）。锤身的形状有瓜形、多棱形、刺球形、浑圆形等，大小如鸭卵。锤身末端有象

图 3–28　清·山西临汾民间木刻版画《紫金带》中的“流星锤”

鼻眼，用于串连环。锤身的重量大小，根据使用者的力量大小而定。锤身的头末端有象鼻孔，以贯铁环，下以绳索扣环。软索是用蚕丝夹头发混合编织而成的，也有用纱线编织而成的。软索粗如手指，长一丈五尺至二丈，平时折成四折，或藏于袖中，用时即可抽出。把手以坚竹制成，缚于软索末端，把手长三四寸，初学者使用，技成后可将把手弃之。流星锤分“单流星”和“双流星”。软索上系一锤身者，称为“单流星”；系两个锤身者，称为“双流星”。流星锤，携带方便，带在身上不容易被人发现，但在软兵器中是最难练的一种兵器。

流星锤的种类很多，有“链子锤”，分锤身、链两部分。锤形如小瓜，多为铜铁所制，链长三尺五寸。链尾有环，可以套在手中。“狼牙锤”，以纯铁铸成，重约三至八斤不等。锤为正圆形，分为前后两部。前部为狼牙状，上有寸长铁钉若干，钉头向前，极为锋利。后半似流星锤，无钉，锤头底部有象鼻孔一只，内系软索。软索尾部有千斤套腕，狼牙锤平时盛于坚革制成的囊中。锤环露于囊外，以便握取。“双锤流星”，铁链两端各系一流星锤，锤尾端饰以绸带，绳长约五尺，是一种较难练的兵器，舞到急处，如疾风骤雨，刻不能停，故有“如插翅飞虎，似过海蛟龙”之说。“少林流星锤”，两头锤绳长九尺至一丈八尺，属走线锤。

第二节　古代的陆海“空”战场

战争最初是发生在陆地上，随着人类活动范围的扩大，战争从陆地移向了陆地以外，向水中、空中发展，虽然在古代飞行器还没有发明，但是，在战争中非常重视高空，因此，发明了许多高空作战的兵器。

一、陆上的战争

在中国几千年的历史中，发生过大小战争数以千计，著名的战争也不下几百次，但大多发生在陆地。陆上作战的兵器，除了“十八般兵器”以外，还有许多非常特殊的兵器。

1. 古代战车

战车是战争中用于攻守的车辆。战车始于夏朝，从商经西周至春秋，战车一直是军队的主要装备。《吕氏春秋》记载，夏朝末年，商汤与夏人战于戊邑，仅使用战车多达七十乘。商末，在周武王伐纣的牧野之战中，达到一次动用三百乘战车的规模。到了春秋，一些大的诸侯国，拥有战车达到四千乘以上。战车是一辆由两匹马或四匹马拉的独辕双轮的方厢车，车上有士兵三人，中间一人负责驾车，称为“御者”；旁边两人，一人负责远距离射击，称为“射”或“多射”，兵器主要为弓或弩。一人负责近距离的短兵格斗，所持兵器称为戈（如图 3-29 所示）。

戈是一种长柄的钩状兵器，有锋利的双面刃和前锋，长三米左右，在战车交错时，用于勾击或啄击，对步兵有极大的杀伤力。但它的最大缺点是转向不灵活，随着骑兵的兴起，战车就逐渐衰落。但是，战车并没有退出战争的舞台，这种直接攻击的战车消失了，另一种用于特殊场合的战车悄然兴起。在《武经总要前集》中，记载有许多古代的战车，有用于巷战的，有运粮的，有装炮的，这种战车与马拉的战车相比已经脱胎换骨了。

用于巷战的战车，有“虎车”“巷战车”“象车”“枪车”“鎗车”等（如图 3-

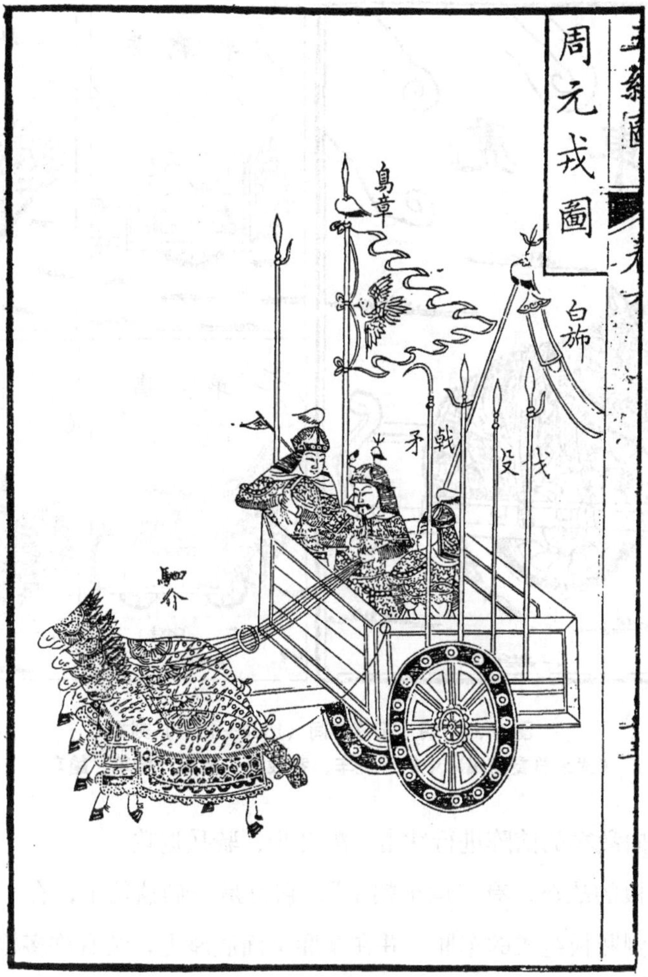

图 3–29 《五经图·周元戎图》上的战车

30 所示)，它们都是一种攻击型战车。“虎车”和“巷战车”是在一辆独轮车上，安置一个虎形车厢，或者安置前挡板和两侧厢板，用以掩护推车的士兵。在虎形车厢的虎口或箱形车厢的底座上，装有多支枪锋，用作冲刺敌军的兵器。这种战车的特点是车身小巧，便于士兵在狭窄的田埂、道路、街巷中冲锋陷阵。它们也可以在旷野中排成车阵，由众多士兵拥推成百上千辆战车蜂拥向前，冲击敌军的前阵，配合步、骑兵作战。安有多个轮子的“象车”“枪车”的车身比较宽大，象形车厢和挡板车厢也比较大，可以安插更多的枪锋，用于野战中

图 3–30　明·正德年间（1506—1521）刻本
《武经总要前集》中的“虎车、巷战车、象车、枪车、鎗车”

排成车阵，向敌军的前阵进行冲击，配合步、骑兵进攻。

用于运粮的战车，有“运干粮车”，它也是一辆独轮车，在车身上安置由前挡板和两侧厢板组成的车厢，并在车厢下面底座上，装有许多枪锋，既可用于运粮，又可用车上的枪锋杀敌，一举两得（如图 3–31 所示）。

砲车也是古代的一种战车，但是，在明代《武经总要》中记载的砲车，其实是一种抛石机，它发射的是石弹。以“大木为床，下施四轮”，可以推行。床上架一个木架，木架上有一横轴，并在横轴中间穿插一根长杆，杆的一端系一个装石块的皮窠，另一端系着几十条或百余条绳索。使用时，将石块放入皮窠，一声令下，众人齐拉绳索，将皮窠中的石块抛出去（如图 3–32 所示）。

抛石机也叫“发石车”，最早用于战争是在前 770—前 221 年的春秋战国时代。东汉建安五年（200）的官渡之战，曹操曾使用抛石机攻破了袁绍的营

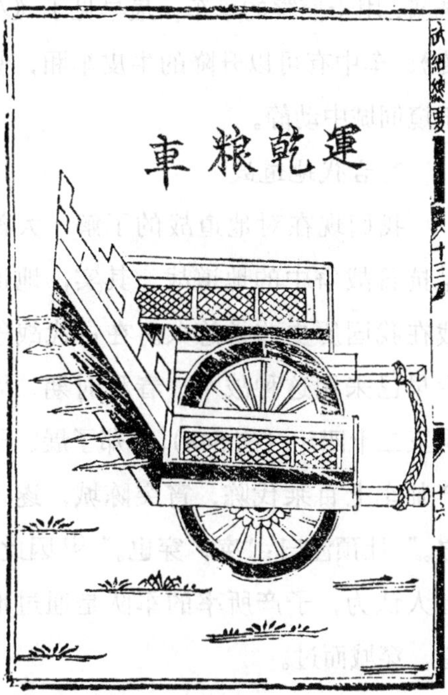

图 3-31　明·正德年间（1506—1521）刻本《武经总要前集》中的“运干粮车”

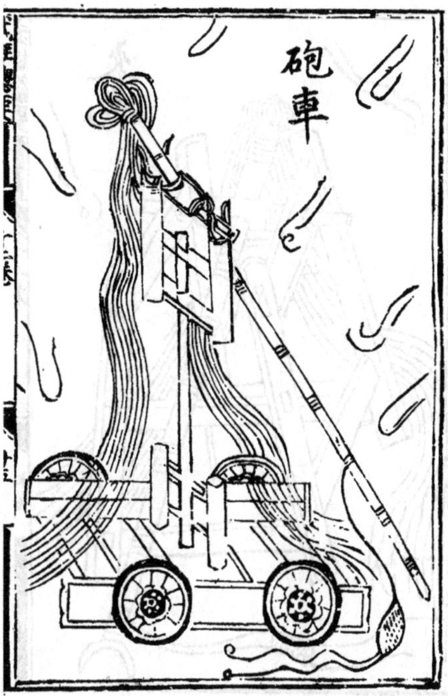

图 3-32　明·正德年间（1506—1521）刻本《武经总要前集》中的“砲车”

垒，从而大获全胜。在《资治通鉴》中有：“绍为高橹，起土山，射营中，营中皆蒙楯而行。操乃为霹雳车，发石以击绍楼，皆破。”①汉至唐期间，尽管抛石机在作战中的运用逐渐增多，但规模一般较小。唐朝时期，抛石机越做越大，有的需一二百人拉绳，才能将巨石抛出，每石能击毙数人。

8 世纪，火药的发明使抛石机的发展发生了质的飞跃。抛石机由抛石弹变为抛火球。火球即“火药弹”。因此，在《武经总要》中，这种炮称为“火砲”（如图 3-33 所示）。

除此以外，还有戚继光发明的偏箱车，一侧的装甲可以作为掩体；用于攻城的洞屋车，上面可以抗矢石，下面可以挖掘破城；用于守城的塞门车，一旦城门被敌人撞开，它就是活动的城门；活动的壁垒塞门刀车，使敌人难以攀缘

① 司马光：《资治通鉴》卷六十三，上海古籍出版社 1987 年版，第 427 页。

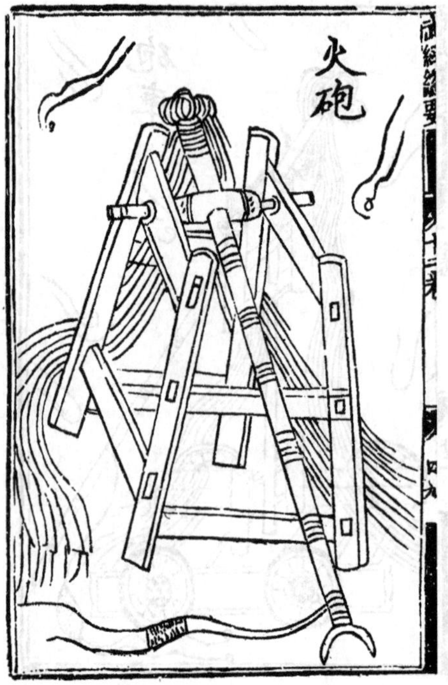

图 3–33　明·正德年间（1506—1521）刻本《武经总要前集》中的“火砲”

城墙；用于侦察的巢车，最早见于《左传》，车中有可以升降的牛皮车厢，便于窥伺城中动静。

2. 古代地道战

我们现在对地道战的了解，大都是抗日战争中的地道战，其实，地道战在我国历史非常悠久。在古代战争中早已采用这种战术。春秋时期，周灵王二十四年（前 548），“郑子展、子产帅车七百乘伐陈，宵突陈城，遂入之。”杜预注曰：“突，穿也。”①因此，有人认为，子产所率的军队是通过地道，穿城而过。

生活在春秋末战国初的墨子，在由他的弟子及其再传弟子对他言行记录而成的《墨子》一书中，有开凿地道进行战争攻防的记载。在《墨子·备穴》中，禽滑厘问墨子：“敢问古人有善攻者，穴土而入，缚柱施火，以坏吾城，城坏或中人。”②墨子告诉他许多对付从隧道来攻城的防守方法。在城内修建高楼，观察敌情。如果四周有浑浊泥水，这便是敌人在挖隧道。对着敌人隧道方向挖沟和隧道，可以防范它。准确判断敌人挖隧道的方位，在城内挖井，用薄皮革蒙在肚大口小的坛子上，放在井内，派听觉灵敏的人伏在坛口上听传自地下的声音，可以确切弄清地下隧道的方位，然后挖隧道与之相对抗。让陶匠烧制瓦管，每根长二尺五寸，大六围，安装在隧道里，在瓦管的一头备有糠和炭末，并砌炉灶，灶头装四个皮风箱，待敌人从隧道里进来，立即在炉灶中点火，燃烧糠和炭末，并用鼓风箱，

① 《春秋左传正义·襄公二十五年》，上海古籍出版社 1990 年版，第 621 页。
② 《墨子·备穴》，《二十二子》，上海古籍出版社 1986 年影印本，第 275 页。

以烟熏敌人。对付敌方地道攻城，当与敌人相遇时，要“凿其窦，通其烟，烟通，疾鼓橐以熏之”①，即将其凿通，急鼓起风箱，用烟来熏，窒息敌人，急拒其前，勿使其行。墨子还介绍说：如果地道相通，“独顺，得往来行其中”，用狗在地道中巡逻；在各个“穴垒之中各一狗，狗吠即有人也”②。

在明代的《武经总要》中，也记载有挖掘地道的工程，“地道约高七尺五寸，广八尺。凡攻城者，使头车抵城，凿城为地道。每开至尺余，便施横地栿，立排沙柱，架鼍梁，防城土下摧。凿之渐深，则随益设之。役夫运木，皆自头车绪棚内外来往冗城。欲透，量留三五尺以来，则积薪于内，纵火焚之，柱折则城摧”③（如图3–34所示）。

图3–34　明·正德年间（1506—1521）刻本《武经总要前集》中的“地道”

墨子说：“令陶者为罂，容四十斗以上，固顺之以薄革，置井中，使聪耳者伏罂而听之，审知穴之所在，凿穴迎之。”④“罂”是一种盛水、盛粮的容器，大腹小口。在《武经总要》中称为“甕听”和“地听”，前者“用七石甕覆于地道内，择耳聪人坐听于甕下以防城中凿地道”⑤。后者“于

① 见《墨子·备穴》卷十三，《四库全书·子部》，上海古籍出版社1990年影印本。

② 《墨子·备穴》，《二十二子》，上海古籍出版社1986年影印本，第275页。

③ 曾公亮主编：《武经总要前集》，《中国古代版画丛刊》（1），上海古籍出版社1988年版，第594页。

④ 见《墨子·备穴》卷十四，《四库全书·子部》，上海古籍出版社1990年影印本。

⑤ 曾公亮主编：《武经总要前集》，《中国古代版画丛刊》（1），上海古籍出版社1988年版，第635页。

城内八方穴地如井，各深二丈，勿及泉。令听事聪审者，以新甕自覆于井中，坐而听之。凡贼至，去城数百步内，有穴城凿地道者，皆声闻甕中，可以辨方面远近。若审知其处，则凿地迎之”①（如图 3–35 所示）。

墨子讲的“凿其窦，通其烟，烟通，疾鼓橐以熏之”，在《武经总要》中，有专门用于地道战的风扇车，“二柱二桄，高阔约地道能容，上施转轴，轴四面施方扇，凡地道中遇敌人，用扇扬石炭簸火球烟，以害敌人”②（如图 3–36 所示）。

图上的风扇车是西汉时长安有名的机械师丁缓发明的，它是在一个轮轴上

图 3–35　明 · 正德年间（1506—1521）刻本《武经总要前集》中的“地听”

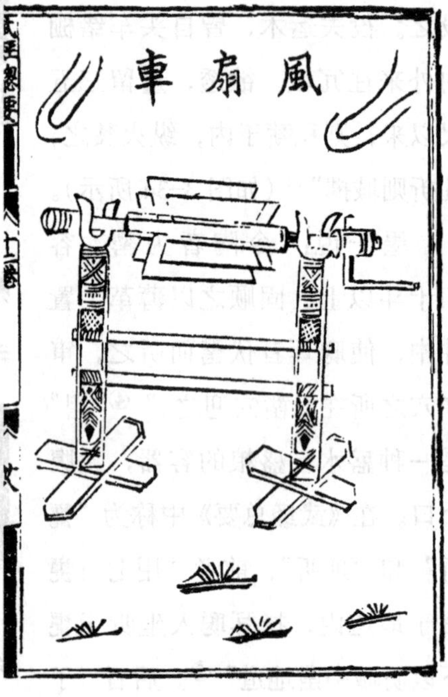

图 3–36　明 · 正德年间（1506—1521）刻本《武经总要前集》中的“风扇车”

① 曾公亮主编：《武经总要前集》，《中国古代版画丛刊》（1），上海古籍出版社 1988 年版，第 653 页。

② 曾公亮主编：《武经总要前集》，《中国古代版画丛刊》（1），上海古籍出版社 1988 年版，第 636 页。

装有七个扇轮，转动轮轴则七个扇轮都会旋转，扇轮转动就会产生强大气流。王祯《农书》上的风扇车，轮轴上装有曲柄连杆，可以用脚踏连杆使轮轴转动（如图 3–37 所示）。风扇车没有特设的风道，因此，风扇产生的风是向四面八方流动的。

图 3–37　王祯《农书》中的“风扇车”

在《东汉演义》《三国演义》等小说中，都有交战双方在地下交战的故事，地道被称为“伏道”，参战的士兵有“掘子军”“锹钁军”“沟鼠军”等称呼。

在古代战争中，采用挖地道的战术屡试不爽。从 198 年到 258 年的六十年间，有文字记载的地道战就多达九次：东汉建安三年（198），曹操与张绣的“安众之战”；建安四年（199），袁绍与公孙瓒的“易京之战”；建安五年（200），袁绍与曹操的“官渡之战”；建安九年（204），曹操与袁尚的“邺城之战”；建安二十五年（220），徐晃与关羽的“樊城之战”；魏黄初四年（223），曹真与朱然的“江渡之战”；太和二年（228），诸葛亮与郝昭的“陈仓之战”；景初二年（238），司马懿与公孙渊的“襄平之战”；甘露三年（258），邓艾与姜维的“祁峪之战”。

3. 火牛阵

火牛阵是战国齐将田单发明的一种战术。战国燕昭王时，燕将乐毅出兵半年，接连攻下齐国七十多座城池。最后只剩了莒城和即墨。乐毅派兵进攻即墨，即墨的守城大夫出去抵抗，结果死了。城里有一个齐王的远房亲戚，叫田单，他带过兵，于是大家就公推他做将军，带领大家守城，守城的士气一下旺盛起来了。乐毅把即墨围困了三年，没有攻下来。于是有人在燕昭王面前说乐毅的坏话："乐毅三年打不下两座城，不是他没有能力，而是他想收服齐国人的心，好当齐王。"但燕昭王非常信任乐毅，他说："乐毅的功劳大得没法说，就是他真的做了齐王，也是应该的。"过了两年，燕昭王死了，太子即位，成为燕惠王。田单派人去燕国散布乐毅的流言，燕惠王本来就跟乐毅有过节，听了流言，就派大将骑劫代替乐毅。骑劫下令围攻即墨，田单采用诈降的办法，他打发几个装作富翁的人，偷偷给骑劫送去金银财宝，说："城里的粮食将尽，不出几天就要投降。大军进城的时候，请将军保全我们的家小。"骑劫高兴地接受了财物，满口答应。燕军被田单的计策麻痹了，认为不用打仗，等着即墨人来投降，放松了戒备。

一天夜里，田单选了一千多头牛，把它们打扮起来。每头牛身上披一块被子，上面画着大红大绿、稀奇古怪的花样。牛角上扎着两把尖刀，牛尾上系着一束浸透了油的芦苇。田单下令凿开十几处城墙，把牛队赶到城外，在牛尾巴上点燃了火。牛尾巴一烧着，一千多头牛，牛性子大发，朝着燕军兵营猛冲过去。齐军的五千名"敢死队员"，拿着大刀、长矛，紧跟在牛队的后面，跟着冲杀过去。城里，无数老百姓一起来到城头，拿着铜盆狠命地敲打起来。

一时间，一阵震天动地的呐喊声，夹杂着鼓声、铜器声，惊醒了睡梦中的燕国士兵。睡梦初醒的燕国士兵，只见火光闪耀，成百上千脑袋上插着尖刀的怪兽，向他们冲来。燕国的士兵吓得腿都发软，更别说要抵抗了，在燕国士兵的乱窜狂奔中，被踩死的士兵不计其数。燕将骑劫坐着战车，想杀出一条活路，结果被齐国士兵包围住了，丢了性命。

齐国的军队乘胜反攻，不到几个月就收复了被燕、秦、赵、韩、魏等国占领的七十多座城池。

这是中国战争史上有名的"火牛阵"。在《武经总要》一书中，有一幅"火牛"的木刻版画，图上有两只黑牛，不仅牛头上扎有两把尖刀，在牛身上捆有两支长枪，牛尾被点燃，冒着耀眼的火光，火牛撒开四蹄，拼命向前奔跑。牛用阴刻手法，非常醒目。牛的形态，张嘴怒目，四肢摆动，都非常传神（如图 3–38 所示）。

图 3–38　明·正德年间（1506—1521）刻本《武经总要前集》中的“火牛”

火攻是古代战争中的一种战术，用动物作为火攻的工具，除了牛以外，还有禽类、飞鸟、猴子、山羊等。东晋将领江同奉命剿灭羌兵，他命令士兵买了五百只公鸡，把硫黄等系在鸡尾巴上。在进攻羌营时，让士兵点燃硫黄，鸡受火焰的惊吓，拍打翅膀，直奔敌营，熊熊的火光，让羌兵不知道为何物，吓得乱作一团，江同率部进攻，大获全胜。在《武经总要前集》中，有一幅“火禽”的木刻版画（如图 3–39 所示），图上两只飞禽，“以胡桃割剖，分空中实艾火，开两孔复合，先捕敌境中野鸡，系项下，鍼其尾而纵之，奔入草器败火发。”①

明代抗倭名将戚继光，发现猴子喜欢学着人的样子舞枪弄棒。他便命人上山捉猴，进行驯化。待驯成后，给每只猴子一个火把，点着后，猴子直奔敌营，戚继光借此指挥士兵冲杀，一举得胜。

① 曾公亮主编：《武经总要前集》，《中国古代版画丛刊》（1），上海古籍出版社 1988 年版，第 619 页。

图 3-39　明·正德年间（1506—1521）刻本《武经总要前集》中的“火禽”

图 3-40　明·正德年间（1506—1521）刻本《武经总要前集》中的“火兽”

清朝，贵州杨天宗带兵南下，连克五十寨，到山城屯时，因地势险要，易守难攻，几日攻不下来。正在他为难之际，其部下何经文献上一计，把山羊关起来饿上两三天，待夜幕降临时，由敢死队员赶着羊上山。三百多只饥饿难忍的山羊一直往山上跑，守军误认有人偷袭，便拼命地放炮、抛石头，等到山上的武器弹药用得差不多时，八百名兵士随即发起猛攻，夺下了城堡。

《武经总要前集》上有一幅“火兽”图（如图 3-40 所示），在兽类的头上置一只葫芦，里面放置艾绒，以火煴，针其尾，火兽“向营而纵放之奔走，入草瓢败火发”①。

二、水上的战争

车舟的发明，使人类的活动范围大大地扩大了，它也是我们生活中出行的主要工具。今天，我们已经能够做到地面行、天上行、水中行了。然而，在遥远的古代，人类的祖先却只能在地面上行走。船最早被发明出来，使人们可以行走在江河大海上。传说伏羲氏“刳木为舟”，这或许是古人为了过河的需要，船就被发明出来了。古代的船大都是木船，经历了秦汉、唐宋、明朝三个发展期。秦汉时期的楼船，唐宋时期的明轮船（又称“车船”），明朝时期的郑和下西洋的宝船，都是世界各国难以望其项背的。

船被发明后，原先作为运输的船，也被应用于战争，在明代的《武经总要》中，载有各种各样的战船，如游艇、蒙冲、楼舡、走舸、斗舰、海鹘等。潜袭则用游艇、蒙冲，水战则用楼舡、斗舰、走舸、海鹘。

游艇“无女墙。舷上桨床，左右随艇子大小长短，四尺一床，计会进止，回军转阵，其疾如风，虞候用之”②(如图 3-41 所示)，是一种用以侦察、探候的小艇，非战斗船舶。

蒙冲是“以生牛革蒙战船背，左右开掣掉空，矢石不能败。前后左右有弩窗、矛穴，敌近则施放。此不用大船，务在速，乘人之不备”③。蒙冲是汉代水军的主力船型。船体狭长，机动性强，便于冲突敌船（如图 3-42 所示）。

楼舡是水军作战的主要船舰，船体庞大，高十余丈。“舡上建楼三重，列女墙、战格，树幡帜，开驽窗、矛穴，外施毡革御火；置炮车、檑石、铁汁，

① 曾公亮主编：《武经总要前集》，《中国古代版画丛刊》(1)，上海古籍出版社 1988 年版，第 620 页。

② 曾公亮主编：《武经总要前集》，《中国古代版画丛刊》(1)，上海古籍出版社 1988 年版，第 613 页。

③ 曾公亮主编：《武经总要前集》，《中国古代版画丛刊》(1)，上海古籍出版社 1988 年版，第 613 页。

图 3-41　明·正德年间（1506—1521）刻本《武经总要前集》中的“游艇”

状如小垒。其长者步可以奔车驰马。若遇暴风，则人力不能制，不甚便于用。然施之水军，不可以不设，足张形势也。”①一层曰庐，二层曰飞庐，三层曰雀室（如图 3-43 所示）。也有达到五至十层的。

走舸是“船舷上立女墙，棹夫多，战卒皆选勇力精锐者充。往返如飞鸥，乘人之所不及。金鼓旌旗在上”②（如图 3-44 所示）。走舸兼备，非常救急之用。

---

① 曾公亮主编：《武经总要前集》，《中国古代版画丛刊》（1），上海古籍出版社 1988 年版，第 614 页。

② 曾公亮主编：《武经总要前集》，《中国古代版画丛刊》（1），上海古籍出版社 1988 年版，第 614 页。

图 3–42　明 · 正德年间（1506—1521）刻本《武经总要前集》中的“蒙冲”

图 3–43　明 · 正德年间（1506—1521）刻本《武经总要前集》中的“楼舡”

图 3-44　明·正德年间（1506—1521）刻本《武经总要前集》中的“走舸”

图 3-45　明·正德年间（1506—1521）刻本《武经总要前集》中的“斗舰”

斗舰又称“战舰”。“船舷上设女墙，可蔽半身；墙下开掣掉空；船内五尺。又建棚（栅），与女墙齐。棚（栅）上又建女墙，重列战士，上无覆背，前后左右竖牙旗、金鼓”①（如图 3-45 所示）。船上四面设三尺高的女墙，半身墙下开孔，桨棹露于外。舷内五尺，又建栅与女墙齐，栅上再连女墙，其内如牢槛。

海鹘是“船形头低尾高，前大后小，如鹘之形。舷上左右置浮板，形如鹘翼翅，助其舡，虽风涛怒涨，而无侧倾。覆背左右以生牛皮，为城牙旗、金鼓如常法”②（如图 3-46 所示）。

战争从陆地扩大到水面，在长达几千年的历史中，在水上发生过多次规模宏大的战争，如有名的“赤壁之战”“洞庭湖之战”“鄱阳湖之战”等，都曾是发生在河湖之中。

图 3-46　明·正德年间（1506—1521）刻本《武经总要前集》中的“海鹘”

① 曾公亮主编：《武经总要前集》，《中国古代版画丛刊》（1），上海古籍出版社 1988 年版，第 615 页。

② 曾公亮主编：《武经总要前集》，《中国古代版画丛刊》（1），上海古籍出版社 1988 年版，第 615 页。

1. 赤壁之战

赤壁之战发生在吴魏之间。东汉末年，曹操率大军占领江陵以后，打算顺流东下，打败孙权，鲸吞江东。建安十三年（208）十月，东吴周瑜和刘备的联军驻在赤壁（今湖北蒲圻西北，在长江南岸），同曹操的先头部队遭遇。曹军士兵由于不习惯水上生活，很多人得了疾病，士气低落，曹军吃了一个小败仗。曹操被迫退回长江北岸，屯军乌林（今湖北省洪湖市境），同孙、刘联军隔江对峙。曹操的兵士都是北方人，坐不惯船，过大江，非坐船不可。有人向曹操建议，把几艘或十几艘战船编为一组，用铁链连接起来，在上面铺上木板。这样，船身就不会颠簸，不但人可以在上面行走，甚至还可以在上面骑马。曹操认为这是一个好办法，就命工匠建造这种所谓的“连环战船”。

周瑜手下有一员老将，叫黄盖。他看出了这种“连环战船”的致命弱点，一旦有一船着火，其他船就无法逃生，他对周瑜建议说：“如用火攻，他们想逃也逃不了。”

黄盖还给周瑜出了一个诈降的计策，周瑜听了非常满意，叫他就这么办。

黄盖给曹操写了一封信，说东吴区区几万兵，抵挡不住曹操的八十万大军。周瑜自不量力，拿鸡蛋去碰石头，哪有不失败的！他愿意脱离东吴，带兵士和粮草投奔曹操，并以船头的一面“黄”字大旗为号。曹操接到黄盖的信，十分高兴。

这一天，东南风很急，江面上波浪滔天，曹操站在船头迎风眺望，忽然有兵士报告说：“江南隐约有些帆船驶来。”曹操定睛一看，果然有一队帆船直向北岸驶来，不一会儿见船已至江心，船头的大旗上写着一个大大的“黄”字。曹操笑着说：“黄盖没有失信，果然来投降了。”

黄盖的船一共有二十条，趁着东南风驶来，上面用幔子遮着，里面是芦苇，上面铺着火硝、硫黄。几条小船拴在大船后面。

由于东南风很急，黄盖的船张足了帆，船像离弦的箭飞驶而来。曹操只道是黄盖来投降了，很是高兴，毫不防备。

黄盖的船在离曹操的船队不到二里时，黄盖命令士兵齐声喊道：“黄盖来降！”曹营中的官兵，听说黄盖来降，都走出来伸着脖子观望。黄盖命令：“放火！”号令一下，所有的战船一齐放起火来，就像一条条火龙，直向曹军水寨冲去。东南风愈刮愈猛，火借风势，风助火威，曹军水寨全部着火，“连环战船”一时又拆不开，火不但没法扑灭，而且越烧越旺，一直烧到江岸上。赤壁的天空，被火光烧得满天通红，浓烟封住了江面，分不出哪里是水，哪里是岸。哭声喊声混成一片，曹操的人马烧死的，淹死的，不计其数。曹操坐小船逃上北岸，忽听得背后鼓声震天，周瑜的兵追来了。曹操见手下的兵将丢盔弃甲，无心应战，只得带着他们从华容道逃跑了（如图 3-47 所示）。黄盖和兵士登上小船，解开缆绳，回到东吴的营地。

图 3-47　明 · 万历十九年（1591）万卷楼刊本《三国志通俗演义》中的“周公瑾赤壁鏖兵”

图为双面连页，图上燃烧着熊熊大火，东吴老将黄盖率兵士用火攻，将曹操的船队打得一败涂地，死伤无数，曹操狼狈不堪，败走华容道。图两边的一副字联：“火焰冲腾烛汉燎原千里赤，波流濯泲焦头烂额一江红”，描绘出这场战争的惨烈。

经过这场大战，曹操元气大伤，兵员损失了一大半，只好留下一部分军队防守江陵和襄阳，自己率领残部退回北方去了。赤壁之战奠定了三国鼎立局面，在我国古代战史上写下了千古传颂的光辉篇章。

2. 洞庭湖之战

洞庭湖之战发生在南宋绍兴五年（1135）二月至五月，南宋高宗赵构派遣军队进入洞庭湖，镇压杨幺起义军。

建炎末，湖南起义军首领钟相被杀后，杨幺等人率领数十万起义军占领洞庭湖区，濒湖置寨，据湖为险；兵农相兼，陆耕积粮。为与官府抗衡，杨幺还创制了一种水上作战的车轮船，称为“杨幺车船”。这种车轮船是一种用人力踩踏一个转轮来推动船航行的木船，亦称“机械动力船”。车轮船在船的两侧装有会转动的桨轮，桨轮外周装上叶片，它的下半部分浸在水中，上半部分露出水面。当人力踩动桨轮时，叶片拨水，推进木船前进。因这种桨轮露出水面，又被称为“明轮船”。一轮称为一车，车轮船航行起来，能像风一样“掀起波浪”，“如同挂有风帆”的帆船。

杨幺起义军使用的车轮船，高二三层，大的可载千余人，最大的有三十二车，不仅在船的左右两侧装有能转动的桨轮，船尾也装有桨轮。桨轮的数目有四轮、六轮、八轮、二十二轮、二十四轮、三十二轮等，每个桨轮上装有八个叶片。桨轮与转轴相连。轴上装踏脚板，轴转轮也转，“以轮激水，其行如飞”。如船要后退，只要向相反方向踩踏就可以了。为了保护桨轮不受损伤，桨轮外面还设有保护板，这样可以避免桨轮被碰坏。由于转轴装在船舱底部，水手在舱里踩踏，车轮船上的士兵就不易被敌人兵器伤害。后来，宋军也按照俘获的车轮船进行建造，成为当时南宋水军中的先进战舰，在长江采石矶击败企图渡江南犯的金兵。

以车轮船作为战舰，沿用了相当长的时期。元末明初，陈友谅的水军也曾使用车轮船。在国外，直到1543年，欧洲才出现这种类似的船，比杨幺车轮船要晚四百多年。据李约瑟分析，中国在中世纪制造的车轮船估计已达到五十马力，航速平均每小时三点五至四海里。

绍兴元年至四年（1131—1134），杨幺先后在鼎口（今湖南常德东，沅水入洞庭湖处）、下沚江口（今湖南汉寿东北）、阳武口（今湖南岳阳西洞庭湖中）抗击官军围剿，屡战屡捷。社木寨之战中，以车轮船水军反攻，尽歼守寨宋军，兵势日盛，使官府惧之为心腹大患。绍兴五年（1135）二月，号称二十万宋军前往洞庭湖围剿杨幺起义军，诱降杨幺属下杨钦、刘衡、金琮、刘诜、黄佐等人，杨幺起义军被瓦解，杨幺率众突围，力战失利，被俘杀，余众也被歼杀殆尽。

在明嘉靖三十一年（1552），熊大木编的《大宋中兴通俗演义》一书中，就有一幅杨幺起义军的车轮船在洞庭湖与宋军激战场景的木刻版画。图中杨幺的车轮船十分高大，在船的两侧的桨轮清晰可见，有的是四个桨轮，有的是六个桨轮，对着宋船“双轮夹舰”，“行甚迅疾”（如图 3-48 所示）。

图 3-48 明·嘉靖三十一年（1552）清白堂刊本《大宋中兴通俗演义》中的“渡江誓众”

3. 鄱阳湖之战

元末，朱元璋进兵攻打江州，与陈友谅在鄱阳湖水域进行一次战略性的决战，时间之长、规模之大，投入兵力、舰只之多、战斗之激烈都是空前的，被视为当时世界上规模最大的一次水战。鄱阳湖水战，陈友谅拥兵六十万之众，朱元璋只凑出了二十万人，陈友谅麾下的战舰大多是特大号的，一字排开，竟有十几里长，而朱元璋只是一些小船。朱元璋组成敢死队，驾驶装满火药的七条小船，利用那天傍晚正好刮起的东北风，乘风点火，快速直冲陈友谅大船组成的营地。一时间风急火烈，在陈友谅的大船中迅速蔓延燃烧起来，熊熊火焰，把湖水照得通红，陈友谅大败，带着残兵败将向鄱阳湖口突围。谁知湖口早已被朱元璋重兵堵住，重重包围。陈友谅不惜冒死突围，结果被朱军一阵乱箭射死。

清代苏州民间木刻版画《鄱阳湖》描绘了这次水战激烈的场面，图上陈友

图 3–49　清 · 苏州民间木刻版画《鄱阳湖》

谅的水军仗着船大，炮火猛烈地向朱元璋的小船攻击。朱元璋坐在龙舟上观阵，忽然被军师刘基抱起，跳到一只小船上，朱元璋不知何故，回头一看，龙船已被炮火击毁（如图 3–49 所示）。朱元璋的军师刘基在遣兵调将后，在鄱阳湖口架起一祭台，刘基站在祭台上作法，登时狂风四起，众将士趁火势杀到陈友谅水军船上，陈友谅被打败。这幅苏州民间木刻版画，构图丰满，造型夸张，线条流畅，不失清雅，富有装饰性和朴实感，具有强烈的地方风格和民族特色。

三、"空"中的战争

虽然，古代没有飞行器，但是，古代军事家在战争中十分重视制高点，在高处打击敌人是一种常用的方法，最常见的就是建筑城墙。城墙既是防止敌人进攻的障碍物，也是从高处打击敌人的一种手段。因此，创造了许多"空"中作战的兵器，有的是与敌人作战用的，有的是侦察敌人动向的，有的是构筑高空防御的。

1. 吕公车

"吕公"，就是姜尚姜太公，因其受封于吕地，所以尊为"吕公"。相传，他发明一种巨大攻城战车，也许是当时世界上最大的战车。车高数丈，长数十丈，外蔽皮革，内藏士兵。车底安有四对车轮，以牛拉或人推。车内分上下五层，每层有梯子可供上下，底层可容纳多名推车士兵；二三层士兵手持兵器和挖掘工具可以进行挖城作业和用撞木等破坏城墙；四层士兵手持长柄兵器对城上敌人进行仰攻；五层士兵因车顶已与城墙一样高，士兵可以通过天桥冲到城上与敌人拼杀。吕公车可载几百名士兵，配有机弩毒矢，枪戟刀矛等兵器和破坏城墙设施的器械。进攻时，众人将车推至城墙脚下，士兵可以持刀、枪、火铳，直接跃入城顶，攀越城墙，与敌人交战或攻入城内，守城的敌人突然遇到这样的庞然大物，往往会引起恐慌情绪，因此有巨大的威慑作用。但是，受到地形限制，有时也难以发挥威力（如图 3–50 所示）。

虽说，吕公车最早只可追溯到宋代，但是，在宋以前也有类似的巨型攻

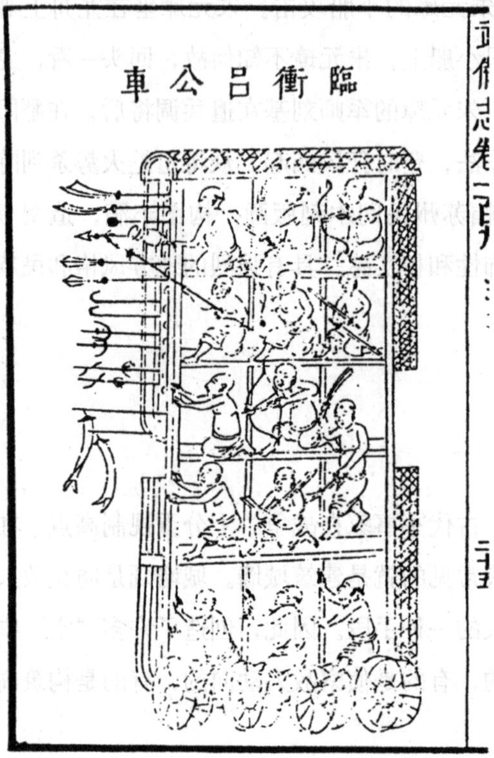

图 3-50 明·天启元年（1621）刻本《武备志》中的“吕公车”

城战车。在先秦时，周代军队用的大型战车，每车由二十四人推行，有八个车轮，车上竖旗立鼓，载武士数名，装备矛、戟、强弩。车外用坚厚的皮革遮蔽，可用来攻城。

三国时，蜀汉建兴六年(228)冬，诸葛亮出兵，围攻魏国重镇陈仓（今陕西宝鸡市东），魏名将郝昭率兵千余据险抵抗。陈仓地形十分险要，西、东、南三面都是陡峭的台壁，城墙有五六丈高，易守难攻。诸葛亮使用了一种叫“冲车”的攻城战车。

在《后汉书·天文志》中，有：“作营百余，围城数重，或为冲车以撞城，为云车高十丈以瞰城。”在《三国演义》第九十七回“讨魏国武侯再上表，破曹兵姜维诈献书”中，孔明大怒曰：“汝烧吾云梯，吾却用‘冲车’之法！”于是，连夜安排下冲车。①

这种冲车有八个车轮，高五层的攻城塔，车外用坚厚的皮革遮蔽，保护车内的士兵免受敌人的刀枪、弓箭伤害。最下层是推动车行进的士兵，其他四层装载攻城的士兵。车高约四丈、宽一丈八尺、长二丈四尺。它可以载着士兵，从车中直接向城内进行攻击，也可将冲车推至城墙边，从冲车上直接攻打城墙上的守敌。车中除了装备有各种长短兵器外，还常常装载强弩、石砲等重武器。

① 罗贯中：《三国演义》（下），人民文学出版社 1953 年版，第 839 页。

唐建中三年（782），泾原（今甘肃泾川北）兵变，泾原兵因不满朝廷不给赏赐而在长安发动兵变。唐德宗带着皇妃、太子、诸王等仓皇出逃，由咸阳逃到奉天（今陕西乾县），泾原兵进入皇宫府库，大肆掠夺金银。幽州将领朱泚领兵进入宣政殿，自称大秦皇帝，改元“应天”，诛灭留在长安的宗室。后朱泚亲自领兵进逼奉天追杀德宗，被奉天守将浑瑊、韩游瑰击败，只得退到奉天城东三里的地方扎营。朱泚命人制造一种叫“云梁”的攻城武器，准备再次攻打奉天。“云梁”是高入云表的屋梁意思，比喻这种攻城武器像“高入云表的屋梁”一样高大。在《新唐书·浑瑊传》中，有“〔朱泚〕造云梁，广数十丈，施大轮，濡毡及革冒之，周布水囊为鄣，指城东北；构木庐，蒙革周置之，运薪土其下，将塞隍”。在《新唐书·南蛮传中·南诏下》中，有：“二月，蛮以云梁、鹅车四面攻。”

可见，“云梁”是一种长约数十丈、高数丈的大型攻城战车，下设巨轮，上盖濡湿的毡毯或皮革，以防火攻。车内装载兵士数十名。因为车体过于庞大，人力难以驱动，只得凭借风力才能前进。这种车大概就是吕公车的前身。

元至正十九年（1359）七月，朱元璋攻取金华后，派遣大将军常遇春进兵攻取衢州。待常遇春率领马、步、水三军到达衢州城下时，但见城垣壁垒森严，固若金汤。常遇春从陆上、水上将衢州六座城门团团围住。常遇春造吕公车等攻城武器，“拥至城下，高与云齐，欲阶之以登”，又在大西门城下，穴地道攻之。常遇春以奇兵出其不意地突入，元军崩溃。《续资治通鉴·元顺帝至正十九年》载：“常遇春攻衢州，建奉天旗，树栅，围其六门。造吕公车、仙人桥、长木梯、懒龙爪，拥至城下，高与城齐，欲阶之以登。”①

2. 望楼车

“登高望远”是人人皆知的道理。在军事上，观察敌情也要“登高望远”。在《武经总要》中，有一种望楼，可以让人“登高望远”，观察敌人的动静。望楼“高八丈，以坚木为竿，上施版屋，方阔五尺，上下开窍过人，竿两旁钉寻锋八十个，用索三棚，上棚四条，各一百二十尺；中棚四条，各一百尺；下

① 《续资治通鉴·元顺帝至正十九年》，上海古籍出版社1987年影印本，第1188页。

棚四条，各八十尺。尖铁橛十二个，各长三尺，橛端穿铁镮。凡起楼，用鹿颊木二，各长一丈五尺深埋之出地八尺，用铁叉层竿数条，如船上建樯法，其高亦有百尺、百二十尺者，棚索随而增之版屋中，置望子一人，手执白旗，以候望敌人，无寇常卷旗，寇来则开之，旗杆平则寇近，垂则至矣，寇退徐举之，寇去复卷之”①（如图 3-51 所示）。

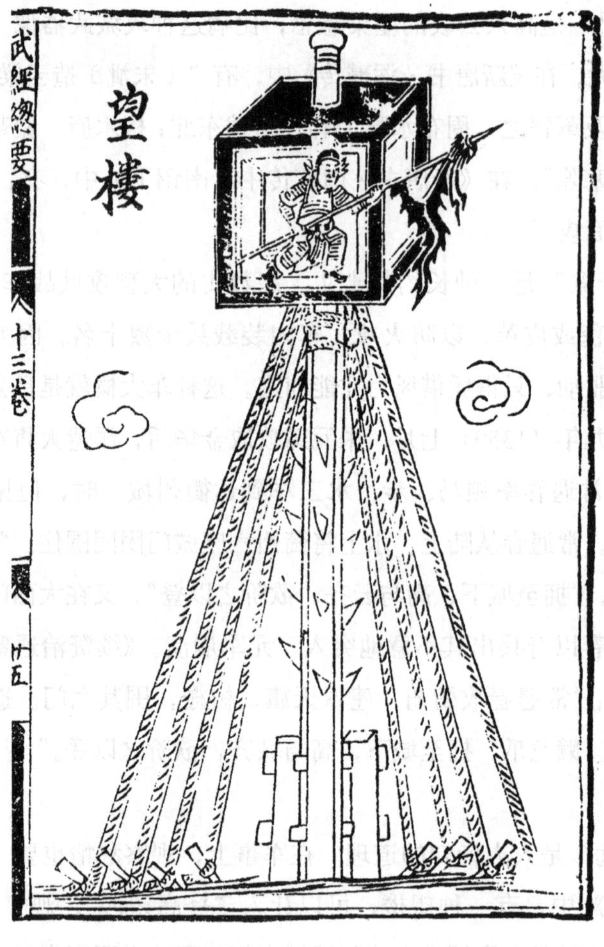

图 3-51　明·正德年间（1506—1521）刻本《武经总要前集》中的“望楼”

① 曾公亮主编：《武经总要前集》，《中国古代版画丛刊》（1），上海古籍出版社 1988 年版，第 668 页。

图上，用竖木支撑，顶端建有一座宽五尺的版屋（望楼），在屋底设有一个出入口，竖木上钉有钉子，以便望子（观测人员）攀爬，底座是用两枝各长一丈五尺的鹿频木先埋入土中，只露出八尺，以船只上绑桅杆的方法，将竖木和鹿频木固定，然后在竖木上绑上一百二十尺、一百尺和八十尺三种高度的固定绳索，以确保稳定。望楼中只望子一人，他手持一面旗子，旗子已打开，旗子往上，表明敌人已来。在望楼的四周飘着两朵白云，表明这望楼很高。

望楼虽然能登高望远，但是，它的缺点是只能固定在一个地方进行观察，后来对望楼进行了改进，将它装在车上，成为一辆可以移动的望楼车。望楼车“以竖木为车坐，一丈五尺，下施四轮，轮高三尺五寸，上建望竿，长四十五尺，上径八寸，下径一尺二寸，上安望楼，竿下施转轴，两旁施叉手，木系麻绳三棚，上棚二条，各长七十尺；中棚二条，各长五十尺；下棚二条，各长四十尺，带环铁橛十条，皆下锐，凡立竿如舟上建樯法，钉镢系绳，六面维之令固。余制及侯望法皆约城中望楼也”①（如图 3–52 所示）。

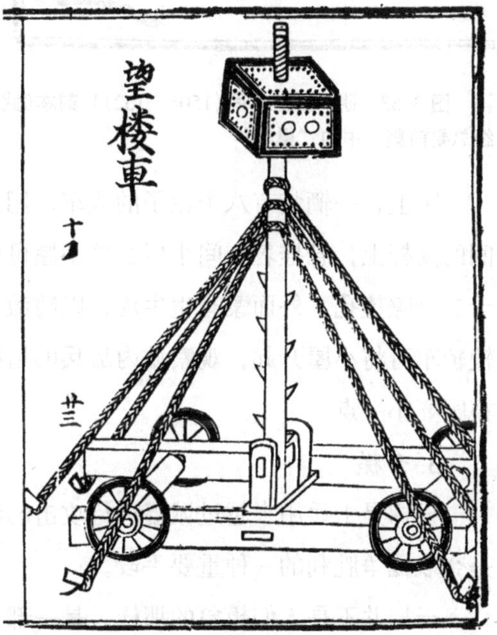

图 3–52 明·正德年间（1506—1521）刻本《武经总要前集》中的“望楼车”

望楼车，因车底有四只轮子，可以来回推动；竖杆上有脚踏橛，可供哨兵上下攀登；竖杆旁用粗绳索斜拉固定；望楼本身下装转轴，可四面旋转观察。这种望楼车比较高大，观察视野开阔。

古代还一种登高观察敌情的战车，叫“巢车”，因它高悬车上

---

① 曾公亮主编：《武经总要前集》，《中国古代版画丛刊》（1），上海古籍出版社 1988 年版，第 604 页。

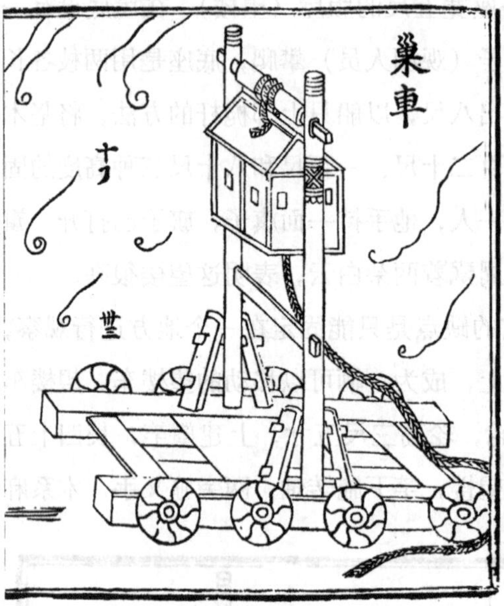

图 3–53　明·正德年间（1506—1521）刻本《武经总要前集》中的“巢车”

的望楼如鸟巢，故称之为“巢车”。唐杜佑的《通典》记载，巢车的形制是：“以八轮车，上树高竿，竿上安辘轳，以绳挽板屋止竿首，以窥城中。板屋方四尺，高五尺，有十二孔，四方别布。车可进退，环城而行。”① 在《武经总要》中，称巢车“其制以八轮车当中建高竿，竿首施辘轳，以绳挽板屋上竿首。其屋方四尺，高五尺，以生牛皮裹之，以御矢石。竿之高下，以城为准。使人藏屋中，下窥城中事。远望如鸟巢，故谓之巢车也”②（如图 3–53 所示）。

图上，一辆装有八个轮子的战车，用人力或畜力拉动，可以进退。在车中间的高杆上，悬挂着一间小屋，这小屋可以用辘轳放下或升起，屋子四周开有十二个瞭望孔，外面蒙有生牛皮，以防敌人矢石破坏，屋内可容纳两人，通过辘轳车可将小屋升起，观察城内敌兵的情况。它的高度要比望楼车低，观察的视野要小一点。

3. 云梯

云梯是士兵用来越过城墙进行攻击的器材，在冷兵器时代，借由云梯攻城是夺取战争胜利的一种重要手段。

云梯并不是人们想象的那样，是一部很长的竹梯，而是底部装有车轮，可以移动；梯身可上下俯仰，靠人力扛抬，倚架于城墙壁上；梯顶端配备有防盾、绞车、抓钩等器具，有的还带有用滑轮的升降设备。抓钩可以钩住城缘，保护

① 见杜佑：《通典》卷一百六十，《钦定四库全书·史部》，上海古籍出版社 1990 年影印本。

② 曾公亮主编：《武经总要前集》，《中国古代版画丛刊》（1），上海古籍出版社 1988 年版，第 601 页。

梯首免遭守军的推拒和破坏。这种带有轮子的云梯，也被称为“云梯车”。

一般认为，云梯是春秋时期鲁国工匠公输般(鲁班）发明的，在《墨子·公输》中，记有“公输般为楚造云梯之械，成，将以攻宋”①。在春秋末年曾为楚王造云梯攻宋的事。其时楚惠王为了达到称雄目的，命令公输盘制造了历史上的第一架云梯。《淮南子·兵略训》许慎注曰“云梯可依云而立，所以瞰敌之城中”②。云梯除了用于攻城外，还可用于登高望远，侦探敌情。

云梯的种类众多，在宋代的《武经总要》中，就载有飞梯、竹飞梯、蹑头飞梯、避檑木飞梯、杷车、行天桥、搭天车、行女墙和云梯等九种。其中飞梯、竹飞梯、蹑头飞梯、避檑木飞梯，构造较为简单。飞梯“长二三丈，首贯双轮，欲蚁附则以轮着城推进”③。蹑头飞梯“如飞梯之制，为两层，上层用独竿竹，中施轴，以起梯竿，首贯双轮，取其附城易起”④。也就是说，这两种云梯，在梯的前端都装有轮子，便于将梯子推附于城墙上（如图 3-54 所示）。

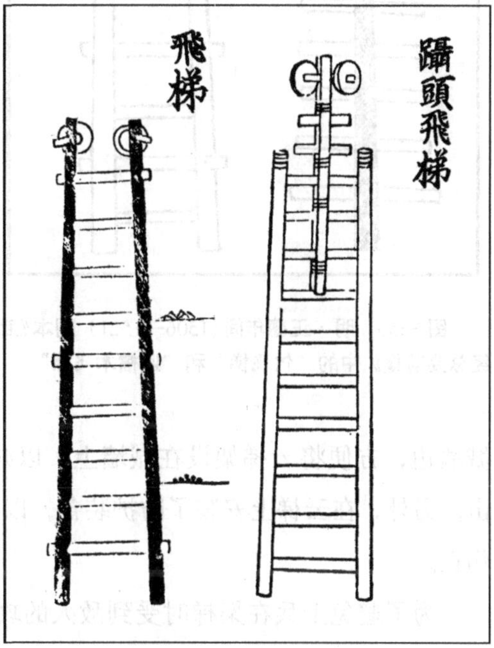

图 3-54　明·正德年间（1506—1521）刻本《武经总要前集》中的“飞梯”和“蹑头飞梯”

竹飞梯更是简单，用一支大竹作为飞梯的主干，在主干竹子上安装踏脚的横竿而成。还有一

① 《墨子·公输》，《二十二子》，上海古籍出版社 1986 年影印本，第 270 页。
② 《淮南子·兵略训》，《二十二子》，上海古籍出版社 1986 年影印本，第 1277 页。
③ 曾公亮主编：《武经总要前集》，《中国古代版画丛刊》（1），上海古籍出版社 1988 年版，第 601 页。
④ 曾公亮主编：《武经总要前集》，《中国古代版画丛刊》（1），上海古籍出版社 1988 年版，第 609 页。

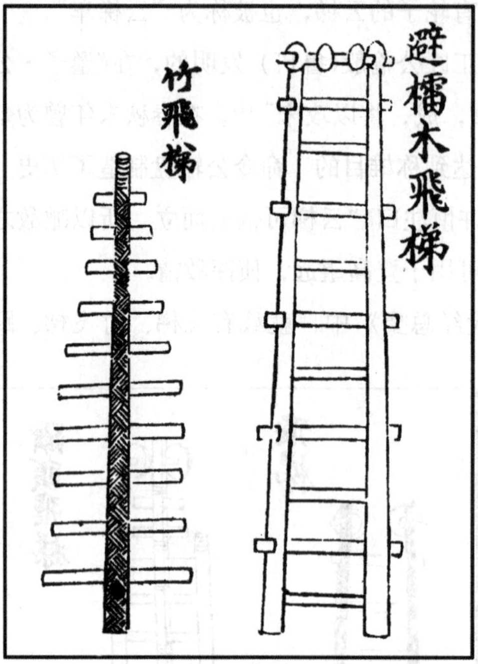

图 3-55 明・正德年间（1506—1521）刻本《武经总要前集》中的“竹飞梯”和“避檑木飞梯”

种叫“避檑木飞梯”的云梯，檑木是古代作战时，从高处滚下的打击敌人的大木头。《辽史・兵卫志上》有“攻城之际，必使先登，矢口檑木并下，止伤老幼”。《水浒传》中有“只见上面檑木、炮石、灰瓶、金汁，从险峻处打将下来”①。“避檑木飞梯”如何避檑？在《武经总要》上没有说明，《武经总要》上的一幅“避檑木飞梯”图，也看不出其中避檑木的奥妙（如图 3-55 所示）。

而杷车、行天桥、搭天车、行女墙和云梯等五种云梯就比较复杂，属大型重型云梯。它们都装上了轮子，可以快速推行到城墙边，方便将云梯架设在城墙上，以减少士兵在移动云梯时遭受对方的攻击。另外，在云梯上安装了防护装备，以防敌人的矢石攻击，减少攻城兵士的伤亡。

为了避免士兵在架梯时受到敌人的攻击，缩短架梯时间，减少士兵伤亡，宋代云梯采用了折叠式，它可以降低主梯在接敌前的高度，增加云梯车运动的机动性，减少遭受敌军破坏的概率，同时，使登城接敌更加简便迅速。

折叠式云梯有搭天车、云梯车。它们都是粗大的木头做车座，下面装有四个或六个轮子，车座上装有一架可以折叠的梯子，梯子每段各长二丈余，以转轴相连接。作战时，士兵在车内以人力将云梯推至预备攀登的地方，然后用车后的辘轳将第二节梯放起，第二节梯的前端装有铁钩，可以迅速地将云梯架设

① 施耐庵：《水浒传》（中），人民文学出版社 1975 年版，第 460 页。

在墙上，固定梯位，士兵就可由梯攻入城内。

云梯车是“以大木为床，下施六轮，上立二梯，各长二丈余，中施转轴，车四面以生牛皮为屏蔽，内以人推进，及城则起飞梯于云梯之上，以窥城中，故曰云梯”①(如图 3-56 所示)，这表明当时的云梯已采用了中间以转轴连接的折叠式结构，并在梯底部增添了防护设施。

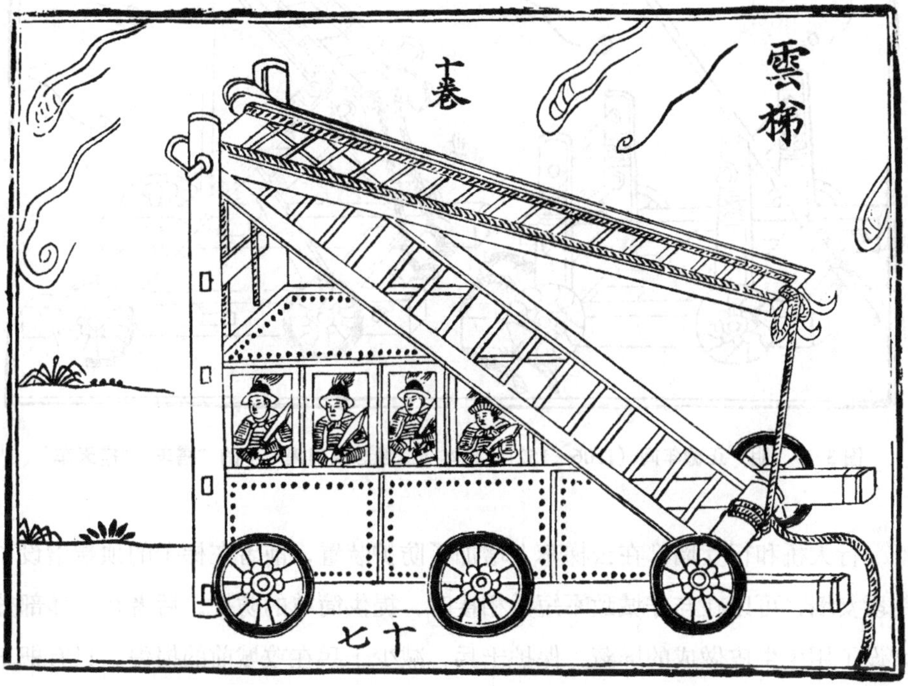

图 3-56 明·正德年间（1506—1521）刻本《武经总要前集》中的“云梯”

搭天车比云梯车小，并且简单，没有牛皮屏蔽的车厢，只有一架可以折叠的长梯（如图 3-57 所示）。

这两种云梯车在折叠梯的顶端都设有铁钩，可以钩住城墙，使得梯子较为稳固，在攀登较高的城墙时非常重要。

① 曾公亮主编：《武经总要前集》，《中国古代版画丛刊》(1)，上海古籍出版社 1988 年版，第 601 页。

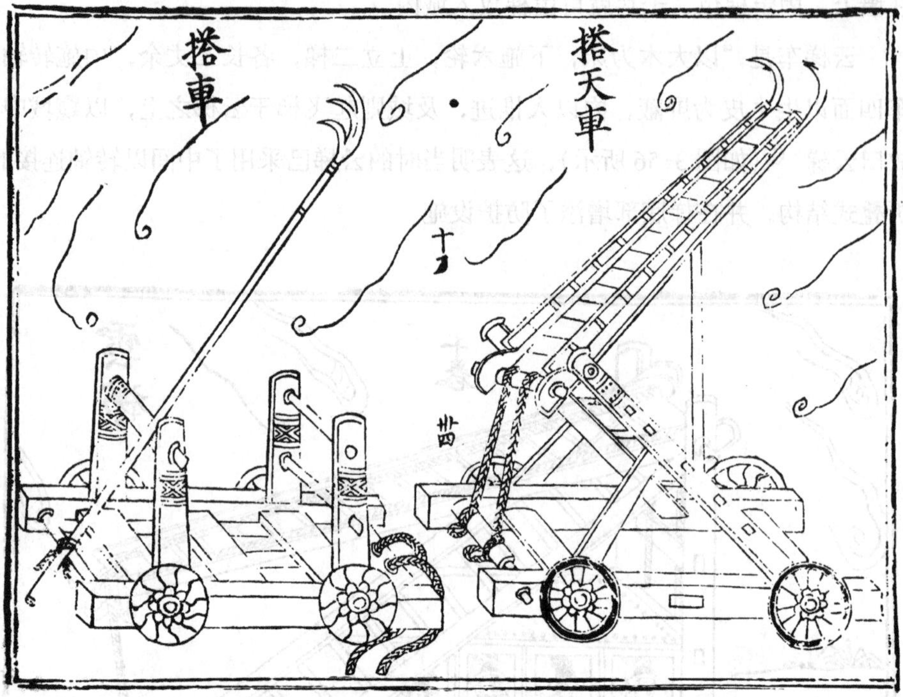

图 3-57　明·正德年间（1506—1521）刻本《武经总要前集》中的“搭车”“搭天车”

行天桥和行女墙都在云梯车上增加了防护装置，前者在梯子的顶端增设了一段女墙，可以在与守城敌军短兵相接时，提供简单的防护。后者在车体部分增设了用生牛皮做成的屏蔽，保护士兵，减少士兵在攻城前的损失。只有杷车比较简单，比飞梯多了一个车架，架设时，不需要靠人力肩扛，可以轻便地推行，加快了架云梯的速度（如图 3-58 所示）。

第三节　古战场演义

战争是残酷的，但它是历史不可缺少的组成部分。在中国古代几千年的历史长河中，可以说战争不断，没有战争就没有历史。从上古时期的“华夏第一战”——炎黄二帝的“阪泉之战”，到结束清封建王朝的“辛亥革命”，战争可

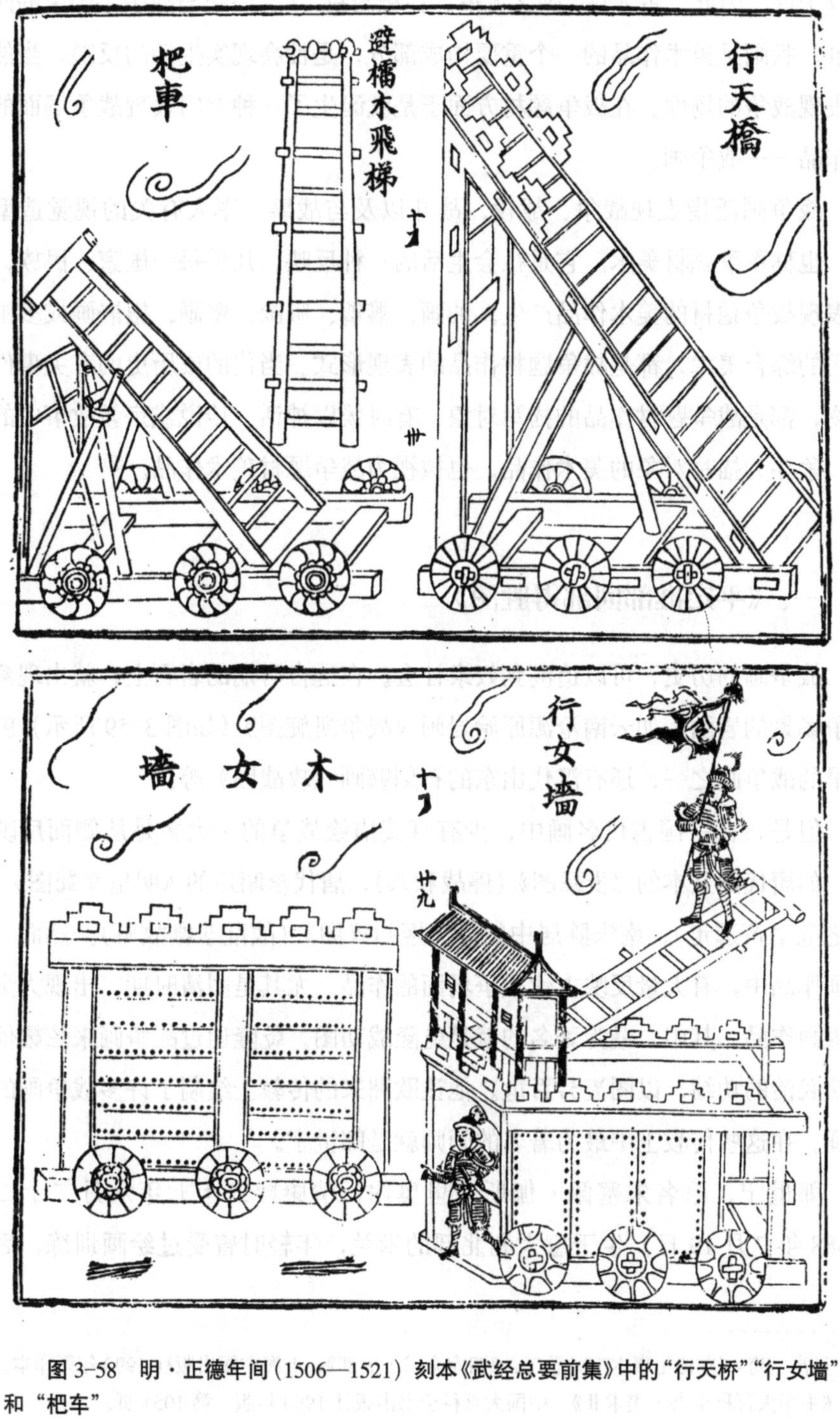

图 3-58 明·正德年间（1506—1521）刻本《武经总要前集》中的“行天桥”“行女墙”和“杷车”

以以千计。因此，古人称“国之大事，在祀与戎”①，祭祀与战争是国家的两件大事。版画是美术作品的一个重要构成部分，是社会现实生活的反映，当然也会表现战争的场面。在战争题材方面于是就诞生了一种专门表现战争场面的美术作品——战争画。

战争画泛指表现战争、战役、战斗以及与战事、军人有关的视觉造型艺术，也称军事题材美术。它是社会生活的一种反映，几乎每一国家、民族，都有表现战争题材的美术作品产生。油画、雕塑、版画、壁画、银嵌画或多画种并用的综合美术，都是战争题材作品的表现形式。当代的或历史的有关事件或人物，都是战争题材作品的描写对象，有时候以神话、传说或宗教故事中的猛士、争斗为描写对象的美术作品，也被视为战争题材美术作品。②

一、《平定准部回部得胜图》

战争画的历史，可以追溯到奴隶社会。在远古时期的岩石上，就出现刻有战争场景的岩画，如云南沧源原始岩画《战争凯旋图》（如图 3-59 所示）就是最早的战争画之一，还有汉代山东的石刻壁画《攻战图》等。

但是，在中国古代名画中，少有直接描绘战争的，大多是从侧面反映战争，如唐代阎立本的《步辇图》（停战和亲），唐代李昭道的《明皇幸蜀图》（安史之乱皇帝逃走），南宋陈居中的《文姬归汉图》（战乱悲剧故事）。然而，在版画作品中，有大量反映古代战争场面的作品。尤其是明清时期，出现大量战争版画作品。其中，最为著名的就是乾隆战功图。乾隆通过战争画来炫耀他的文功武治的功绩，以图流芳百世。他让欧洲来的传教士绘制了许多战争画的铜版画。在这些传教士中最为著名的画师就是郎世宁。

郎世宁，原名朱塞佩·伽斯底里奥内，清康熙二十七年六月二十二日（1688 年 7 月 19 日）生于意大利北部的米兰，年轻时曾受过绘画训练，后加

---

① 见高士奇：《左传纪事本末》卷三，《四库全书·史部》，上海古籍出版社 1990 年影印本。

② 《中国大百科全书·美术Ⅱ》，中国大百科全书出版社 1990 年版，第 1051 页。

图 3–59　云南沧源原始岩画《战争凯旋图》

入耶稣会。康熙五十三年三月二十一日（1714 年 5 月 4 日），二十六岁的伽斯底里奥内以传教士的身份，由耶稣会派遣，于第二年八月抵达澳门，随后取名郎世宁。到了北京，郎世宁居住在紫禁城东华门之东的天主教东堂内。大约在康熙末，郎世宁便以其画艺供奉中国的皇室，开始了他宫廷艺术家的生活，一直到去世。

郎世宁在宫中创作了大量绘画，充分展现了欧洲绘画技法，铜版画《平定准部回部得胜图》就是他与他的同伴们一起完成的。

乾隆在他即位后的二十年里，先后三次（1755、1758、1759），平定了准噶尔部达瓦齐及回部大和卓木、小和卓木的叛乱。乾隆为炫耀自己的战功，叫郎世宁等西洋画家绘制《平定准部回部得胜图》，以作纪念（如图 3–60 所示）。

画后有大学士傅恒等人的跋文："右图十有六帧，始于伊犁受降，讫于回部献俘。凡我将士，劘垒斫阵，霆奋席卷之势，与夫贼众披靡溃窜，麕奔鹿骇之状，靡不摹写毕肖。鸿猷显铄，震耀耳目，为千古胪陈战功者所未

图 3-60 清·乾隆二十年（1755）铜版画《平定准部回部得胜图》中的“库陇癸之战”

有……”①

《平定准部回部得胜图》又称《乾隆平定西域得胜图》，有文字十八页，铜版画十六幅，册页装成一函。铜版画中，意大利传教士郎世宁绘有四幅，法国神父王致诚绘有三幅，波西米亚传教士艾启蒙绘有一幅，意大利传教士安德义绘有六幅，其余两幅未署名。图绘成后，送往法国雕刻成铜版。自乾隆三十年（1765）分批将画样和文字稿送往法国，至乾隆四十年（1775）全部铜版画分批运抵中国，历时十余年。画每幅纵五十五点四厘米、横九十点八厘米。画面采用全景式构图，场面宏大，结构复杂，人物繁多，刻画入微，无论从构图、人物造型、景色描写以及明暗凹凸、投影透视等技法，都反映出了当时西方铜版画的制作水平。由于这些铜版画是由西洋画家所绘，又在法国雕版，所以带有明显的欧洲绘画风格。如山石树木，明暗分明，受光处明亮，背光处黑暗；人物、马匹身上的肌肉凹凸明显。其中有一幅“鄂垒扎拉图之战”（如图 3-61

① 傅恒：《乾隆准葛尔回部等处得胜图·跋》，《清代宫廷绘画》，上海科技出版社 1999 年版，第 191 页。

图 3-61 清·乾隆二十年至二十六年（1755—1761）铜版画《平定准部回部得胜图》中的“鄂垒扎拉图之战”

所示）尤为明显，图左下边几个赤身裸体的男子，从帐篷中匆忙逃出，这在之前的中国画中十分少见，但在十七八世纪的欧洲绘画中屡见不鲜。其中有一个小男孩与拉斐尔画的《基督显圣》中的一个小男孩（如图 3-62 所示）、提香绘的《圣母升天》中的小天使（如图 3-63 所示），几乎如出一辙，十分相似（如图 3-64 所示）。

但画中也包含了不少的中国绘画元素。中国传统绘画时空变化灵活多样，在这组画中经常出现在同一个画面内表现发生在不同时间的事情。

第一幅是艾启蒙画的“平定伊犁受降”图（如图 3-65 所示），描绘了乾隆二十年（1755），乾隆亲征，平定准噶尔部达瓦齐叛乱后，清军抵达伊犁时的情景：准噶尔部率众夹道欢迎，场面非常热烈。他们鼓乐齐鸣，牵羊携酒；男女老少，迎叩马前。前面是威武雄壮的清军马队，后面是见不到尾的清军步兵，背景中的崇山峻岭，气势恢宏，从中走出不少蒙古族牧民牵携马匹、骆驼及物品渡河来归顺。最后一幅是“凯宴成功诸将”图，描绘了乾隆在大内西苑紫光阁中设宴庆功的场面（如图 3-66 所示），前面是乾隆的仪仗队，乾隆高坐在銮驾上，进入庆功的会场，群臣跪地叩迎，空地上搭建了三座蒙古包，作为宴请的

图 3-62　意大利画家拉斐尔的《基督显圣》

图 3-63　意大利画家提香的《圣母升天》

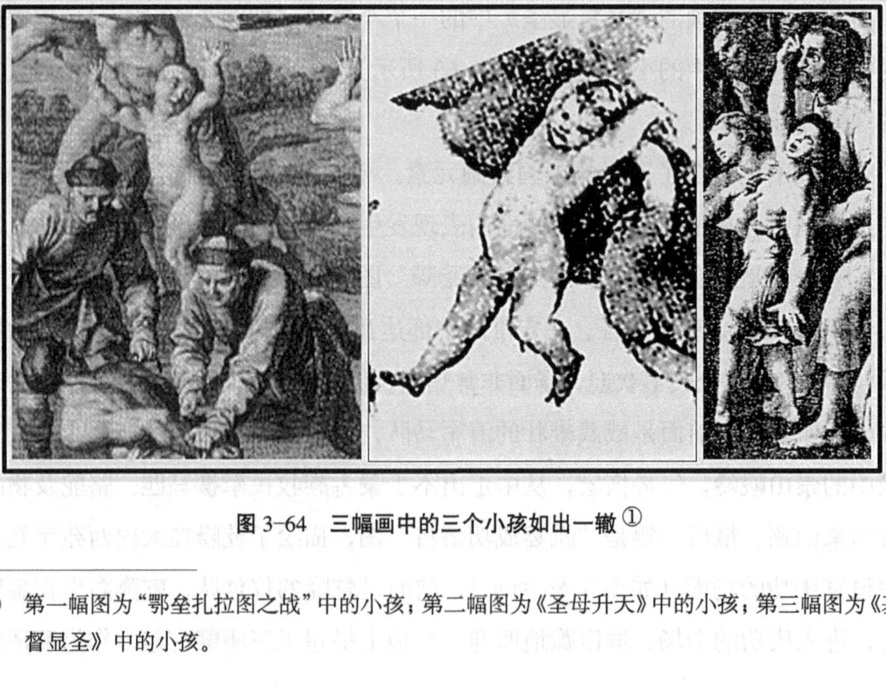

图 3-64　三幅画中的三个小孩如出一辙①

① 第一幅图为“鄂垒扎拉图之战”中的小孩；第二幅图为《圣母升天》中的小孩；第三幅图为《基督显圣》中的小孩。

图 3-65　清 · 乾隆二十年至二十六年（1755—1761）铜版画
《平定准部回部得胜图》中的“平定伊犁受降”图

图 3-66　清 · 乾隆二十年至二十六年（1755—1761）铜版画
《平定准部回部得胜图》中的“凯宴成功诸将”图

会场，气势非常庄严。在当时的庆功会上，西征中立有战功的傅恒、兆惠、班第、富德、玛瑺、阿玉锡等一百多人的画像被置于紫光阁内，以示表彰。

在《平定准部回部得胜图》完成之后，又相继刊刻了七种战图：《平定两金川得胜图》十六幅，《平定台湾得胜图》十二幅，《平定安南得胜图》六幅，《平定廓尔喀得胜图》八幅，《平定苗疆得胜图》十六幅，《平定仲苗得胜图》四幅，《平定回疆得胜图》十幅。

二、《平定两金川得胜图》

《平定两金川得胜图》是描绘清乾隆十二年至四十一年（1747—1776），清政府两次出兵平定四川大小金川叛乱的战绩。大小金川位于今四川省西部，大金川是大渡河上流，小金川则是大渡河上流东面的一条支流，都为藏族聚居地。自元代开始，中央政府先后在两金川分设土司，令其各守疆界，相互牵制，借以捍卫边围。唯土司众多，彼此之间每因承袭土司或边界纠纷日寻干戈，仇杀不已，为求永靖边围，乾隆皇帝遂兴师进剿。《平定两金川得胜图》有图十六幅：收复小金川、攻克喇穆及日则丫口、攻克罗博瓦山碉、攻克宜喜达尔图山梁、攻克日旁一带、攻克康萨尔山梁、攻克木思工噶克丫口、攻克宜喜甲索等处碉卡、攻克石真噶贼碉、攻克菑则大海昆色尔山梁并拉枯喇嘛寺等处、攻克贼巢、攻克科布曲索隆古山梁等处碉寨、攻克噶喇依报捷（如图 3–67 所示）、郊台迎

图 3–67 《平定两金川得胜图》中的“攻克噶喇依报捷”图

劳将军阿桂凯旋、午门受俘、紫光阁凯宴成功诸将士。由波西米亚传教士艾启蒙、贺清泰等绘。

三、《平定台湾得胜图》

《平定台湾得胜图》是描绘乾隆年间（1736—1795），清军镇压台湾林爽文起事的事情，一共十二幅。它与《平定准部回部得胜图》不同，具有明显的中国绘画风格，无论人物、山石、树木、海浪，都体现了传统中国绘画的手法（如图 3-68 所示）。这表明中国工匠已经掌握了铜版画的制作技法，运用中国传统的绘画技法来绘制铜版画。

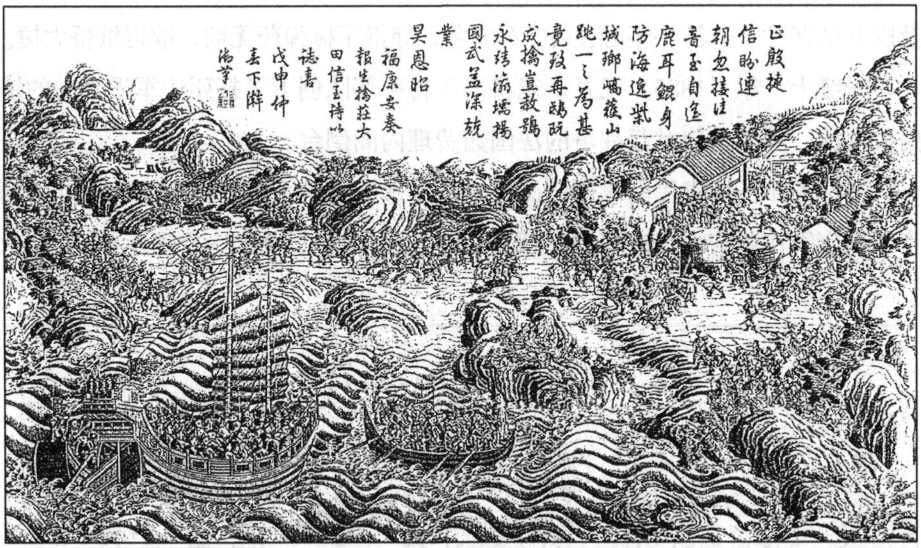

图 3-68　《平定台湾得胜图》之一

清朝中后期，民间雕版的战争画，最大的亮点是时事战争画。它们反映的是当时或当朝发生的战争。清朝的中后期，国内国外战争不断，这些战争都出现在清代的民间版画中。

四、《刘提督水战得胜全图》

清同治十二年（1873）十一月二十日，法国当局派安邺带兵一百八十名和两艘炮舰突然袭击河内。黑旗军将领刘永福见义勇为，挺身抗暴，亲自率两千军人，翻越宣光大岭，日夜兼程，南下抗法。黑旗军是一支地方武装，以七星黑旗为战旗，因以得名。清同治六年（1867），在清军的进攻下，迫使法军退驻保胜（今越南老街）。后在中法战争中，黑旗军多次抗击法军取得胜利。

这次黑旗军在河内郊外罗池与法军开战，击毙了法国主将安邺和百余部下，取得了“诱斩安邺，覆其全军”的罗池大捷。

清光绪九年（1883），中法战争爆发，法军进攻越北，刘永福率黑旗军三千人，在河内西面的纸桥与法军相遇，刘永福用伏击战，打死法军总司令李威利及以下军官三十多名，打死法兵二百多名，夺得军械弹药无数，取得纸桥大捷。

光绪十一年（1885）三月，老将冯子材率部队创下了打死法军千余人的镇南关大捷，从而迫使挑起战争的法国茹费理内阁倒台。

清代天津杨柳青民间木刻版画《刘提督水战得胜全图》描绘的就是刘永福率领黑旗军在北宁痛击法军的激烈场面，十分壮观（如图 3–69 所示）。北宁位

图 3–69　清 · 天津杨柳青民间木刻版画《刘提督水战得胜全图》

于河内东方的红河三角洲，图上刘永福率领的水军，与法军展开激烈的战斗，一艘法军军舰已被击沉，船头翘起，船尾已沉入水下。另一艘舰船已被刘永福的水军捕获。只有一艘法军的舰船还在负隅顽抗，刘永福水军的小船正在缓缓地靠近它。刘永福等将领在一艘船上指挥着这场水战。

五、《义和团大破洋兵》

光绪二十六年（1900），发生义和团运动。义和团本来是流行在山东、直隶（今河北）一带的民间秘密会社，称为“义和拳”。开始，义和团以“反清复明”为口号，遭到清政府的镇压。后来，随着形势的发展，帝国主义入侵中国，民族矛盾日益尖锐，义和团支持清政府抵抗西方，口号也改为“扶清灭洋”。

在天津北运河畔的北仓一带，义和团与西方的八国联军爆发了一场震惊中外的北仓战役。八国联军出动的兵力一万八千三百人，大炮七十门。其中日军一个步兵旅，四个炮兵连和一个工兵连，一共九千人，大炮二十四门。英国是威尔士火炮队，皇家炮队，第七孟加拉步兵团，第一孟加拉骑兵队，第一锡克步兵团，第二十四旁遮普步兵团共两千三百人，大炮十二门。美国第九和第十四步兵团共两千人，大炮六门。俄军三千五百人、大炮十六门。法军一千人，大炮十二门。德军二百人，奥军及意军各一百余人。英军还从南非调来一种能施放毒气的列低炮。它发射的炮弹，爆裂后，绿烟弥漫，不论房前房后、屋里屋外，闻见立死。它两次施展淫威，屠杀万千天津人。一次，英军的列低炮才发射了几枚，就被清军炮手捕捉到它的位置，清军齐炮还击，击中英国皇家炮队，二十五名炮手无一逃脱。在这场战斗中，中国军民同仇敌忾、浴血奋战，英勇抗击八国联军，可歌可泣。

在一幅天津杨柳青民间木刻版画《义和团大破洋兵》中，描绘了这场激烈的战争（如图 3–70 所示）。义和团举着一面“守望相助”的旗子，追赶落荒而逃的八国联军，这些人扛着英国的米字旗，日本的太阳旗，节节败退。站在城墙上的清军对着这伙洋人开炮射击，整个战争场面非常激动人心。在当时，起到鼓舞人心的作用，因此，受到人民的欢迎。

图 3–70　清 · 天津杨柳青民间木刻版画《义和团大破洋兵》

还有一幅天津杨柳青民间木刻版画《恢复天津》（如图 3–71 所示），也是一幅战争画。图中描绘的是光绪二十六年（1900）春，清兵将领聂士成，率领清军在天津抗击八国联军，收复天津的场面。聂士成是清军将领，在历次对抗外国武装的战斗中功勋卓著。早在光绪九年（1883）中法战争时，聂士成渡海援台，在刘铭传指挥下，参加过对法作战，获得胜利。在光绪二十年（1894）甲午战争时，聂士成随叶志超援朝，因力战有功，第三次获赏巴图鲁勇号；平壤失陷后，聂士成在诸将都不敢出击的情况下，雪夜奇袭连山关，杀敌甚重，击毙日军将领富刚三造，取得清军为数不多的几场胜利，因功补授直隶提督。八国联军攻破天津后，大肆奸淫杀掠，清军同义和团合力对抗八国联军，收复天津，但聂士成不幸中弹阵亡。图中清军和义和团与八国联军的战斗场面异常激烈，炮火连天。

晚清咸丰、同治年间（1851—1874），全国爆发过三次较大规模的农民起义——太平天国起义、捻军起义和云南、甘肃的回民起义。清咸丰元年

（1851），由洪秀全领导的“拜上帝会”发动起义，建立太平天国政权，咸丰三年（1853）攻下金陵（今南京），定都于此，并改名为天京，并将太平天国势力扩展至长江中下游地区。四月，太平军将领李开芳、林凤祥等人，率起义军从扬州出发北伐，一路上势如破竹。十月，太平军到达天津西郊杨柳青，在大佛寺设营，并请人绘制《太平军北伐图》（如图 3–72 所示）。

图 3–71 清 · 天津杨柳青民间木刻版画《恢复天津》

图 3–72 清 · 天津杨柳青民间木刻版画画稿《太平军北伐图》

图上太平军一将领骑着高头大马，手持一剑，率领着一支见不到尾的队伍，浩浩荡荡地在路上行进。士兵们个个举着长枪，精神饱满地跟在将领后面，向北方走去。在这幅图中，没有激烈的战争场景，展现的是太平天国全盛时期的太平军的风貌。据称，全盛时期，太平军的兵力超过百万人（其中女兵十余万人）。但后来随着情势变化，这幅画稿未能刻版印刷。

六、《扫荡捻匪》

清咸丰元年（1851），在黄河、淮河流域爆发了另一场农民起义——捻军起义，它是由捻党转化而来的农民起义。捻党是19世纪初，安徽北部及河南、山东、江苏等省部分地区农民的一个秘密组织，以反抗封建压迫、寻求生活出路为号召。当太平军北伐进入黄河、淮河流域时，捻党纷起响应，在豫、鲁、苏、鄂交界地区，形成十余支相对独立的队伍，并逐步由分散、零星的斗争趋向联合。捻党起义遭到清政府残酷镇压，清同治四年（1865）十月，剿捻统帅僧格林沁在山东菏泽全军覆没。清政府命曾国藩督师剿捻，李鸿章调兵、筹饷等。后因曾国藩指挥不动李鸿章的淮军，改由李鸿章接办剿捻事务。苏州民间木刻版画《扫荡捻匪》，描绘的是清军剿捻的情景。李鸿章率领淮军“开字营”“魁字营”和“春字营”等洋枪队，对捻军的苗天青和孙寡妇部进行围剿（如图3-73所示）。

图上清军将领鲍大人（超）率领的“开字营”“魁字营”和“春字营”洋枪队，对付手持刀剑的苗天青和孙寡妇。后本图上有一段题文“克复江南李大人，谙知捻匪又兴兵，大人立刻提兵到，就领江南得胜军，设计埋伏山凹内，红衣大炮驾（架）山岭，引诱捻匪来冲进，立刻扫荡净除根，得胜班师加官爵，公侯万代子孙兴，捻匪长毛多灭净，大清一统享太平”（前半部分在另一幅图上），虽然是污蔑捻军的农民起义，但是，从另一方面，也让我们看到清政府镇压捻军的残酷。他们用最精锐的军队镇压农民起义，而不是对付外国侵略者。这说明，清政府的腐败，已到了无药可救的地步，清朝走向了一条自取灭亡的道路。几十年后，清朝被革命军推翻，退出了历史舞台。

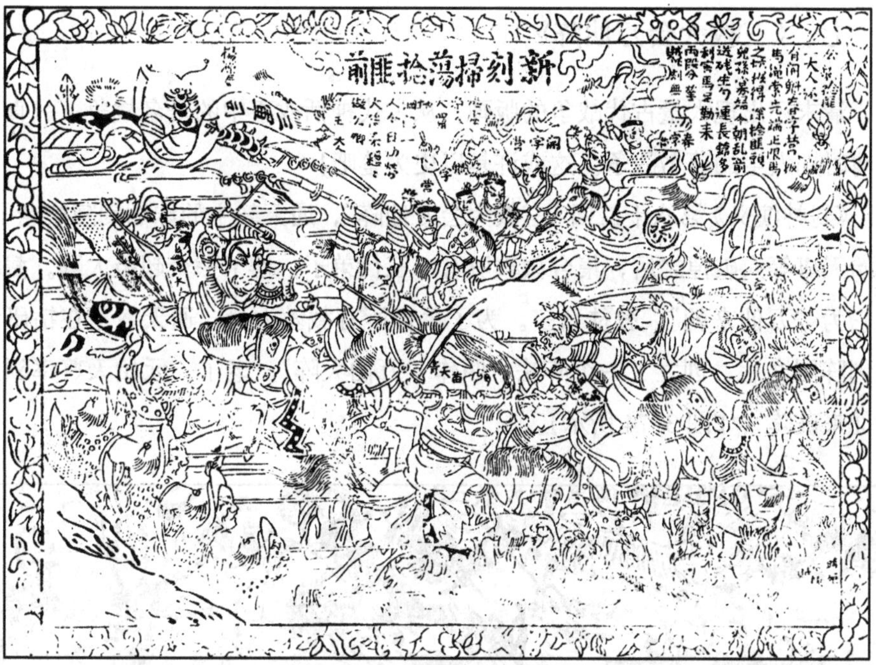

图 3–73　清·苏州民间木刻版画《扫荡捻匪》前后本

七、《三教大会万仙阵》

清末还出现大量古代战争的版画，从古代神话故事中的著名战争，一直至明清时期发生的著名战争。这或许是以史为鉴吧！

《封神演义》第八十二回“三教大会万仙阵”，通天教主的诛仙剑阵被老子、元始天尊等人破掉之后，集合截教所有二三代弟子，摆下一个超级大阵。截教称它为“万仙来朝”，教徒众多。为了集合所有截教力量，通天教主在钻研诛仙剑阵图之后，创立了一个阵法，叫作“万仙大阵”。老子、元始天尊率领众神仙来破阵（如图 3–74 所示）。

图 3–74　清·苏州民间木刻版画《三教大会万仙阵》

图上老子坐着青牛，通天教主坐着奎牛，通天教主的两个嫡传弟子金灵圣母使宝剑，无当圣母骑翔龙。还有南极仙翁、姜太公、云中子、金吒、木吒、哪吒、杨戬等也来助战，最后，通天教主与金灵圣母，被辅佐周武王的老子、元始天尊等战败。

这幅神仙之间的战争版画，场面宏大，人物众多，与人间的战争毫无区别。我们用另一幅《二十八宿闹昆阳》做一个比较。

《二十八宿闹昆阳》是苏州民间木刻版画。《二十八宿闹昆阳》的故事出自《东汉演义》，描绘的是历史上著名的“昆阳之战”。西汉时，王莽篡位，皇族刘秀逃亡，得乌鸦引领，娶阴玉真为妻。后加入绿林军，曾以邓禹为师，率领姚期、马武、岑彭、杜貌诸将并收服马援及其弟子马洪等，围战王莽大将巨无霸，王莽势单力薄，自杀身亡，刘秀做了东汉光武帝。图上众将围攻巨无霸，场面热闹非凡。这两幅图如出一辙（如图 3–75 所示）。

图 3–75　清 · 苏州民间木刻版画《二十八宿闹昆阳》

第四节　火药的发明

火药是中国四大发明之一，对世界文明有着重大贡献。14 世纪，火药通过阿拉伯、印度、波斯等国传到欧洲，“不仅对作战方法本身，而且对统治和奴役的政治关系起了变革的作用”，“火药的发明，消除了封建制度”。①

火药由硫黄、硝石、木炭混合而成。在《水经注》和《魏略》等书中，载有魏军用火器抵抗诸葛亮进攻的故事。蜀汉建兴十二年（234）春天，诸葛亮带兵三十五万驻扎于祁山，司马懿调集四十万兵马，在长安以西渭水一带摆开阵势，准备与诸葛亮决战。诸葛亮一边布置部下储运粮草，一边亲自去察看地形。当他在渭河以南发现上方谷这一特殊地形时，心中无比喜悦，立刻想好了一条妙计。

上方谷地处两山之间，地势低洼，入口处狭窄，每次只能一人一马通过，而谷内却能容纳一千多人。此地就像个葫芦，正是设防歼敌的绝妙地带。于是，诸葛亮叫士兵们把干柴、硫黄、火药等堆藏在谷中，同时在山谷两边的高山上埋伏数千名精兵，然后，诸葛亮安排大将魏延诱敌深入。

当司马懿等人追进上方谷时，“只听得喊声大震，山上一齐扔下火把来，烧断谷口。魏兵奔逃无路。山上火箭射下，地雷一齐突出，草房内干柴都着，刮刮杂杂，火势冲天。”②正在这时，狂风大作，乌云密布，接着就下起一场大雨，浇灭了熊熊的烈火，司马懿父子才逃过一劫。

一、《火烧葫芦谷》

有幅清代天津杨柳青民间木刻版画《火烧葫芦谷》描绘的就是《三国演义》第一百零三回“上方谷司马受困，五丈原诸葛禳星”中的一战。上方谷的形状像只葫芦，所以又叫“葫芦谷”。图上到处是火，地雷爆炸，司马懿被惊吓得从马背上掉了下来，诸葛亮在山上观战，魏延骑马追来，正在千钧一发之时，天上的神仙——雷神、雨神、风神——不让司马懿绝命，骤然天空乌云密布，大雨倾盆，火器熄灭，地雷不响，司马懿父子逃命脱险（如图 3–76 所示）。

所以，有人认为在东汉时已经发明火药。在《太平广记》卷十六中有一个

① 恩格斯：《反杜林论》，《马克思恩格斯选集》第 3 卷，人民出版社 1966 年版，第 278 页。

② 罗贯中：《三国演义》，人民文学出版社 1953 年版，第 896 页。

图 3–76　清·天津杨柳青民间木刻版画《火烧葫芦谷》

故事，说隋朝初年，一个叫杜春子的人，少年时放浪不羁，每天纵酒闲游。一次遇见一个老道，几次三番地帮助他，使他幡然醒悟，干成了一番事业，资助孤儿寡母。第二年，杜春子去拜访这位老道。老道住在华山云台峰，一幢宽大的房舍，彩云在上空缭绕，仙鹤绕屋顶飞翔，屋里正中有一只九尺多的炼丹药的炉子，炉内紫光闪耀，映亮了门窗。有九个玉女环绕着炉子侍立着，炉子前后有青龙、白虎看守着。当晚，杜春子就住在那里。清晨，杜春子从梦中惊醒，只见紫色的火焰蹿上了屋梁，转眼间烈火熊熊，把屋子烧毁了。火药就是炼丹家从配置易燃药物引起火灾中发明的。还有一本名叫《真元妙道要略》的炼丹书也谈到用硫黄、硝石、雄黄和蜜一起炼丹失火的事，火把人的脸和手烧坏了，还直冲屋顶，把房子也烧了。这说明唐代的炼丹者已经有了一个很重要的经验，就是硫、硝、炭三种物质可以构成一种极易燃烧的药，这种药被称为"着火的药"，即"火药"。

二、《武经总要前集》

火药发明后，很快就被用于军事上。两宋时期火药武器发展很快。宋庆历四年（1044），宋仁宗命曾公亮等人编纂《武经总要》，在“前集”的卷十一、十二中，载有各种“火炮”“火禽”“雀杏”“蒺藜火毬”“鞭箭”“竹火鹞”等火器十多种，并附有插图（如图 3–77 所示）。《武经总要前集》是奉宋仁宗之命编纂的，因此，书籍中的文字和插图都比较可靠。它们能使我们今天了解到一千多年前这些火器的形貌。

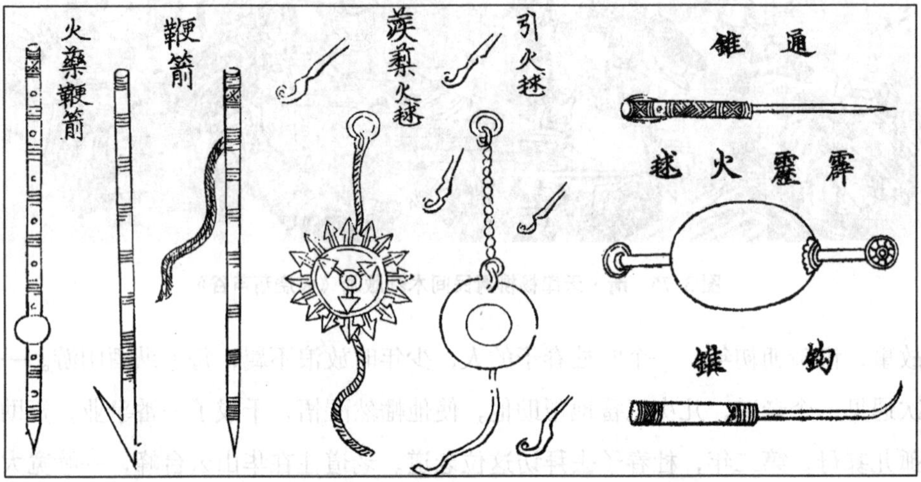

图 3–77　明 · 正德年间（1506—1521）刻本
《武经总要前集》中的“霹雳火毬”“蒺藜火毬”“引火毬”“鞭箭”等火器

例如，“霹雳火毬”，类似现在的爆破筒，“用干竹两三节，径一寸半，无罅裂者，存节勿透，用薄瓷如铁钱三十片和火药三四斤，裹竹为毬，两头留竹寸许，毬外加傅药。若贼穿地道攻城，我则冗地迎之，用火锥烙毬，开声如霹雳，然以竹扇簸其烟焰，以薰灼敌人”①。

“蒺藜火毬”类似现在的手雷，“以三枝六首铁刃，以火药团之中，贯麻绳长一丈二尺外，以纸并杂药傅之，又施铁蒺藜八枚，各有逆须，放时，烧铁锥烙透令焰出”②。

---

① 曾公亮主编：《武经总要前集》，《中国古代版画丛刊》（1），上海古籍出版社 1988 年版，第 650 页。

② 曾公亮主编：《武经总要前集》，《中国古代版画丛刊》（1），上海古籍出版社 1988 年版，第 652 页。

"鞭箭"是一种"火箭"，"用新青竹长一丈，径寸半，为竿下施铁索，稍系丝绳六尺，别削劲竹为鞭箭，长六尺，有镞度正中，施一竹臬，亦谓之'鞭子'"①。放箭时，点燃火药，把箭镞射出，这是世界上最早的喷射火器。

这些火器均采用火药，火药用硫黄、焰硝（硝酸钾）、松脂以及其他不同物质，按一定的比例和操作程序制成。这是世界上最早的火药配方和工艺流程的记载。可见，北宋时，已经利用黑火药燃烧爆炸的原理制造各种不同用途的火药兵器，用于军事上，有效地对付敌人，这是11世纪的事。火药兵器出现在战场上，预示着军事史上将发生一系列的变革，从使用冷兵器向着使用火器过渡。火药应用于武器的最初形式，主要是利用火药的燃烧性能。尽管，《武经总要》记录的早期火药兵器，还没有脱离传统火攻中纵火兵器的范畴，但随着火药和火药武器的发展，逐步过渡到利用火药的爆炸性能打击对方。

"蒺藜火毬""毒药烟毬"是爆炸威力比较小的火器。但到了北宋末年，出现了爆炸威力比较大的火器"霹雳炮""震天雷"，用于攻坚或守城。

到了明朝，火器的种类大大增加，有火兽布地雷炮、火伞、石榴、木桶、喷桶、飞枪、神枪、五眼铁枪、小铜佛郎机、百出先锋、手把铳、提心铳、百子铳、九龙铳、三出铁棒、铁棒雷飞炮、连珠飞炮、六合炮、大将军、二将军、三将军、毒火飞炮和流星炮等，可分为三类：投掷火器、手持的枪和大炮。威力巨大的大将军能发射八百弓远，炮声如雷阵，群子飞出，山石轰然而崩，石飞空中若陨星，可伤数百人马。

在清代的民间版画中常出现这些武器，虽然并不写实，但是，也反映当时这些武器已是常规武器了。如清代苏州民间木刻版画《扫荡捻匪后》，清军镇压捻军时，就用"大将军"火炮（如图3–78所示）。图上是清军用"大将军"火炮和洋枪围剿捻军时的场面。

"大将军"火炮是一种大型火炮，生铁铸造炮身，长三五尺，重五百斤，

① 曾公亮主编：《武经总要前集》，《中国古代版画丛刊》（1），上海古籍出版社1988年版，第648页。

图 3-78 清·苏州民间木刻版画《扫荡捻匪后》

有多道加强箍，分大、中、小三种，发射七斤、三斤和一斤的铅弹，用一辆车运载。车轮前高后低，可在车上直接发射，具有较大威力。明嘉靖九年(1530)十月开始制造。

三、《武备志》

明天启元年（1621）刊刻的《武备志》是明代的一部军事百科全书。茅元仪在书中对宋、元、明三代火器的研制、构造、性能和作战用途，进行了分门别类的论述，其中有火铳、火绳枪、新型火炮、火箭、爆炸性火器（爆炸弹、地雷、水雷）、火球、喷筒等各种类型的火器，并绘制了它们的图像。

铳是古代一种用火药发射弹丸的火器，如火铳、鸟铳等。火铳，有时又称“火筒”。它是中国古代第一代金属材质管形射击火器，它的出现，使军事战争的发展进入一个崭新的阶段，使热兵器的发展进入了一个新时期。元代发明的火铳，到了明朝有了很大的发展，有了单兵用的手铳，城防和水战用的大碗口铳、盏口铳和多管铳，如七星铳、子母百弹铳等（如图 3–79 所示），这些都记载在《武备志》中。

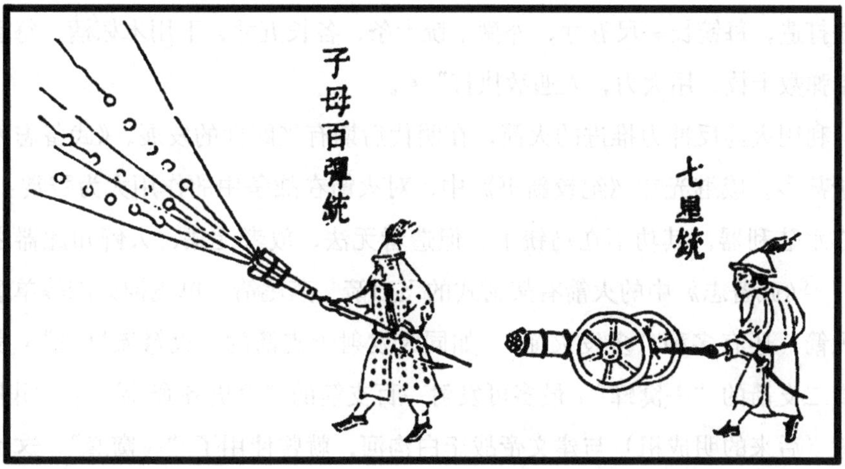

图 3–79 明 · 天启元年（1621）刊本《武备志》中的“七星铳”“子母百弹铳”

例如，手铳较轻巧灵便，铳身细长，前膛呈圆筒形，内放弹丸。药室呈球形隆起，室壁有火门，供安放引线点火用。尾銎中空，可安木柄，便于发射者操持。有的手铳从铳口至铳尾有几道加强箍。大碗口铳和盏口铳都因铳口的形状而得名，基本构造与手铳类似，只是形体短粗，铳口呈碗（盏）形，可容较多的弹丸。有的碗（盏）口铳，尾銎较宽大，銎壁两侧有孔，可横穿木棍，将铳身置于木架上。发射时，可在铳身下垫木块，调整俯仰角。用于水战的碗口铳，多安于战船的固定木架上，从舷侧射击敌船。多管铳是铳身有多根铳管，如三眼铳，铳身由三个铳管排列成“品”字形，有加强箍将铳管捆扎在一起，尾部有一尾銎，安装木柄。每个铳管各有一个药室和火门，点火后可连射或齐射，常用于骑兵，射毕后，可以铳头锤击敌人。在《武备志》上，就载有一种“七星铳”，由“净铁打造七铳，居中一大铳，围旋六铳，如快枪样，长一尺三寸，各铳底总合一处，外以厚铁包裹，铁箍三道，底钻一线，眼上安木柄，长五尺，下二轮径一尺五寸，中轴锭铁橛，将木柄安上，杵入火药，多装铁铅子，随高随底，点火对打，其势猛烈”①。

火铳中的手铳，在元代是单兵手铳，到了明代，它不仅射击的速度大大提高，而且还发明了双管至三十六管的多管铳，以及能发射十发弹丸的单管十眼铳、发射百弹的十管子母百弹铳。在《武备志》中记载：子母百弹铳“用炼成熟铁打造，每铳长一尺五寸，外箍小铳十条，各长五寸，下用木柘柄，每管内装铅弹数十枚，用大力，人遇敌执打”②。

利用火药反冲力推进的火箭，在明代后期有飞跃性的发展。《武备志》中收录甚多。戚继光在《纪校新书》中，对火箭在战争中的作用大为赞赏：“火箭亦水陆利器，其功不在鸟铳下，但造者无法，放者无法，人鲜知此器之利也。”③《武备志》中的火箭有架射式的飞刀箭、燕尾箭、单飞神火箭等单级单发火箭，还有多种“多发火箭”，如同时发射十支箭的“火弩流星箭”；发射三十二支箭的“一窝蜂”；最多可发射一百支箭的“百虎齐奔箭”等。明燕王朱棣（后来的明成祖）与建文帝战于白沟河，就曾使用了“一窝蜂”。这是世界上最早的多发齐射火箭，堪称是现代多管火箭炮的鼻祖。飞空击贼震天雷和神火飞鸦等是现代翼式火箭的雏形；“火龙出水”和“飞空砂筒”是一种二级火箭（如图3-80所示）。在水战中使用的“火龙出水”，据《武备志》记载：“水战可离水三四尺燃火，即飞水面二三里去远，如火龙出于江面，筒

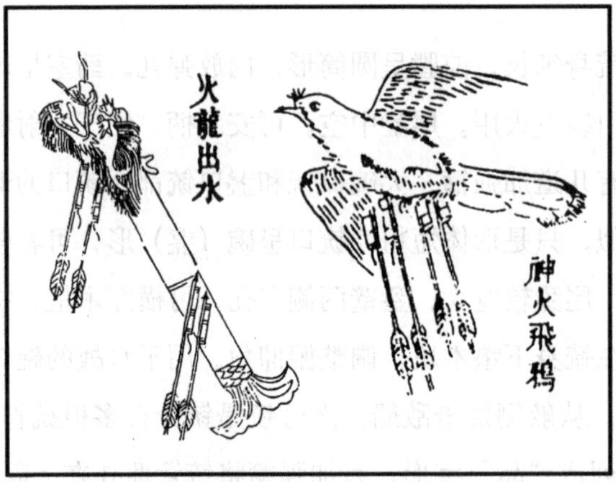

图3-80　明·天启元年（1621）刊本《武备志》中的“神火飞鸦”和“火龙出水”

① 茅元仪：《武备志》，《四库禁毁书丛刊》，北京出版社1997年影印本，第10页。
② 茅元仪：《武备志》，《四库禁毁书丛刊》，北京出版社1997年影印本，第8页。
③ 戚继光：《纪校新书》，《四库全书》，上海古籍出版社1990年影印本，第628页。

药将完，腹内火箭飞出，人船俱焚，水陆并用。”[①] 它用猫竹制成，五尺长，并用木雕成龙头、龙尾，在龙形的外壳上缚四支大“起火”，腹内藏数支小火箭，大“起火”点燃后推动箭体飞行，“如火龙出于水面”。火药燃尽后点燃腹内小火箭，从龙口射出，击中目标使敌方“人船俱焚”。这是世界上最早的二级火箭。另外，该书还记载了“神火飞鸦”等具有一定爆炸和燃烧性能的雏形飞弹。“神火飞鸦”用细竹篾绵纸扎糊成乌鸦形，内装火药，由四支火箭推进，它是世界上最早的多火药筒并联火箭，它与今天的大型捆绑式运载火箭的工作原理很相近。它们既反映了明代火箭技术的发展概况，又可看出现代火箭得以发展的渊源。

爆炸类火器有用于城防的石炮、击贼神机石榴炮等爆炸弹，万弹地雷炮、无敌地雷炮、伏地冲天雷等地雷（如图 3–81 所示），既济雷、水底龙王炮等水雷（如图 3–82 所示）。它们的外壳由石、木、陶、瓷、土、铁，以及其他特殊材料制成。点火引爆方式有火绳点火、触发、拉发、定时爆炸、钢轮发火等。其中钢轮发火是机械式引爆装置，由戚继光于万历八年（1580），组织其部下修筑石门寨时创制而成，是地雷进入机械式引爆装置的重要标志。爆炸类火器

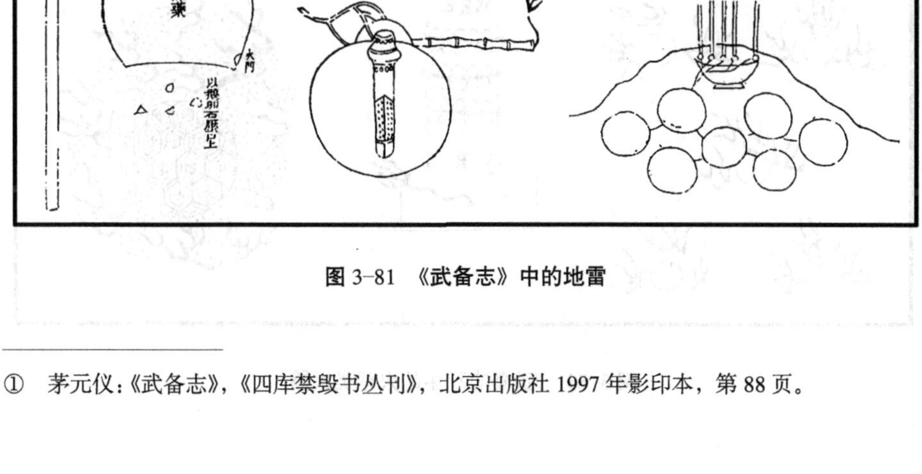

图 3–81　《武备志》中的地雷

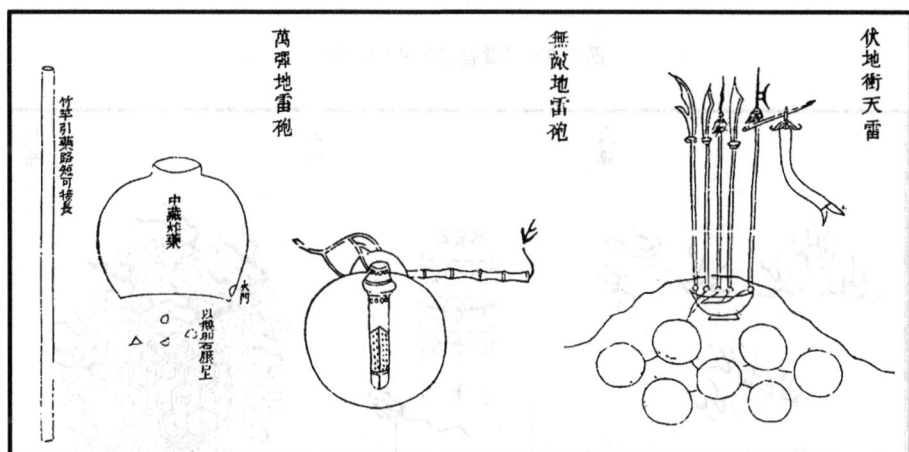

① 茅元仪：《武备志》，《四库禁毁书丛刊》，北京出版社 1997 年影印本，第 88 页。

既是除枪炮以外的杀伤威力大和毁灭性火器，又造价低廉，是明代火器研制者的重大贡献之一。

燃烧性和致毒性火器有滚毬、火砖、火弹等火球类火器（如图 3–83 所示），满天喷筒、毒龙喷火神筒、神水喷筒等火筒类火器（如图 3–84 所示）。

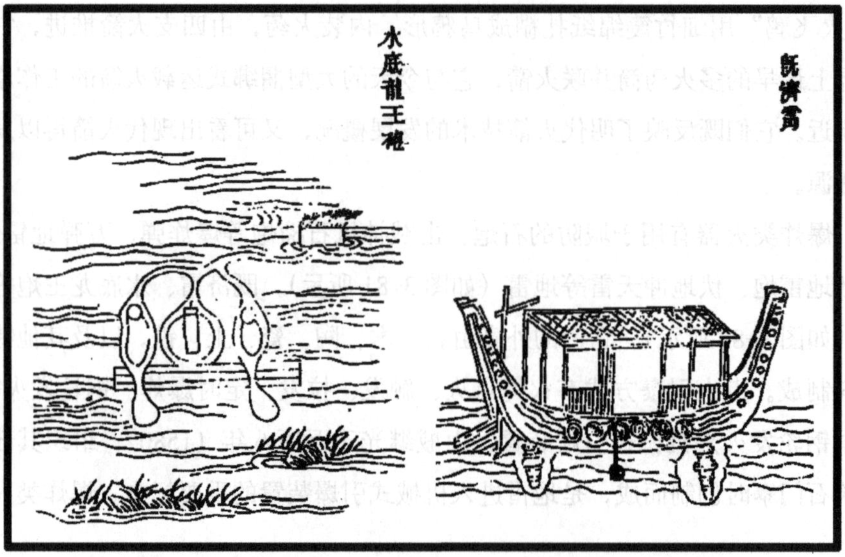

图 3–82 《武备志》中的水雷

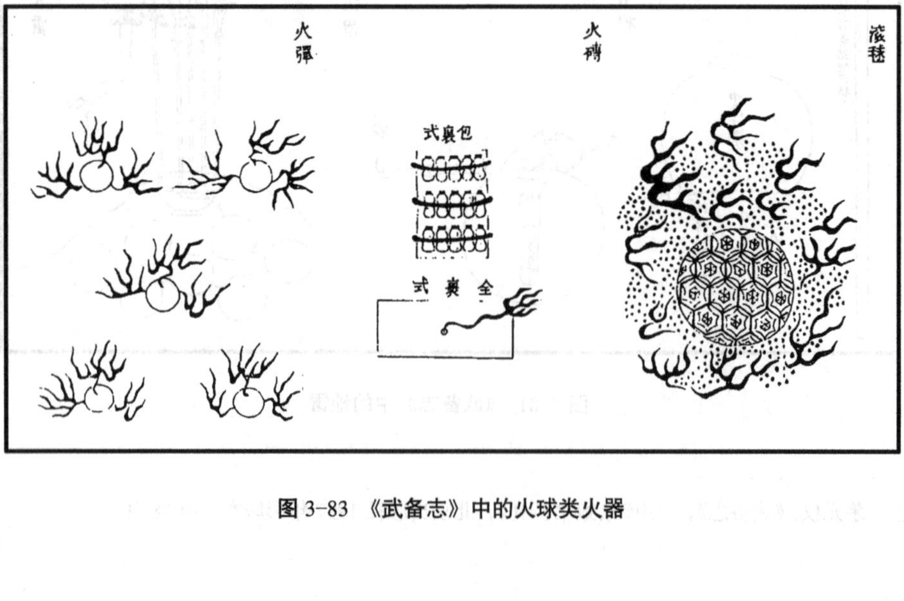

图 3–83 《武备志》中的火球类火器

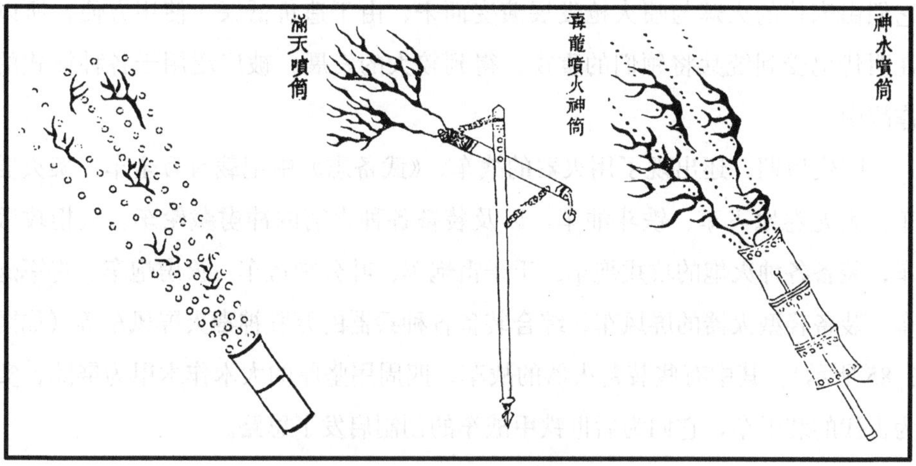

图 3-84 《武备志》中的火筒类火器

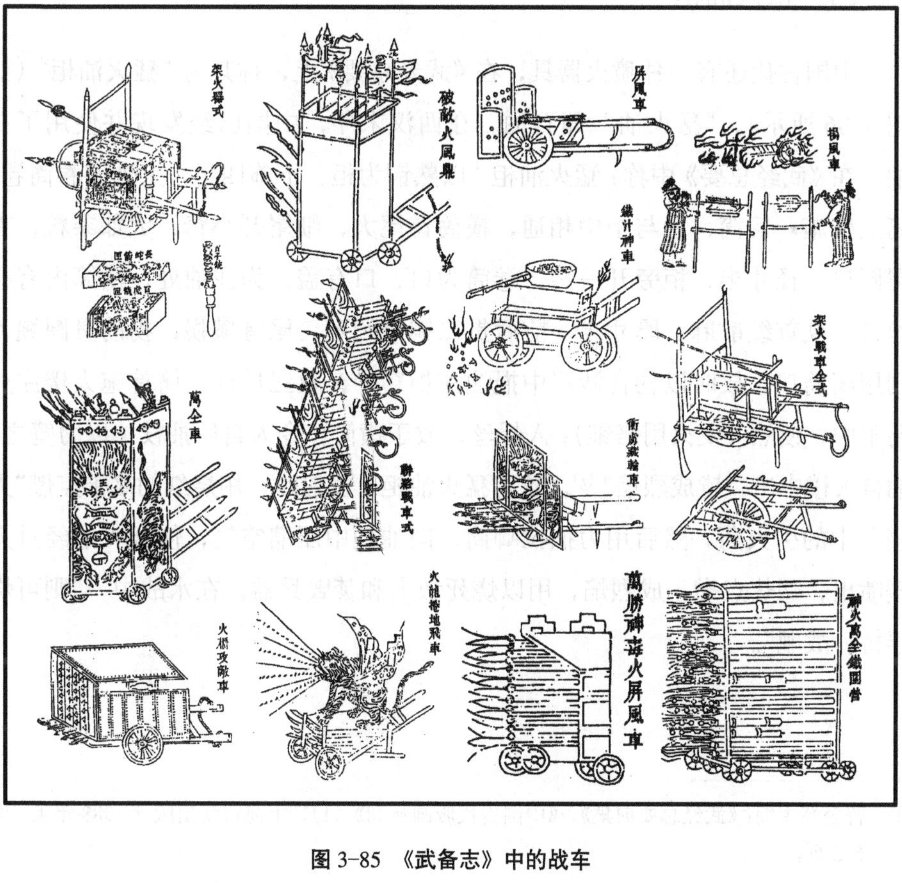

图 3-85 《武备志》中的战车

它们由宋代的火球与喷火枪发展演变而来，由于造价低廉，使用方便，所以在明代仍受到统兵将领们的重视，得到较大的发展，被广泛用于各种样式的作战中。

明代后期，还出现了用火器的战车，《武备志》中记载有万全车、架火器车、火龙卷地飞车、铁斗油车，以及装备各种火箭的冲虏藏轮车、火柜攻敌车，装备各种火炮的攻戎炮车、千子雷炮车、叶公神铳车、灭虏炮车、将军炮车，装备轻型火器的屏风车，综合装备各种兵器的万胜神毒火屏风车等（如图3–85所示）。其中有些装备火器的战车，四周用坚厚的大木作木甲为屏障，实为古代的装甲车，它们为后世铁甲战车的创制启发了思路。

四、猛火油柜

中国古代还有一种喷火器具，在《武经总要》上，称其为“猛火油柜”（如图3–86所示）。“猛火油”即石油。在西汉末年，中国已经发现并使用了石油。在《武经总要》中称：猛火油柜“以熟铜为柜，下施四足，上列四卷筒卷，筒上横施一巨筒，皆与柜中相通，横筒首尾大，细尾开小窍，大如黍粒，首尾圆口，径寸半，柜旁开一窍，卷筒为口，口有盖，为注油处，横筒内有拶丝杖，杖首缠散麻，厚寸半，前后贯二铜束约定。尾有横拐，拐前贯圆巍入则用闭筒口，放时以杓自沙罗中挹油注柜窍中，及三斤许，筒首施火楼注火药于中，使然（发火用烙锥）；入拶丝，放于横筒，令人自后抽杖，以力蹙之，油自火楼中出，皆成烈焰”①。这种猛火油柜，发射时，用烧红的烙锥点燃“火楼”中的引火药，然后用力抽拉唧筒，向油柜中压缩空气，使猛火油经过火楼喷出，遇热点燃，成烈焰，用以烧死敌人和焚毁兵器。在水战中，“则可烧浮桥、战舰”。

① 曾公亮主编：《武经总要前集》，《中国古代版画丛刊》（1），上海古籍出版社1988年版，第652页。

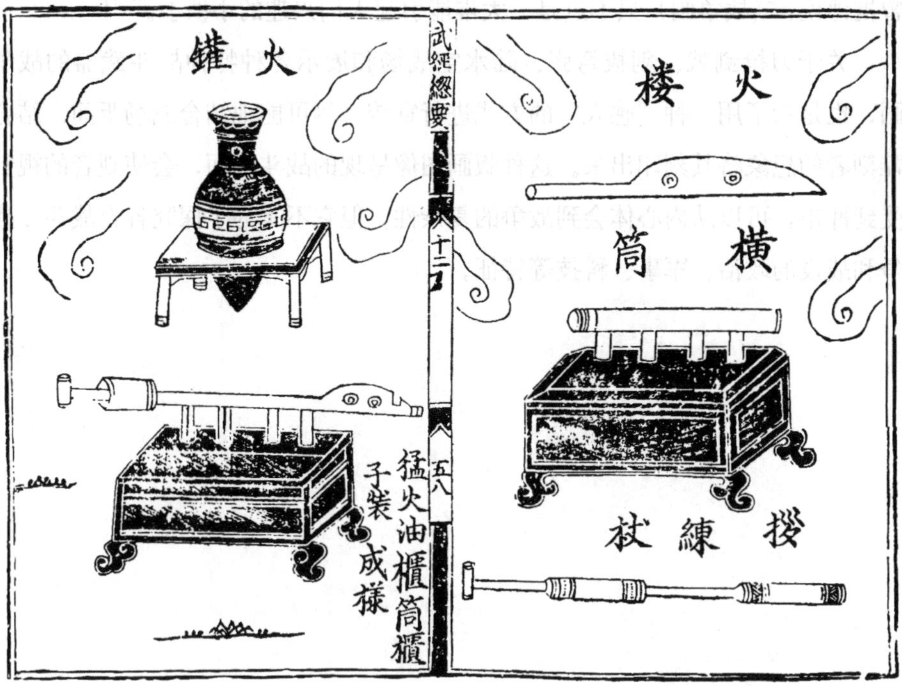

图 3-86　明·正德年间（1506—1521）刻本《武经总要前集》中的“猛火油柜”

在人类社会发展过程中，各个利益集团之间为了各种利益纷争不断，各种各样的、大大小小的战争成为解决社会问题的最后手段，表现战事的兵器、表现战场的战况和各种战争器具成为图像的主题内容和视觉主体的呈现形式。因此，战争画在描绘事件的图像中占有突出的地位。在没有照相机、摄影机的古代，绘画和木刻复制刷印更为快捷、便宜的木刻版画就成为这种表现战争主题的最佳传播媒介了。

正如英国历史学家约翰·哈尔所言：这类绘画中普遍存在问题。由于画家很难有机会亲眼观察战斗的情景，何况画家怀有创作英雄形象的强烈愿望，因此倾向于使用现成的形象。所以，有的学者对于战争画也有许多非议，哈尔称战争画是“战争枝蔓，艺术浓缩”。解决枝蔓问题的可能办法之一是把注意力集中在某些个人的动作上，并把宏大叙事分解成一些小片段。诗人波德莱尔也曾批评说："（战争画）只不过是一大堆能引起人们兴趣的小佚事。"①

关于刀枪剑戟、剑拔弩张、陆水空战场和展示各种特种战斗武器的战争画，也是为了用一种"感人"的方式进行宣传，尽可能地结合战场听闻、结合雕刻者的想象将其刻印出来。这种版画图像呈现的战斗场面，会使观者的视觉受到冲击，可以从内心体会到战争的复杂性，但它不是为了探究各自战斗、战争和战役的政治、军事、科技等特征。

① ［英］彼得·伯克：《图像证史》，北京大学出版社 2008 年版，第 203—203 页。

第四章 西俗东渐

明代，西方传教士开始踏入中国的土地，传播以基督教为主的一些西方人信仰的宗教，有的以传教为名，对中国的文物进行盗取；到了清代，成批成批的西方人披着传教士的外衣到来，明目张胆地对中国大地上的各种资源进行掠夺。清末民初，更是明火执仗，公开派出军队进行侵略，烧杀抢掠、无恶不作。同时随着西方传教士、商人、军队的人员越来越多，在中国居住的时间越来越长，在中国沿海城市形成外侨团体，最后出现各种租界，形成国中之国。这些西方人的日常生活习惯、文化习俗和各种礼仪也随之影响着周围的中国人。木刻版画就如同那个时代的摄像机，将其一切都真真切切地记刻了下来，给我们留存了一部珍贵的图像历史文献档案。

第一节　西俗入华

清末民初，随着西方人在中国的日益增多，西方的风俗习惯被带进了中国。其中最引人注目的是西方人的婚俗，并对中国年轻人产生了很大的影响，时至今日，许多城市年轻人的婚礼仍然是以西式为主。

一、西式婚俗

西方婚礼是属于浪漫型的，整个婚礼从开始到结束都充满了浪漫气息。大多数婚礼在教堂中举行，证婚的是牧师或神父，在婚礼台的中央，面对宾客站立。新郎身穿黑色礼服与主伴郎走到证婚人的左手边（即宾客的右边），面对宾客站好。婚礼在庄重严肃中开始，在婚礼进行曲的伴奏下，身穿白色婚纱的新娘手捧鲜花，挽着她父亲的手，在成对成双的伴娘、花童、戒童的簇拥下，缓缓走向婚礼台。来宾起立迎接新娘的到来。在婚礼台前，主婚的牧师或者神父，与新人相距一两步的距离，询问：“是谁嫁出这位女子？”新娘的父亲会把女儿的右手放在牧师的手上说：“是她的母亲和我。”然后，父亲退到台阶下面前排左边的座位跟前，坐在自己妻子的旁边。牧师用右手举起新娘的手，再用左手举起新郎的手，并且非常庄重地将新娘的手放在新郎的手上。但在天主教的婚礼上，在新娘走近圣坛时，新郎上前迎接，并让新娘站在自己的左边。这时新娘的父亲收回自己的胳膊，新娘把右手伸给新郎，挎在他的左臂上，手拉手或者肩并肩地站在圣坛前。

其间，证婚的牧师或神父会询问新郎新娘："是否愿意接受对方成为你的丈夫（妻子）"，新人互相说完"我愿意"之后，宣读结婚誓言来表达他们相亲相爱、忠贞不渝的决心。接下来新人互相交换戒指，并说道："这枚戒指象征我们两人的结合"。

这时，牧师或神父宣布新人的结合生效，并示意新郎亲吻新娘。之后，新人转向宾客，并宣读："女士们先生们，我荣幸地向你们介绍某某先生（夫人）。"新娘会向在场的女宾客抛出手中的花球，谁接到这个花球，谁就是下一个结婚的人，使婚礼在欢声笑语中结束。在宾客的热烈鼓掌中，新人走出婚礼的会场，结束婚礼。

清末上海小校场民间木刻画《天主堂外国人做亲》，描绘西方人在天主堂举行婚礼时的情景，展现了欧洲人的婚庆风俗和服饰特点。图上新娘走到神父

图 4-1　清末上海小校场民间木刻画《天主堂外国人做亲》

面前，新郎上前迎接，新娘的父亲收回自己的胳膊，站到后面，看着这对新人，让新娘把左手伸给新郎，新郎拉着新娘的手，在神父面前等待他的祝福。两旁站着许多来参加婚礼的宾客（如图 4-1 所示）。

西方婚礼也有不在教堂举行的，如选择郊外的别墅花园，或湖边草坪，在阳光、草地之中举行婚礼。如清末上海小校场民间木刻画《外国人做亲》，描绘的西方婚礼的情景。这对新人在一间大房子里举行婚礼。新娘头戴婚纱，手捧鲜花，身穿拖地的长裙，新郎是一位军人，身穿军官制服，一手拿着军帽。两旁站着新人的亲朋好友，注目着这对新人（如图 4-2 所示）。

婚礼结束后，新人或出去度蜜月，或举行婚宴。

图 4-2 清末上海小校场民间木刻画《外国人做亲》

二、洋人打猎

西方人的生活作息，按时上班、下班，与中国人的日出而作、日入而息很不相同。特别是七天有一天休息，这使当时的中国人感到很新奇。《申报》曾刊文专述此事：

西洋诸国礼拜休息之日，亦人生之不可少而世事之所宜行者也。吾见夫西人之为工及行商于中国者，每届七日，则礼拜休息之期，一月则四行之。是日也，工停艺事，商不贸易，或携眷属以出游，或聚亲朋以寻乐，或驾轻车以冲突，或策骏马以驱驰，或集球场以博输赢，或赴戏馆以广闻见，或从田猎以逐取鸟兽为能，或设酒筵以聚会宾客为事。六日中之劳苦辛勤而此日则百般以遣兴，六日中之牢骚抑郁而此日惟一切消愁。游目骋怀，神怡心旷，闲莫闲于此日，逸莫逸于此日，乐莫乐于此日矣。

一张一弛，有劳有逸，原属中国文武之道，但中国士农工商向无周期性休息的习惯。因外侨大量增多，外侨在上海社会生活中占有举足轻重的地位，他们七日一息，势必导致那些在洋行中工作、与外商打交道的华人也相应休息，于是，一礼拜休息一次在上海租界逐渐成为惯例。一些上海人对照此前中国人日日劳作、日日不息的传统，认为七日一息确属良制，中国应普遍仿行。

中国日日不息，而不息者不过行为无功之举动，卒之心劳日拙，身劳日疲，万事蹉跎，一生废弃，可不惜哉！何若振作精神，日进无疆，亦仿西人七日之期而少息，其余日月愿奋勉以图功，无使日日不礼拜休息，反同日日皆礼拜休息，悠悠忽忽，一事无成以了结此生也。①

有人还为此事咏诗："不问公私礼拜虔，闲身齐趁冶游天。虽然用意均劳逸，此日还多浪费钱。"②

休息日，西人喜欢户外活动，如打猎、赛马、划船等。打猎是西人十分喜爱的活动。长江下游沙洲之地，苇草丛生，野鸭、候鸟随处可见，江河湖海上水鸟自由飞翔，这些都是西人喜爱的猎物。英国人为了到长江和其他河湖里打猎，特别设计了一种华丽的小船。每届春秋假日，风和日丽，他们便三五结伴，携家带眷，泛舟于上海附近的江湖水面上，出没于茂盛的芦苇中，一边打

① 《论西国七日各人休息事》，《申报》1872 年 5 月 8 日。
② 葛元煦：《沪游杂记》，上海书店出版社 2009 年版，第 227 页。

猎，一边休息。《瀛壖杂志》记述："每岁仲冬，西人出猎于外，逞其弋飞射走之豪，然多游于九峰、三泖间，扁舟往还，率以为常。"①

中国人也喜欢打猎，但中国人打猎往往是骑着马，用弓箭射杀猎物。而西人打猎用的是火枪。如清末天津杨柳青民间木刻版画《洋人打围》，"打围"原是鄂伦春族人集体狩猎的一种方式。打猎因须有多人合围，故称"打围"。在宋代孔平仲的《孔氏谈苑·吴长文使虏》中有记："吴长文使虏，虏人打围无所获，忽得一鹿，请南使观之。"② 明代康海在《中山狼》第一折中说："有那赵卿打围到此，教俺何处躲者？"③《洋人打围》就是几个洋人一起去打猎。图上有四个洋人，三个洋人身背猎枪，在腰带上有一只放猎枪子弹的弹盒。一个洋人，一手牵着一条狗，一手臂上停着一只猎鹰。四个洋人一副全副武装的模样，做好了出去打围的准备（如图 4-3 所示）。

图 4-3　清末天津杨柳青民间木刻版画《洋人打围》

① 王韬：《瀛壖杂志》卷二，上海古籍出版社 1989 年版。
② 孔平仲：《孔氏谈苑·吴长文使虏》卷二，齐鲁书社 2014 年版，第 46 页。
③ 康海：《中山狼》，《闲情偶寄》，中华书局 2011 年版。

满人也是喜欢打猎的，但是满人打猎用的是刀、弓箭等冷兵器。在清末受西方的影响，也开始使用火枪等热兵器打猎，如清末天津杨柳青民间木刻版画《热河围场图》。热河是承德的旧称，曾建有清朝的行宫避暑山庄。热河四周燕山环抱，东有磬锤峰、鸡冠山，西为广仁岭，北依金山余脉，南依僧冠峰，是打猎的好地方。在隆化县北面有一个著名的“围场”，名叫“木兰围场”，是清代皇帝和贵族们“秋猎”的地方（皇家猎苑）。《热河围场图》描绘的正是皇家木兰围场打猎的情景。这里是供皇家狩猎的专区，在禁宫外面设有鹰狗处、虎枪处、御枪处、向导处等。“虎枪处选各营中将校精锐者演习虎枪。巡狩日，相导引。上大猎时其部长率佼勇者十人，入森林密箐中觅虎踪迹，排枪以伺，虎跃至，猛先以枪刺其胸，仆之，谓之递头枪，然后群枪攒刺。其头枪者，赏赉优渥”①。但是，在远处可见，已有人像西方人那样打猎，用火枪打飞鸟，也有用火枪打山林中的野兽（如图 4-4 所示）。

还有一幅清末天津杨柳青民间木刻版画《围猎图》，描绘的是三个八旗猎户携带弯弓、猎狗、架鹰和火枪，在一处荒山枯林，用弯弓射大雁、放火枪射

图 4-4　清末天津杨柳青民间木刻版画《热河围场图》

① 昭梿：《啸亭续录》卷一，上海古籍出版社 2012 年版，第 23 页。

图 4-5 清末天津杨柳青民间木刻版画《围猎图》

杀黄羊时的情景（如图 4-5 所示）。

从这两幅民间木刻版画中，人们可以看出西方用火枪打猎的方法正在改变中国用弓箭打猎的传统方式。

第二节 西式文化

明清时，随着西方传教士的东来，西方文化的输入，逐渐影响着中国的图像文化内容，其中也包括木刻版画的内容和表现形式。

一、根据西方故事改编的版画

清末天津杨柳青民间木刻版画《谎言无益》是根据著名的《伊索寓言》中一则“说谎的牧羊童”故事改编的。

《伊索寓言》以讽刺、幽默叙述故事，告诉人们许多处世哲理，蕴含着深刻的寓意，对青少年儿童的善恶美丑教育影响很大，是一本生活教科书。

伊索（前620—前560），生活在小亚细亚的弗里吉亚。他与克雷洛夫、拉·封丹和莱辛并称世界四大寓言家。他虽出生在一个奴隶家庭中，但知识渊博，聪颖过人。在他获得自由后，环游世界，搜集各地的民间故事多达350余篇，并为他人讲述这些民间故事，深受人们欢迎。公元前3—4世纪，雅典哲学家德米特里厄斯编成了第一部伊索寓言故事，书名叫《伊索故事集成》，书中收录伊索寓言故事约二百则，后亡佚。我们现在所见的《伊索寓言》，是14世纪初，由东罗马帝国的僧侣学者普拉努德斯搜集和整理而成的，书中收寓言故事一百五十则。

《伊索寓言》是由明末来华的耶稣会传教士传入。利马窦的《畸人十篇》和庞迪我的《七克》，都曾引用过《伊索寓言》证道。明天启五年（1625），在西安刊刻的、由法国耶稣会传教士金尼阁口授、中国天主教徒张赓笔传的《况义》，是最早的《伊索寓言》汉译本，收寓言38则。

明末传入的《伊索寓言》，主要在士大夫中流传，影响不大。《伊索寓言》走向民间，始于道光十八年（1838），由在怡和洋行工作的英国人罗伯聃和他的中文老师蒙昧先生合译的四卷本《意识秘传》。后来，又有《海国妙喻》《希腊名士伊索寓言》等《伊索寓言》译本。

“说谎的牧羊童”的故事，在《伊索寓言》第一卷中。故事讲述：在原野上，一个放羊的小孩躺在草地上自言自语地说：“真没意思，每天从早到晚，一个人守着这群羊，春天来了，也没点好玩儿的事呢。”对了，他想起了一个主意，就朝村子那边跑去。“救命啊！狼来啦！”牧童装作惊惶的样子大喊着。村里人听到呼救声，操起手中的家伙，飞奔过来。“狼在哪儿呢？”“哈哈哈，没事吓唬你们呢，哪有狼啊！哈哈哈，真好玩呀！”村里的人知道真相后，生气地离开了。第二天，大家又听到牧童在喊：“喂，救命！这回狼真的来啦！”村里人又赶忙操起家伙赶来帮助他，“这次还是骗你们呢。啊，太有意思啦！”大家听了非常生气，各自回去了。这回，当牧童刚返回到羊群附近，“啊！大灰狼真的跑来了。”只见饥饿的大灰狼扑向羊群，可怜的小羊被一只只咬死了。惊慌失措的牧童连滚带爬地回村子求救：“救命啊！狼真的来袭击羊群啦！”“求求你们，快来救救我的羊群啊！”村里的人听到他的喊声，都说：“这回装得可真像啊，只是可惜我们都很忙，没有空看你的恶作剧表演喽！”“不，这回是真的。狼正在吃我的羊呢。”牧童无论怎么说，也没有人去帮助他。最后，牧童的羊一只不剩，全被大灰狼吃掉了。他非常后悔，但已经来不及了。

这个故事告诉我们，经常说谎的人，就算说了真话，别人也不会相信的。《谎言无益》上的故事也是这样，所不同的是，他不是牧童，而是一个成年人。“王某好说谎话，人人都称他为王大谎。有一日，路上遇见一狼要吃他，他就大喊救命，别人听见他的声音，全说是王大谎说假话，别信他。因此，大家都不去救，王某差一点被狼所吃。大概寻常好说谎话的人，一旦有事，就是说真话，人亦不信他，岂不误大事么！”这则故事与“说谎的牧羊童”如出一辙，是劝世人要说真话，倘若不说真话，便是自己骗自己。

在木刻版画《谎言无益》上，王某头戴一顶鸭舌帽，身穿长袍，外套一件马褂，走在村口的路上，举着一只手，向村里的人招呼，狼来吃人了，但是，村里的人没有一个听他的招呼，还向他指手画脚，指责他又说谎话。画面十分生动，图的背景是一幅小桥流水的风景画（如图 4–6 所示）。

图 4–6　清末天津杨柳青民间木刻版画《谎言无益》

二、西洋镜中的版画

西洋镜又作“西洋景”，亦称“拉洋片”，是民间的一种娱乐装置。它由两个箱体组成，叠起来有近三米高，在箱子前面装有三个镜头，箱子里装有层层叠叠的图片。艺人在箱子外面的右侧拉一根绳子，操作里面的图片上下升降。看客爬在箱子前，用一只眼透过镜头往里看（如图 4-7 所示）。

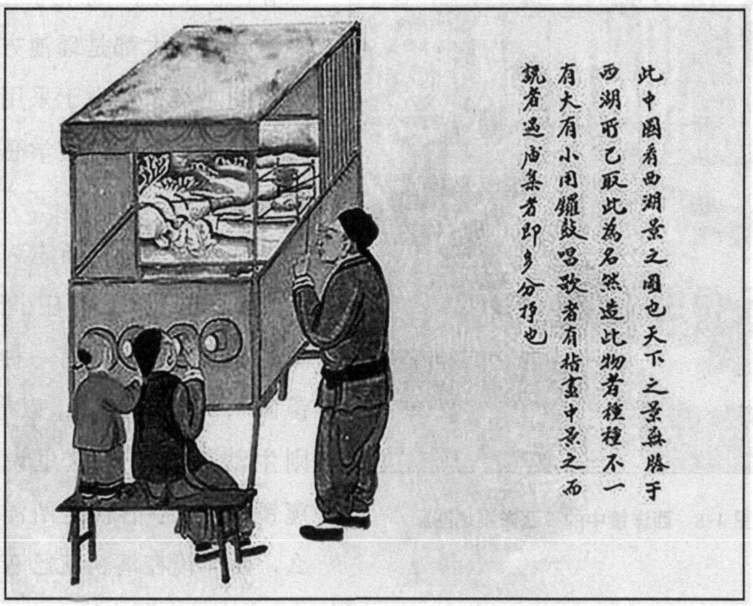

图 4-7　《北京民间生活彩图》中的“西洋镜图”

早期的西洋镜介绍的都是西洋的名胜风光。如《西洋剧场图》（如图 4-8 所示），图中是西洋剧场的建筑物。后来，西洋镜里面的图片大多是苏州桃花坞、天津杨柳青的画铺制作的木刻版画。

西洋镜在明末清初以前就已传入中国。清康熙朝大臣、著名藏书楼“传是楼”楼主徐乾学（1631—1694），他在《西洋镜箱》一书中有诗六首：“移将仙镜入玻璃，万叠云山一筒携。共说灵踪探未得，武陵烟霭正迷离。”“横箫本是出琼现，一隙斜窥贯虱微。仿佛洞天微有径，翠屏云绽起双扉。”“文光上下两青铜，丹碧微茫望若空。遮莫海楼云际结，珊瑚枝上现蛟宫。”“玉轴双旋动绮

图 4-8　西洋镜中的《西洋剧场图》

纹，断红霏翠转氤氲。分明香草衡湘路，路折帆回九面云。”“隙驹中有大罗天，光影交时态倍妍，鹤正梳翎松奋鬣，美人翘袖忽蹁跹。”“乾坤万古一冰壶，水影天光总图画。今夜休疑双镜里，从来春色在虚无。”徐乾学在西洋镜中看到的，大都是瑶池方壶、仙山琼阁之类，但由于采用了焦点透视画法，也使徐乾学感到新奇和兴趣。

在张潮《虞初新志》（卷六）中，有戴榕的《黄履庄小传》，说黄履庄善制奇器，有一种“管窥镜画”，“全不似画，以管窥之，则生动如真。”①这里说的“管窥镜画”，恐怕就是西洋镜，那么，西洋镜在清初就已有人自制了。李斗的《扬州画舫录》（卷十一）中说：“江宁人造方圆木匣，中点花树禽鱼，怪神秘戏之类，外开圆孔，蒙以五色瑁玳，一目窥之，障小为大，谓之西洋镜。”②要比黄履庄制作的西洋镜迟很多，这大概已是清乾隆年间（1736—1795）的事了。而黄履庄（又作黄履）则是清初康熙年间（1662—1722）人。或许在清乾隆以后，西洋镜已日趋市民化，它的内容不仅有“瑶池方壶、仙山琼阁”之类的西湖山水风光景片，还有市民喜闻乐见的《西厢记》《红楼梦》等戏曲小说景片。阿英曾在《闲话“西湖景”》中介绍说：流传在民间的，有

① 戴榕：《黄履庄小传》，《虞初新志》卷六，上海书店出版社 1986 年版，第 95 页。

② 李斗：《扬州画舫录》卷十一，中华书局 2007 年版。

木刻敷彩本，大小尺寸，也是供家庭用的，内容有全套的西湖景致、《西厢记》《红楼梦》等，都是单色木刻，再加人工敷彩，然后裱成硬片。所见到的，都是苏州桃花坞制品。如苏州的西洋镜《晴雯撕扇》，就是《红楼梦》第三十一回中“撕扇子作千金笑”里的晴雯撕扇一景。故事是这样的：头一天晴雯不小心把扇子掉到地上打折了，宝玉正因自己不小心踢了袭人而烦恼，见此情景，他训斥了晴雯一番。晴雯哭闹一场。晚间宝玉回来后，见晴雯还不忘这事，让晴雯撕扇子开心。“晴雯笑道：‘我慌张的很，连扇子还跌折了，那里还配打发吃果子。倘或再打破了盘子，还更了不得呢。’宝玉便笑道：‘你爱打就打，这些东西，原不过是供人所用，你爱这样，我爱那样，各有性情不同。比如那扇子，原是扇的，你要撕着顽，也可使得，只是不可生气时拿他出气，就如杯盘，原是盛东西的，你欢喜听那一声响，就故意砸了，也可以使得，只别在生气时拿他出气。这就是爱物了。’晴雯听了笑道：‘既这么说，你就拿扇子来把我撕，我最喜欢撕的。’宝玉听了，便笑着递与他。晴雯果然接过来，‘嗤’的一声撕了两半，接着又听‘嗤嗤’几声。宝玉在傍笑着说：‘响的好，再撕响些！’正说着，只见麝月走过来笑道：‘少作些孽罢。’宝玉赶上来，一把将他手里扇子也夺了，递与晴雯。晴雯接了，也就撕作几半了，二人都大笑。”①这幅西洋镜《晴雯撕扇》的木刻版画，描绘的是《红楼梦》经典场景。图上，晴雯与宝玉坐在院子的凳子上，宝玉拿着扇子递给晴雯，麝月走过来笑道：“少作些孽罢。”宝玉赶上来，一把将他手里扇子也夺了，递与晴雯。晴雯接了，也就撕作几半了，两人都大笑起来（如图 4–9 所示）。

清嘉庆、道光年间，西洋镜已普遍出现在集市、庙会上，招徕顾主。有的艺人一边拉着景片，一边唱着自编的小曲，来介绍西洋镜的内容。民国初年，时事新闻也出现在西洋镜中。如民初河北武强的西洋镜《日德大战青岛》，描绘的是清光绪二十三年（1897），德国以兵力强占我国山东胶州湾，建军港、修铁路，并开埠青岛。1914 年 9 月 2 日，日本趁欧洲发生第一次世界大战，对侵占我国青岛的德军发动突然攻击，由于当时驻青岛的德军总兵力不足五千

---

① 曹雪芹：《红楼梦》（一），上海古籍出版社 1987 年版，第 492 页。

图 4-9　清・苏州西洋镜《晴雯撕扇》

人，几乎是日军进攻兵力的十分之一，青岛被日军攻占。《日德大战青岛》图上，日军与德军两国交战正酣，前面是炮兵对阵，后面是双方的马队。这次战争中，还出动了诞生不足 10 年的飞机，图的两角上各有一架双翼飞机，在天空飞行，担承空中轰炸任务（如图 4-10 所示）。

1917 年 7 月 1 日，"辫子军"将领张勋复辟清王朝，在凌晨 3 时，穿着清朝官服，拥十二岁的溥仪（退位的宣统皇帝）登基，演出了一场复辟的闹剧。7 月 12 日，北洋军阀段祺瑞率领"讨逆军"沿津京、京汉铁路攻进了北京，驻守天坛的"辫子军"不战而溃，守卫天安门东南沿岸张勋住宅的卫兵也不战而败。民初河北武强西洋镜《大战天安门》描绘的就是段祺瑞的军队与"辫子军"在天安门激战的场面（如图 4-11 所示）。

东南沿海城市开埠较早，西方科技文化传入也较早，如上海被称作为"十里洋场"。对于中西部地区，由于交通不便，通信较落后，生活相对较为贫困，东南沿海城市的生活是他们所向往的，因此，在西洋镜中频频出现这些城市的风貌。如民初河北武强的《上海八角亭》描绘的就是上海市民的文化娱乐生活。

图 4-10　民初河北武强西洋镜《日德大战青岛》

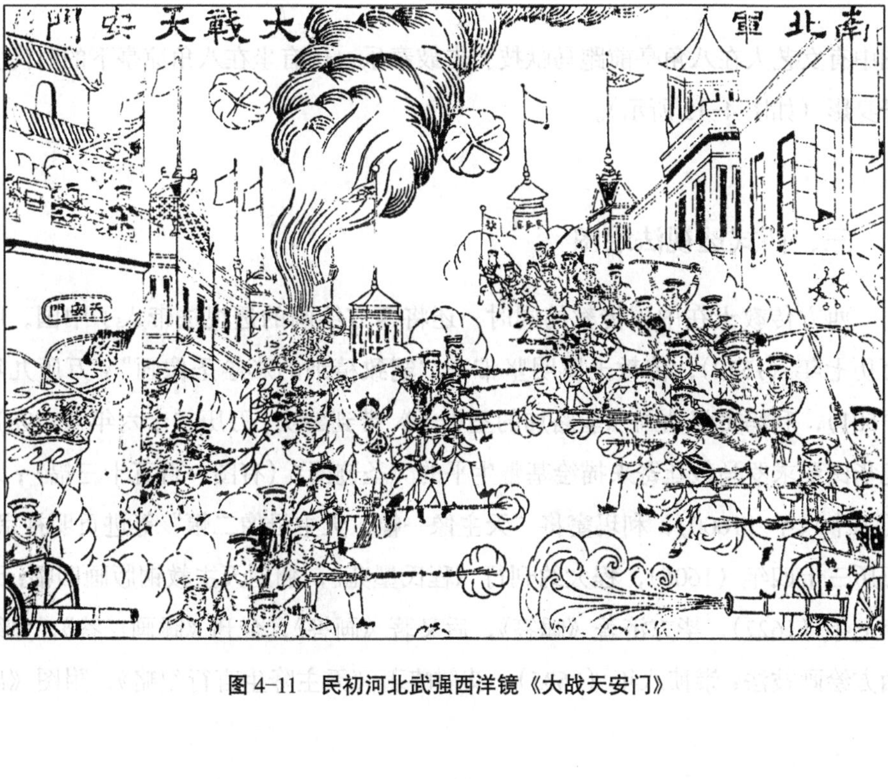

图 4-11　民初河北武强西洋镜《大战天安门》

图 4-12 民初河北武强西洋镜《上海八角亭》

图中有女艺人在八角亭前跑马献技、击鼓奏乐，还有坐在八角凉亭下的时尚女子身影（如图 4-12 所示）。

三、西式透视法绘图

西方传教士在中国传教的同时，还将西方绘画的透视法带入了中国。明万历七年（1579），传教士罗明坚带来“笔致精细的彩绘圣像画”；万历九年（1581），利玛窦将油画《圣路加的圣母子》带到肇庆；万历二十六年（1598），龙华民要求罗马教廷寄来描绘基督生平的《圣迹图》（有图一百五十三幅）；万历二十八年（1600），利玛窦将“天主像一幅，天主母像二幅”等进贡明神宗；万历三十四年（1606），程大约刊行《程氏墨苑》，翻刻天主教铜版画四幅；天启七年（1627），毕方济著《睡答》，后又著《画答》，合刊《睡画二答》，介绍西方绘画技法；崇祯八年（1635），艾儒略著《天主降生言行纪略》，附图《出像经解》，有图五十六幅；崇祯十三年（1640），汤若望转呈明思宗彩绘天主事迹册页等，有汉化耶稣返都像、耶稣方架像、耶稣立架像等三幅。

西方绘画与中国传统绘画大相径庭。西画远近透视，光影明暗，在平面上表现出物体的立体感，它的写实逼真，栩栩如生，让初见的国人感到新奇、惊异，甚至震撼。王士禛在《池北偶谈》卷二十六《西洋画》中说："西洋所制玻璃等器，多奇巧，曾见其所画人物，视之初不辨头目手足，以镜照之，即眉目宛然姣好。镜锐而长，如卓笔之形。又画楼台宫室，张图壁上，从十步外视之，重门洞开，层级可数，潭潭如王宫第宅，迫视之，但纵横数十百画，如暮局而已。"①

利玛窦是最早向中国人解释西方美术原理的人。顾起元的《客座赘语》卷六中，记有他到南京后，"居正阳门西营中，自言其国以崇奉天主为道。天主者，制匠天地万物者也。所画天主，乃一小儿，一妇人抱之，曰天母。画以铜板为嶝，而涂五采于上，其貌如生，身与臂下俨然隐起橙上，脸之凹凸处，正视与生人不殊。"②人间画何以至此？利玛窦答道："中国画，但画阳不画阴，故看之人面躯正平，无凹凸相。吾国画兼阴与阳写之，故面有高下而手臂皆轮圆耳。凡人之面，正迎阳则皆明而白；若侧立则向明一边者白，其不向明一边者，眼耳鼻口凹处皆有暗相。吾国之写像者，解此法用之，故能使画像与生人亡异也。"③这是从光学原理上介绍光影明暗。利玛窦在《译几何原本引》里又首次介绍了几何透视原理："其一察曰视势，以远近正邪高下之差，照物状可画立圆、立方之度数于平版之上，可远测物度及真形。画小，使目视大；画近，使目视远；画圆，使目视球。画像有坳突，画室屋有明暗也。"④

雍正七年（1729），时任工部右侍郎的年希尧，撰写《视学精蕴》，介绍西方的透视投影法，称之为"定点引线之法"。雍正十三年（1735），他又补图

① 王士禛：《西洋画》，《池北偶谈》卷二十六，中华书局1982年版，第9页。
② 顾起元：《客座赘语》卷六，上海古籍出版社2012年版，第23页。
③ 顾起元：《客座赘语》卷六，上海古籍出版社2012年版，第23页。
④ 利玛窦：《译几何原本引》第一册，国家图书馆出版社2012年版。

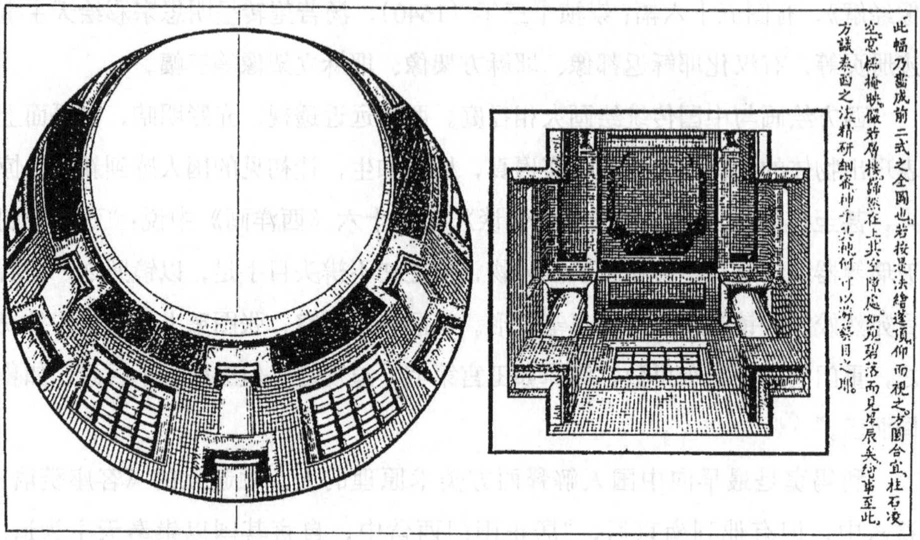

图 4-13　清·雍正年间（1723—1735）刊本《视学》中泰西画法的插图

50 余幅（如图 4-13 所示），以《视学》为名刊印，进一步阐述了几何透视法、光影透视法，形成写实画面的原因，他在《弁言》中说："凡仰阳合覆、歪斜倒置、下观高视等线法，莫不由一点而生。迨细究一点之理，又非泰西所有，而中土所无者。凡目之视物，近者大，远者小，理有固然。即如五岳最大，自远视之，愈远愈小，然必小至一星之点而止。又如芥子最小，置之远处，蓦直视去，虽冥然无所见，而于目力极处，则一点之理仍存也。由此推之，万物能小如一点，一点亦能生万物。因其从一点而生，故名曰头点。从点而出者成线，从线而出者成物，虽物类有殊异，与点线有差别，名或不同，其理则一。再如物置面前远五尺者，若干大，远一丈者，若干大，则用点割之，谓之曰离点，而远近又有一定不易之理矣。试按此法，或绘成一室，位置各物，俨若所有，使观之者如历阶级，如入门户，如升堂奥，而不知其为画。或绘成一物，若悬中央，高凹平斜，面面可见，借光临物，随形成影，拱凹显然，观者靡不指为真物。岂非物假阴阳而拱凹室，从掩映而幽深，为泰西画法之精妙也哉。然亦难以枚举缕述而使之赅也。惟首知出乎点线而分远近，次知审乎阴阳而明体用，更知取诸天光以臻其妙，则此法自若离若合，或同或异，神明变化，亦

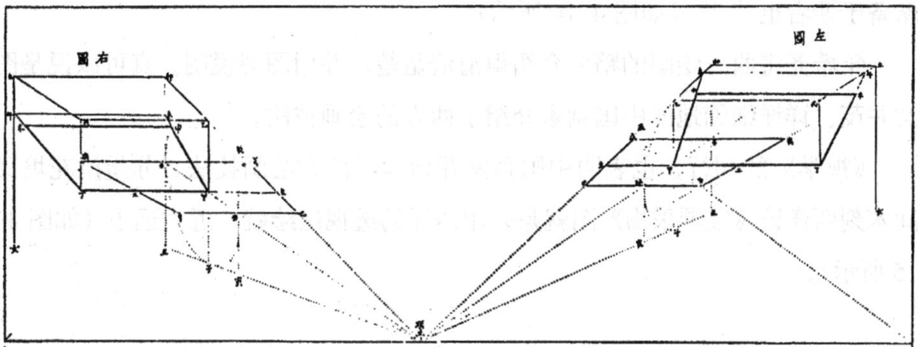

此圖與前圖開窗戶法同。先定方匾如甲乙丙丁。次從甲丁線引長至主點。定甲主甲工二點。甲主甲工之長。與乙甲線等。從乙甲作垂線至子。甲子之長與乙甲線等。次從頭點引線過工過甲過主作三線。從離點引線切甲角。與主工二線相交得辛戊二點。俱作平線連成一平方。如戊巳庚辛。再從頭點引線過乙過子作二線從壬癸二點作垂線。連成一立方。卯丑辰寅。從卯丑辰寅之中。作一圓圖。今從圓圖邊界定一點於申。申至甲連一線。從甲申線引長至卯辰線上得未點。再從頭點引線于丙角作一斜線。再從卯角作一平線。二線相交得土點。從土作一垂線至女。與卯丑線等。從未點作平線至丙土線上得午點。從午引線至丁。從申引平線。至午丁線上得木點。將甲申木丁連成一方。即甲乙丙丁之方面朝前仰也。

今右圖與左圖法相同。不另註矣。設匾朝前更出則甲申線引長之未點不在辰卯丙土二線上。今在卯丑土女二線上相交得午未二點。今將午未丁甲連成一方線。從申引平線至木。得申木丁甲一朝前式之斜方形也。此左右二圖平方俱係細線。立方俱係虛線。視圖明如指掌矣。

图 4-14　清 · 雍正年间（1723—1735）刊本《视学》中用图介绍透视法

图 4-15　清 · 苏州桃花坞民间木刻西洋镜《宝琴采梅》

略备于斯者也。”①（如图 4–14 所示）

年希尧将西方绘画的精要介绍得清清楚楚，并用图旁说明。真可以说是图文并茂、详详细细地向中国画家介绍了西方的绘画技法。

《视学》的刊行，也表明中国画家开始学习西方绘画技法。苏州挑花坞民间木刻西洋镜《宝琴采梅》图就是采用西洋的透视法绘就，近大远小（如图 4–15 所示）。

第三节　十处西洋景

明清时期，西方的近代科学技术之风，通过西方的传教士“刮”到了中国，让闭塞的中国人大开眼界，诸如火车、轮船、飞机、洋枪、大炮、自行车、黄包车、电灯、电话、电报、电梯、煤气等，这些中国人闻所未闻，见所未见的新东西，冲击着中国人的眼帘，改变着中国已经持续了几千年的生活方式。即使在远离繁华的都市的穷乡僻壤，它也会通过木刻版画上的图像，“活灵活现”地展现在中国人的面前。

《新出夷场十景图》是清末上海小校场刻印的一幅木刻版画（俗称“年画”）。“夷场”是指旧时的上海租界，亦指旧上海的洋场。在《文明小史》第十六回中，有“你们四个人，都是初到上海夷场上的，风景也不可不领略一二。”②鲁迅的《二心集 · 上海文艺之一瞥》言：“有了上海的租界——那时叫作‘洋场’，也叫‘夷场’，后来有怕犯讳的，便往往写作‘彝场’。”因此，“夷场十景图”也就是“洋场十景图”。这幅图上的洋场十景，有外国的新发明，如外国脚踏车、火轮车、火轮船、电气灯、修马路机器；也有西洋人的风俗，如外国人大跑马、外国小人抛球、马戏；还有西洋建筑，如上海新关、外国花园等（如图 4–16 所示）。

① 年希尧：《视学》，《续修四库全书》，上海古籍出版社 2001 年版，第 110 页。

② 李伯元：《文明小史》，三民书局 1988 年版，第 132 页。

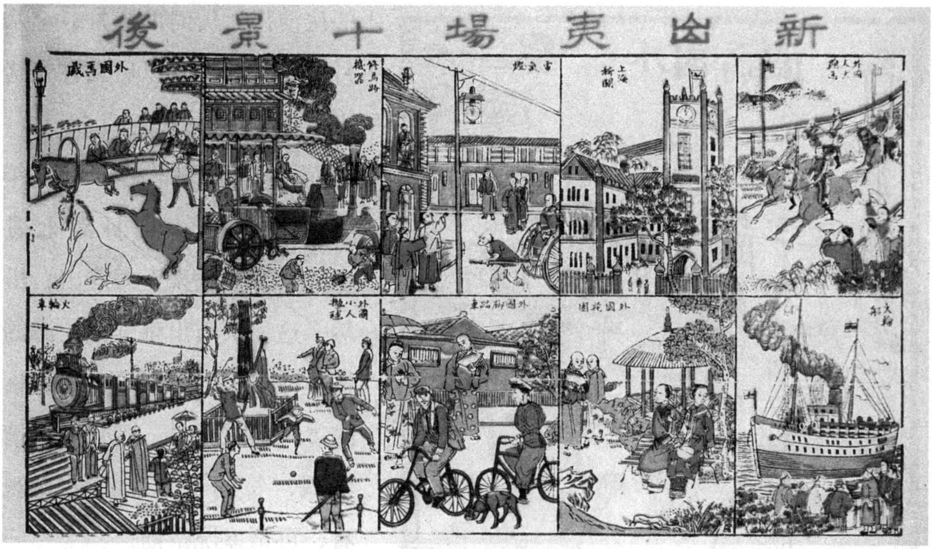

图 4-16　清末上海小校场民间木刻版画《新出夷场十景图》

一、马戏

《新出夷场十景图》上的“外国马戏”，描绘的是西洋马戏在上海表演时的情景：在一个用铁栏杆围起的场地里，一匹头上竖有一个铁圈的白马，蹲伏在地上，后面的一匹红马，从白马头上的铁圈中一跃而过，还有一匹红马，跟在后面，准备接着做同样的穿越动作，旁边站着一位驯马师，手持一面小红旗，指挥这三匹马进行马术表演。铁栏杆外围坐着许多观众，在津津有味地观看马术表演（如图 4-17 所示）。

19 世纪末，西方的许多艺术团体纷纷来到上海演出，有著名的英国女钢琴家亚拉白拉可大，欧洲乐师音乾士太恩，以及意大利歌唱家，英国魔术师，美国马戏团等，其中最受欢迎、最为轰动的，莫过于美国车利尼大马戏团。车利尼大马戏团是以美国著名马戏艺术家车利尼命名的马戏团，堪称世界一流。车利尼号称“天下第一马师”。他率领的马戏演员，都是从各国马戏班子中精挑细选出来的最出色的演员。车利尼大马戏团曾三次来上海演出，观众对它的热情经久不衰。清光绪八年（1882）六月十五日，车利尼大马戏团到上海第

图 4-17 《新出夷场十景图》中的“外国马戏”

一次演出，历时两个月，至八月十六日结束。以后又在光绪十二年（1886）五月二十一日至七月七日、光绪十五年（1889）五月十四日到七月十二日，再度来上海演出，虽然，这三次演出都处在上海的盛夏季节，在演出的帐篷里，酷暑闷热，但是，观众的热情不减，每场都有二三千人观看，可谓盛况空前。

车利尼大马戏团的演出场地在当时上海虹口巡捕房后面，文监师路（亦称“蓬路”，今塘沽路）和密勒路（今峨眉路）之间的三角地带（后来这里成为上海有名的“三角地菜场”），搭起的一座可容纳数千观众的戏篷。

参加演出的动物有马、虎、象、袋鼠、熊、猴等，演出的节目有马戏、虎戏、猴戏以及各种杂技。马戏包括“一人并骑二马”“马背单手提人”“数马并排举起前足作人站立状”“马背立人腾空翻转”“骑马跨越障碍”等。车利尼还请来日本八名戏士参加演出。据说，这八名日本戏士曾在日本宫廷中演出，技艺高超。演出于每晚九时开始，星期日下午加演一场。票价相当昂贵，官座房可坐六人，每房收洋十三元，校头等椅位，每位收洋两元，椅位有椅垫，每位收洋一元，板位每位收洋五角。时人称：“其技艺之精巧，为华人见所未见，闻所未闻，观者每以千计，坐上客常满，莫不争先快睹，以冀一扩眼界。”①

有位观众在观看了最为扣人心弦的虎戏表演后，撰文《斗虎奇观》，第二

① 《马戏不创于西说》，《申报》1882 年 7 月 5 日。

天发表在上海《申报》上。文中描述："虎笼由外推入，置诸台中。笼中三虎斑然庞然。西士长生手二铁棍入笼，与虎斗。初入时，虎即抱长生之头，观者色变，而会家不忙，从容以铁棍抵虎之颔，虎遂靡。复开一门，则又一虎出，于是两虎相斗，而人亦混斗于中。旋又开一门，而三虎并在一处。斯时，虎声嗥动，纷结难解，人人皆为之危，而长生犹复令虎翻斤斗作诸戏。继而一一分开，次第驱入门内，掩关而出。然后饲以牛肉，虎攫肉大啖。众人皆叹观止，纷纷出棚，分路四散。余亦遄归，途中犹闻啧啧称道之声不绝。"① 车利尼大马戏团的"虎戏"演到这里，观众个个被惊得目瞪口呆，屏气凝息，不敢正视。

清人葛元煦在《沪游杂记》中，也记有"外国马戏"一文，专门介绍车利尼大马戏团的表演。他在文中说："西人马戏以大幕为幄，高八九丈，广蔽数亩。中辟马场，其形如球，环列客座。内奏西乐，乐作，一人扬鞭导马入，绕场三匝，环走如飞，呵之立止。"在文中，他对许多精彩表演进行描述，如"一西女牵一马，锦鞍无镫，女则窄衣短袖，跃登其上，疾驰如矢。女在马上作蹴踏跳踯诸戏，有时翘一足为商羊舞，或侧身倒挂似欲倾跌者"，又如"使人执巨圈特立，马自圈下驰过，人则由圈内跃登马上，自一圈至六圈，轻捷异常"。②

清光绪八年四月二十二日（1882年6月7日），车利尼大马戏团在《申报》上，登载了大幅广告："启者，兹有外国车利尼名班不日由香港到上海，大约西历六月九号，即华四月二十四日礼拜五尽可开演。现已有该班代理人威路顺在上海虹口巡捕房后面文监师路及密勒路角上之平地盖搭蓬厂，遮覆布帐，以为演戏之地。"③

上海小校场民间木刻版画《西国车利尼大马戏空中悬绳大战》，更似一份车利尼大马戏团的演出说明书。它采用中国传统散点透视法，把不同时空中的场景集合在同一个画面上，集中了车利尼大马戏团最精彩的表演，高低错落，

① 《斗虎奇观》，《申报》1882年6月28日。
② 葛元煦：《沪游杂记》，上海书店出版社2009年版，第133页。
③ 《西国头等马戏》，《申报》1882年6月7日。

精彩纷呈。在每个节目旁，写有节目的名称。如“空中悬绳大战”，就是现在杂技中的“空中飞人”。“西童奏乐翻金斗”，两个小童一边翻筋斗，一边演奏乐器。“西国男女马上浪卖艺”，一个男子手牵两匹马，双脚立在飞奔的双马背上，一名女子在他肩上做各种倒立动作，十分惊险。“西国女子马上绝技”，一名女子站立在奔跑的马背上，一手牵着马缰绳，一手持一把扇子，做出各种姿势。“西国女子马上跳布”，一名女子站立在马背上，两名男子手持一条布条，挡在马前，让马从布条下穿过，女子则从马背上跳起，跃过布条，正好又落在奔跑的马背上。“西国小花面”，就是马戏表演中的小丑，图上有两个小花面，在场上调节演出气氛。“马戏班教师”，手持一条鞭子，站在一旁监督着演员的表演，此人正是大马戏团的班主车利尼。车利尼不仅是一团之长，同时也是台上的演员。他的一手绝活就是驯马，每次演出到下半场时，班主车利尼自导一马，献演种种马技，以口啮椅，且前且却，左旋右转，指挥如意，令人啧啧称奇（如图 4-18 所示）。①

图 4-18　清末上海小校场民间木刻版画《西国车利尼大马戏空中悬绳大战》

---

① 据张伟、严洁琼：《晚清上海的“车利尼马戏”》，《新民晚报》2011 年 1 月 27—28 日；薛理勇：《百年前上海的“嘉年华”》，《新民晚报》2012 年 7 月 8 日。

二、修马路机器

古代中国，路被称作“街”或“驿道”，没有叫马路的。在工业革命前，欧洲的路大都是土路，即使像伦敦、巴黎、布鲁塞尔这样的大城市，最好的道路也只是用石子铺成的。18 世纪末，正处于工业革命的英国，由于工业的发展，对交通运输的要求愈来愈高，以往那种“人走出来的路”，已不能适应机械运输车辆通行的需要了。在这种情况下，一个名叫约翰·马卡丹的英格兰人，想出了一种新的筑路方法，用碎石铺路，路中央略高于路两旁，便于道路积水向两边排放，路面平坦宽阔。后来，人们将这种道路称之为“马卡丹路”（即碎石铺的路）。19 世纪末，中国的上海、广州、福州等沿海港口开埠，西方把这种修路的方法带到了中国。当时，中国人将“马卡丹”的英语音译为路的简称，后来俗称为“马路”。

随着大量人口涌入上海，其中既有西方洋人，也有各地商人、乡民，城市越来越大，马路越修越多，光靠人力来修路已不能胜任。在上海开始出现修路的机器。在《新出夷场十景图》中，修马路的机器也成为“洋场十景之一”。修马路机器，我们现在称为“压路机”，它能将碎石压平，筑出一条路来。图上一辆冒着浓浓黑烟的压路机，车上坐着一位工人，正在操纵着这台压路机，缓缓地行走。

图 4-19 《新出夷场十景图》中的“修马路机器”

压路机两旁的修路工人，不断地将碎石铺在路面上，然后让这台压路机将铺在路面上的碎石碾平，筑出一条马路来。周围围着许多看热闹的人，对这台修路的机器露出惊奇的目光（如图 4–19 所示）。

三、电气灯

“光灯吐辉，华幔长舒。”[①] 灯为人类驱走了黑夜，带来了光明，将漫漫黑夜变成“不夜天”。灯对改变人类的生活习惯产生非常深远的影响。在没有发明灯以前，人类只能遵循大自然的变化规律，“日出而作，日入而息”。在黑夜中，人的宝贵生命不仅被白白浪费掉，而且还由于黑夜是野兽活动的大好时光，野兽常常会在夜间袭击人类，人的生命常常会受到威胁。因此，人类恐惧黑夜，常常诅咒黑夜，发出“长夜漫漫何时旦”[②]、“夜悠悠而难极”[③] 的叹息，急不可耐地盼望黎明赶快到来。

几千年来，人们一直使用火光作为照明，不仅灯光昏暗，而且使用极不方便。在清嘉庆六年（1801），英国化学家戴维实现用电发光，他将一根铂金丝通电后发光。嘉庆十五年（1810），他用两千节电池和两根碳棒，利用碳棒之间的电弧发出十分强烈的光，发明了被称为“电烛”的世界上第一盏弧光灯。这种弧光灯可以在街道或广场上照明。

清光绪四年（1878），有一个名叫毕雪伯的西方人，带了一盏带电池的弧光灯来到上海，让中国人第一次看见电灯发出的亮光。

黄式权在《淞南梦影录》中引友人的一首诗赋说：“泰西奇巧真百变，能使空中捉飞电，电气化作琉璃灯，银海光摇目为眩。一枝火树高烛云，照灼不用蚖膏焚。近风不摇雨不灭，一气直欲通氤氲……申江今作不夜城，管弦达旦喧歌声，华堂琼筵照夜乐，不须烧烛红妆明。吁嗟乎！繁华至此亦已极，天机

① 嵇康：《杂诗》，《汉魏六朝百三家集》（二），上海古籍出版社 1994 年影印本，第 1413 页。

② 《古诗源 · 饭牛歌》，中华书局 1963 年版，第 10 页。

③ 湛方生：《秋夜》，《先秦汉魏晋南北朝诗》（中），中华书局 1983 年版，第 946 页。

至此亦已泄。”①

第二年的五月十七日，刚卸任的美国总统格兰特来上海访问，为迎接这位大人物的到来，公共租界特地从国外运来小型直流发电机和灯具，发电机被安置在黄浦江外滩，于十七日和十八日两天点灯，欢迎美国卸任总统。

三年后，光绪八年（1882）英国商人狄斯和另外两人合伙，在上海创办了上海电光公司，在英美租界里装了十五盏电灯（弧光灯），据说每盏电灯的亮度“可抵烛炬二千条。”这十五盏电灯分布在：电光公司门内外各一盏，虹口招商局码头四盏，礼查旅馆附近四盏，公家花园内外三盏，美记钟表行门前一盏，福利洋行门前一盏。每晚七时，这十五盏电灯一齐放明。这是上海市民第一次见到点亮的电灯，对此赞叹不已，“其光明竟可夺目。美记钟表行只点一盏，而内外各物历历可睹，无异白昼。福利洋行亦然。礼查客寓中，弹子台向来每台须点自来火四盏，今点一电灯而各台无不照到。凡有电灯之处，自来火灯光皆为所夺，作干红色。故自大马路至虹口招商局码头，观者来往如织，人数之多，与日前法界观看灯景有过之无不及也。”②在《淞南梦影录》中说“近有西人名立德者，在租界创设电气灯，其法以机器发电气，用铅丝遍通各处，用时将机刮一开，则放大光明，无殊白昼。初行时，当道者惑于谣诼之言，恐电发伤人，咨请西官禁止，后知其有利无害，其禁遂开。近日沿浦路旁，遍设电灯，以代地火（煤气）之用，而戏院、烟室、茗寮，更无不皎洁当空，清光璀璨。入其门者，但觉火凤擎天，普照长春之国，烛龙吐焰，恍游不夜之城”③，不到一年，上海的许多酒楼茶馆装上了这种电弧灯。

但是，这种电灯的价格昂贵，一盏弧光灯一年收费二百五十两白银；同时，它的光线太亮，不适宜于在家中使用，因此，有无数的科学家在寻求制造一种价廉物美、经久耐用的家用电灯的方法。清光绪五年（1879），美国发明家爱迪生发明了白炽灯。

爱迪生发明的白炽灯，也很快传到了中国，清光绪十六年（1890）由原电

---

① 黄式权：《淞南梦影录》卷四，上海古籍出版社1989年版。

② 《电灯光灿》，《申报》1882年7月27日。

③ 黄式权：《淞南梦影录》卷四，上海古籍出版社1989年版。

图 4-20 《新出夷场十景图》中的“电气灯”

光公司改组的新申电气公司开始安装白炽灯，仅仅过了三年，到光绪十九年（1893）已安装了一千二百九十盏白炽灯，还有四百五十一盏准备安装。当时的火车站、广场都安装有白炽路灯。在《新出夷场十景图》中，被列为上海洋场的十景之一的电气灯，悬挂在路口直立的一根木杆上，灯上连着两根电线，灯下有许多人在抬头观望，并用手指指点点，这在当时的上海滩也算是一件新鲜事（如图 4-20 所示）。

中国人的传统习惯，过节时人们喜欢张灯结彩，增添节

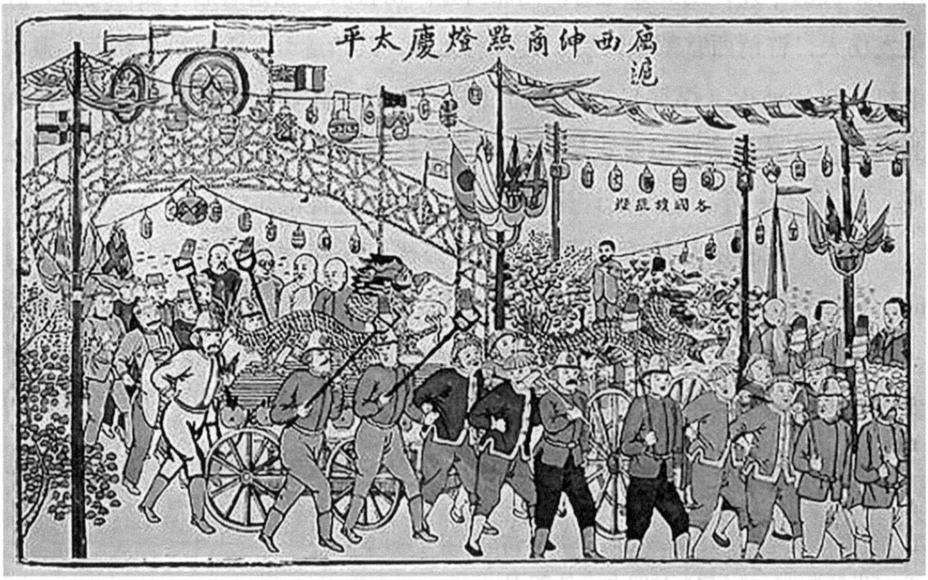

图 4-21 清末上海小校场民间木刻版画《寓沪西绅商点灯庆太平》

日的气氛，以往挂的都是用蜡烛点亮的红灯笼，自白炽灯进入中国以后，过节挂的彩灯，也改成了更为明亮的电灯。清末上海小校场民间木刻版画《寓沪西绅商点灯庆太平》（如图 4-21 所示），图上是清末上海市民与外商共庆通商、欢度元宵节的情景，彩旗飘扬，锣鼓喧天，舞龙飞腾，上面的彩灯已改成电灯，灯上连接着电线清晰可见。

四、上海新关

上海海关是我国历史最悠久的海关之一。最早可以追溯到宋代市舶机构。据《北宋要辑稿》记载，北宋政和三年（1113）在华亭县（今上海松江区）设置了市舶务。这是上海地区第一个海外贸易管理机构，即上海海关的起源。上海正式设立海关，是在清康熙二十四年（1685），清政府在上海设置江海关，至今已有三百四十年的历史。原先的江海关是一座中国衙门式的木构建筑。清咸丰三年（1853），上海小刀会起义时被毁，咸丰七年（1857）照原样修复（如图 4-22 所示）。

图 4-22　清 · 咸丰七年（1857）修复后的衙门式的江海关图像

图 4–23　清・光绪十九年（1893）建成的上海新关大楼图像

图 4–24　《新出夷场十景图》中的“上海新关”

清光绪十七年（1891），衙门式的江海关旧屋被拆除，于光绪十九年（1893）建起二座英国哥特式的三层砖木结构的楼房，中间有一座塔楼，塔楼上面有一层钟楼，四面有四座大钟（如图 4–23 所示）。它由英国建筑师设计、浦东川沙匠人杨斯盛主持建造。

《新出夷场十景图》中的“上海新关”（如图 4–24 所示），与当时老照片上的图像十分相似，可见这幅民间木刻版画上的图像是作者按照实际样子绘刻的，是一幅非常写实的作品。它可以为我们今天研究清末的西方建筑提供真实的图像史料。

五、赛马

赛马是源于西方的一项体育活动，历史悠久，始见于古希腊和古罗马。现代赛马运动起源于英国，竞赛方法有多种形式，其中平地赛马是在赛马场中进行的，跑道长度多在一千米至二千米之间。在社会文化发展领域中，赛马业已从传统贵族参与转变为社会各阶层、男女老少、全民参与的娱乐活动，亦是大众的社会活动，成为英国文化中不可缺少的组成部分。随着英国人大量来沪，英国的赛马活动也来到了上海。最初，只有英国侨民参加，中国人"损越贻羞"，不肯参与，但作为场外的围观者，热情却十分高涨。

清道光三十年（1850），在现南京路、河南路交界处，以每亩不足十两银子的价格"永租"土地八十一亩，开辟了第一个跑马场，俗称"老公园"，跑道直径八百码。咸丰元年（1851）开始第一次赛马，前后共赛了七次。由于场地太小，骑手经常会把马骑到外边的泥石路上。咸丰四年（1854），西人将南京路、河南路口的"老公园"卖掉，购进浙江中路南京路两侧的一块一百七十亩地，建造第二个跑马场，称为"新公园"，在湖北路、浙江路、芝罘路、西藏路、北海路，形成一个环路。到咸丰十一年（1861），跑马总会成员已达二十五个，他们又将"新公园"卖掉，翌年，他们购进泥城桥（今西藏路桥）以西土地，辟筑第三个跑马场，建有一条长一点二五英里、宽六十尺的跑马道，号称远东第一的上海跑马厅。每年五月、十一月，在这里举行赛马活动，每次持续三天。

每当跑马厅举行跑马比赛时，外面挤得水泄不通。在光绪元年（1875）的葛元煦的《沪游杂记》中有详细的记载。每当举行赛马时，"上自士大，下及负贩，肩摩踵接，后至者几无置足处。"① 在《点石斋画报》上，曾报道过"西童赛马"，为庆祝英皇登基六十年，有"学童二三十人复至赛马场，各骑骏马，

① 葛元煦：《沪游杂记》，上海书店出版社 1989 年版，第 35 页。

图 4-25 《新出夷场十景图》中的“外国人大跑马”

按辔扬鞭，顾盼自得，追至并驾而驰，此呈罄控之，能彼奏腾骧之技。锦鞯过处，电掣星驰。此虽赛马之常情而出之童子，则我中国谢不敏焉，此其人才之盛所由来也！”① 图上，学童骑着马，在四周设有短栏的马道中奔驰，短栏外面站着各式各样的人在观看赛马比赛，场面热闹非凡。

《新出夷场十景图》中的“外国人大跑马”，描绘的就是在跑马场举行的赛马比赛。图中骑手骑着马在跑道上你追我赶，中国人在场外烈日下观看赛马比赛，还有人高举一把扇子来挡住烈日的阳光（如图 4-25 所示）。

六、火轮车

火轮车，我们今天称之为“火车”。18 世纪 60 年代到 19 世纪中期，英国发生了工业革命，蒸汽机是工业革命的“火车头”，也有人将第一次工业革命称为“蒸汽机时代”。1698 年，一个叫巴本的人，发明了蒸汽机，但他的发明没能实际应用。同年，英国陆军军官托马斯塞维利发明了被称作“矿山之友”

① 《点石斋画报》，上海文化出版社 1998 年版，第 2071 页。

的蒸汽抽水机，但由于它笨拙缓慢，输出功率不大，也没有得到推广应用。直到 1765 年，瓦特对蒸汽机进行了多次改进，才使蒸汽机被广泛地运用到纺织、交通运输、冶金矿山、机械制造、酿造等工业生产中。

1800 年，英国的特里维西克设计了可安装在车上的高压蒸汽机。1803 年，他把它用来拉动在一条环形轨道上行驶的火车，并找来喜欢新奇玩意儿的人乘坐，向他们收费，这是火车的雏形。1825 年，英国的斯蒂芬森，在英格兰北部的小城达林顿修筑了世界上第一条铁路。9 月 27 日举行通车典礼，火车的一声吼，惊吓了在现场看热闹的人，向四处落荒而逃。后来，斯蒂芬森不断对火车作了改进，1829 年，他制造的“火箭”号蒸汽机车，可以带一节载有三十位乘客的车厢，创造了时速 46 千米 / 小时的纪录，引起了各国的重视，开创了铁路的新时代。

五十年后，火车来到了中国。清同治十三年（1874），英商怡和洋行等多家外商洋行在上海组建吴淞铁路公司，经上海道台沈秉成（著名书画家沈迈士的祖父）批准，开工建设从上海至吴淞的淞沪铁路。光绪二年闰五月十二日（1876 年 7 月 3 日），淞沪铁路上海至江湾段举行通车典礼，每日往返六次。上海火车站设在今河南北路、塘沽路、彭泽路相交形成的一块三角形地块上，河南北路历史上称为“铁马路”，彭泽路菜场也叫“铁马路菜场”，就是因淞沪铁路和火车站而得名的。

据参加当日淞沪铁路通车典礼的《申报》记者报道“火车为华人素未经见，不知其危险安妥，而妇女及小孩竟居其大半”，“先闻摇铃之声”，“又继以气筒数声，而即闻哼哼作响声者，车即由渐而快驶矣。坐车者面带喜色，旁观者亦皆喝彩，注目凝视。”车窗外面的乡民“面对铁路，停工而呆视也”，“乘者观者一齐笑容可掬，啧啧称叹，而以为得未曾有”。① 可见，在当时的上海，人们还是欢迎这一新生事物的。

《新出夷场十景图》中的“火轮车”停在站台上，有许多前来参观的人（如图 4–26 所示）。

① 《记华客初乘火车情形》，《申报》1876 年 7 月 3 日。

图 4–26 《新出夷场十景图》中的“火轮车”

火车，是工业革命最重要的科技成果之一，引起上海人的极大好奇，人们无不以先睹为快。当时的报纸杂志纷纷报道这一盛况，除了《申报》外，还有《点石斋画报》用手绘图画来报道上海第一条铁路的通车。而远在千里之外的英国，在七月十五日(1876年9月2日）的《伦敦新闻画报》上，将一幅来自上海的照片“开通——第一辆火车从上海始发”制作成铜版画刊登出来。这条铁路只运营了一年就被清政府拆除了，1898年这条铁路又在上海重现。清末上海小校场民间木刻版画《上海铁路火轮车公司开往吴淞》描绘的就是1898年淞沪铁路通车后的情景（如图4–27所示)。当时火车被称作“火轮车”。

图上画着一列挂着四节车厢的列车停靠在火车站旁，车头冒着浓浓的黑烟，车厢里已经坐满了男男女女，他们看着窗外的景色。这列将要发车的火车，从上海“铁马路”开往吴淞。车站外面，熙熙攘攘的人群，摩肩接踵，热闹非凡。车辆来来往往，有西式的马车，人力黄包车。车站前的繁忙景象一露无遗。

这幅反映近代铁路的民间木刻版画在当时是很受各地民众欢迎的，苏州画商将此图翻刻印刷后在苏州发行，但标题改成了《苏州铁路火轮车公司开往吴淞》(如图4–28所示)，加上边框，改了一下颜色，画面内容与《上海铁路火轮车公司开往吴淞》完全相同。

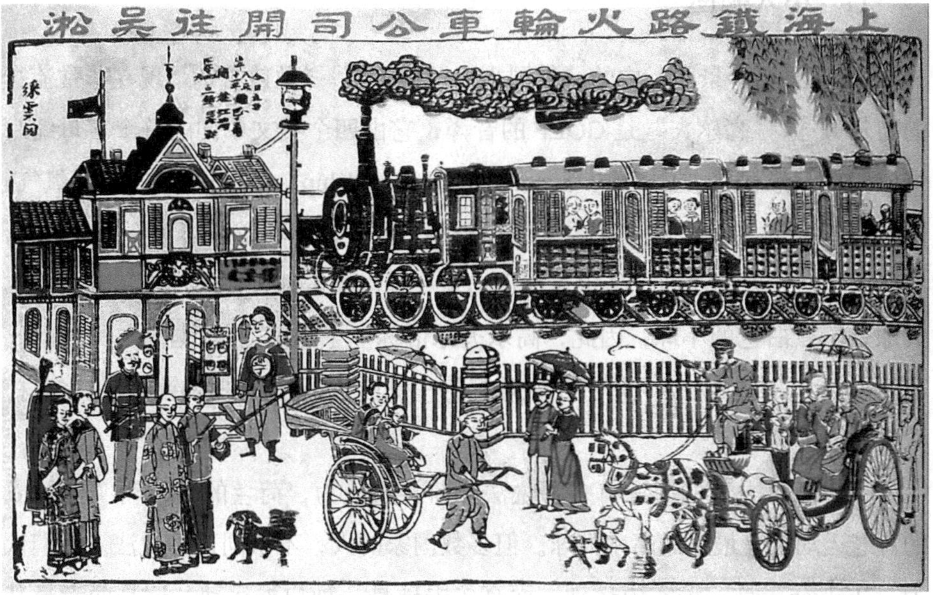

图 4–27　清末上海小校场民间木刻版画《上海铁路火轮车公司开往吴淞》

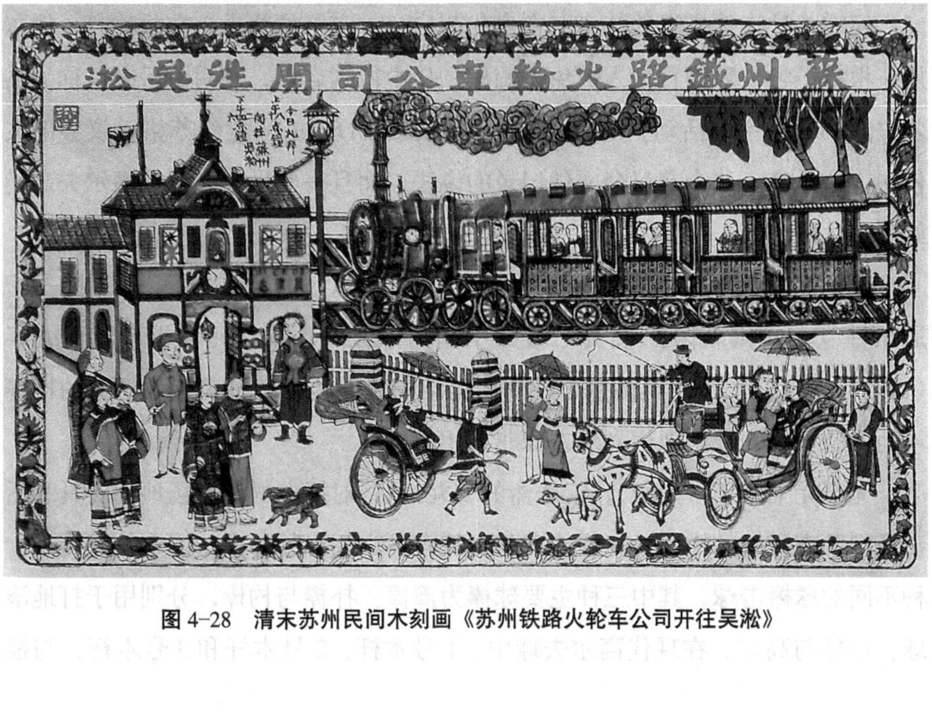

图 4–28　清末苏州民间木刻画《苏州铁路火轮车公司开往吴淞》

七、小人抛毬

《新出夷场十景图》中的“外国小人抛毬”图，“抛毬”就是现在非常流行的高尔夫球。“高尔夫”是GOLF的音译，它由四个英文单词的首个字母缩写组成。它们分别是：“Green, Oxygen, Light, Friendship”，意思是“绿色，氧气，阳光，友谊”，它是一种把享受大自然乐趣、体育锻炼和游戏集于一身的运动，所以受到西方人的欢迎。高尔夫球运动是一种以棒击球入穴的球类运动。高尔夫球是一只白色的小球，因此，高尔夫球俗称“小白球”。根据高尔夫球的比赛规则，个人或团体球员用高尔夫球杆将一颗白色小球打进果岭的洞内，以杆数最少的为优胜者。

关于高尔夫球的起源有多种说法。荷兰人认为，荷兰的一种叫“kolven”的古老运动，是最早的高尔夫球。但多数国家的人，不认同这种说法。他们认为，“kolven”是一种室内运动，而高尔夫球是一种户外运动，这是两者最基本的区别。“kolven”运动使用的球要比一般的高尔夫球大，球杆要比高尔夫球杆重，球杆没有角度。

还有一种流传广泛的传说，在古代苏格兰，有一位牧人，在放牧时，偶尔用一根棍子将一颗圆石击入野兔子洞里，从中得到启发，发明了后来被称为高尔夫球的一项室外活动。高尔夫这个词，最早出现在14世纪苏格兰议会的文件中。这是唯一一个有议会文件记录的说法，而且得到世界大多数高尔夫球爱好者的认同。

现代高尔夫球虽说在清末才传入中国，但是，1993年9月，英国的一家通讯社发布一则新闻：“捶丸”或曰中国高尔夫球，早在元世祖至元十九年（1282）就出现了，比英格兰出现这项运动的时间要早四百多年。捶丸的比赛场地、游戏规则都与现代高尔夫球非常相似。

元至元十九年（1282），宁志斋的《丸经》，对捶丸的比赛场地、器具和活动规则都有详细的描述，与现代高尔夫球有不少相似的地方。捶丸的人可用十种不同的球棒击球，其中三种主要球棒为撺棒、扑棒与杓棒，分别用于打地滚球、远球与高球。在现代高尔夫球中，1号木杆、2号木杆和3号木杆，与捶球的三种球杆的用途十分相似。捶丸的打法和高尔夫球也相一致。如“人将木圆球儿打起老高，便落于窝内”，“击起球儿落入窝者胜”，“球行，或腾起，或斜起，或轮转，各随窝所在之宜”，“或立而击，或跪而击，节目甚多”。这些记述非常形象地描述：人在打球时，只能是站着将球打起，击起的球在空中作弧形滑行，要越过“障碍”落入窝者才算胜。与今天的高尔夫球比赛一样，那时的捶丸就有侧旋球、内外旋球等不同的击球方式。而且，除了站着击球还有跪着击球，各种击球姿势都有。

图 4-29 《新出夷场十景图》中的“外国小人抛毬”

有人认为，高尔夫球是在中世纪晚期由蒙古旅行者传至欧洲，然后流传到苏格兰。有学者将捶丸称为“中国的高尔夫球”。元代的《推丸图壁画》，也证明了“捶丸”就是现代的高尔夫球。

清末上海小校场民间木刻版画《新出夷场十景图》中的“外国小人抛毬”，几个外国小孩在一块草地上玩“抛球”游戏，草地中央有一只小球，一个小孩用手将球杆高高举起，做着击球的姿势，这根球杆的头上是一个金属的杆头，与现代的高尔夫球杆一模一样（如图 4-29 所示）。

八、脚踏车

脚踏车就是现在的自行车。1790 年，有个法国人名叫希布拉克，他是一个特别爱动脑筋的人。一天，他走在积满雨水的路上，后面来了一辆四轮马车，这辆马车几乎占据了整条狭窄的街道，幸好他躲避及时，没有被马车撞倒，但还是被溅了一身泥水。正当他想与马车上的人理论的时候，突然，在他的脑海里闪过一个奇妙的想法：把马车锯掉一半，四个轮子变成前后两个车轮。这样再窄的路，车子也能通过。回到家里，他就动手做起来了。1791 年，自行车的鼻祖——第一辆代步的“木马轮”小车造出来了。这辆小车有前后两个木质车轮，中间连着横梁，上面安一个板凳，人坐在上面，靠双脚用力蹬地，小车慢慢地向前行进，车子上没有转向装置，只能直行，不能拐弯，出门骑一会儿就会累得满身大汗。这是人们第一次看到不需用马拉的奇怪车子，也是人们最早对自行车的印象。

其实，比法国的希布拉克早一百年，有一个中国人也曾想到过这种两轮车。这个中国人的名字叫黄履庄，他生活在清初顺治、康熙年间（1644—1722），是扬州一位非常有才华的青年发明家。十岁时，黄履庄来到扬州，寄住在他的姑表兄弟张潮家里，接触到西方的几何、算数、机械方面的知识。黄履庄从小聪明能干，喜欢摆弄机械，一生有许多发明。据《虞初新志·黄履庄小传》记载，二十八岁以前，黄履庄已发明了许多机械器具，皆构思巧妙，令人叹为观止，记存在张潮的《虞初新志》中的发明，就多达二十七种，其中有一则描述黄履庄发明的一种双轮小车：黄履庄“作双轮小车一辆，长三尺许，约可坐一人，不烦（须）推挽，能自行。行住（时），以手挽轴旁曲拐，则复行如初，随住（往）随挽，日足行八十里。”①

有人认为，这辆双轮小车就是我们现在所说的自行车，前后各有一个轮子，骑车人手挽轴旁曲拐，车就能前进。但遗憾的是，这项发明没有被推广应用，也没有流传下来。

自行车经过一百多年的改进，成为西方人出行的一种交通工具。中国人第一次接触到西方自行车是在清末。清同治五年（1866），山西襄陵县知县斌椿，率四名同文馆学生，出洋考察，回国后写成《乘槎笔记》一书，书中记有他们

---

① 戴榕：《黄履庄小传》，《虞初新志》卷六，上海书店出版社 1986 年版，第 93 页。

在法国巴黎街头见到一种一个大轮子、一个小轮子的自行车，称这种车“只轮贯轴，两足跨轴端，踏动其机，驶行疾于奔马”①。两年后，张德彝随同美国公使蒲安臣出访欧美，在他回国后所著的《再述奇》（或称《欧美环游记》）中，描述英国伦敦街头见到的自行车，“前后各一轮，一大一小，大者二寸（应为尺，下同），小者寸半，上坐一人，弦上轮转，足动首摇，其手自按机轴，而前推后曳，左右顾视，甚趣。”②张德彝还是中国第一个将这种两轮车称为“自行车”的人。

清光绪元年（1875），自行车传入中国。当时，它还只是洋人的交通和健身工具。光绪十年（1884）出版的《点石斋画报》，曾有一则“赛脚踏车”的报道：“脚踏车一代步之器也……前年海上尚不多见，至近年来始盛行之，本届庆贺英皇之日，各西商喜脚踏车之多，而乘坐者之众也，于是豪情霞举，逸兴云骞，共集于泥城桥迤西之赛马场，车则钢丝如雪，轮则机括维灵，一升一降，不疾不徐，如鹘之飞，如鹰之隼，瞬息数里，操纵在两足之间”③，把自行车比赛描绘得绘声绘色。《新出夷场十景图》中的骑自行车

图 4-30 《新出夷场十景图》中的“外国脚踏车”

① 斌椿：《乘槎笔记》，《走向世界丛书》（1），岳麓书社 2008 年版，第 108 页。
② 张德彝：《欧美环游记》，《走向世界丛书》（1），岳麓书社 2008 年版，第 706 页。
③ 《点石斋画报》，上海文化出版社 1998 年版，第 2072 页。

人是两个洋人，一男一女，男的身穿西装，打领带，头戴礼帽；女的身穿短衫长裤，头戴一顶海军帽。他们骑的自行车已是改进后的自行车，前后轮一样大小，用链条传动（如图4–30所示）。而《点石斋画报》报道的“赛脚踏车”，还是那种没有装上链条和链轮的自行车。自行车的轮子一大一小，驾驭起来非常困难，需要有高超的技术。在《沪游杂记》中，介绍当时骑自行车人难以驾驭的尴尬情景：“两手握横木，使两臂撑起，如挑沙袋走索之状”。骑车“非习练两三月不能纯熟”。①

链式传动的自行车要到19世纪末，才传到中国。《点石斋画报》也曾报道过，当时有三名西方青年人，骑着这种刚刚发明不久的链式自行车进行环球旅行，从英国骑行2.3万公里来到中国上海。

后来，自行车也被中国的有钱人所接受，会到公园或游乐场所去尝试骑自行车的乐趣。有一幅清代苏州桃花坞民间木刻版画《上海四马路洋场胜景图》，图上描绘的是四马路上的洋场风景。四马路即现在上海的福州路，旧时其东段报馆林立，而西段则为妓馆包围，是著名的风月场所。富贾巨商、文人才子络绎不绝。又因其地处租界，出行有不同方式，有徒步行走的；有坐交通工具出行的，如骑自行车、马车、黄包车、独轮车、轿子；还有最原始的由人背着行走的。通过图上的形形色色的人物，可以了解当时上海出行的方式和生活的各个方面。该图构思精巧，刻画入微。图中有一个中国男子骑着一辆自行车，他头戴瓜皮帽，身穿中式服装，口中衔一支烟，骑的是一辆链式传动自行车。还有一辆双人自行车，前后坐着一男一女两个洋人（如图4–31所示）。可见，那时，在中国的大城市里，自行车已很普及了。

在天津的租界，也可以见到骑自行车的中国人。一幅清末天津杨柳青民间木刻版画《新刻天津紫竹林跑自行洋车》，图上有一个中国人，在租界的街头骑自行车，表演他骑车的车技，受到路人的围观，其中不乏还有洋人（如图4–32所示）。

新奇好玩的自行车也吸引了中国末代皇帝溥仪。在他大婚的时候，他的堂

① 葛元煦：《沪游杂记》，上海书店出版社2009年版，第70页。

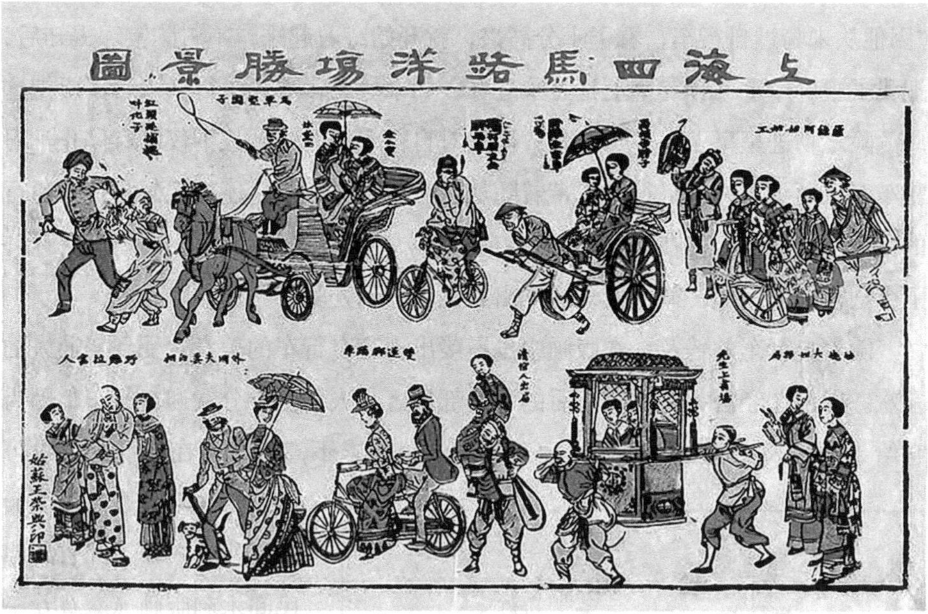

图 4–31　清末苏州桃花坞民间木刻版画《上海四马路洋场胜景图》

图 4–32　清末天津杨柳青民间木刻版画《新刻天津紫竹林跑自行洋车》

兄溥佳送了一辆自行车给他，他十分高兴。在溥佳的《溥仪大婚纪实》中，说："因他从未骑过自行车，看了十分高兴，就开始练习起来，不料陈宝琛得知后，把我狠狠申斥了一顿'皇上是万乘之尊，如果摔了，那还了得。以后不要把这些危险之物进呈皇上'。"① 但是，溥仪对自行车情有独钟，不仅没有停止学习骑车，反而买了许多自行车，带着随从在宫内骑车取乐，还把阻碍自行车通行的宫门门槛给锯了。在溥仪的《我的前半生》中，他说道："我学会了骑自行车，下令把宫门的门槛一律锯掉，这样出入无阻的到处骑。"②

随着自行车的普及，在版画中也屡屡出现骑自行车的美女，受到普通人的喜欢。即使在经济相对比较落后的中西部地区，人们也十分欢迎自行车，因为它给人们带来交通上的便利。由于它对道路要求不高，即使在羊肠小道也可以通行，不需要有通衢大道。在清末四川绵竹一幅民间木刻版画《摩登女子骑自行车》上，画着一个摩登女子骑着一辆自行车招摇过市（如图 4–33 所示）。四川绵竹地处中西部地区，经济并不发达，但自行车同样受到人们的欢迎。

图 4–33　清末四川绵竹民间木刻版画《摩登女子骑自行车》

九、外国花园

外国花园是上海最早的公园，即今黄浦公园。清同治四年（1865）冬，英美租界工部局在苏州河与黄浦江交界处的滩地，填滩建起一座公共公园，同治七年

① 溥佳：《溥仪大婚纪实》，《晚清宫廷生活见闻》，文史资料出版社 1982 年版，第 129 页。

② 溥仪：《我的前半生》，群众出版社 2013 年版，第 39 页。

(1868)，花园建成正式对外国人开放，作为外国侨民（主要是英国侨民）休闲娱乐的场所。时人对当时外国花园的描述为："每当晨曦初上，夕阳欲下，霞光返照，紫霭笼江，又或晴空万里，水月交辉，阴雨霏霏，烟销雾迷，四时之景色不同，而斯园之胜概无穷。至若登假山，步江亭，江水汪洋，烟波浩瀚，听涛声之拍岸，观轮舰之出没，更令人兴乘风破浪之思，足以拓胸襟而长志气"①。

老上海《洋场竹枝词》中写道："行来将到大桥西，回首窥园碧草齐。树矮叶繁花异色，雨余石上锦鸡啼。"②

清末上海小校场民间木刻版画《新出夷场十景图》上的"外国花园"，描绘在外国花园中休闲的华人，有男，有女。但是，这要到1928年以后，外国花园才对华人开放。在此以前，外国花园只向外国侨民开放（如图4-34所示）。

图4-34　《新出夷场十景图》中的"外国花园"

1928年，租界公园对华人开放后，郑逸梅在记述游览外滩公园（即"外国花园"）的情况中说："游园的有西人，有木屐儿，有赭帛裹首的身毒奴，而尤以华人占多数，往往一对一对的坐在绿阴深处，喁喁情话，旖旎风光，难以笔述。西方儿童也不少，

① 秦理斋：《上海公园志》，《上海导游》，上海国光印书局1934年版，第320页。

② 云间逸士：《洋场竹枝词·外国花园》，《上海洋场竹枝词》，上海书店出版社1996年版，第384页。

抟沙掷土，很是顽劣。一二岁的婴儿们，睡在小篷车上，由乳媪推着，个个开着笑口，玉雪可念。随处设有铁椅，可供憩坐。”①

近代上海还有一批公用私园，其产权是私人的，但对公众开放，功能近似于公园。这些公园与公用私园，是上海居民重要的休闲娱乐场所，也是重要的社交场所。其中著名的如张园，被称为“海上第一名园”。

张园地处静安寺路（今南京西路）之南，同孚路（石门一路）之西。原为农田，后为英商的私人花园。清光绪八年（1882），富商张叔和从英人处购得，请在沪的英国园林设计师设计，建造一所“张氏味莼园”（简称张园）。光绪十一年（1885）建成，对外开放，成为当时上海最著名的休闲娱乐胜地，也是当时沪人集会游乐的场所。

在清末上海小校场民间木刻版画《海上第一名园》中，张园的外面热闹非凡，马车、人力车来来往往。门口的电线木杆上装有一盏电灯，门口的大门上写有“张园”两字。里面的几幢楼房已是西式洋房。但在远处还有一幢中式楼房隐约可见（如图 4-35 所示）。

图 4-35　清末上海小校场民间木刻版画《海上第一名园》

① 郑逸梅：《述外滩公园》，《紫罗兰》1928 年第 6 期。

十、火轮船

最早的船，是靠人力或风力行驶的。人力的船，是靠人力将橹或桨在水中摆动，使船在水中行驶。风力的船，是靠风吹船帆行走。后来，人们发明了一种靠人力踩踏木轮来推进的船，称之为“轮船”。轮船源于中国。在中国历史上，曾制造过几千艘这种轮船。轮船又称“车船”，始于南朝，轮船在两侧装有木叶轮，一轮叫“一车”，用人力踩踏，“以轮激水，其行如飞”。欧洲要到16世纪中叶才出现。

1769年，英国的瓦特制造出比较完善的蒸汽机，人们开始想着把蒸汽机装在轮船上，作为动力，结束依靠风力和人力行船的历史。1783年，法国发明家乔弗莱建造了一艘最早的蒸汽轮船“波罗斯卡菲”号，长四十一点五米，重一百八十二吨。船上有一台蒸汽发动机，用活塞连接双棘轮机构，带动明轮转动，推动船航行。用明轮驱动的最大船是1855年的“大东方”号，长二百多米。用蒸汽机驱动明轮航行大约沿用了一百多年之久。但终究因明轮的推进效率低、易受风浪损坏等原因被历史所淘汰，后被一种螺旋桨所取代。但“轮船”的名称，仍一直沿用至今。

清道光二十二年（1842），一艘英国的“魔女”号轮船抵达上海，这是上海人见到的第一艘外国轮船。它是用火将水烧成蒸汽来推动蒸汽机，带动螺旋桨，推动轮船航行，所以早期称它为“火轮船”。在清末上海小校场民间木刻版画《新出夷场十景图》中有“火轮船”一景，图中的这艘“火轮船”停靠在码头上，烟囱还冒着浓浓的黑烟，吸引了许多好奇的上海人在码头上观看（如图4-36所示）。

一年后，英国的大英火轮公司的“玛丽·伍德夫人”号从英国南安普敦航行到香港，并开辟了每月往来的欧亚航线。清咸丰八年（1858），签订的《天津条约》，让西方国家的船可以在我国最大的内河长江航行。清咸丰十一年（1861）美商琼记洋行“火箭”号首先开辟了上海至汉口的航线。清道光二十五年（1845），英商首先在外滩沿江建造驳船码头。至咸丰三年（1853），外滩江边已有十余座驳船码头，从洋泾浜到十六铺建有公正栈、金利源等五六

图 4-36 《新出夷场十景图》中的“火轮船”

座码头，其中最有名的是“金利源码头”。

金利源码头坐落在新开河至小东门的黄浦江边。早在清乾隆二十七年（1762），福建漳州人郭振斋来上海，在今阳朔街（即洋行街）开设万丰沙船号，经营南北海运业务。为了停泊船只，他在十六铺的黄浦江边建造简易码头，号称“金利源码头”，取义“财源利达通四海”。与此同时，金方东、金永盛、金益盛等三个船主，也先后在十六铺一带建造砖木结构的踏步式简易码头，停靠船只、上下旅客并装卸货物。

鸦片战争后，上海开埠，洋人接踵而至，洋行如雨后春笋般在沪上落地生根。清同治元年（1862），美商旗昌轮船公司在十六铺北首租地，建造旗昌轮船码头，并合并了金利源码头。后因不敌洋务派兴办的招商局，于清光绪三年（1877）被招商局分期收购，金利源码头也并入了招商局，并与其他四个华商金姓码头，统一为“金利源码头”，又名“招商局南栈”，亦称“招商局第三码头”。

清末上海小校场民间木刻版画《上洋金利源码头长江火轮船》（如图 4-37 所示），描绘了金利源码头轮船靠岸时，行人上下码头的繁忙景象。在金利源码头停靠着一艘火轮船（蒸汽机驱动的轮船），这是一艘航行于长江（从上海到汉口）的班轮，名叫“江孚”号，船上的两根烟囱冒着浓浓的黑烟，船尾挂着大龙旗。船刚靠岸，乘客正从船上下来。码头上有刚坐了黄包车来接船的接

图 4-37　清末上海小校场民间木刻版画《上洋金利源码头长江火轮船》

客，还有帮助搬运行李的挑夫。没有下船的乘客站在船舷边，眺望黄浦江两岸的景色。火轮船在当时，属于新鲜事物。

第四节　十种“洋玩意儿”

晚清时期的中国，由于西方列强的侵入，中国沿海大城市逐渐开埠，越来越多的西方人来到中国，西方的物质文明也随之而来。例如新式的交通工具，代表现代文明的电器，代表新的生活方式的服饰等，对当时国人的物质生活方式和文化娱乐内容都产生了较大的影响，东方人对这些来自西方人的“东西”称之为“洋玩意儿”。在没有纪实性的摄影、电影、电视等技术手段记录的晚清中国，木刻版画刷印的图像就如同历史“纪录片”，留下了许多关于那个时代的历史图景，为我们今天回望晚清社会开埠城市的景象建构了真实的经纬度，得以瞭望我们的昨天，得以认知我们的今天，得以启迪我们的明天。

一、人力洋车

人力洋车，俗称“黄包车”，由一人在前拉车，开始时轮高车身较宽，可坐两人，后经改制，车身改小，只能坐一人。这种车由日本人创制，故又名“东洋车”。清同治十三年（1874），有个英国人购得数十辆洋车，在租界内载客。东洋车较独轮车，稳妥、行速，故受到欢迎，成为上海洋场的一景。在介绍上海西洋胜景中每每会出现这种人力洋车的身影，如在前面介绍过的几幅民间木刻版画——上海小校场民间木刻版画《新出夷场十景图》，图上的“电气灯”，右下角有一个人力车夫拉着一辆人力洋车，正载着一位妇人跑来；苏州桃花坞民间木刻版画《上海四马路洋场胜景图》，图上一个人力车夫拉着洋车，载着两个时髦女子，女子手撑一把遮阳伞，招摇过市。在火车站、码头等热闹的地方，人力洋车也是屡见不鲜的，如在清末上海小校场民间木刻版画《上海铁路火轮车公司开往吴淞》上，一名抱着女孩的时髦妇女在火车站乘上一辆人力洋车。另一幅清末上海小校场民间木刻版画《上洋金利源码头长江火轮船》，图上一位女子，乘着人力洋车，来到金利源码头，接刚刚从船上下来的客人。可见，人力洋车在当时的上海已十分普及，成为人们日常出行的一种常用的交通工具。

不仅在上海，在其他一些开埠的城市，这种人力洋车也是十分多见。如在天津杨柳青的一幅民间木刻版画《天津紫竹林盂蓝（兰）圣（胜）会》上，就绘有两辆人力洋车。清咸丰十年（1860）以后，天津开埠，英、美、法三国将城南的紫竹林村沿河一带划为租界，时人称之为“紫竹林租界”，与上海外滩相当，这里的洋玩意也比较多。传说盂兰盆节是：目连僧因他母亲罪恶深重，死后坠入饿鬼中。目连给他母亲送食，食物一进入他母亲口中，就化为烈火。目连为拯救母亲，求佛指示，佛给他一套盂兰盆经，说念此经，可招来四方之神，一起拯救他母亲。后来，对没人祭祀的孤魂饿鬼，也进行建醮超度祭奠，名为施孤，也叫盂兰胜会。每年农历七月十五日下午三时，请神仪式开始，先是诵经，然后是舞蹈表演，接着就是出发请神。图上天津紫竹林盂兰胜会当日，信众有的乘船，有的坐人力洋车，从四面八方赶来参加盂兰胜会（如图 4–38 所示）。

图 4-38　清末天津杨柳青民间木刻画《天津紫竹林盂蓝（兰）圣（胜）会》上的“人力洋车”

二、四轮马车

明清时期，城市的交通工具水行则船，陆行则轿。官绅及有钱人家出行乘轿或坐马车，一般市民只能以步当车。运货一靠船，二靠肩扛担挑。西方洋人来到中国后，把他们在本国乘坐的马车带了进来（如图 4-39 所示）。

中国虽也有马车，但与西方的马车不同。如清末苏州民间木刻版画《旗女出游》，图上一个梳着雁翅头、戴纬帽箍、穿绣龙旗袍的贵妇人，手持烟袋，携一幼儿，共坐一辆带篷的两轮马车。旁边的一个马夫，随鞍执鞭，策马奔行（如图 4-40 所示）。这是一辆典型的中国式马车，只有两个车轮，全部用木材制成。

清咸丰五年（1855），在上海的街头出现第一辆西洋四轮马车，乘坐的人叫史密斯。西洋马车式样别致，让上海市民耳目一新。有一首诗是这样描述西洋马车的：“斗捷如流水，交飞马足尘。遥听来得得，疾卷去辚辚。似仿奇肱制，终须正轨循。扬鞭真得意，十里遍寻春。”①

① 葛元煦：《沪游杂记》，上海书店出版社 2009 年版，第 181 页。

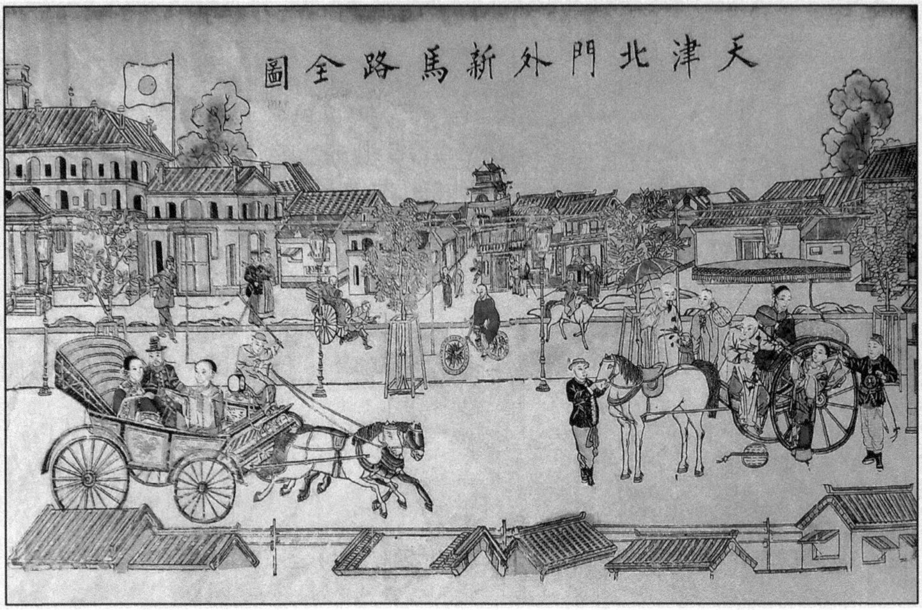

图 4-39　清末天津杨柳青民间木刻画《天津北门外新马路全图》中的“西洋四轮马车”

图 4-40　清末苏州民间木刻版画《旗女出游》中的“两轮马车”

西洋马车具有轻便、快捷、宽敞、舒适的特点，后来，成为城市的一种公共交通工具。清光绪三年（1877），一种仿照火车车厢式样专为游客代步的马车出现在上海街头，从小东门外滩、新北门、三茅阁桥到吴淞铁路，共四站，早上七点钟开始，每小时往返一次，票价有一角、七分半、五分、二分半四种。①这种公共马车颇类似于后来的公共汽车，

① 《上海：开埠与欧风东渐》，2012 年 4 月 20 日，http://www.360doc.com/content/12/0420/18/1024327_205248738.shtml。

名称当为“公共马车”才妥帖，但当时并不叫“公共马车”，而是叫“铁路马车”。这或许是马车的终点站在吴淞铁路火车站而得名。

三、有轨电车

有轨电车是用电力驱动在轨道上行驶的一种轻型轨道交通工具。20 世纪 60 年代以前，在我国许多城市都可以见到这种交通工具，但后来大多数城市都将其拆除，近年来，有许多城市有将其恢复的趋势。如上海在张江新建一条有轨电车线路，不久还将在松江等地再建几条有轨电车线路。

有轨电车已有一百多年的历史。早在 1879 年，德国工程师维尔纳·冯·西门子在柏林的博览会上首先尝试使用电力驱动的轨道车辆。1881 年，在德国柏林近郊铺设了第一条电车轨道，早期的有轨电车是靠一条铁轨通电，另一条铁轨作回路。但这种输电方式对街上的交通影响太大，西门子就采用了将输电线路架设在空中，解决了供电的安全问题。

1884 年，美国人范德波尔在多伦多农业展览会上，用一根带触轮的集电杆和一条架空触线来供电，以钢轨为回路。1888 年，美国人斯波拉格在里士满用范德波尔的方法在几条用马拉的轨道车上，改用电力牵引车行驶，并对车辆的集电装置、控制系统、电动机的悬挂方法及驱动方式作了改进，于是诞生了现代有轨电车。

清光绪六年（1880），徐建寅被派往西欧考察，在德国参观了西门子电机厂，并出席西门子的宴请，当时柏林正在铺设有轨电车。十年后，清朝官员薛福成赴欧考察，不仅看到了有轨电车，还亲自乘坐了一番。在他的《出使四国日记》中，记有：“泰西各国，近于火车铁路之外，创行电车，仅于通都大邑试办，不过数里或数十里而已……火车笨重……车之大小多少，不能随时增减；电气则可相机损益。况火车之煤烟灰土，尤觉可厌；以电行车，则清洁无比……吾恐数十年后，各国之铁路火车，又将悉改为电车也。”①在他后来的

---

① 薛福成：《出使四国日记》，湖南人民出版社 1981 年版，第 183—184 页。

《出使日记续刻》中，又讲述了乘电车的经历："余于半月前，偕王省山坐电气车，过泰晤士江底之下，至江南岸，仍坐电车而返。盖电气之可以行车，近年始得其法，风气尚未大开。伦敦之电车公司，惟此一处，且尚不能行远也。电车所行铁路与火车相同，惟铁路之中间，有一铜条，车上亦有一铜条与之相磨，时见电光迸闪……车上及其两旁，较火车犹为洁净，无烟雾之迷浸，无煤灰之冲积。江底之下开路一条，车行其中，上面皆砌以白石，江泥不能塌下，江水不能渗透，一路照以点灯，光明如昼……每客价仅三本士（便士），每次多则二百余人，少仅一二十人。其价所以如是之廉者，盖以其行之速，可取偿于客之多也。"①

有轨电车最早兴建于1881年的柏林。1890—1920年是有轨电车在世界范围大发展的时期，世界上几乎每一个大城市都有有轨电车。后来，由于电车的路轨占路，在交通拥挤的路上造成堵车，巴黎、伦敦和纽约等地很快废弃了电车，但是，在欧洲的许多大城市仍保留有轨式电车。

清光绪二十五年（1899），德国西门子公司在北京修建一条永定门连接郊区马家堡火车站的有轨电车线路，这是中国最早的有轨电车线路。光绪三十年（1904），香港建成有轨电车线路；以后，天津、上海分别于光绪三十二年（1906）、光绪三十四年（1908）开通有轨电车。

光绪三十四年（1908）三月五日凌晨，上海第一辆带小辫子的有轨电车，从上海英租界静安寺出发，经愚园路（今常德路）、爱文义路（今北京西路）、卡德路（今石门二路）、静安寺路（今南京西路），向东行驶至外滩（广东路），全程六千零四十米。后来，在上海又建成了多条有轨电车线路，英商的一路、二路、七路、八路，法商的一路、二路、五路、六路、七路和十路。

1912年，上海小校场民间木刻版画《上洋新出火车开往南京》上，就有一辆有轨电车。上海至南京的铁路是在光绪三十四年（1908）夏天开通的。同年春天，外滩至静安寺的有轨电车亦开始运行。但图上的有轨电车是稍后开通的，是到火车站的有轨电车。在有轨电车的车头上有"铁路车站"四个字，这

① 薛福成：《出使日记续刻》，《薛福成日记》，吉林文史出版社2004年版，第588页。

图 4-41　民初（1912）上海小校场民间木刻版画
《上洋新出火车开往南京》中的“有轨电车”

表示它的终点站是在火车站（如图 4-41 所示）。

四、汽车

清光绪十二年（1886），世界上第一辆汽车问世。十多年后，慈禧太后成为中国第一个拥有汽车的人。清光绪二十七年（1901），袁世凯从香港买回一辆白色的奔驰敞篷车，献给慈禧太后。尽管，有许多大臣纷纷上折，劝慈禧不要坐汽车，以免坏了祖宗的规矩。但慈禧还是欣然收下这辆汽车。一天，慈禧想坐坐“洋车”，开开眼界。给她开车的司机叫孙富龄，原先是为皇家贵族赶马拉车的车夫。由于他年轻机灵，很快学会了开车。那天，孙富龄给慈禧开车，让慈禧在宫中坐着汽车兜风取乐。事后，李莲英对慈禧说：开车的是个奴才，整天坐在太后前面，有失体统。于是，他要求孙富龄跪着开车。但是，跪着开车没法踩刹车，很危险，孙富龄又不敢告诉慈禧，他很为难。一天，慈禧坐汽车的时候，发现车子开得很慢，以为孙富龄不好好开车，追问其原因。孙富龄不敢说实话，只能告诉慈禧：车有点坏，不能开快。慈禧听了很不高兴，但是没办法，最后也渐渐失去了坐汽车的兴致。后来，这辆汽车闲置在颐和园内。

从此以后，外国的汽车陆续进入了中国，使用者都是达官贵人，但是，也吸引了普通百姓的好奇心。在清末民初的民间木刻版画上也出现了汽车的身影，有一幅《上海器（汽）车电船》民间木刻版画（如图 4–42 所示），上面画有一辆当时最为流行的福特 T 型车。福特 T 型车诞生于清光绪三十四年（1908）。它是由美国最为著名的汽车发明家亨利·福特设计制造的。福特的 T 型汽车价格低廉，质量可靠。1914 年，美国福特汽车公司的工人最低日工资为五美元，一辆 T 型汽车只要五百美元。福特让汽车进入了寻常百姓家，成为人人用得起的现代化交通工具，美国也变成了一个“车轮上的国度”。从 1908 年到 1927 年止，十九年中，福特共生产了一千五百多万辆 T 型汽车，创下了前所未有的奇迹。

图 4–42 上一辆福特 T 型汽车，停在一幢沿河而建的豪宅旁，从豪宅里走出三个女子和两个小孩，女子头戴西式的大礼帽，手持遮阳伞。车上，前面坐着

图 4–42　清末民间木刻版画《上海器（汽）车电船》

的是一个身穿制服的开车司机，车后的座位上，坐着两个时髦的女子。在河中，有两艘机动小船，在缓缓地航行。两旁的小山上建有许多别墅，风景非常幽静。

五、飞机

从古到今，无论是西方人，还是东方人，都有飞天的梦想。中国古代有一个叫列子的人，是战国时的一位传奇人物，据说，他有乘风之术，能乘风在天空中飞行，轻虚缥缈，微妙无比，一飘就是五天十天，待在空中飘游够了才回家，令人羡慕不已。有个叫尹生的年轻人，曾向列子求教乘风之术，怎样才能乘风在天空中飞行？乘风之术曾经引起一代一代中国人的无限向往。

直到19世纪，美国的一对莱特兄弟打破了人们梦想飞天的僵局。1903年，莱特兄弟在一位名叫狄拉的机械工人的帮助下，造出了一部重量只有七十千克的发动机，装在他们一架用轻质木料制成的双翼飞机上，他们将这架飞机命名为“飞行者”号。12月15日，当他们启动发动机后，飞机在长长的跑道上跑了起来，还升起了五米多高，但不知何故，飞机的鼻轮落了下来，飞行没有成功。他们花了五个月时间，重新制造了第二架“飞行者”号，在他们的出生地代顿市以东大约十三千米的赫夫曼大草原上进行试飞。这次一共进行了一百零五次飞行，最长的持续飞行时间超过了五分钟，飞行距离达四点四千米。飞行时间太短，仍不理想。当年冬天，又制造了第三架“飞行者”号，在赫夫曼大草原上进行了五十次飞行。1905年10月5日，哥哥韦伯驾驶着这架飞机竟持续飞行了三十八分钟，航程三十九千米，终于成功了。

莱特兄弟发明飞机，吸引了一个叫冯如的中国年轻人。1908年，冯如和他的助手造出了第一架飞机，在美国奥克兰市的麦园进行试飞，但是，试飞没有成功。他们又造了第二架飞机，飞行了七百九十多米。1910年，冯如又设计和制造了一种性能更好的飞机，以二百三十米的飞行高度和一百零四点六千米的时速，飞行了三十多千米。后来，冯如在一次国内表演时，发生了意外，不幸离世。

清末民初，冯如的飞行表演，虽然未获成功，但是，中国人对于飞机的热情并没有减少。这可以从一幅民间木刻版画《飞艇(机) 图》中看出。《飞艇(机) 图》上绘的并非是飞艇，而是一架早期的飞机。早期的飞机，在空中飞行的高度不是很高，飞机上有两名机师，一人操纵飞机，一人拿着望远镜瞭望，俯瞰飞机下面的景物。飞机下面有许多人在观看这架令人深感新奇的飞机，有男有女，有老有少，他们抬头观望，并向飞机上的人招手，将他们的欣喜之情表露无遗（如图 4-43 所示）。

图 4-43　民间木刻版画《飞艇（机）图》

这种飞机图像，还出现在前面介绍过的民间木刻版画《上海器（汽）车电船》上，天空中，一架飞机在飞翔，但飞机的细节没有《飞艇（机）图》那么详细。

六、电报

电报是由美国的莫尔斯发明的。他的最大贡献是发明了以点和横两种符号组成的电码，使电报的收发变得十分简单。莫尔斯原本是一位画家。他四十一岁那年，在从法国学画回美国的轮船上，医生杰克逊向他展示了“电磁铁”，一种通电后能吸起铁的器件，断电后铁的器件就会掉下来，就是这么个小玩意儿使莫尔斯产生了遐想：既然电流可以瞬息通过导线，那么能不能用电流来传递信息呢？为此，他在自己的画本上写下了“电报”字样，立志要发明用电来传递信息的机器。

回到美国后，他全身心地投入到发明电报的工作中去。他拜著名的电磁学家亨利为师，从头开始学习电磁学知识。他买来了各种各样的实验仪器和电工工具，把画室改为实验室，夜以继日地埋头苦干。经历了一次一次失败，1836年，莫尔斯终于找到了解决的办法。他在笔记本上记下了新的设计方案：“电流只要停止片刻，就会现出火花。有火花出现可以看成是一种符号，没有火花出现看成是另一种符号，没有火花的时间长度又是一种符号。这三种符号组合起来可代表字母和数字，就可以通过导线来传递文字了。”这种用编码来传递信息的构想使传递信息的方法大大地简化了。莫尔斯发明的电报编码被称为“莫尔斯电码”。这是电报发明史上的重大突破。

清道光二十七年（1847），林鍼到美国，是最早用文字介绍电报的中国人，他在《西海纪游草·序》中对“巧驿传密事急邮，支联脉络。暗用廿六文字，隔省俄通”的电报作了解释，“每百步竖两木，木上横架铁线，以胆矾、磁石、水银等物，兼用活轨，将廿六字母为暗号，首尾各有人以任其职。如首一动，尾即知之，不论政务商情，顷刻可通万里。”① 他说的暗号就是莫尔斯电码。

斌椿、张德彝等人，在国外访问的时候也接触到电报，斌椿称法国巴黎的电报为“电机寄信法”，“电机信，外洋各处皆有。用铁线连缀不绝，陆路则架木杪，遇海则沉水中。通都大邑以及乡村镇市，线到处，皆可通信。司事者，如中华信局式。代人寄信，以铁线之一端画字，其一端在千万里外，即照此字写出，不愈晷刻也。”② 张德彝在《航海述奇》中，对电报描述说：“电报一名‘法

① 林鍼：《西海纪游草·序》，《走向世界丛书》（1），岳麓书社2008年版，第36—38页。
② 斌椿：《乘槎笔记》，《走向世界丛书》（1），岳麓书社2008年版，第111页。

通线’，又名‘电气线’，一时可传信千里。譬如由某国往某国有此电报，则两处各设一局，当中通一铜线，周于笔管，以印度树汁裹之，永不生锈。隔大海则置此线于海底，在陆地离数武立一杆，长有丈五者。杆首有瓷碗，将此线自碗内穿过，有时一杆上横数十条者。此线恒在轮车道旁。各局内皆有电气机、字母盘等物，镇日有人在内接送信文。有送信者，先将稿付于局内，其语贵简，局内按字数计费。主信者按稿上语言，一一在字母盘上以指按之。此处随按，彼处虽千万里亦随得之，其速捷于影响。盖各局案上皆有一小铜轮，大约五寸许，其上绕一白纸条，有信到时，纸条自放，其上自有红字印出，局人急以笔录，转为饬呈，豪无耽搁。”①

对于电报这一新鲜事，清政府持反对态度，把它视为洪水猛兽，认为“惊民扰众，变乱风俗”。直到清同治七年（1868）上半年，美国旗昌洋行与金利源码头货栈间，建成一条长达四千米的电报线路，作为内部通信，为上海电报业务的开端。

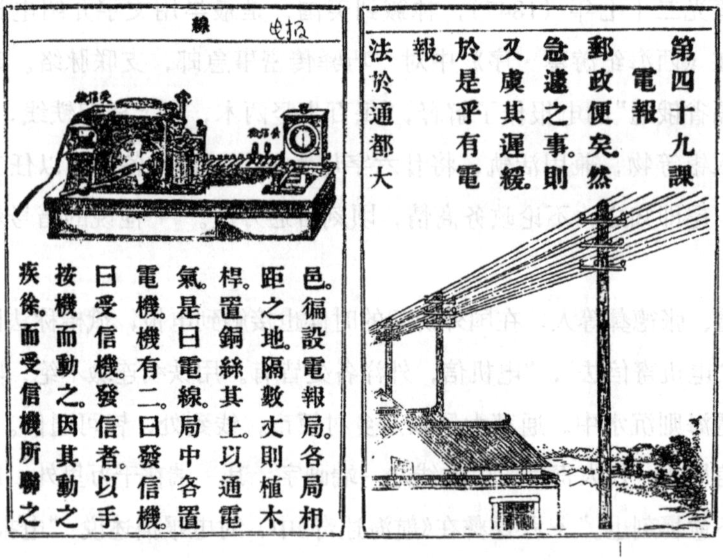

图 4-44　清·光绪十三年（1887）国文教科书上的电报图像

① 张德彝：《航海述奇》，《走向世界丛书》（1），岳麓书社 2008 年版，第 488 页。

清光绪二年（1876），上海可以在租界打电报到香港、广州和海外。光绪六年（1880）开始筹建三千里的津沪电报线。光绪十年（1884），建成了一条贯穿苏、浙、闽、粤四省的电报线。以后，电报线遍布各地，远及边远地区。随着电报在中国的发展，在学生的教科书中，也出现有电报的内容。光绪十三年（1887），一本国文教科书上，有一课文叫“电报”，文中配有两幅木刻图画，一幅是架设在电线木杆上的电报线，一幅是一架电报机，由发信机和受信机两部分组成（如图 4-44 所示）。

七、电话

中国人最初称电话为“德律风”。自莫尔斯发明电报后，信息的传送速度大大地加快了，无论两地相距多远，一瞬间就可以收到对方的信息。但是，一些有识之士并不满足，用电报传送信息还太慢。电报需事先拟好电报稿，还要用电码本译成电码，再把电报稿交给电报局拍发。回电同样要经过这样一个过程，往返一次要等不少时间。人们就想，既然用电流的断和通来传送电报，那么，能不能用电流断通来传送人的说话声音呢？

1876 年，美国费城举行了一次盛大的博览会，会上展出了当时世界上许多新发明。一天，巴西国王佩德罗二世莅临参观。国王兴致勃勃地观赏一只小盒子和听筒，年轻的发明家贝尔跑过来请国王把听筒放到耳边，而自己在远处讲话，国王听到贝尔的声音，大为震惊，高声地说：“我的上帝，他在说话呢！”贝尔告诉国王，这是 Telephone——电话。从此，电话和贝尔名字就远扬四海。

中国第一个接触到电话的人叫郭嵩焘，他是清朝第一任驻英国的公使。清光绪三年九月初十日（1877 年 10 月 16 日），郭嵩焘受英国工厂主毕蒂斯邀请访问他在伦敦附近的“电气厂办公地”，毕蒂斯特意请他参观刚发明的电话。郭嵩焘称之为“声报机器”。毕蒂斯将电话安装在相距约十丈的上下两个房间里。毕蒂斯的秘书对他说：“人声送入盘中，则铁饼自动，声微则一秒动至二百，声愈重则动愈速，极之至一千……铁膜动，与耳中之膜遥远相应，自然发声。”郭嵩焘听完介绍，“其理吾终不能明也。”之后，毕蒂斯又请郭嵩焘尝试一下打电话的滋味。郭嵩焘的随从张德彝去楼下，郭嵩焘在电话里问他：“你听闻乎？”张德彝答：“听闻。”“你知觉乎？”“知觉。”“请数数目字。”“一、二、三、四、五、六、七。”郭嵩焘在他的日记中写道：“其语言多者亦多不能明，惟此数者分明。”可见当时的电话的声音还不太清楚。

上海是中国最早有电话的城市，也是世界上最早有电话的城市之一。电话在上海的应用比电话发明只迟了一年。据说，在电话发明不久，在上海十六铺外滩，来了两个外国人，摆了两架电话机，供游客通话，每次收费三十六文，相当于一斤面粉、六枚鸡蛋和半斤甲鱼的价钱。

清光绪三年（1877），上海轮船招商局为了保持总局与金利源码头的联系，从海外买了一台单线双向通话机，拉起了从外滩到十六铺码头的电话线，这是上海出现的第一部电话。电话的神奇确实让人们惊叹不已，有位上海人听说虹口地方有此器具，乃偕几位朋友往试，一人一端，“相隔颇远，果能传言达语，不爽毫厘，且无论中外言语，俱能传达无差，虽远至数里，亦不有误”[①]。随着时间的推移，电话在传递信息方面的巨大优越性逐渐为中国人所认识，人们纷纷吟诗咏诵，晚清文人袁祖志在竹枝词《望江南》第二十四首云：“申江好，电线疾雷霆。万里语言同面晤，重洋信息霎时听，机括竟无形”[②]，说的就是引进不久的电话。

还有一件让人啼笑皆非的事。据说末代皇帝溥仪听庄士敦讲起电话的事，引起了他的好奇心，他叫内务府给他在养心殿安装一部电话机。一天，他从电话局送来的电话本上，发现了京剧名家杨小楼的电话号码，他对着话筒叫了杨小楼的号码，听到了对方的问话，他就学着京剧里的道白念道：“来者可是杨——小——楼呵？”“对方哈哈大笑起来”，问：“您是谁呀？”溥仪马上挂断了电话，蛮有趣的。

那时的电话是一种手摇磁式电话。电话机是一个一尺半长、八寸宽的木

---

① 《格致汇编》第十一卷，“互相问答”第 207 条，凤凰出版社 2016 年版。

② 黄式权：《淞南梦影录》，上海古籍出版社 1989 年版，第 142 页。

箱，钉在墙壁上，铃在箱上，两侧有摇柄和挂听筒的钩子（如图 4-45 所示）。打电话时，先摇手柄，再取听筒，等有了声音，对着话筒叫号，由电话局的接线员人工接通。

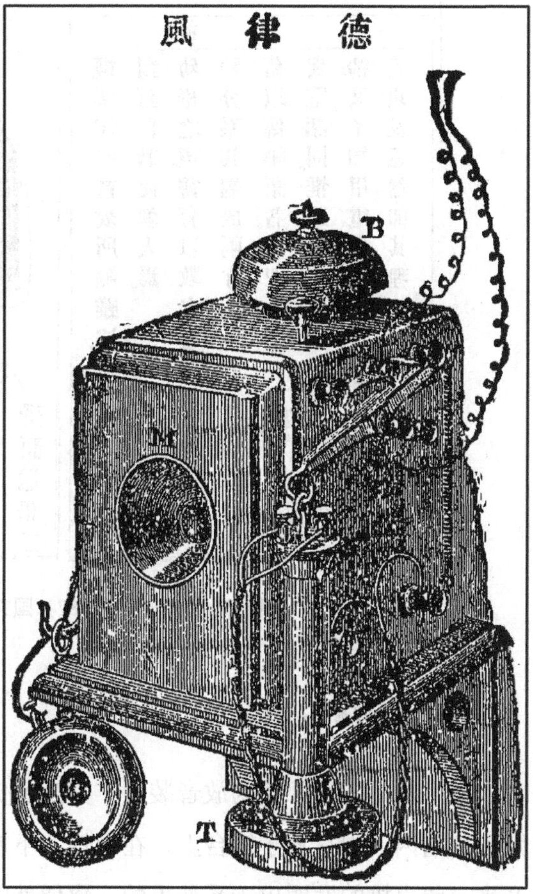

图 4-45 清末版画上的“德律风”（电话机）

可见，那时中国人对电话机的知晓程度已经是非常高了，一般的中小学生都知道电话机。在教科书中，有关于电话机的课文。如清光绪十三年（1887）的国文教科书中就有一篇关于《电话》的课文，并且还有一幅木刻图，图上有一个人正在打电话，还有一幅是人们小时候玩过的“土电话”，两个小孩，各拿一个竹筒，一个作为发声的送话筒，一个作为接听声音的受话筒，并用一根线将它们连接起来。一个小孩对着竹筒在说话，另一个小孩把竹筒放在耳旁在听对面小孩说的话（如图 4-46 所示）。这就是电话的原理。

《电话》课文中说“人之言语，轻者达数尺，重者达数丈。数丈以外，不复可闻。自有电话，则虽相去千里，而无语不可以达矣。电话之制，略如电报，而以受语送语二机，传达声音，故所隔虽远，对语自若，便孰大焉。幼稚之童，尝有以数丈之线，分系其端于两竹筒，而藉以传细语者，其理与电话同，惟选料不精，又不知用电，故未足以及远……”。课文将电话的原理讲得很清楚。

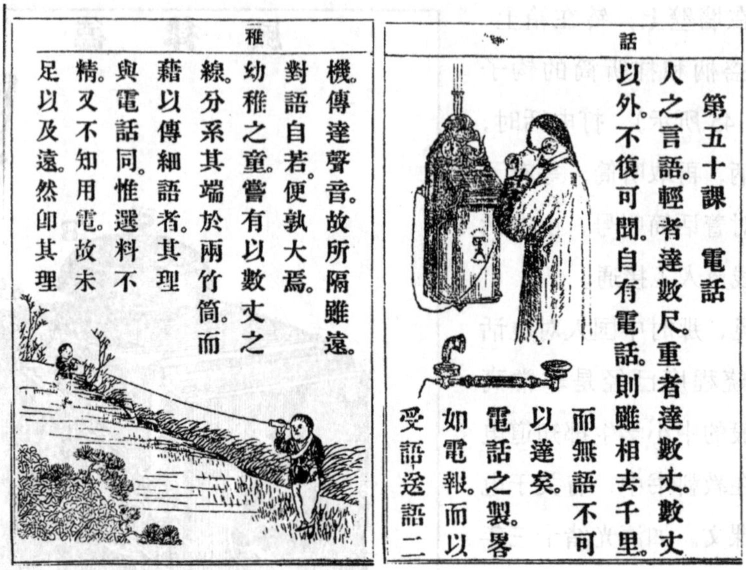
話

第五十課 電話

人之言語。輕者達數尺。重者達數丈。數丈以外。不復可聞。自有電話。則雖相去千里。而無語不可以達矣。電話之製。畧如電報。而以受語送語二

稚

機。傳達聲音。故所隔雖遠。對語自若。便孰大焉。幼稚之童。嘗有以數丈之線。分系其端於兩竹筒。而藉以傳細語者。其理與電話同。惟選料不精。又不知用電。故未足以及遠。然卽其理

图 4-46 清·光绪十三年（1887）国文教科书中的课文《电话》

八、留声机

留声机是一种原始的放音装置，其声音储存在唱片（圆盘）平面上刻出的弧形刻槽内。唱片置于转台上，在唱针之下旋转，就能还原出存储在里面的声音来。留声机的发明出于爱迪生的一次偶然的发现。

一天，爱迪生在调试炭精送话器时，因为他右耳朵的听力不好，就用一根钢针代替右耳，来检验传话膜片的震动。当他用钢针触动膜片时，随着讲话声调的高低，送话器发出了极有规律的颤音。

爱迪生心想："如果反过来，使短针颤动，能不能复原出声音来呢？"这个念头，让爱迪生激动不已。

1877 年 8 月 15 日，一台由大圆筒、曲柄、两根金属小管和模板组成的机器被制作出来，爱迪生取出一张锡箔，将它包在这台机器的一个刻有螺旋槽纹的金属大圆筒上，摇动曲柄，对着圆筒前的小管子，他声情并茂地唱起了一首儿歌《玛丽的山羊》："玛丽有只小羊羔，雪球儿似的一身毛，不管玛丽往哪儿去，它总是跟在后头。"

唱完后，爱迪生把圆筒转回原处，换上另一根小管子，慢悠悠地摇起了曲柄。这台机器唱出了刚才爱迪生唱的歌："玛丽有只小羊羔……"爱迪生"会说话的机器"就此诞生了。1877 年 12 月，爱迪生发明的留声机取得了专利。

清光绪三十年（1904），正逢慈禧太后的七十大寿，很多官员想尽一切办法来张罗礼品，其中有一款柜式留声机深得慈禧的赏识，那是美国的维克多公司生产的全球最早的柜式留声机。有段时间，慈禧太后迷上了西方的马戏、华尔兹舞和照相。宫女们经常听到，悠扬的华尔兹舞曲从慈禧的寝宫里传出，那就是她那台巨大的外国留声机发出的声音。有一次，慈禧太后在午餐时，还特别要求德龄、容龄两位公主跳华尔兹舞，她乜斜着眼睛，定神地观看。等她们跳完，慈禧高兴地说，这是很美丽的舞蹈。"这样一圈一圈地转着，你们不会觉得头晕吗？"

德龄公主在她的《德龄公主回忆录》中记有：一次，慈禧太后要看她们跳舞，对着她们说"你表演一下……我倒是很想看看"。"我便出去找我妹妹……妹妹说她曾经在太后房间里看到过留声机，或者可以用留声机给我们的舞蹈配上点音乐什么，我觉得这主意不错，就对太后说了……太后便让太监搬来了留声机。'你们在我吃饭的时候跳舞吧！'把整个曲谱都翻完了，我们才找到一支华尔兹，那是合适我们的音乐，而其他的大多是些中国小曲。"①

中国人最早见到留声机是一个叫郭嵩焘的清末官员，清光绪二年（1876）出使英国。在光绪四年四月十九日，他出席罗苐得斯阿陀卫、洛克斯两处茶会，是因为英国南堪兴坦博物馆迁馆五十周年纪念，那天罗苐得斯阿陀卫夫人为"邀视传声机器"举行茶会，有贝尔的电话、爱迪生的留声机等传声机器。在郭嵩焘的日记中大约是这样记述的：爱迪生为之演示。折视之，或如三寸小碟，炼薄铁片如竹萌嵌其中，安铁针其下，上施巨口，筒高二寸许以收纳声。另为铜圆筒，环凿针孔，用轴衔之。右端安机爪，上树铜片相对，如两旗相比，下垂铁杈。机爪上下转动，则机发而旗转，轮亦自动，推传声机器近逼转轮。则触筒孔自然发声。郭嵩焘还是最早拥有留声机的中国人，比慈禧太后

① 《德龄公主回忆录》，东方出版社 2012 年版，第 215—216 页。

还早。

在 20 世纪初，留声机开始在中国流行起来。从一幅清末上海小校场民间木刻版画《新刻话匣自唱时调》中，可以看出，留声机在中国上层社会中开始流行。图中的桌子上放着一台“会唱歌的盒子”——留声机，一个男人正在捣鼓这台机器，三个穿着华丽服饰的妇女，围坐在桌子旁，正在听着“唱歌的盒子”——留声机中传出的“时调”。还有两个男子，衣着同样华丽，手里拿着长长的烟管，一边抽着烟，一边站着听着“唱歌的盒子”——留声机中传出的“时调”。从他们的衣着打扮来看，一定是上层社会的官员、士大夫（如图 4-47 所示）。

图 4-47　清末上海小校场民间木刻版画《新刻话匣自唱时调》

九、望远镜

望远镜是 17 世纪西方的一项重要发明。1600 年，由荷兰米德尔堡眼镜师汉斯·利珀希所发明。那年，有几个小孩在他的眼镜店门前玩弄几片透镜，他们将两块透镜叠在一起看远处教堂上的风标，结果教堂上风标变大，教堂也变近了，这让他们高兴极了。利珀希当时也在场，他也拿起两片透镜叠在一起看，远处的教堂上的风标真的放大了许多。他赶紧跑回商店，把两块透镜装在一个筒子里，经过多次试验，造出了世界上第一架单筒望远镜。1608 年，他为自己制作的望远镜申请了专利。

17 世纪，望远镜来到了中国。最早是西方传教士阳玛若在明万历四十三年（1615）刊刻的《天问略》中讲到望远镜："近世西洋精于历法，一名士务测日月星辰奥理，而哀其目力尪羸，则造创一巧器以助之。持此器观六十里远一尺之物，明视之无异在眼前也。持之望月，则千倍大于常；观金星大似月……观土星……圆似鸡卵，两侧有两小星……观母星，其四周有四小星。"① 阳玛若所说的"持此器"指的就是望远镜。他在最后说："持此器至中国之日，而后详言其妙用"，表明当时的中国人还未见过望远镜。中国的第一架望远镜是在明天启六年（1626）由德国传教士汤若望携带来的，他还译了《远镜说》一书，介绍了望远镜的结构、原理和使用方法（如图 4-48 所示）。

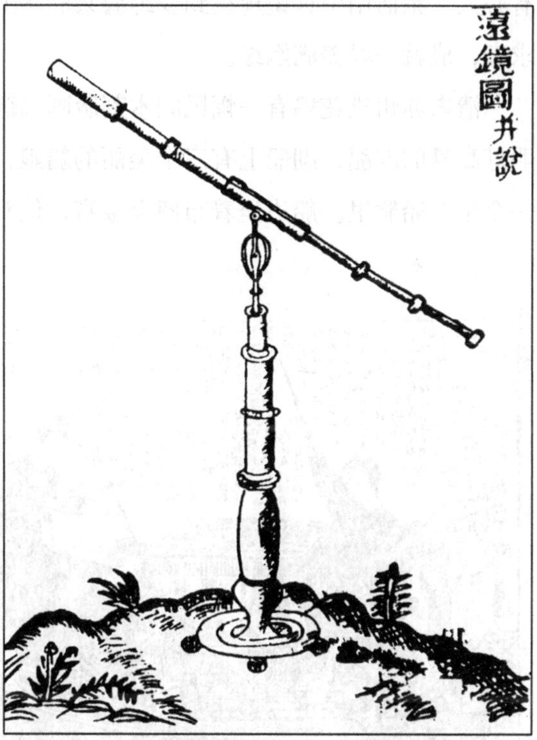

图 4-48　汤若望的《远镜说》中的"远镜图"

望远镜传入中国后，引

① 阳玛若：《天问略》，商务印书馆 1936 年版，第 104 页。

起了人们的好奇。明崇祯皇帝是中国最早用过望远镜的人。在明崇祯七年(1634)，汤若望在宫中“筑台”，崇祯亲临观看一架称为“窥筒”的望远镜，崇祯“颇为嘉奖”。

望远镜不仅供宫廷作天文观察，民间也有人用来窥视。如清代著名戏曲家李渔创作的小说集《十二楼》，里面有一篇《夏宜楼》，故事发生在浙江婺州府金华县，有个秀才，名叫瞿佶，字吉人。一天，他在一家古玩铺买到一架西洋千里镜（即望远镜）。据店主说：“登高之时，取以眺远，数千里外的山川，可以一览而尽。”可见，这是一架高清晰度的望远镜。他买了望远镜，在高山寺租了一间僧房，以读书登眺为名，终日用望远镜窥望一些大户人家的“锁在深闺人未识”的年轻未婚女子，给自己物色一个才貌出众的绝代佳人。皇天不负有心人，瞿佶用望远镜窥视到乡绅詹某的掌上明珠——詹娴娴，于是央人上门求亲，成就一段美满姻缘。

清末苏州桃花坞有一幅民间木刻版画《荡湖船》，湖边靠着一艘彩棚华丽、明灯高悬的湖船，湖船上有三个美丽的船娘，一个在摇橹，一个在撑船，还有一个坐在船舱里。船边坐着布商李金富，他头戴瓜皮帽，戴着一副眼镜，身穿

图 4-49 清末苏州桃花坞民间木刻版画《荡湖船》

长袍马褂，正在绘声绘色地讲述他的卖布经过。岸边站着骗子天明亮，也是头戴瓜皮帽，身穿长袍马褂，但他手里拿一架望远镜，正在窥视湖船上的船娘。见船娘美艳不绝，他借予望远镜，分散他们的注意力，将他们的衣物盗去（如图 4–49 所示）。

十、西式服饰

西方男子在工作、会客时常着西装、革履。它与世人习见的长袍马褂全然不同。西方人的这种服饰仪表和穿着也影响着中国人，最有趣的是一幅清末凤翔民间木刻版画《春牛图》，图上画一春牛背驮牡丹花盆，旁边站立的一个人，叫“芒神”，这位芒神身穿西服，脚着皮鞋（如图 4–50 所示）。

图 4–50　清末凤翔民间木刻版画《春牛图》

《春牛图》原本是中国古时一种用来预知当年天气、降雨量、干支、五行、农作物收成等资料的图鉴。传统的《春牛图》画一头牛及一个牵牛的“芒神”。春牛图左右两旁分别载有七言诗句，这些诗句是预测当年的天气及农作物收成。牛头代表当年的年干；牛身代表年支；牛腹代表纳音；牛角、牛耳及牛尾代表立春日的日干；牛颈代表立春日的日支；牛蹄代表立春日的纳音；牛绳代表立春当日的天干；牛绳质地代表立春当日的地支。并依干支的五行画颜色，属金为白色，属木为青色，属水为黑色，属火为红色，属土为黄色。另外，牛口合上，牛尾摆向右边代表阴年；相反，牛口张开，牛尾摆向左边代表阳年。图中的牧童，叫“芒神”，又叫“句芒神”，他原为古代掌管桠木的官吏，后来作为神名。他身高三尺六寸，象征农历一年三百六十天。他手上的鞭长二尺四寸，代表一年二十四节气。芒神的衣服以及腰带的颜色，甚至头上所束发髻的位置，也要按立春日的五行干支而定。当他没有穿鞋和裤管高束时，就代表该年多雨水，农民要做好防涝的准备；相反，双足穿草鞋则代表该年干旱，农民要做好抗旱蓄水的安排；又如一只脚光着，一只脚穿草鞋，则代表当年是雨量适中的好年景，农民要辛勤耕作，勿误农时。还有，如果他戴草帽意即天气阴凉；不戴帽则炎热。芒神的衣服与腰带的颜色，也因为立春这一天的日支之不同而不同，分别为亥子日黄衣青腰带；寅卯日白衣红腰带；巳午日黑衣黄腰带；申酉日红衣黑腰带；辰戌丑未日青衣白腰带。而牧童的鞭杖上的结也因立春日的日支不同而用的材料也不同，分有苎、丝、麻，用青黄赤白黑等五色来染。句芒的年龄也有喻意，幼年代表逢季年（就是辰戌丑未年）；壮年代表逢仲年（就是子午卯酉年）；老年是逢孟年（就是寅申己亥年）。另外，如果他站在牛身中间，表示当年的立春在元旦前五天和后五天之间；站在牛身前面，表示当年的立春在元旦五天前；站在牛身后面，表示当年的立春在元旦五天后。

图 4-51　清末苏州桃花坞民间木刻版画《春牛图》

《春牛图》是人们心目中寓意丰收的希望、幸福的憧憬以及对风调雨顺的祈求。它是中国民间最常见的吉祥图案，也是千百年来一直为人们喜闻乐见、长盛不衰的传统木刻版画的题材（如图 4-51 所示）。但前一幅《春牛图》完全颠覆了传统，句芒神身穿西装，头颈结领结，头发梳成西式的“飞机头”，脚穿皮鞋，一手持鞭杖，一手提一只水罐。

西方妇女的衣饰更为华丽，尤其在出入社交场所时穿戴得更为夸张，与当时中国妇女的衣饰形成鲜明的对照。在王韬的《瀛壖杂志》中，对西方女子是这样描述的：“西邦女子，姿质明莹，肌发光细，远望之殆若神仙。其服饰仿佛霓裳羽衣，疑非人间所有。出则以轻绡障面，如秋云之笼月。胸乳间湘裙围绕，长可垂地，步曳革履，足不迫袜，自觉纤柔多姿。云鬟则青丝覆额，贯以玳瑁之簪，其色微黄，然笄年以下女子，间有黑如点漆者。清瞳秋水，纤指春荑，玉骨冰肌，清极无比。江南固多佳丽，如此者吾见亦罕，殊令人有西方美人之思矣。”①

孙次公作诗咏西方女子：“腰支瘦削貌如花，窄袖宽裳走钿车。别有绉绨蒙素面，不教海国起风沙。”②

清代绵竹有一幅民间木刻版画《赏花少女》，一改以往民间木刻版画中的美人像，不再是一梳盘头，而是留齐眉发式，身着窄襟小袖的旗袍，旗袍原是满族人的服饰，后为清代女性的常服，下身穿遮住脚背的长裤，一双小脚隐约可见（如图 4–52 所示）。

图 4–52　清末绵竹民间木刻版画《赏花少女》

而《时装美人》中的美女，左手拿书，右手展扇当胸，长裙短袄，足穿花鞋，戴一顶西式荷叶凉帽，成为当时女子学堂女生的流行衣装（如图 4–53 所示）。

更有甚者，在美人画中出现了西方女

① 王韬：《瀛壖杂志》，上海古籍出版社 1989 年版，第 123 页。

② 王韬：《瀛壖杂志》，上海古籍出版社 1989 年版，第 110 页。

图 4-53　清末绵竹民间木刻版画《时装美人》

图 4-54　清末绵竹木刻版画《美人插花》

性穿着的高跟女鞋。如清末绵竹的一幅民间木刻版画《美人插花》，图上的美人头戴针织暖帽，身穿时尚冬装，圆形底襟短袖上袄，内套花袍，颈挂狐尾围脖，足蹬高跟皮鞋。双手向瓶中插一枝梅花（如图 4-54 所示）。

高跟鞋是一种鞋跟高于普通鞋跟的鞋子，穿着这种鞋子的人，脚跟明显比脚趾高。女性穿着高跟鞋不仅可以增加女性的高度，而且可以使女性的步幅减小，同时，由于重心后移，腿部挺直，臀部收缩，胸部前挺，使女人的站姿、走姿更富风韵、袅娜，所以受到时尚女性的欢迎。

据传，高跟鞋与 15 世纪一个威尼斯商人有关。据说他娶了一位美丽迷人的女子为妻，因他经常要出门做生意，又担心妻子会出轨，十分苦恼。一次雨天，他走在街道上，鞋后跟沾了许多泥，因而步履艰难。他为此也深受启发，请人做了一双后跟很高的鞋子。因为威尼斯是座水城，交通主要靠船，他想如果妻子穿上高跟鞋后，她就无法从跳板上走到船上，这样就可以把她困在家里。岂料，他的妻子穿上这双鞋子后，感到十分新奇，就由佣人陪伴，上船下船，到处游玩。穿高跟鞋走路的姿势反而好看，使她更加婀娜多姿，增加了美感。路人见之，纷纷回头观看。引得讲求时髦的女性争相效仿，因此高跟鞋很快便在女性中流行起来了。

《美人插花》图上出现穿高跟鞋的中国女性，反映了在清末民初，西方的服饰已经在城市上层人家中的时尚妇女中流行开来了。

明清以降，欧风东渐，西人入华对中国人的生活习俗和社会文化带来深刻的影响，不光是一些洋玩意儿传入中国，甚至还在中国建了许多西洋景。随着进入中国的西方人越来越多，西方的风俗习惯也在影响着周围的中国人，一些西式的生活方式和西方文化也在影响着中国人的传统文化观念。

尤其到了清末，当西方用坚船利炮轰开中国的国门之后，中国就沦为西方的半殖民地状态，朝权式微，军阀混战，国力衰败，民不聊生。清末民初，西方人得道，西风盛行，开埠之地国人学西方人之样，以西方人的所作所为之样而扬扬得意，处处洋相百出，加之社会急剧变化动荡不安，这些都为民间木刻版画的创作题材提供了“用武之地”。中国画师（雕刻师）采用西方透视画手法而作的“时事画”，画面构成紧凑，线条遒劲简洁，场景、人物都很生动，尤其对时事新闻的图像“报道”形式，令国人眼界大开。这种“时事画”的版画报道形式很快便风靡全国，有力地推动了西方风俗和西式文化在中国的广泛传播。

第五章

广而告之

自从制作版画的一种重要技术——雕版印刷术发明以后，广告可以被大量地印刷，并广泛传播，印制广告成为一种新的、更为成熟的广告形态出现在商品交换领域里。印制的广告，不仅有文字，而且还有版刻图像。版刻的图像广告种类很丰富，有各种各样的人物（包括人、神、佛像）图像、动物图像、花草图像、图案图像等。随着雕版印刷术不断成熟，书坊的业务类型也在不断地发生变化，广告画的印刷，也成了书坊业务的重要部分，出现了专门印制的单张广告画，相当于今天所说的招贴画。

第一节　版画与广告图像

广告与社会经济文化的发展密切相关，因此从古代的广告版画中不但可以读到广告所要传播的经济社会商品等重要的实用信息，还可以了解到当时社会的一种精神文化信息，尤其是版画广告所传达出的历史信息。

一、广告上的版画图像

随着商品经济的繁荣和发展，人们需要通过一定手段，向公众传递相关的商品信息来推销商品，这就是广告。现在，每个人对广告并不陌生，只要睁开眼睛，广告随处可见。每日的报纸杂志、电视广播，道路上行驶车辆的车身上，楼顶上的霓虹灯，甚至住宅的楼道和电梯间多充斥着各种广告。“在我们居住的城市里，我们每天都看到大量的广告影像。再没有任何别的影像这样俯拾皆是。历史上也没有任何一种形态的社会，曾经出现过这么集中的影像、这么密集的视觉信息。”①

由于图像比文字更容易被人们所接受，所以大多数广告采用图像，或者图文结合的形式发布。即使在古代，图像也是宣传商品最好的媒介，因此，在

① ［英］约翰·伯格：《观看之道》，广西师范大学出版社 2005 年版，第 139 页。

古代的广告上有许多用雕版印制的图像。今天，我们通过这些图像，不仅可以了解古代的商品信息，而且还可以揭秘当时社会的文化历史信息。

我国的广告历史十分悠久，在一些史书上记载了许多有关古代广告的故事。

在《韩非子·外储说右上》上，记有："宋人有沽酒者，升概甚平，遇客甚谨，为酒甚美，悬帜甚高著……"①，即指前6世纪宋国的酒店招幌广告（如图5–1所示）。

图5–1 明刻本《红拂记》中酒店招幌

现在，名人做广告十分流行，其实，这也不算什么新鲜事，古代早已有之。有一则"当垆卖酒"的故事，出自《史记·司马相如列传》："相如与（卓文君）俱之临邛，尽卖其车骑，买一酒舍酤酒，而令文君当垆。相如身自著犊鼻裈，与保庸杂作，涤器于市中。"汉朝大才子司马相如才华横溢，仪表堂堂，但郁郁不得志。他回家乡四川临邛，大富豪卓王孙请他去饮酒。他听说卓王孙的女儿卓文君风姿秀美，擅长音律，便欣然赴宴。当时卓文君新婚刚寡，正在娘家休养。她素来仰慕司马相如的文才，便躲在屏风后面偷看司马相如，酒桌上主宾甚欢，有人请司马相如当场抚琴。他早就看到屏风后面的卓文君，就弹了一首《凤求凰》表达自己的爱慕之情。卓文君听出了

① 韩非子：《韩非子·外储说右上》，《二十二子》，上海古籍出版社1986年影印本，第1164页。

图 5–2 明 · 万历年间（1573—1619）金陵富春堂刻本《新刻出像音注司马相如琴心记》中的“文君当垆卖酒”

司马相如的心意，两人倾心相恋，是夜携手私奔。后来，因生活所迫，两人又回到临邛，开了一家小酒店。卓文君当垆卖酒，司马相如打杂。“垆”就是酒铺里或门口安放酒瓮的土台子。卓文君也是一位才女，在当地有一定的名望，而且也是当地一位大美人。酒是文人墨客的最爱，因此，酒店也是文人墨客经常出没的地方，有这样一位既有才，又长得漂亮的女人在垆边卖酒，定会吸引不少文人墨客，酒店的生意自然会兴旺起来（如图 5–2 所示）。这恐怕也是古代名人做广告的一例！

名人的广告效应还有一例。《晋书 · 王羲之传》记有：“在蕺山，见一老姥持六角竹扇卖之，羲之书其扇，各为五字，姥初有愠色。因谓姥曰：‘但言是王右军书，以求百钱邪。’姥如其言，人竞买之。”这则故事是说：有一天，王羲之在街上遇见一位老妇人，正在卖扇子。王羲之话也不说，在每把扇子上都写了五个字。老妇人不知他是何人，顿时面露愠色。王羲之说：“你只要说王右军书，以求百钱。”老妇人将信将疑，一把扇子才值几个钱，你在扇子上写了五个字，就可以卖一百钱？但她只得照他说的去做，在街上吆喝起来。果然，人们竞相出高价来买，而且很快就把扇子卖光了。

这是原始做广告的方法之一，用名人来吆喝，历史很悠久，直至现在，人们还可以在大街小巷中见到。后来，又出现旗帜、招牌、门匾、幌子、彩楼、彩灯、绘画等各类广告，有的上面除了文字外，还有图像，如宋代出现的最早的“广告画”《眼药酸》(如图 5–3 所示)，它是一幅绢画，现藏故宫博物院。“眼药酸”的“酸”字，一般是指秀才士子不太懂世情的腐儒行径。《眼药酸》本是宋代的一出杂剧，剧中的眼科郎中是一位青年士子。他沿街兜售眼药时，碰上一位市民，就指他的眼睛说有病，结果由于不识时务，反被那个市民打了一顿棍子。

图 5–3 宋·杂剧《眼药酸》

“广告画”《眼药酸》实为宋代杂剧的一张“海报”，高二十三点八厘米、宽二十四点五厘米。图上有两个穿着戏装的人物：左面是一个扮作眼科郎中的演员，头戴皂色高帽子和橙色大袖宽袍，前后挂满绘有眼睛的幌子，斜背的药袋上有一只浓眉大眼。众多的眼睛幌子，表明他是一位眼科郎中。在宋代，各种行业的服装都有一定的规定，眼科郎中衣着是长袍戴冠，挎绘有眼球的药袋。他伸出右手，食指直立，拇指朝前，对着面前患者的右眼，似做治疗状。右面是患眼疾的市井游民。他右肩负杖，腰间插一把破扇，上有草书“诨”字。他的头巾扎成冲天状，身穿圆领青衫，衣角扎入腰带，白裤练鞋，袖捋至肘，有意露出手臂上的“点青”，一副市井游民打扮。“点青”又名扎青，就是文身、刺花，是古老的吴越民俗“祝发文身”的遗存，是宋代非常流行的一种习俗，多为市井游民所好。这幅图像除了向我们提供了宋代推销药物的信息外，还向我们提供了宋代的一些民俗，如宋代的“职业装”，宋代郎中行医的方式，宋代市民的打扮和民俗等，这为研究宋代社会文化提供了有用的图像资料。英国图像学学者彼得·伯克在《图像证史》中说：“图像可以让我们更加生动地‘想象’过去……我们与图像面对面而立，将会使我们直面历史……图像本身却是认识过去文化中的宗教和政治生活视觉表象之力量的最佳向导。”①

随着雕版印刷术的发明，更多的带有图像的广告出现在商业活动中。据王伯敏先生介绍，在抗日战争前一年，上海一家日本商人那里印得过一幅宋代金属（铜）印版印制的“万柳堂药铺”的广告，上面绘有患者各种表情的图像。广告“作正方形，约有六七寸见方大小，四周有花边，上边花纹间刻‘万柳堂药铺’五字，又在左端刻‘广都曹’小字。右一角缺，有两图，两样内容，图的上边是说明文字，已模糊不清，仅在一图之上，尚能见‘气喘’与‘愈功’等数字，刻有‘气喘’文字之下一图，画有二人，一个作气喘状，虽眉目不清，但能见其痛苦之状，另一人手持一物，已分辨不清，下身线纹模糊，但能窥见其人精神健旺，眉宇轩朗，背景作室内中堂，尚有器物。看了这幅画，可知这是药店宣传他们药物功效的神速。一作气喘的，大概是表示患病者，另一人精神健旺，大概表示已服了药物而痊愈。另一图，刻画一只仙鹿，有一人在山边采灵芝（或采药），因大都模糊、不明其意，总之都与药店宣传有关。”②广告中的“曹”，王伯敏先生疑为“曹仁”。曹仁是宋代四川著名的刻工。在《天禄琳琅》中，有“河东裴氏考订诸大家善本，命工锲，于宋景定辛酉季夏（1261）至咸淳甲戌（1274）仲春工毕，把总镌手曹仁。”③广都，今成都双流。可惜，在王先生的《中国版画通史》中，未见到此幅铜版画，也许已经遗失了。

印制广告要比以前的各种广告，如实物广告、叫卖广告、文字广告、音响广告、招幌广告、灯笼广告、彩楼广告、草标广告、姓氏广告、名人广告等具有更广泛的传播范围，这是广告传播技术的重大发展，对当时的物质生产、商品交换和大众消费起着积极的推动作用。

二、最早的雕版印制广告

雕版印刷术发明后，印制广告也初露端倪，最早只是在一些印刷品（如

① ［英］彼得·伯克：《图像证史》，北京大学出版社 2008 年版，第 9 页。

② 王伯敏：《中国版画通史》，河北美术出版社 2002 年版，第 33 页。

③ 于敏中等：《天禄琳琅书目》卷十，中华书局 1996 年版。

佛经、书籍、历书等）上加印制人的名氏，购买的地点等。广告本意就是广而告知的意思，在印刷品上印上了印制人的名氏，购买地点等，就是向公众公开而广泛地传递销售这些印刷品的信息，这样的宣传手段就是广告。

在敦煌出土的一本印本残历上，印有“上都东市大刁家大印”的字样（如图 5-4 所示）。“上都”就是当时唐朝的首都长安。“上都东市大刁家大印”，意思就是由长安东市的刁家印制，让人们知道在长安东市的刁家可以买到这些雕印的历书。

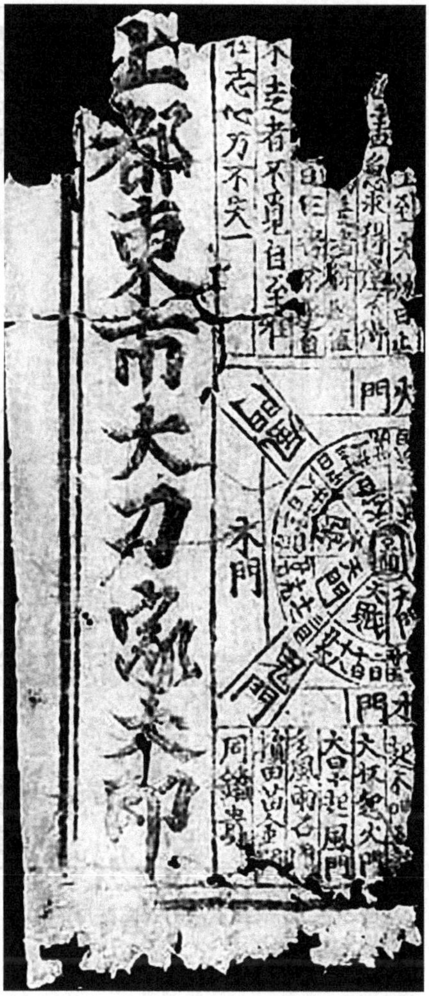

图 5-4　敦煌出土的残历上有“上都东市大刁家大印”字样

1944 年，在我国成都东门外望江楼的一座晚唐墓葬中，从女主人尸骨臂上的银镯子内发现一张一尺见方（三十四厘米宽，三十一厘米长）的印刷佛教经咒《陀罗尼经咒》(如图 5-5 所示)。“陀罗尼”是古印度语，汉文意思是“真言”“总持”“持明”“咒语”“密语”。“经咒”是宗教的经文和咒文。在《陀罗尼经咒》上，中央是一尊坐在莲花座上的佛像，四周环以梵文经咒。经咒外还有一圈小佛像和手印等。经咒右边刊有一行文字，文字虽已残缺，但尚可辨认：“成都府成都县□龙池坊□□□近卞□□印卖咒本……”在这幅佛教经咒《陀罗尼经咒》上，这行简单的文字，表明了经卷的生产单位、销售地址，告诉需要这幅经卷的人到哪里可以买得到。这是最原始的做广告方法之一。成都府是在唐肃宗至德二年（757）时，由蜀郡改称的。同时，墓中还发现，唐会昌元年（841）至会昌六年（846），在益州铸

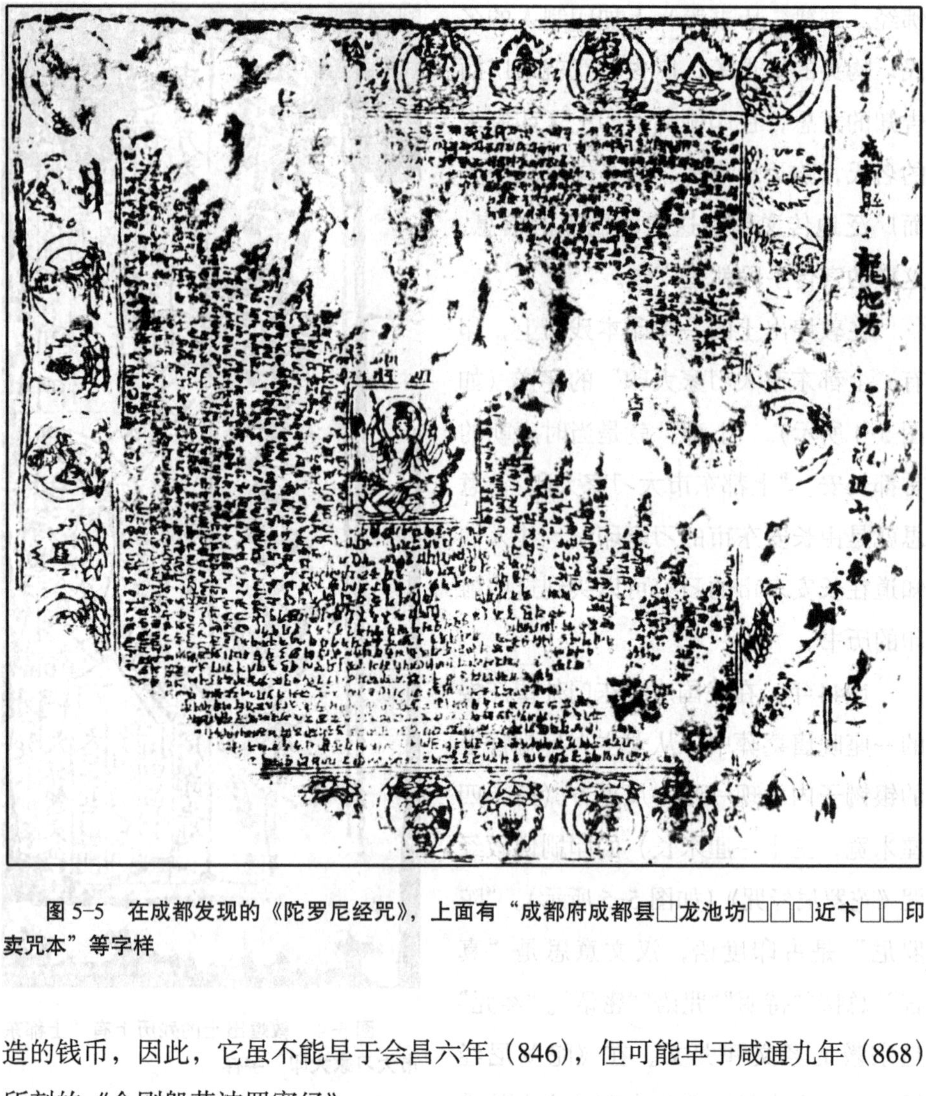

图 5-5　在成都发现的《陀罗尼经咒》，上面有“成都府成都县□龙池坊□□□近下□□印卖咒本”等字样

造的钱币，因此，它虽不能早于会昌六年（846），但可能早于咸通九年（868）所刻的《金刚般若波罗蜜经》。

伴随雕版印刷技术的发展，印刷媒介在广告信息传递方面开始发挥巨大的优势。作为唐宋以后出现的一种新型广告媒介，其表现形式和表现内容在商家的经营活动中日益丰富起来。

1946年，抗日战争胜利后，上海市立博物馆拟复馆。中国著名的历史学家杨宽先生喜欢逛古玩市场，一天，他在一家古玩店铺里，发现一块上面刻有“济南刘家功夫针铺”字样的铜版。这块并不被别人重视的铜版，引起了杨宽先生的注意，经他仔细观察研究之后，认为“这是一件很难得的珍品”，便买了下来，并将其带回，放在准备复馆的上海市立博物馆里。1957 年，中国广告界的先驱徐百益先生，在上海博物馆发现了这块铜版。经过他仔细研究后认为，刻有“济南刘家功夫针铺”的铜版，是一块宋代印制广告的版子①(如图 5–6 所示)。它是目前已知的中国乃至世界最早印制广告的实物。

图 5–6 世界上最早印制广告的印制铜版和印刷广告“济南刘家功夫针铺”

这块近乎四方的铜版，宽十二点五厘米，长十三厘米。版面以双线为框，内分三层。第一层栏内，阴刻楷书“济南刘家功夫针铺”八个字。第二层栏内中部系一幅“白兔持杵捣药”图。这块已有千年历史的铜版上，持杵捣药的兔子仍在不断地捣药，真应了“天上方一日，世间已千年”的一句老话。

两侧分别刻有四个楷书阳文，连起来为“认门前白兔儿为记”。第三层栏内则是七列楷书阳文，每行四字，从右往左，全文是：“收买上等钢条，造功夫细针，不误宅院使用，转卖兴贩，别有加饶，请记白”。

整幅广告图文并茂，言简意赅。上部的“白兔”应是那只在月宫里陪伴嫦娥的玉兔，它捣药使用铁杵（或玉杵）可谓家喻户晓，会让人联想起谚语“只要功夫深，铁杵磨成针”，他们正是靠“铁杵磨成针”，造出“功夫细针”，非常贴切。针是做女红不可或缺的工具，买针的多为女性，但在古代的中下层女性中，识字的人不多，一幅简单明了、吸引女性喜欢的图像，更容易被女性顾客所接受，这幅广告中的图像不得不令人点赞称道。这表明北宋私营工商业已

① 任宇波：《最早出现的商标广告实物：“刘家功夫针铺”》，《大众日报》2012 年 10 月 9 日。

有了极大的发展，从“济南刘家功夫针铺”的广告中，无疑可以读出意蕴极大的商业信息，触摸到当时古人的广告创意。广告上，“济南刘家功夫针铺”是店铺字号，并没有明确的商家产地，要买家“认门前白兔儿为记”，从图像学角度来看，图中的“捣药白兔”图案成为买家的视觉识别系统，比用文字标明商家地址更容易被买家识别。商家的地址在广告上已无关紧要了，只要看“捣药白兔”的标记就可以了。这也表明这家商铺在山东济南已有一定的知名度，在济南的商业街中，很容易见到这只“捣药白兔”的形象。

这块流传了已有千年历史的宋代广告铜版，至今用刷子蘸墨，均匀地涂布在它上面，把白纸覆盖在铜版上，再拿一把干净的刷子，在纸背上轻轻地刷一下，一页清晰的广告就印制出来了。

用铜版快速印刷出来的广告纸，既可以做广告的招贴纸，具有广而告之的效果外，又可以做针铺的包装纸。这种印有广告的包装纸，叫作“仿单”，又叫“裹贴”。但从这块铜版的大小来看，如做广告招贴纸，似乎小了一点，做“仿单”比较合适，四寸见方大小，可以包两寸大小的针。有了“仿单”的包裹，使细小的针，拿取比较方便，“仿单”上的广告图像又可起到宣传推广作用。

“济南刘家功夫针铺”的印刷广告要比西方公认的最早的印刷广告（1473年）早许多年。它比英国的第一个出版商威廉·卡克斯顿（1422—1491）为宣传宗教书籍印制的广告早三四百年。因此，这块宋代的广告铜版声名鹊起。现在，这块“济南刘家功夫针铺”的广告印版已藏于中国历史博物馆。

1985 年 8 月，在湖南省沅陵县发掘的一座元代墓葬中，出土了两张印有商品广告的包装纸，包装纸比济南刘家功夫针铺的仿单要大，有一尺见方，完整无缺，系质地较好的黄毛边纸。包装纸的正反两面皆印有狭长的载有文字的图案，图案的四周为花边边框，上部边框上有似如意花纹，下部边框下有莲花座，图案中间有一段很长的文字，十分清晰。文字为：“潭州升平坊内白塔街大尼寺相对住危家，自烧洗无比鲜红紫艳、上等银朱、水花二朱、雄黄，坚实匙箸。买者请将油漆试验，便见颜色与众不同。四方主顾请认门首红字高牌为记”(如图 5-7 所示)。

这是一张卖油漆的广告纸，向油漆用户传递了这样一些信息：买油漆的地

图 5–7　元·高牌油漆广告

址，所卖油漆的种类和品质，油漆用的工具，店家的标记等，几乎都是买家最关心的问题。

这张广告的设计形式，可能源于古代书籍中的牌记。牌记又称“木记”“刊记”“本记”“墨围”“碑牌”“牌子”或“书牌”等，专门用来记录刊刻者姓名、书店名号、刊刻的时间等，有的还将刻书的情况、内容提要、图书的广告宣传等文字刊刻在上面。在元代雕版印刷的书籍中，这种形式的牌记屡见不鲜，如定宗四年（1249）蒙古平阳府张存惠晦明轩刊刻的《重修政和经史证类备用本草》中的牌记，是一幅“龟趺螭云”图（如图 5–8 所示），上部是用螭云纹作装饰，螭是一种无角的龙，用阳刻，细腻、精致；中间是文字，四周用文武线作装饰；下部是龟趺，龟趺是一座龟形碑座，昂首的巨龟背负着一块石碑。这只巨龟叫“赑”，传说它力大无比，能负重。

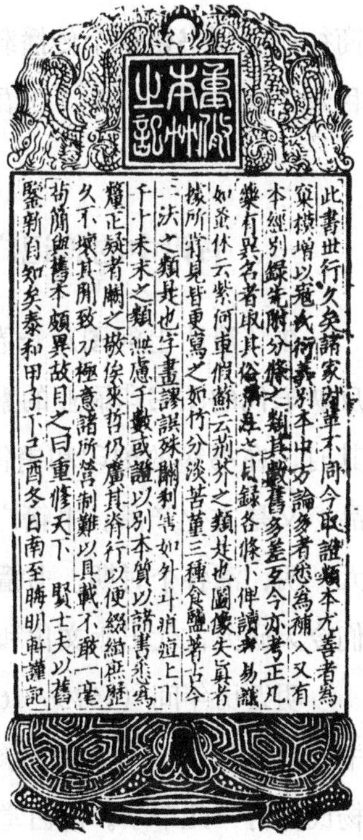

图 5–8　定宗四年（1249）蒙古平阳府张存惠晦明轩刊刻的《重修政和经史证类备用本草》中的牌记“龟趺螭云”

高牌油漆广告中所说的“潭州”即今长沙。七八百年前，这家油漆店开在长沙城升平坊，他们生产的油漆，与众不同，坚实匙箸，门首有红字高牌。在这张广告纸上将高牌油漆店的地址、所售商品的质量和特性、商标等交代得清清楚楚。同时，透过这张广告纸，可以感受到，元朝长沙地区商业的兴旺发达和竞争的激烈程度。

第二节　书籍广告中版画图像

雕版印刷术发明以后，图书印刷业渐渐兴旺起来。书籍会随着人的流动，而流向全国各地。它打破了地域的限制，成为广告的最好载体。因此，古代书商往往会用书籍这个传播载体来为自己的书坊做广告宣传，常在书籍的封面、目录、序文等处，以“刊语”或“牌记”等形式来宣传自己的书坊。

一、书籍中的牌记广告

在《清明上河图》长卷中出现过的当时“书坊”景象（如图5-9所示），反映宋代的图书印刷业的繁荣和发达程度，同时书商之间的竞争也日趋激烈。其时，在书籍的刻印和销售过程中，书籍广告便应运而生。因为书籍既是商品，又是文化产品，书籍广告便具有文化广告和商品广告的双重性质。在宋、元、明、清各个时期，书籍广告屡见不鲜，尤其是书籍广告中的图像，它对我们今天研究古代出版文化和版画史都是极为重要的视觉史料。

明万历年间（1573—1619）刊刻的《京本通俗演义按鉴全汉志传》中，在书末有一块牌记，牌记的图上有个小男孩手举一块牌子，上面写着：“清白堂杨氏梓行”几个字。清白堂是建安的一家书肆，业主杨涌泉。业主杨氏之所以要在书末增加一幅木刻版画，是有他的道理的。从此书的序言中，我们可以得知，这本书已是三易其主，最早在明万历十六年（1588）秋月，由书林余氏克勤斋梓，后来又改为“爱日堂刘世忠梓行”。爱日堂也是建安的一家书肆；最

图 5-9 《清明上河图》中的“书坊”

后归“清白堂杨氏”。清白堂杨氏在梓行这本书时，在书末加上牌记，表明是他们刊行的，以区别余氏、刘氏的刊本（如图 5-10 所示）。这幅牌记其实就是一则广告，告诉读者此书已改由清白堂梓行，请读者注意，不要误认为是余氏、刘氏梓行的。小男孩手举的牌子就像商店的一块招牌，用在这里也十分贴切。

类似这样的广告，还有明宣德十年（1435）金陵积善堂刊刻的《金童玉女娇红记》。《金童玉女娇红记》是一本戏曲书籍，取材于北宋宣和年间（1119—1125）一个真实的故事，描述王娇娘和书生申纯的爱情因不被准许而双双殉情的悲剧。

《金童玉女娇红记》的牌记上有一个举着“魁本娇红记”旗子的“金童”，头上飘着一朵祥云，画面生动活泼，刻工粗拙有趣。图旁有一行“金陵乐安新

图 5-10　明·杨氏刊本《京本通俗演义按鉴全汉志传》中的牌记

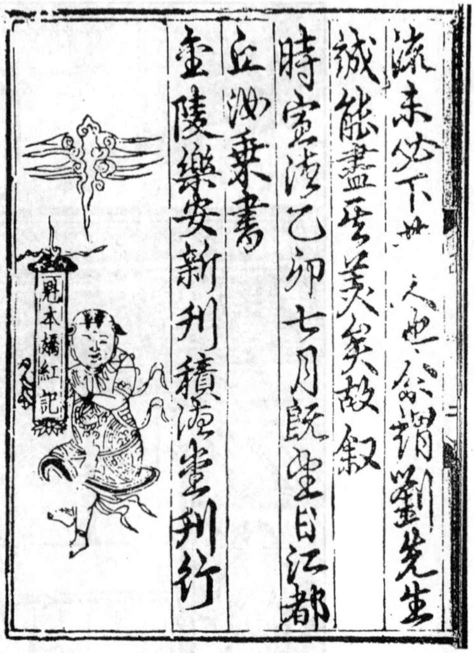

图 5-11　明·宣德十年（1435）金陵积德堂刊刻的《金童玉女娇红记》

刊积德堂刊行”的文字（如图 5-11 所示）。

明弘治十一年（1498），京师金台岳家刊刻的《新刊大字魁本全相参增奇妙注释西厢记》（简称《奇妙注释西厢记》）的书尾牌记上，刊有金台岳家书铺的出版说明：“尝谓古人之歌诗，即今人之歌曲。歌曲虽所以吟咏人之性情，荡涤人之心志，亦关于世道不浅矣。世治歌曲之者犹多，若西厢曲中之翘楚者也。况闾阎小巷，家传人诵，作戏搬演，切须字句真正，唱与图应，然后可。今市井刊行错综无伦，是虽登垄之意，殊不便人之观，反失古制。本坊谨依经书重写绘图，参订编次大字魁本，唱与图合，使寓于客邸，行于舟中，闲游坐客，得此一览始终，歌唱了然，爽人心意。命锓梓刊印，便于四方观云。”（如图 5-12 所示）在这里，书商极力表明《奇妙注释西厢记》处处在意读者的需要。为了大众需要，让读者在旅途中、休闲时可以阅读，提供有插图的唱本，不仅方便读者欣赏娱乐，而且注意画面和文字的结合，进而达到“爽人心意”的传播效果。这则书籍广告要比前面几则广告更简单直白，在装饰上没有人物

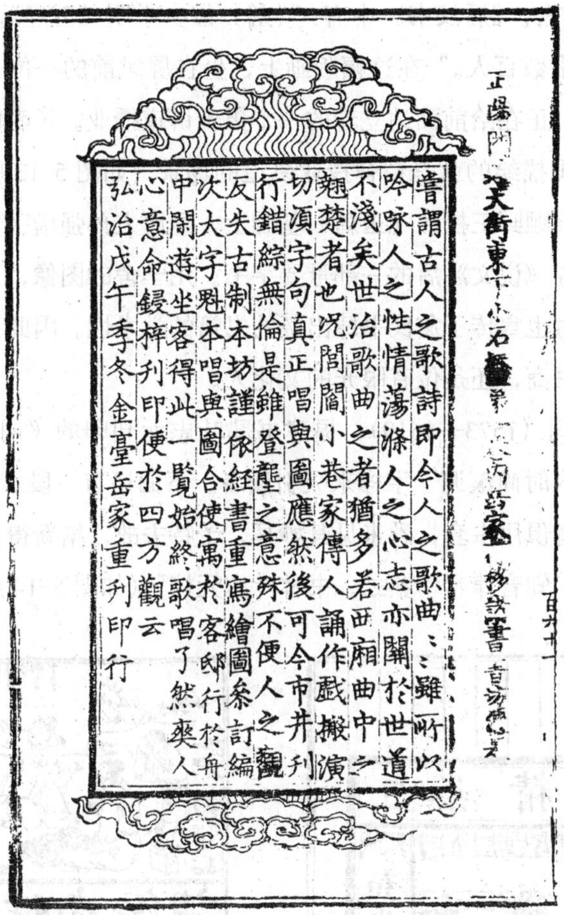
嘗謂古人之歌詩即今人之歌曲〻〻雖所以
吟咏人之性情蕩滌人之心志亦關於世道
不淺矣世治歌曲之者猶多若西廂曲中之
翹楚者也况閭閻小巷家傳人誦作戲搬演
切須字句真正唱與圖應然後可令市井刊
行錯綜無倫是雖登壟之意殊不便人之觀
反失古制本坊謹依經書重寫繪圖參訂編
次大字魁本唱與圖合使寓於客邸行於舟
中閑遊坐客得此一覽始終歌唱了然爽人
心意命鋟梓刊印便於四方觀云
弘治戊午季冬金臺岳家重刊印行

图 5-12　明·弘治十一年（1498）京师金台岳家刊本《新刊大字魁本全相参增奇妙注释西厢记》中的牌记

图案，上下只有用简单的云纹作装饰。这则广告文字同时也反映明代书籍出版十分重视书籍中的图画。

二、图文巧妙结合的广告

明弘治五年（1492），建阳詹氏进德书堂重刊的《大广益会玉篇》中，有一幅“三峰精舍”图，右面一行字“弘治壬子孟夏之吉”是刻书的时间，左面一行是“詹氏进德书堂重刊”是刻书的书店名号。图上有“三峰精舍”四字。

“精舍”就是学舍。《后汉书》中有：“（刘）淑少学明《五经》，遂隐居，立精舍讲授，诸生常数百人。”在这幅版画上，坐在屏风前的一位长者，手中拿着一本翻开的书，正在给前面站立着的一个男子讲道授业。长者的身旁站着一名书童。这幅版画描绘的就是精舍授业讲道的场景（如图5–13所示）。《大广益会玉篇》是在梁顾野王撰的《玉篇》基础上，经唐人孙强增字和宋人陈彭年等重修而成的，继《说文》后的一部重要字书。用学舍的图像，正符合这部书的学术地位，同时也宣传了詹氏书肆出版的书籍的学术性。因此，这位书肆的主人不只是一个书商，还是位有眼光的文化人。

明万历年间（1573—1619），福建书肆叶志元刊印的《词林一枝》，在封面上标称“海内时尚滚调”字样来吸引读者。下面还有一段妙文：“千家榜锦，坊刻颇多，选者俱用古套，悉未见其妙耳，予特去故，增新得京传时兴新曲数折，载于篇首，知音律者幸鉴之。书林叶志元梓”（如图5–14所示）。

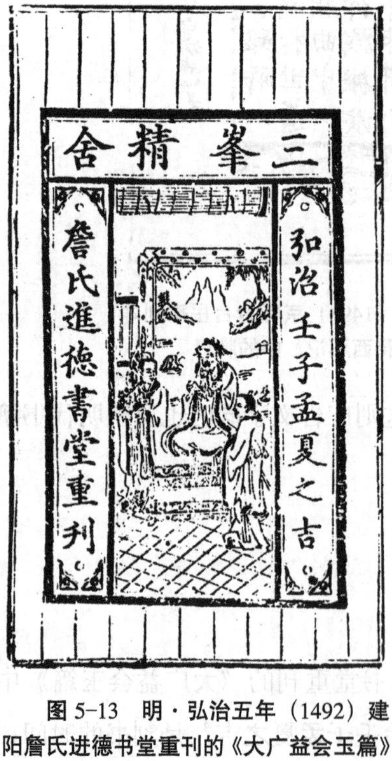

图5–13　明·弘治五年（1492）建阳詹氏进德书堂重刊的《大广益会玉篇》中的“三峰精舍”

图5–14　明·万历年间（1573—1619）福建书肆叶志元刊本《词林一枝》的封面

这些其实都是书籍广告，除了上面的文字，如宣传书中的与众不同的“时尚”曲调，是“知音律者幸鉴之”。上面的图画展示的“授业讲道”，或“饮茶听曲”的场景。前者，老者双脚屈坐在讲坛上，正在授课；后者，两个书童，一个在煮水烧茶，另一个手捧茶壶。两个老人正在听一个手舞足蹈的年轻人唱曲。

三、广告达人余象斗

四百多年前，有一位非常有商业头脑的书商叫余象斗，名文台，字仰止。他一生编辑和刻印过许多书籍，仅小说就有《唐国志传》《大宋中兴岳王传》《南北两宋志传》《东西两晋演义》《英烈传》《列国志传》《二十四帝通俗演义全汉志传》《大宋中兴演义》《三国志传》《万锦情林》等。他开有两间书铺，一间叫“双峰堂”，一间叫“三台馆”，故自称“三台馆主人”。余象斗可以称得上是一位出色的出版家。不仅如此，他还是一位懂得图书经营的行家，懂得招徕读者的诀窍。他非常善于用广告，扩大“双峰堂”和“三台馆”的影响，宣传推销他刻印的图书。他甚至不惜将自己的形象印在书的封面上，让读者对“三台馆”和“双峰堂”留下深刻的印象。

明万历年间（1573—1619），他刻印的一部明代传奇小说丛编类书《新刻芸窗汇爽万锦情林》的封面上，有一幅“三台山人余仰止影图”，图中一名女仆手捧一只茶盘，盘上放着一杯茶，端给坐在书桌前的三台馆主人余象斗。余象斗高坐在案桌前，桌上放置着笔墨纸砚和一叠文稿，正在凭几编文。另有一名书童手持扫把正在房前清扫。余象斗背后的屏风上有一匾额，上面写着“三台馆”三个大字。图上方有“双峰堂余文台梓行”几个大字，非常引人注目。图下有一段对书籍《万锦情林》内容的介绍文字，写得也非常精妙：

> 一汇钟情丽集，一汇三妙全集，一汇刘生觅莲，一汇三奇传，一汇情义表节，一汇天缘奇遇，一汇传奇全集，更有汇集诗词、歌赋、诸家小说甚多，难以全录于票上，海内士子买者一展而知之。

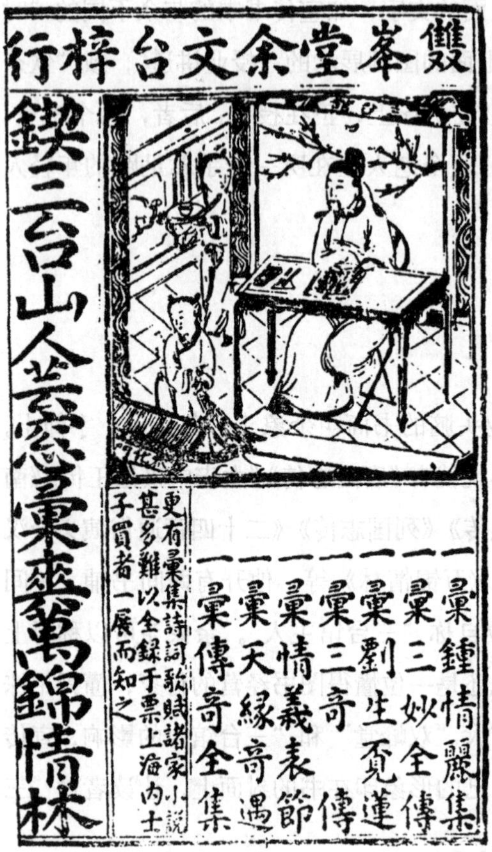

图 5–15　明 · 万历年间（1573—1619）双峰堂刊本《万锦情林》中的封面

这段文字最为精彩的是“买者一展而知之”几个字（如图 5–15 所示），让买者买后，打开书就知道他在书前介绍的内容，他的推销策略很是高妙。

余象斗的图像不止出现在一本书上，还有一本《仰止子详考古今名家润色诗林正宗十八卷》也载有他的图像。这是一本供作诗者翻阅词句的词书，按照韵脚编排，把一些词句排在一起，初学者，只要翻阅一下，加上自己写的几句，就可以做成七言四句、五言八句诗。在这本书的目录前，有一幅余象斗的图像：“三台山人余仰止影图”。这幅图像不仅幅面远比前一幅大，而且采用了阴刻和阳刻，书桌上的文稿、笔墨，水池的栏杆，烧水的炉子，花架，屋檐等都用的是阴刻，其他地方则用阳刻，强烈的黑白对比，使画面有更为丰富的视觉感。整个画面富有浓厚的生活气息。在一座书堂里，上面有一块“三台馆”的匾额，两旁挂着一副对联：“一轮红日展依际，万里青云指顾间”，附有吉祥的含义。屏风前的书桌上放有笔墨、文稿，一位风雅文静的老夫子坐在书桌前，正在悠然自得地编辑书桌上的文稿。不用说，这位老夫子就是明代著名出版家余象斗。这幅图上人物众多，余象斗身旁站立的女仆手捧一只茶盘，正在将一杯茶水端给余象斗。旁边一个书童正在煮水烹茶。他用一根竹管，向一只烧水的炉内吹气，让炉火烧得更旺，烧开炉上水壶中的水。在书堂门口的阶下，站立着两个女子，一个女子正在焚香，旁边站立的一个女子在与她说话，也许是在教她怎样焚香。书堂外面有一个院子，院子里一个书童拿着扫把在打扫庭院。庭院里有假山花木，当中是一个水池，四周有围栏。水池中种着莲花，还有一对鸳鸯在戏水。院子的大门上有一块“养化门”的匾额（如图 5-16 所示）。

图 5-16　明 · 万历年间（1573—1619）双峰堂刊本《仰止子详考古今名家润色诗林正宗十八卷》中的“三台山人余仰止影图”

图 5-17　明·万历年间（1573—1619）刻印的《按鉴演义全像列国评林》中的封面广告

尽管这幅木刻版画上，没有一句广告语，但是，图上的“三台山人余仰止影图”几个字就足够了，这是最好的广告。

余象斗在宣传他自己刻印的书籍时，可以说是不遗余力的，不惜笔墨。如明万历年间（1573—1619）刻印的《按鉴演义全像列国评林》一书，这是一本通俗历史小说，当时有许多书铺刻印过这本书，因此，同行间的竞争非常激烈。于是，他动了一番脑筋，在书前加刻了一页广告，上面有一幅木刻的人物版画（如图 5-17 所示），介绍书中的内容，并且标明“谨依古板校正批点无讹”外，上面还有一段绝妙的文字：

《列国》一书，迺先族叔翁余邵鱼《按鉴演义》纂集，惟板一付，重刊数次，其板蒙旧，象斗校正重刻，全像批断，以便海内君子一览。买者须认双峰堂为記。余文台识

这段文字，除了表明此书的“正宗”外，还要读者认清双峰堂牌号。五六百年前的一位书商就已经有了“品牌”意识，不能不让人所叹服。

第三节　商品包装与广告版画

随着经济社会的发展，在商品的流通过程中，为了避免商品因碰撞或摩擦而受损，尤其是对于一些易碎、贵重或宗教器物，在外面往往会加上包装。纸张是最常用的一种包装材料。在包装材料运用版面做广告，就成为既省钱又省力的不二选择了。

一、早期的包装纸广告

在宋代，包装纸称为“裹贴”，当时的包装技艺已很发达，有专门生产包装纸的作坊，称之为“裹贴作”。《梦粱录》载：“其他工役之人，或名为‘作分’者，如碾玉作、钻卷作、篦刀作、腰带作、金银打钑作、裹贴作等作分。”①而从事民间包装技艺的作坊就更多了。《梦粱录》载：“最是官巷花作，所聚奇异飞鸾走凤，七宝珠翠，首饰花朵，冠梳及锦绣罗帛，销金衣裙，描画领抹，极其工巧，前所罕有者悉皆有之。”②

最早的产品包装纸是没有文字或图画的。雕版印刷术发明之后，使包装纸上出现了文字。20 世纪初，德国皇家普鲁士吐鲁番考察队，在我国吐鲁番的木头沟伯孜克里克佛窟中，寻得一张包装纸片，长宽均为九厘米，纸片上印有五行文字，外面有双线边框，用雕版印制而成，文字清晰可辨：“信实徐铺，打造南柜佛金诸般金箔，不误使用，住杭州官巷，在崔家巷口开铺”（如图 5–18 左下图所示）。这显然是一张典型的广告包装纸。

后来，在 20 世纪 80 年代初，吐鲁番文管所在同一佛窟里清理出两张雕版印制的文字纸片。其中一张较为完整，也是双线边框，有五行文字：“□□□家打造南无佛金诸般金箔，见住杭州泰和楼大街南，坐西面东开铺，□□辨

① 吴自牧：《梦粱录・团行》卷十三，黑龙江人民出版社 2003 年版。
② 吴自牧：《梦粱录・团行》卷十三，黑龙江人民出版社 2003 年版。

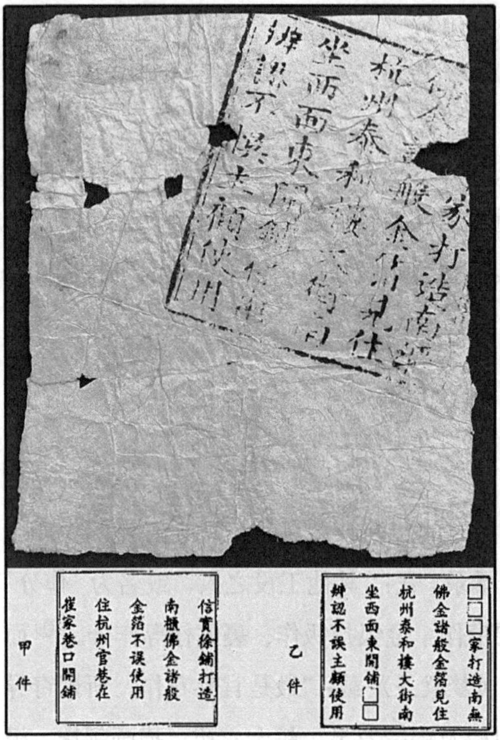

图 5-18　吐鲁番出土的元代“裹贴”（广告包装纸）

认，不误主顾使用”（如图 5-18 右下图所示）。

这两张纸片上的文字很明显，两家都是金箔店铺，包装纸是用来包裹金箔的，纸上还有明显的包裹折痕。后一张纸片上的文字比前一张纸片上的文字，更具有广告性。

据专家考证，这两张包装纸大约年代为元代至元十五年（1278），是迄今发现的最早广告包装纸实物。①

清代民间木刻版画颇为流行，大多以民间人物故事、小说戏曲人物故事为题材，画面色彩艳丽，生动活泼，深得民众喜爱。许多商业广告开始采用这一形式，深入民间，广泛张贴，或用于房间布置，装饰点缀，起到了很好的商品宣传作用。特别是食品的包装，更显得精致典雅，收到很好的广告效果。

二、食品广告上的版画

苏州向以商业繁荣著称，尤其茶食、糖果、糕团非常著名，无论是本地人，还是外地来旅游的客人，往往成为他们送礼的首选。晚清时，苏州著名的食品店家有野荸荠、王仁和、稻香村、采芝斋、黄天源等，都是遐迩驰名。

---

① 陈国灿：《吐鲁番出土元代杭州“裹贴纸”浅析》，《武汉大学学报》1995 年第 5 期。

他们的食品礼盒上，印有《三国故事》《吴王采莲图》《唐明皇游月宫图》① 等。虽然，这些包装盒上没有店名，也没有商家的地址，但是，包装盒上的精美图像，还是会受到买家的欢迎，买家会冲着精美的礼盒去购买商品，就像今天人们重视商品包装的道理一样，商品包装好坏对商品的推销会起一定的作用。

例如，有一套《三国故事》的食品包装盒，一共有四张：

第一张，四角有“进呈名点”四个字，上绘三幅图，上半部分绘有“虎牢关三英战吕布”的故事，下半部分两幅图是“桃园三结义”和“张飞怒鞭督邮”的故事（如图 5-19 所示）。

图 5-19　苏州桃花坞民间木刻版画《三国故事》之一

第二张，四角有“官礼茶食”四个字，上绘三幅图，上半部分是“董卓凤仪亭掷戟”的故事，下半部分两幅图是“貂蝉拜月”和“吕布戏貂蝉”的故事，其中“貂蝉拜月”，虽不见《三国演义》，但见于元杂剧《锦云堂美女连环记》(如图 5-20 所示)。

---

① 王稼句：《桃花坞木版年画》，山东画报出版社 2012 年版，第 305—310 页。

图 5-20　苏州桃花坞民间木刻版画《三国故事》之二

图 5-21　苏州桃花坞民间木刻版画《三国故事》之三

第三张，四角有“四时名点”四个字，上绘三幅图，上半部分绘有“回荆州”的故事，下半部分是“东吴招亲”和“黄鹤楼”的故事（如图 5–21 所示）。

第四张，四角有“佳品茶食”四个字，图中绘有“七擒孟获”“凤鸣关”“天水关”等三幅图（如图 5–22 所示）。

图 5–22 苏州桃花坞民间木刻版画《三国故事》之四

四张图的构图形式基本相同，上半部分是一幅图像，描述一个故事；下半部分是两幅图像，描述两个故事。图像的四周环以吉祥花草作装饰。

《吴王采莲图》，四角有“改良食品”四个字，上下左右有“四时茶食”四个字。吴王采莲故事出自春秋战国时期，讲的是吴王夫差和西施游湖泛舟采莲的传说。吴越争霸，越国战败，越国奉献美女西施给吴王夫差，意图使其玩物丧志。夫差得到西施后，果然纵情于享乐，不思进取，整天和西施游山玩水。吴王采莲，就是反映夫差纵情玩乐、不思国事的情景。图上湖中荷花盛开，一艘篷船在荷花丛中缓缓行驶，船舱中西施和吴王两人并排而坐，船头侍女撑篙，西施手持羽扇，吴王手持折扇，以应时令，远处则山峦起伏，风景十分幽美（如图 5–23 所示）。

图 5-23　苏州桃花坞民间版画《吴王采莲图》

《唐明皇游月宫图》，四角有“卫生茶食”四个字，上下左右有“四时茶食”四个字（如图 5-24 所示）。

唐明皇（玄宗）游月宫的传说，最早见于唐郑綮的《开天传信记》，本是唐明皇的一个梦，他对高力士说：“吾昨夜梦游月宫，诸仙娱以上清之乐，寥亮清越，殆非人间所闻也。酣醉久之，合奏诸乐以送吾归，其曲凄楚动人，杳杳在耳。”① 后演变为神话，《类说》卷二十七说：“罗公远中秋侍明皇宫中玩月，曰：‘陛下要至月宫否？’以拄杖向空掷之，化为银桥，与帝升桥，寒气侵人，遂至大城，曰：‘此月宫也。’见女仙数百，素练霓裳，舞于广庭上，问曲名，曰：‘《霓裳羽衣》也。’上记其音调，归作《霓裳羽衣曲》。”② 据《唐逸史》载：“唐开元年间（713—741），中秋之夜，方士罗公远邀玄宗游月宫，掷手杖于空中，即化为银色大桥。过大桥，行数十里，到达一大城阙，横匾上有‘广寒清

① 见郑綮：《开天传信记》，《四库全书 · 子部》，上海古籍出版社 1990 年影印本。
② 见曾慥：《类说》卷二十七，《四库全书 · 子部》，上海古籍出版社 1990 年影印本。

图 5–24 苏州桃花坞民间版画《唐明皇游月宫图》

虚之府’几个大字，罗公远对玄宗说：‘此乃月宫也’，见仙女数百，素衣飘然，舞于广庭中。玄宗默记仙女优美舞曲，回到人间后，即命伶官依其声调整理出《霓裳羽衣曲》传于后世，成为千古佳话，月宫从此也有‘广寒宫’之称。”①

图上所绘的就是这个故事，玄宗与道士踏云而上，月宫诸仙女正上前迎接。

还有一幅《嫦娥奔月》，四角有“嫦娥奔月”四个字，字外有一圈用蝙蝠、羽毛扇、箫等吉祥物作装饰，字的四周用红花绿叶作装饰，非常华丽。中间的圆圈内，画有唐明皇游月宫图，唐明皇踩着祥云，探访月宫，月宫中的仙女中有的吹笛，有的吹箫，前来迎接（如图 5–25 所示）。

九九重阳，桂花飘香。重阳节是中国传统的四大节日之一。重阳节有登高、赏菊、喝菊花酒、吃重阳糕、插茱萸、放纸鹞等六大习俗。其中以吃重阳糕习俗尤为普遍。

① 李昉等：《太平广记》卷二十二，中华书局 2021 年版。

图 5-25 苏州桃花坞民间版画《嫦娥奔月》

据史料记载，重阳糕又称花糕、菊糕、五色糕，制无定法，较为随意。吃重阳糕的习俗是，九月九日天明时，以糕搭儿女头额，口中念念有词，祝愿子女百事如意，是古人九月作糕的本意。重阳糕要做成九层，像一座宝塔，上面还做两只小羊，表示重阳(羊)的意思。有的还在重阳糕上插一面小纸旗。“吃糕”代替“登高”，插小纸旗代替插茱萸。茱萸，又名“越椒”“艾子”，是一种常绿带香的植物，具有杀虫消毒、逐寒祛风的功能。插茱萸有避邪的意思。

吴自牧在《梦粱录》卷五中说：临安（杭州）重九之俗，“此日都人店肆以糖面蒸糕……插小彩旗，名‘重阳糕’。”① 明刘侗、于奕正在《帝京景物略》卷二中，载北京重九之俗：“糕肆标纸彩旗，曰‘花糕旗’。”② 重阳糕上插的小旗，简单的就是一面颜色旗，考究的在上面印有历史故事人物的图像。如苏州桃花坞民间木刻的花糕旗，上面有人们喜欢的福禄寿三星像，也有三国中的人

① 吴自牧：《梦粱录》卷五，黑龙江人民出版社 2003 年版。

② 刘侗、于奕正：《帝京景物略》卷二，上海古籍出版社 2001 年版。

物刘关张三人像(如图 5–26 所示)。这些花糕旗印制十分考究，并用彩色印制，以此招徕买重阳糕的消费者。

图 5–26　苏州桃花坞民间木刻的花糕旗

清末，有家“永义号”的糕饼店，他家印制的广告包装纸上有“福禄寿”三星图像。“福禄寿”三星，在民间广为流传，他们是天上三位吉神。在《三教源流搜神大全》中称：“福神者，本道州刺史杨公讳成字。昔汉武帝爱道州矮民，以为宫奴玩戏。其道州民生男，选拣侏儒好者，每岁不下贡数百人，使公孙父母与子生别。有刺史杨公守郡，以表奏闻天子云：臣按《五典》本土只有矮民，无矮奴也。武帝感悟，省之，自后更不复取。其郡人立祠、绘像供养，以为本州福神也。后天下士庶黎民皆绘像敬之，以为福禄神也。”①

《三教源流搜神大全》中的杨成实有其人，只是他的真名叫“阳城”。在《新唐书·阳城传》中，记有：“（道）州产侏儒，岁贡诸朝，（阳）城哀其生离，无所进。帝使求之，城奏曰：‘州民尽短，若以贡，不知何者可供。’自是罢。州人感之，以‘阳’名子。”福神头戴官帽，手持玉如意，或手捧小孩，为天官一品大帝，天官赐福由此而来。禄指官位。原是指天上一颗星——禄星。《史记·天官书》载有：“文昌宫……六曰司禄”，意思是文昌宫第六颗星为专司禄的禄星。以后，由于星辰崇拜，逐渐人格化，文昌宫第六颗星就变化为禄神，并且附会为张仙。张仙据说是四川眉山人，五代时由青城山成道。禄神手捧如意，寓意高官厚禄。寿神又称“南极仙翁”“南极老人”。他身高不高，模样逗人发笑，弯背弓腰，一手持龙头杖，一手托着仙桃，一脸慈眉悦目，笑逐颜开，有一个凸出的大脑门，白色的胡髭，长过腰际，意为长命百岁。民间把福、禄、寿三星作为生活中象征幸福、吉利、长寿的祝愿。因此，他们的图像广泛地出现在古代社会生活当中。广告中印“福禄寿”三星，是讨吉利的口彩。“永义号”糕饼店的这幅广告，长二十二厘米，宽十厘米，呈长方形，四周用单线围边，顶上有“永义号”三字，在福禄寿三星图像下面是广告的文字内容：“本店开设长岭埠（即今该县长岭镇所在地）

图 5-27　清末“永义号”糕饼店的木版印制的广告纸

① 《绘图三教源流搜神大全》，上海古籍出版社 1990 年版，第 161 页。

正街、坐东朝西门面，精制满汉茶食，异味香糕，夗央（即鸳鸯二字）礼饼，一应俱全，凡赐顾者，请认招牌为记，无不至误”，下面还有两枚小方形印章（如图 5–27 所示）。①

“永义号”是晚清时的一家糕饼店的名号，因糕点质量好，驰名于县内外，在当地有“永义糕点，又香又甜，十里闻名，百里嗅甜”之民谣。但它制作的广告纸比较简陋，没有像苏州食品店那样豪华，只有一种颜色，画面也较为简单，一幅“福禄寿星”图示之。

但是，从广告上印制的图案来看，该店还是善于应用“福禄寿”三星这一深受群众喜爱的、民间极为崇尚的吉祥图案，以此抓住顾客的心理，招揽生意，这也可以算是商业广告上的一大绝招。广告上的简洁文字，高度概括和宣传该店生产的糕点，不仅品种多，应有尽有，而且物美价廉，由此来打动顾客的心。

三、药店仿单上的版画

古代的药店都会印制仿单来宣传自己生产的中药。清代中叶，一些中药铺为了宣传自制的成药效果，会用木版印制一些有蓝色文字和图案的“仿单”介绍药品，放在配药的药包上。“仿单”是一种介绍药丸、药膏的成分、性质、功效、用法的说明书。如北京同仁堂的“明目地黄丸”；杭州胡庆余堂的“妇宝胜金丹”“六味地黄丸”；广东种德园的“安胎益母丸”；上海苏存德堂的“鲜蚕豆花露”“万应宝珍膏”；徽州地区的“补中益气丸”“野山别直参”；东阿阿胶的“九天贡胶”等（如图 5–28 所示）。

随着印刷工艺的进步，仿单又兼具一种信誉保证书或防伪标签的性质。自古欺世盗名者不乏其人，无奈的商家将宣传广告移入仿单中，以告白民众。于是仿单成为取信于民的重要形式。在药包上放一张仿单，以示质量保证。

---

① 宋康年：《清代广告木刻板》，《新民晚报》2005 年 12 月 26 日。

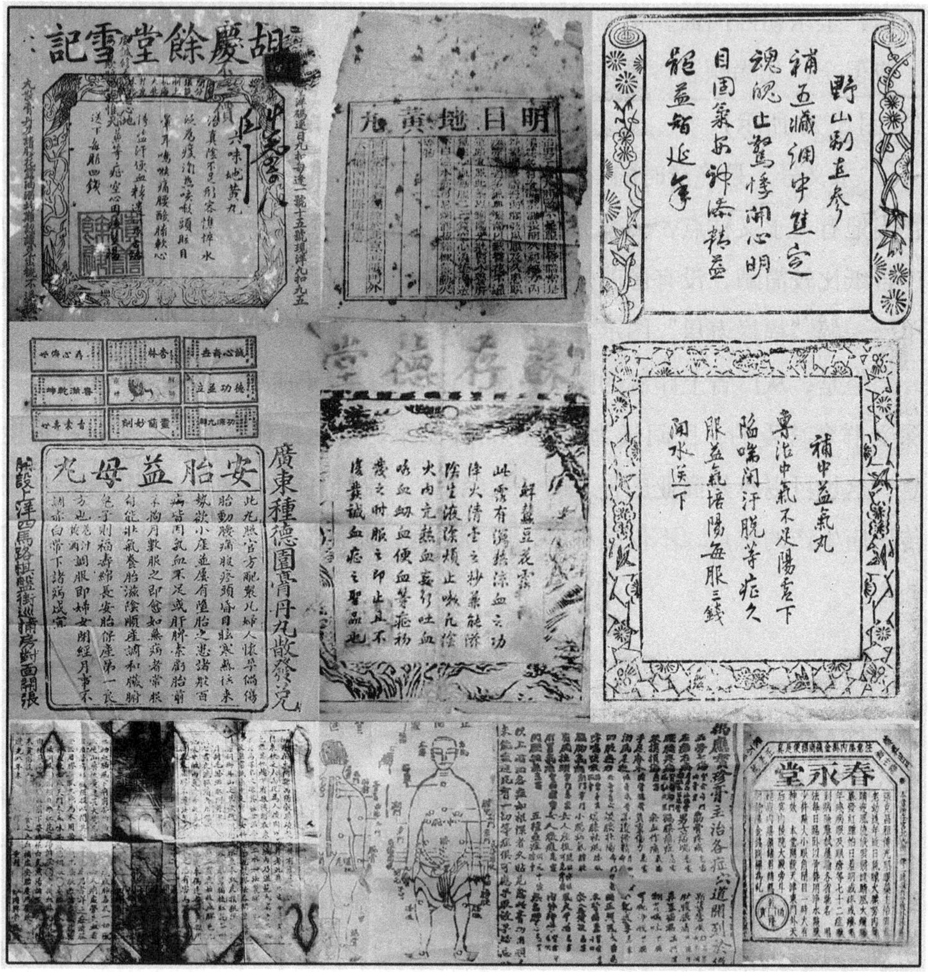

图 5–28　清末的各种木版印制的仿单

1. 山东东阿贡胶广告

一张一百八十年前的“东阿贡胶”的广告纸（如图 5–29 所示），不单让人对阿胶的认识更深一层，而且揭开了广告对古代东阿闻名的促进作用。从这张广告纸中，人们不难发现，当年东阿阿胶的广告宣传做得如此细致入微。

山东的东阿县，自古远近闻名，是因为该县特产“阿胶”，在中国医药史上享有盛誉。东汉所著《神农本草经》记载“真胶产于古齐国之阿地，又以阿井水煮之最佳。”北魏郦道元作《水经注》记之更详：东阿“大城北门内西侧，

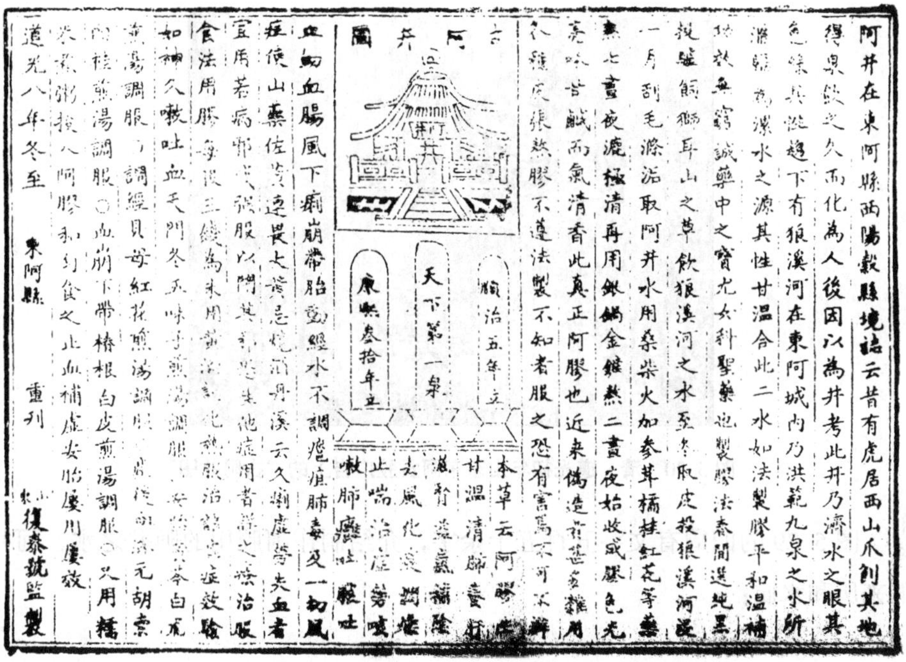

图 5-29　清·道光八年（1828）东阿贡胶厂木刻广告纸

皋上有大井，其巨若轮，深六七丈，岁尝煮胶，以贡天府。”① 据说，杨贵妃和她的姐姐虢国夫人容颜姣好，是因为常服阿胶，尉迟敬德奉旨重修阿井。“官封其井，御用其胶”，阿胶名重一时。

这页阿胶广告为四川竹纸木刻印刷，宽三十八厘米，长二十九厘米，广告正中上方有线描东阿古阿井图，古阿井建在一座亭子里，亭子四周，建有栏杆，亭子前面还有踏步，古井造型古朴。古阿井下有三块立碑，中为“天下第一泉”，左为“康熙三十年立”，右为“顺治五年立”。清顺治五年（1648）重修古阿井在其他典籍中所未见，这张阿胶广告可以补典籍漏记清顺治五年（1648）重修古阿井的历史。在另一位收藏者收藏的一幅“东阿贡胶”的广告纸上，“古阿井图”略有不同，在古阿井上建有一座简单的凉亭，图下也没有立碑（如图 5-30 所示）。

① 郦道元：《水经注·河水五》，上海古籍出版社 1990 年版，第 107 页。

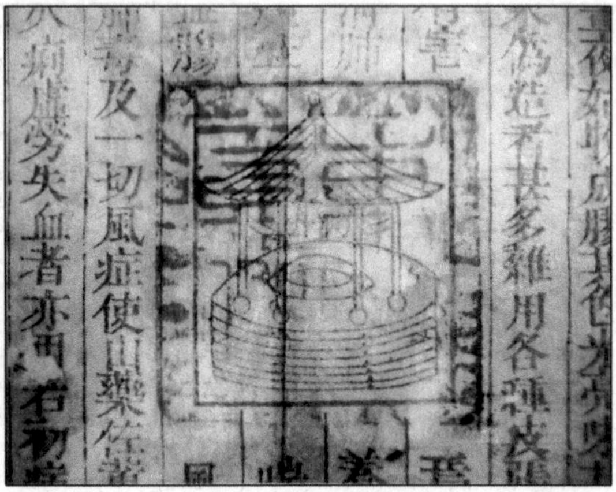

图 5-30　清·道光初年山东东阿贡胶广告上的“古阿井图”

图 5-29 的四周有文字五百五十余字，介绍制作阿胶用的阿井之水，阿井的来历和水质：

阿井在东阿县西阳谷县境。《志》云：昔有虎居西山，爪刨其地得泉饮之，久而化为人，后因以为井。考此井乃济水之眼，其色绿其趋下有狼溪河，在东阿城内，乃洪范九泉之水所汇归，为漯水之源，其性甘温，合此二水如法制胶，平和温补，功效无穷，诚药中之宝，尤女科圣药也。

阿胶的制作方法：

制胶法：春间，选纯黑挺驴，饲狮耳山之草，饮狼溪河之水，至冬取皮投狼溪河浸一月，刮毛涤垢，取阿井水，用桑柴火，加参茸、橘桂、红花等药熬七昼夜，漉极清，再用银锅金铲，熬二昼夜始收成胶，色光亮，味甘咸，而气清香，此真正阿胶也。

阿胶的药性和药效：

《本草》云：阿胶性甘温，清肺养肝，滋肾益气，补阴去风，化痰润燥，止喘治虚劳咳嗽，肺靡吐脓吐血，衄血肠风下痢，崩带胎动，经水不调，靡疽肺毒，及一切风疾，使山药佐，黄连畏，大黄忌，烧酒丹溪，云久痢虚劳失血者，宜用。若病邪，强服以闭其邪，恐生他症，用者详之疗治。食法用胶每服三钱，为米用黄酒调化，热服，治诸虚症，效验如神。

主治的疾病、禁忌和服用的方法：

久嗽吐血，天门冬、五味子煎汤调服。安胎黄芩、白术，煎汤调服。调经贝母、红花煎汤调服。产后血淋元胡索、肉桂煎汤调服。血崩下带，椿根、白皮煎汤调服。又用糯米煮粥，投入阿胶和匀食之，止血补虚，安胎，屡用屡效。

在这张广告中，还告诫病人“近来伪造者甚多，□用各种皮张熬胶，不遵法制，不知者服之，恐有害焉，不可不辨”。广告落款是清“道光八年（1828）冬至，阿东县重刊，山东复泰号监制”。“复泰号”与“同义堂”、“同心堂”等当年都是山东著名的阿胶生产厂家。

2. 天津春永堂眼药广告

清代，天津天后宫有家春永堂药店，以卖眼药著称。据说，他家的眼药有奇效，在天津口碑极佳，家喻户晓（如图 5-31 所示）。在它的仿单上说：祖传光明眼药，主治男女老幼远年近日气朦火朦，胬肉攀睛，迎风流泪，云翳遮睛等七十二症，药到病除，屡试屡验，各省驰名。

图 5-31　天津春永堂的中药广告单

由此也引来了假冒者，因此，在春永堂的仿单上特别告明地址：

本堂开设天津东门外天后宫内后院大殿旁斗姥殿内，赐顾君者，请认明乾隆金钱商标为记，以免顾客跑错地方，买错药。

为了告诫顾客，在春永堂的仿单上多次写明防止假冒：

本堂除在宫北大街一零二号设有分号外，其在本庙内颠倒字号及拦路摆摊卖药皆与本号无干，注意屋内挂金钱商标便是真。

可见，当时商业竞争的激烈，也不亚于现在。而且当初的假冒伪劣的手法，如颠倒字号，至今也是一种傍名牌的手法。

尽管，这是一张商业宣传的广告单，但是从这张广告单上，也可以看出商家是很关心病人的，在上面特别写明用药的方法，用法每日临卧，以骨簪用净水点药少许，点大小眼角，闭目一时，大有神效。

3. 上海苏存德堂万应宝珍膏广告

苏存德堂是清光绪三十一年（1905），由宁波商人苏读圣与苏氏同姓七人出资，在上海开办的一家中药铺，以中药材炮炙为特色，闻名上海滩。“药材炮炙”就是中药材加工。苏存德堂不仅店堂卖药，后堂还进行中药材加工。

中药材有上千种之多，药店的伙计不仅要熟记药名，还要了解中药材的产地、规格，以辨别中药材的真伪优劣。中药材经过炮制，可以去除药材中的毒性，或者改变、增强药材的性能，如“酒制提升而制寒，姜制温散而化痰，醋制注肝而收敛，盐制走肾而下行，蜜制入肺而润燥，土制守中而助脾，炒炭存性而止血”。

对于病情复杂的病人，有时还要在原先炮制的基础上再进行特殊炮制，如“黄柏用米酒洗，可使沉降药变为升浮药，把治下焦热变为治上焦热；生蒲黄生性寒可利水祛痰，经炒炭后转为温性，能起到收敛止血的作用；胃寒呕吐有痰咳嗽的，就要用姜汁炒竹茹，用姜的温散化痰，起止咳、祛痰、止呕疗效；

肾亏怕寒的，用盐水炒杜仲，咸味可去寒性，起到盐走肾下行治肾的作用”。苏存德堂的万应宝珍膏尤为著名，它可以治疗许多疾病，使用也很方便，只要将它贴敷在相应的穴道上就可以。为此，苏存德堂专门印制宣传说明书《万应宝珍膏主治各症穴道》，并绘制人体图像，在图像上标注出相应的穴道，供病人参考（如图 5-32 所示）。

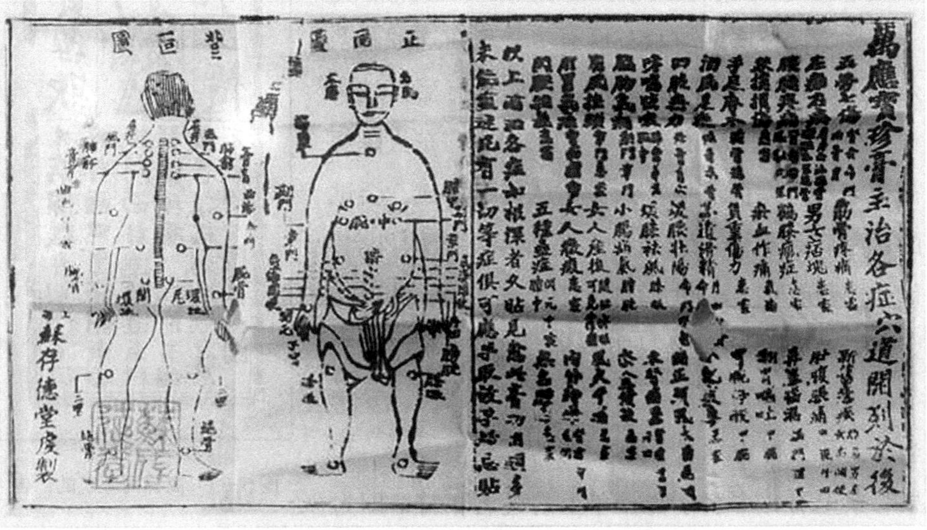

图 5-32 清末上海苏存德堂万应宝珍膏宣传单

四、其他商业广告版画

雕版印刷的广告所涉的领域非常广泛，除了上面介绍过的书籍、食品、医药三类外，还有许多人们日常生活中不常用的东西，如香料、颜料、烟草、杂货、民俗等物品。

1. 神香广告

例如，有一家专门卖神香的“同源茂”，印有一张以人物作为标记的广告包装纸。广告纸的幅面不大，上面有“本店前被假冒，控官拿办、示禁，如有伪造定即禀究”一段文字，下面的框内有店家的名号“同源茂”，下面的中间是一个老人像，寓意是一家老字号店铺。两旁用“货无欺，不二价”六个大字，以示店家做生意的宗旨。下面是介绍店家的地址：“本店开张在湖南常德府百街口，坐西朝东，香栈门面自造，拣选真料督制神香。凡商翁赐顾者，请认招牌为记，庶不致误。”图中的这位老人就是这家“同源茂”店铺的招牌（如图 5–33 所示）。

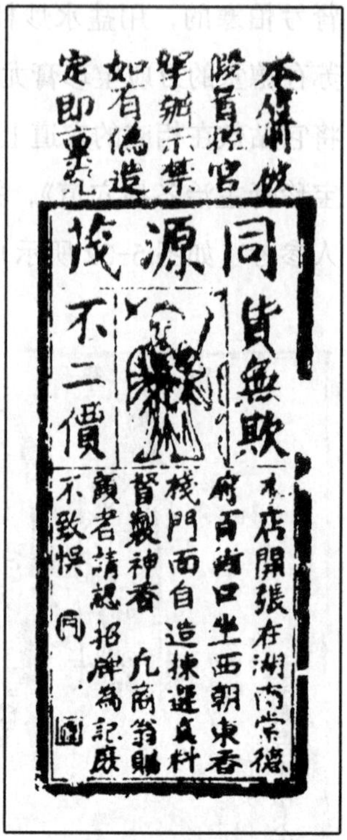

图 5–33 商铺同源茂的广告

2. 彩票广告

彩票这种博弈游戏古已有之。现在这种彩票是从国外传入的，在此之前，民间也有盛行过一种类似的彩票。清道光三年（1823），广东人陈辉祖笼络广粤大员及主考人员，从科举乡试、会试的进考者名单中，列出许多可能中举者的姓名，作为“彩底”，分别书写在几千个纸卷中，并混杂大量“白票”，也就是只印假名字或者干脆不印名字的彩票，经密印后一起出售给广大彩民。发榜当日，彩民可以拿着自己买到的彩票去核对，如果彩票上有一个名字与榜单上的姓名相符，即为中奖。

遗憾的是，这年科考结果出来后，许多人都得了“白票”，中奖的人太少，引得民怨沸腾，特别是投彩付出许多钱财的大票户，更是怒气冲天，有人甚至声言要杀陈报仇。当年重阳节，陈辉祖带家人返乡祭祖，途中被人乱刀砍死。后来据官府勘查，凶手主犯就是一位没能中奖的彩民。

清光绪六年（1880），杭州人刘学询发行一种“闱姓”，闱姓是早期彩票之一，在会试前定价出售，分为上下两联，上联印应试者的名字，由购买者填选可能中榜者的名字，下联印彩票的编号。购买人在彩票上选出他认为可能中榜的名字，然后撕下上联，交给彩票出售点；发榜后，按猜中的多少，依次获得头等、二等或三等彩。

清代末年，西方的彩票传入中国，并逐渐遍及各省。19 世纪 60 年代，在上海流行一种吕宋票。吕宋，即今菲律宾群岛中的吕宋岛。吕宋票是当时西班牙殖民地菲律宾发行的一种大型彩票，以中国为主要销售对象。

清光绪二十二年（1896），上海有一家鸿福来票行印过一幅《沪景开彩图》月份牌，赠送给彩民，作为推销彩票的广告（如图 5–34 所示）。

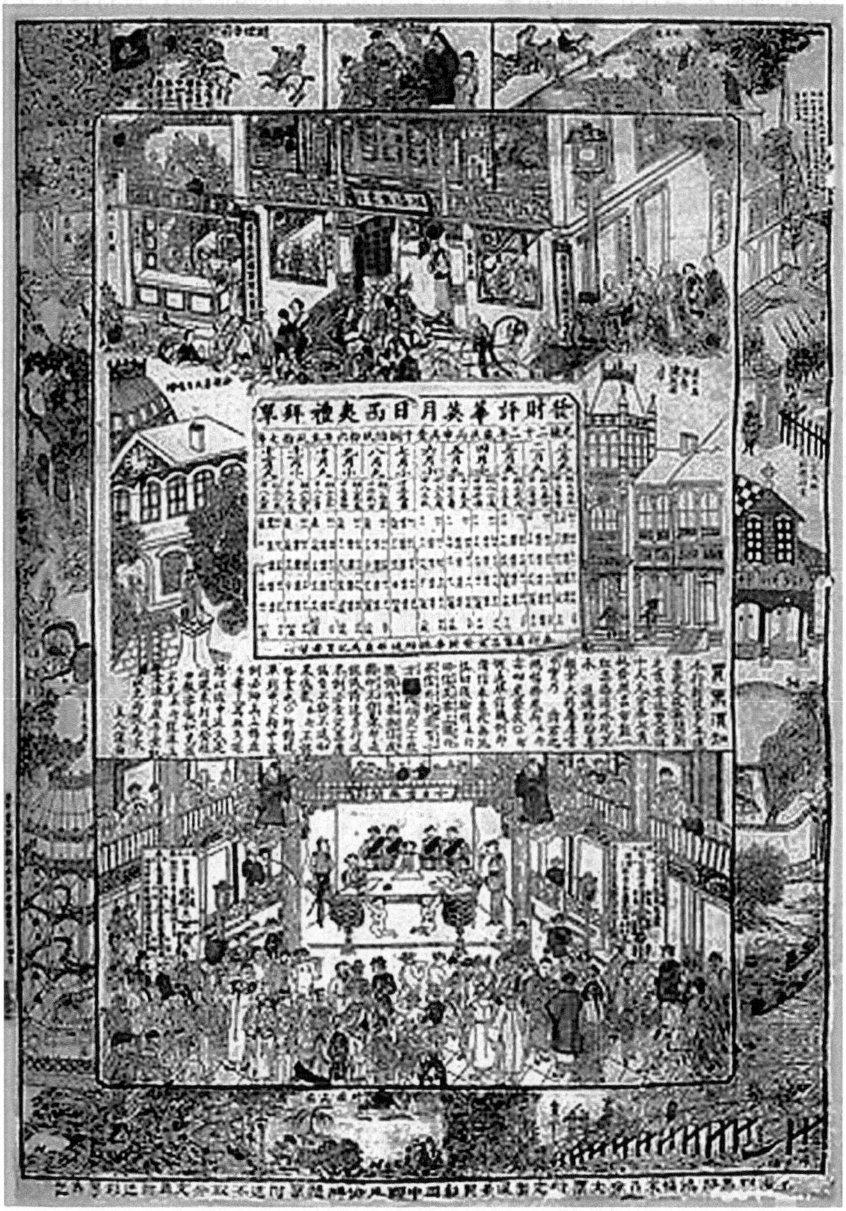

图 5–34 上海鸿福来票行印赠的《沪景开彩图》

图分为三部分，上半部分是上海的繁华街景；中间部分是月历，月历下面还有彩票“买卖须知”；下半部分是开彩票时的场景，大厅中的舞台上，正在开彩票，舞台下面站满了男男女女看开票的彩民，两边的包厢里坐满了达官贵人，也在等待彩票开出来的结果。《沪景开彩图》的四周用上海的各处景观作为装饰图案，非常华丽。

一般认为，华商自办彩票是在清光绪二十五年（1899），苏北淮河泛滥，赈灾官款只有区区二十万元，杯水车薪，清政府动员各地慈善机构捐款，客居上海的一个王姓广东人向两江总督申请在上海成立慈善机构广济公司，并获清政府批准在江南发行“江南义赈票”（通常简称为“江南票”），约定以彩票价款25%用于赈灾。第二年上海广济公司更名为“南洋公司”，这是首家经官方正式批准发行、由中国商人单独承办、以吕宋票为原型的大型彩票。但《沪景开彩图》印于光绪二十二年（1896），上海鸿福来票行应早于光绪二十二年（1896）就已成立，如果这一观点成立的话，那么，它比广济公司经营彩票业要早三年。

3. 颜料广告

上洋艺林堂是一家有三十余年的颜料老店，它印制的一张广告单很有特色，上面印有一幅《孩童观鱼图》（如图 5-35 所示），使广告顿生活泼。在字

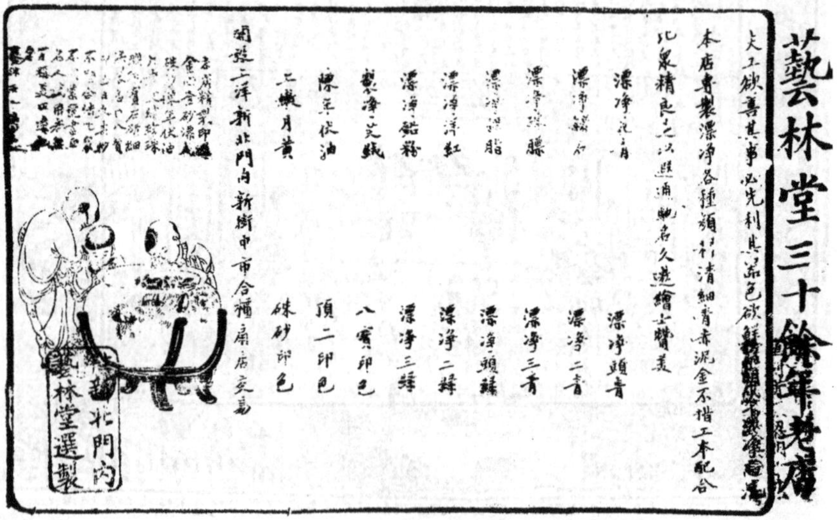

图 5-35　上洋艺林堂颜料仿单

框外面有艺林堂三十余年老店几个大字。上面的文字对专售漂净颜料作介绍：

> 夫工欲善其事，必先利其器；色欲鲜而明，必漂净而清。本店专制漂净各种颜料，清细、青赤、泥金。不惜工本，配合比众精良，是以遐迩驰名，久邀绘士赞美。漂净花青、漂净赭石、漂净朱膘、漂净胭脂、漂净洋红、漂净铅粉、制净艾绒、陈年伏油、上嫩月黄、漂净头青、漂净二青、漂净三青、漂净头绿、漂净二绿、漂净三绿、八宝印色、顶二印色、朱砂印色。开设上洋新北门内新街中市，合柜扇店交易。①

五、舶来品上广告版画

清末道光二十年（1840），爆发了一场鸦片战争，中国被迫签订了《南京条约》，强迫中国开放广州、厦门、上海等城市为通商口岸，随之而来的洋货纷纷涌入中国，许多对中国人来说从来没有见过的东西纷纷刊登在报刊上进行推销。

1. 香烟广告

明万历三年（1575），烟草由吕宋传入台湾、福建。万历七年（1579），利玛窦把鼻烟带入广东。由于吸烟人口增加，到清初，烟铺已经很普遍了。在清初，为庆祝康熙六十岁生日，由清宫廷画家宋骏业、冷枚、王原祁等人合作而成《万寿盛典图》，有画本和刻本。画本长达五十米，刻本有一百四十六页。郑振铎先生在《中国古代木刻画史略》中评价说：《万寿盛典图》“除写皇家的卤簿仪仗外，并把当时北京的城内外的社会生活，民间情况的形形色色，都串插进去了，是重要的历史文献。绘者固尽心竭力以为之，刻者也发挥其手眼的所长，精巧地传达出这画卷的意境来……从山水、花卉、界画、人物到马、牛、道、释无一不有。该有多么大的魄力和修养才行啊……像这样的弘伟的

---

① 钱永兴：《民间日用雕版印刷品图志》，广陵书社 2010 年版，第 100 页。

长卷恐怕世界上是不会有二的”①，可以说这幅刻本是中国古代美术史上的巨幅杰作。

在这幅长卷中的一段街景，有一家“石马烟铺”（如图 5-36 所示）。石马是今福建漳州龙海县的一个镇，曾经是中国烟草最早的传入地，该镇所产的烟叶品质优异。明末至清代，石马一直是闻名全国的烟叶产地。清代，倪朱谟在《本草汇言》中说：“烟草……闽中石马镇产者最佳。”清光绪年间（1875—

图 5-36　清《万寿盛典图》中的“石马烟铺”

① 郑振铎：《中国古代木刻画史略》，上海书店 2006 年版，第 169—170 页。

1908）的《杭州府志》也记有："（烟）本产于闽，以石马为最。"[①] 清代学者赵学敏在《本草纲目拾遗》中说："福建漳州有石马烟，色黑，又名黑老虎，系油炒而成，性最猛烈。"[②]

图中有园林亭台、城池庙宇、銮仪执仗、街景人物，反映清初盛世。图上呈现的销售烟草的商铺，表明当时烟草商业已经是社会经济发展中颇具规模的一种业态，成为烟草在中国的一个见证。

后来，西方发明了香烟。传说，在清道光十二年（1832），埃及与土耳其的战争中，土耳其军队的一颗炮弹击中了埃及军队，把一个正在用水烟筒吸烟的埃及士兵炸死，同时，水烟筒也被炸飞了，也让其他活着的军人，没有水烟筒好用。一个小队长烟瘾实在太大，他随手撕了一张包炮弹用的纸，将烟丝裹起来点着火吸烟。于是，其他士兵也都模仿着用纸卷烟丝抽。由于方便易行，这种方法很快便流传开了。到了光绪六年（1880），发明了卷烟机，香烟可以大批量生产了。

清光绪十三年（1887），美商老晋隆洋行到成都推销香烟，请了一帮人，专门拿香烟到茶馆酒肆、街头巷口及人群聚集的地方去送烟，不要钱免费抽，对接受烟的人还要说一声谢谢，同时还去各家商铺，每家塞一包烟尝尝。最初，大家不敢抽，有人把烟丢在地上，吐一口口水，踩上一脚。也有不怕的，捡起地上的烟，点燃就猛吸一口，憋了半天才慢慢吐出烟雾，忍不住就笑，嘿，这烟的味道还真不错！于是，又捡了几根夹在耳朵上……一个美国北卡罗来纳州的卷烟商人、烟草工厂主的儿子杜克来中国推销香烟，派人守住码头，给每个刚下船的男人送一包香烟，"让他们带到全国各地，这可是了不得的广告"，就这样香烟的销路被打开了。

随着香烟纷纷涌入中国，大量的香烟广告也出现在各地的街头巷尾。香烟广告与其他的广告最大的不同，它是一种叙事图像广告，它很少有文字介绍它的香烟，最多是出现香烟的品牌或者香烟的样子，大部分图像是女性图像，

---

① 邵晋涵、郑澐：《杭州府志》卷二十一，上海古籍出版社 2002 年版。

② 赵学敏：《本草纲目拾遗》卷二，中国中医药出版社 2007 年版。

图 5–37　清・宣统年间（1909—1911）的香烟广告《亲事木刻》

或者故事图像，如清末宣统年间（1909—1911）的一幅《亲事木刻》图，看似一幅年画，图上的厅堂里，长桌上放着双亲的塑像，前面点着香烛，一个男子双膝跪地，叩拜桌上供奉的双亲，从里屋走出一名女子，应该是他的妻子（如图 5–37 所示）。它是为一种名叫孔雀（peacock）牌的香烟做广告。图上有几包孔雀牌香烟的样子，但图上并没有教人抽烟的图像，或是推介香烟的文字。这幅图像要告诉人们的是忠孝节义，亲人死后，要祭拜，不能忘记亲人，这是一种孝心。

2. 缝纫机广告

清乾隆五十五年（1790），英国家具商圣托马斯发明了一台先打洞、后穿线、缝制皮鞋用的单线链式线迹手摇缝纫机。清道光十年（1830），法国人蒂莫尼耶发明了机针带钩子的链式线迹缝纫机。清咸丰元年（1851），美国工人胜家发明了手摇锁式线迹缝纫机，咸丰九年（1859），又发明了脚踏式缝纫机。这种缝纫机没有相隔多长时间就进入了中国。在清同治十一年（1872），刚创刊不久的上海《申报》上，刊出一则晋隆洋行售卖缝纫机的广告（如图 5–38 所示）。《申报》创刊于同治十一年三月二十三日（1872 年 4 月 30 日），这则销售缝纫机的广告，第一次刊出在同年的十一月十四日《申报》第五版上，并一直持续至第二年二月二十三日，长达三个多月。这则广告还是《申报》第一次刊出有图像的广告。在此以前，《申报》上没有刊登过一幅图像，无论是新闻报道，还是商业广告，这则广告开创了报纸刊登图像的先例，意义重大。

这则广告是一则图文结合的广告，中间有一台脚踏缝纫机，四周是文字介绍：标题为“成衣机器出售”，内容包括：“启者本行今有新到外国缝衣机器数辆，系微孙所作，其价每辆计洋五十元，倘欲买者，请至广东路第二号便是，十一月十四日晋隆洋行启。”

图 5-38　清·同治十一年十一月十四日，上海《申报》刊登的缝纫机广告

缝纫机进入中国，也许比这则广告要更早一点。据报道，在同治八年（1869），洋务派代表人物李鸿章访问英国，回国时，曾带回一台镀金的胜家缝纫机，作为礼物送给慈禧太后。当时，英国媒体还报道了此事。但是，对于大多数中国人，用机器缝衣还是十分新鲜的事，不要说对于底层的老百姓是闻所未闻，就是对于一些达官贵人也颇感新鲜。当时，著名的思想家、政论家王韬在《瀛壖杂志》中，对缝纫机有过描述。他的邻居是位美国人，家里有一台胜家缝纫机，王韬在书中写道：“家有西国缝衣奇器一具，运针之妙，巧捷罕伦。上有铜盘一，衔双翅，针下置铁轮，以足蹴木板，轮自旋转，手持绢盈丈，细针密缕，顷刻而长。”① 他对缝纫机深感新奇。对于在新闻媒体上刊登使用图像作为广告的做法，对于那些从未见过商品实物的人来说，是一种特别有效的营销手段。

此外，还有像洋油、水泥、照相机等图像都纷纷出现在新闻媒体的广告中，广告中所推销的商品也逐渐为中国人所熟知。

① 王韬：《瀛壖杂志》卷五，上海古籍出版社 1989 年版。

中国沿海地区开埠后，欧风东渐，对中国近代历史带来的影响是深远的。我们今天使用的许多东西，就是那个时候传入中国的，如电话、电灯、汽车、煤气、自来水等；我们今天有些习俗，也受到当时欧风的影响，如婚礼、服饰、饮食等，但也有一些东西随着时间的久远而消失在历史的长河中，这些都在明清版画中留下了痕迹。

在西方商业营销手段的影响下，不管是外来商品和国产商品的推荐都需要广而告之，商品广告的做法受到了大多数商家的认可。由于版画图像视觉上的接近性、用途上的广泛性、传播上的大众化和印刷成本的低廉，其成为各种商品广告的首选媒介，因此在社会的各行各业和各种商品的交换领域里都有广告版画的身影。甚至可以说无版画不广告。

第六章

作者及作品

版刻图像具体肇始于何时，至今未有定论。但从目前的考古发现和各种刻本的图像技术来看，版刻图像技术在隋朝刷印佛像中就得到了应用；到了唐代，版刻图像已经十分流行；五代时扩大了版刻图像的应用范围，从刷印佛像延伸到文化知识传播；到了宋代，版刻图像已经成为一种独立的图像艺术样式；明清时期，随着白话小说的繁荣，版刻人物插画如雨后春笋般地呈现出来，原先占据主流地位的宗教人物版画热度反而被冲淡了，尤其是品质较高的宗教人物版画，相比白话小说中的插画，数量越来越少。

囿于中国传统观念上对工匠或技术人员的轻视，历史上留下名字的工匠很少，在版刻行业中，就更为稀少了，目前能够确认的最早版刻家是五代时期的雷延美。在成书于元代的《碛砂藏》中，很多版刻图像下都留下了刻工的名字，如陈升、陈宁、孙佑、袁玉等人，因此我们知道了他们的存在，但关于他们的背景资料却不甚了了。除此之外，明代以前的版刻家名字就难以寻觅了。

我们今天能知晓姓名的刻工，在明代以前大多都是宗教版画的制作者，在刊刻大型丛书，如《大藏经》时会涉及刊刻人员的管理问题，所以为了方便管理，刻板上都留有刻工的姓名。相比之前，明清民国年间的具名版刻家非常多，很多人的生平资料也都流传了下来，然而我们发现，这一时段中著名的版刻家们，要么不刻宗教版画，要么只是把刊刻宗教版画作为副业，几乎没有人是以专门版刻宗教题材而著称的，他们中的大多数人是以版刻小说插图而成名的。造成这种状况的发生，其实与当时政治、文化的大环境密切关系。明清两朝集权统治长期稳定，使得建制宗教成为政治意识形态传播的载体，如版刻《大藏经》的工匠不过是工具，并不重要。而民间宗教，如纸马或年画，本来就不入流，自然也就无人署名了。随着小说文化的兴起，文人们找到了新的寄托，即使他们涉及宗教题材，也不过是一种兴趣而已。如陈洪绶等文人在绘画与版刻上皆造诣高深，而宗教人物版画只是他们丰富的文艺兴趣之一而已。有些宗教人物版画，只是恰好随着这些文人们的著名而著名罢了，但这一时期的著名版刻者，却绝不是以刊刻宗教题材版画而成名的。

本章将对我国版刻图像史上比较有名的几位明清版刻家及其图像作品进行简约的梳理，大致勾勒出明清版画的社会背景和作者的视觉图式。

一、雷延美——中国版刻名家先驱

明清版刻业和所有传统行业一样，并不是横空出世的，有代代传承，有它自己的先驱人物，这位先驱就是中国最早的具名雕版刻工雷延美，他一生为官方佛教信仰服务，以版刻佛像著称。雷延美是五代后晋时人，具体年代已不可考。时任瓜州、沙州等地的归义军节度使、检校太傅曹元忠为了宣示自己的佛教信仰，出钱聘请雷延美刊刻佛像。五代留存至今的佛像视觉图式是人物在中间，两边有标题，篇幅并不大，运笔很简洁。

图 6-1 的佛像刻于五代开运四年（947），名为《大慈大悲救苦观世音菩萨像》，上图下文格式。版图显示，观音头戴宝冠，赤足立于莲花台上，右手提宝瓶一个，左手拈莲花一支，莲花颀长，高过头顶；身着紧身衣，璎珞飘带缠身，形象丰满柔美；她头后的佛光炽盛，两眼正视观者。在这幅版刻作品中，作者的表现手法并不娴熟，图中观音的腰部向左扭动，想努力表现出婀娜的样子，但功力不如成熟的敦煌的佛菩萨造像，显得机械而做作。这是早期版刻造像的通病。图旁有两行标题：“大慈大悲救苦观世音菩萨”，“归义军节度使检校太傅曹元忠造。”图像下面的文字为：“弟子归义军节度瓜、沙等州观

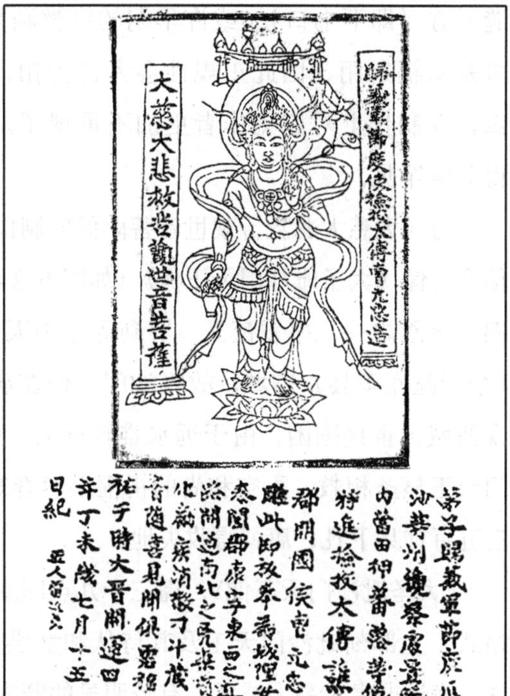

图 6-1　雷延美版刻《大慈大悲救苦观世音菩萨像》①

① 郭味蕖：《中国版画史略》，上海书画出版社 2016 年版，第 14 页。

察处置管内营田押蕃落等使，特进检校太傅谯郡开国侯曹元忠，雕此印板。奉为城隍安泰，阖郡康宁。东西之道路开通，南北之凶渠顺化。励疾消散，刁斗藏音。随喜见闻，俱沾福祐。于时大晋开运四年丁未岁七月十五日纪。匠人雷延美。”古代将版刻工匠称为“镌手”“雕字”“刊字”“雕印人”“匠人”等，此为一例。

该版刻画是曹元忠为祈福所用，祈福“城隍安泰、阖郡康宁”。由于之前少有人在版刻图像上留下刻工的名字，因此图后刻上“匠人雷延美”一句，是具有划时代意义的，雷延美也由此成为现存版刻图像留名的第一人。其实在书籍版刻中，留下刻工的名字一直是比较常见的，留下姓名者多半是为了计算酬劳，或者便于主事者追究责任，刻工的名字多刻印在每版的中缝下方（即下书口）。或许早期的宗教画是不入正式典籍之中的，宗教画也多是祈福所用，因此正规性会大打折扣，尤其不是儒家官方祭祀的神灵画像，在制作上对版刻作者更加不重视了。所以此处刻上了刻工的名字，显得非常罕见。

与《大慈大悲救苦观世音菩萨像》制作同年，曹元忠还定制了另一幅单幅信仰佛像《大圣毗沙门天王像》（如图6–2所示）。毗沙门为“北方多闻天王”，四大金刚之一，率领夜叉、罗刹等守护天庭北门。传说毗沙门曾解救了安西（今新疆库车县）围城，故毗沙门信仰在唐宋之际盛极。唐天宝元年（742），安西城被番兵围困，由于远水难救近火，唐明皇于是让不空和尚请北方毗沙门天王显圣相救。不空和尚的祈福果然奏效，天王的“金鼠”咬断番兵弓弦，三五百神兵下凡，唐朝得收失地。

《大圣毗沙门天王像》，高三十九点四厘米，宽二十五点五厘米，上图下文格式。上部刻毗沙门天王及其侍从和女供养人图像，图中毗沙门天王正面而立，表情严肃，高大威猛，有较明显的藏密的影子。天王头顶悬有宝盖，头戴毗卢冠，长发披肩，飘带垂肩。背后的圆光呈火焰纹，他身着甲胄，一派战神的风姿，左手托着供奉释迦牟尼的宝塔，右手手持长枪，长枪上的旗帜迎风招展，腰配弯月宝刀，站于夜叉双手之上。天王右侧是一位手托果盘的供养女，左侧是一个肩披豹皮的童子，其右手抓着水貂的脖子，左手托着火焰宝珠，身后站着一个赤裸上身、穿虎皮裙、手托婴儿的罗刹。

图像的下方是曹元忠的发愿文，有文字十四行，每行四至九字不等，以界行均分。发愿文为："北方大圣毗沙门天王，主领天下一切杂类鬼神。若能发意求愿，悉得称心。虔敬之徒，尽获福祐。弟子归义军节度使、特进检校太傅、谯郡曹元忠，请匠人雕此印板。惟愿国安人泰，社稷恒昌，道路和平，普天安乐。于时大晋开运四年丁未岁七月十五日纪。"文末虽然没有具署刊刻匠人的姓名，但从图像的视觉图式和刊刻刀法判断，出自雷延美之手的可能性较大。

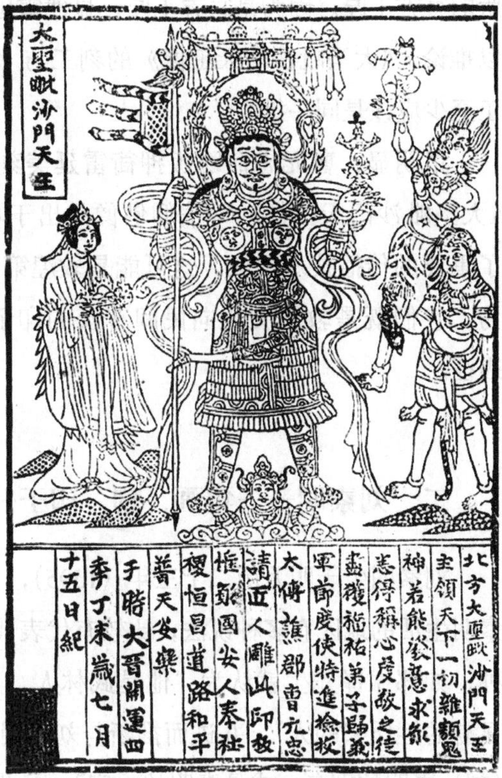

图 6–2 《大圣毗沙门天王像》①

曹元忠请雷延美刊刻祈福用的佛像不止一幅，比如保存在敦煌遗书中的版刻《金刚般若波罗蜜经》卷尾题记中记载道："弟子归义军节度使，特进检校太傅兼御史大夫谯郡开国侯曹元忠普施受持"，"天福十四年（949）己酉岁五月十五日记"，"雕版押衙雷延美"。"押衙"头衔的内容很丰富，有"都牢城使、游奕使、节院使、都头、将头、归义军诸司押衙（直司、水司、羊司、肉司、酒司、宴设司、柴场司、军资库司、内宅司）、孔目官、州学博士、画匠（绘画手）、县令、乡官（耆寿）、都指挥使、玉门军使等官"，"其主要职责覆盖了归义军内政外交的方方面面"②。雷延美的"押衙"头衔，应该是从事绘画、雕

① 周心慧：《中国古版画通史》，学苑出版社 2000 年版，第 6 页。

② 赵贞：《归义军押衙兼知他官略考》，《敦煌研究》2001 年第 2 期。

版的官方工匠。因为是官方工匠，显然雷延美是长期为曹元忠服务的。由此可以推论，《大圣毗沙门天王像》的刻工与《大慈大悲救苦观世音菩萨像》的刻工至少应该是同一批人。

很明显，曹元忠命雕版押衙雷延美刻印《大慈大悲救苦观世音菩萨像》《大圣毗沙门天王像》等信仰佛像是出于功德的目的，正是这种需求催生出了重要的传播技术手段，这可能是敦煌第一批真正的印刷品。因此有学者认为，它们既是敦煌文化向民间普及的印证，也是敦煌雕版印刷技术进步的表征。

二、刘素明——集画、刻、印于一身的版刻家

刘素明生于明万历二十三年（1595），卒于清顺治十二年（1655）。关于刘素明生活的地区有多种说法，比较有代表性的，有武林说、金陵说、建阳说三种。如郑振铎先生就认为“他是武林人，是杭州本地的木刻画家里唯一传下显赫的姓氏来的人”，并进而推断与刘素明同时代的另一位刻工刘次泉“或是（刘）素明的别名，或是素明的一家”。[①]此说影响颇大，一些有影响的版刻图像史著作如王伯敏先生《中国美术通史》、周芜先生《中国古版画百图》皆从之。谢水顺、李埏先生认为，“刘素明是金陵名匠。萧腾鸿师俭堂刊刻的《陈眉公先生批评玉簪记》《陈眉公先生批评幽闺记》《陈眉公先生批评红拂记》等的图像均为刘素明镌版，同一时期金陵书坊（如兼善堂等）的许多版画也是出自刘素明之手”[②]。萧腾鸿师俭堂和兼善堂均是当时金陵著名书肆，但是以刊刻地推断刊刻者籍贯，可能并不准确。王重民先生认为刘素明是福建人，在《中国善本书提要》中一条《新编孔夫子周游列国大成麒麟记》里记载：“素明姓刘氏，建阳书林刻工也，然则此本当刻于闽。”[③]福建建阳的确是中国历史上著名的刻

① 郑振铎：《中国古代版画史略》，《郑振铎艺术考古文集》，文物出版社 1988 年版，第 373 页。
② 谢水顺、李埏：《福建古代刻书》，福建人民出版社 1997 年版，第 322 页。
③ 王重民：《中国善本书提要》，上海古籍出版社 1983 年版，第 693 页。

书之地①，所以刘素明的福建人说，也是非常有代表性的一种说法，在版刻图像史界很有影响，然而这也是以刊刻地推断刊刻者，同样证据不足。

刘素明的特别之处在于，他是少数的集创作、刻版、印制于一身并留有姓名的刻工。在《陈眉公先生批评玉簪记》的版刻图像中，有的署“刘素明镌”，有的则署“素明图书”（如图 6-3 所示）。或许可以推测，刘素明不仅是一位擅刻的名工，还是一位擅绘的名家。

刘素明的创作活动主要在明万历至天启年间（1573—1627），活动的地域

图 6-3 《陈眉公先生批评玉簪记》中的“弈棋挑情”
（左边图上有一枚“素明图书”方章，右边图上有“刘素明镌”四个字）③

① 《书香建阳》编委会编：《书香建阳中国闽北千年古县建阳历史文化》，海峡文艺出版社 2008 年版，第 115 页。

② 徐小蛮、王福康：《中华图像文化史 · 插图卷》（上），中国摄影出版社 2016 年版，第 193 页。

范围十分广阔，他的足迹遍布于当时的各个刻书中心，如署名“书林刘素明全刻像”的《李卓吾先生批评三国志》和署名“素明刻像”的《新编孔夫子周游列国大成麒麟记》以及《新刻洒洒篇》，皆刻于福建建安。与此同时，金陵、苏州都是他的活动范围，这和今天我们身在东部，而出版著作可以天南地北一样，他的活动范围虽没有今人那般辽远，但仅仅以刊刻地推断刊刻者的籍贯仍然是比较冒险的，尤其像刘素明这样活动范围较他人来的如此之广的人。

刘素明在明朝万历中晚期刻绘的作品有《鼎镌红拂记》《鼎镌琵琶记》《鼎镌玉簪记》《鼎镌绣襦记》《鼎镌幽闺记》等戏曲版刻图像；《丹桂记》《六合同春》《牡丹亭还魂记》《汤海若先生批评西厢记》等四种作品均刻于武林（今杭州）；武林刊本《玉茗堂批评异梦记》虽未有明确的刻工信息，但郑振铎先生也认为是“素明刀笔”。在明天启、崇祯年间（1621—1643），刻绘于金陵（今南京）的作品有《警世通言》《禅真逸史》《朱订西厢记》《陈眉公批评丹桂记》《鼎镌红拂记》等；刻绘于苏州的有《全像古今小说》《二刻增补警世通言》《有图山海经》《注释评点古今名将传》《红杏记》《丹青记》《玉茗堂节侠记》等。

由此可见，他一生到处游历，到处刻书，从福建建阳起步，后赴金陵、武林、苏州等地，明天启年间又回到建阳，最后刻的就是《新刻洒洒篇》。①

图 6-4 是明万历年间于武林刊刻的《丹桂记》中的两幅插图。该书由蔡冲寰、刘素明等人绘画，刘素明、风洲、陈聘洲等人镌刻。其中，刘素明既是绘者，又是刻者，身兼两职，这在历史上的版刻家里是不多见的。刻像以技艺的娴熟为主，而画像则不得不具备更多创作才能，两者要求的素养是不一样的。在版刻业界能够身兼绘、刻两职者，的确是难能可贵的。

《丹桂记》是徐肃颖根据《红梅记》删润而成的，共有三十四出，图 6-4 描绘的是一出李慧娘的鬼戏，戏中讲述书生裴禹与好友郭谨、李素游西湖时，遇到平章贾似道的小妾李慧娘，李慧娘称赞裴禹“美哉一少年”，被贾似道见

① 周心慧：《晚明的版刻巨匠刘素明》，《中国版画史丛稿》，学苑出版社 2002 年版，第 67—73 页。

图 6-4 《丹桂记》中的“辨鬼”①

到，回府后，贾似道用剑将慧娘杀死，并将其头装在金盒里，警示众妾。已故总兵之女卢昭容，在西湖采折红梅花时，与裴禹相见，两人产生了爱慕之情。后来，昭容被贾似道看中，要纳她为小妾，卢家谎称，昭容已许配裴禹，贾似道便将裴禹幽禁在府中，夜里李慧娘的鬼魂来出寻裴禹，见裴禹被幽禁，便将裴禹偷偷地放掉。贾似道得知裴禹被人放走，就拷问众妾，此时，化作鬼魂的慧娘竟挺身而出，贾似道惧怕，只得将慧娘重新安葬。

在《丹桂记》的“辨鬼”图中，左幅踏云而来的便是李慧娘的鬼魂，而右边被众妾拱卫的就是贾似道，众人背对慧娘，表现出惧怕的样子。画面不仅刻得好，画得也好。右图中，一妾虽然害怕，但仍因好奇而回头偷偷地看，这里将人物刻画得栩栩如生。故事中的李慧娘是鬼而不是仙，所以作者用了一团黑

① 徐小蛮、王福康：《中华图像文化史 · 插图卷》（下），中国摄影出版社 2016 年版，第 728 页。

云，也使得画面生动了不少。左图上题有“画堂烛光辉，忽然见魑魅，冲寰笔”等字样。当然，故事中的贾似道在历史上确有其人，且因瞒报军情，耽误军机，又因为骄奢淫逸、为非作歹而载入史册，最终在押枷途中被差官打死。李慧娘的故事，就是讽刺贾似道骄奢淫逸的生活。

图 6-5 是刘素明绘的一幅“劾奸”图，讲的是贾似道遭人参劾，上题有“一封章奏明君，素明笔”九个字。图中没有贾似道，画的是身在云雾中的明君，接受朝臣对贾似道的参劾。后来，裴禹与昭容在关帝庙里相遇，在好友李素的帮助下，到临安完婚。至于贾似道，最终还是葬送了北宋王朝。

从以上两图可以看出，虽为版刻，却用了界画的手法，古松树干上的疖

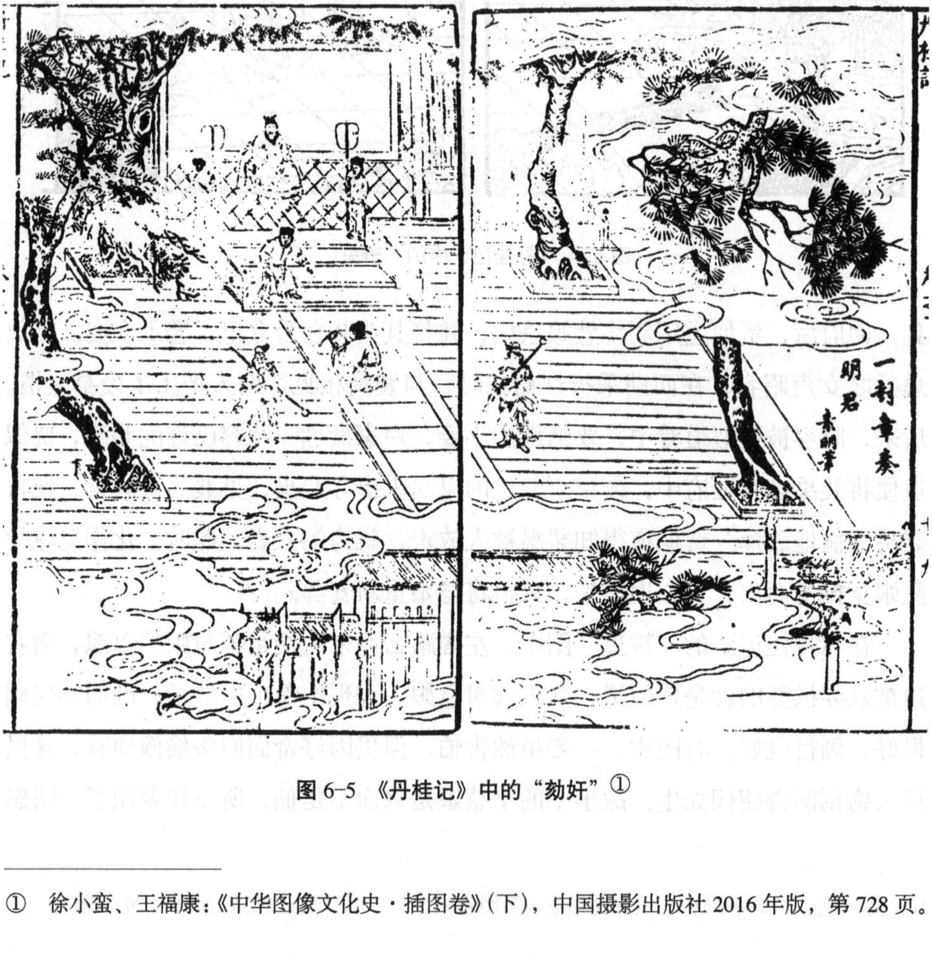

图 6-5 《丹桂记》中的“劾奸”①

① 徐小蛮、王福康：《中华图像文化史·插图卷》（下），中国摄影出版社 2016 年版，第 728 页。

子，扭曲的身段，细密的松针，缥缈的云雾，以及皇宫的台阶，都画得极为细致。尤其是米点大的人物，个个细节分明，刻版的艺术水准极高。《丹桂记》历经五年的精工细雕方才刻成。郑振铎先生赞誉说："刘素明的刀刻是十分精致的，尤长于深远的山水，细小的人物。以双版的大幅把浩瀚的山光水色布满全局，而中着一叶扁舟，舟中有几个小小的人，乃是他所擅长的画面，是工丽的，也是无瑕可击的。"①官员在皇宫中参劾的这幅远景画中，条线分明，比例匀称，高超水平可见一斑。然而美中不足的是，《丹桂记》讲的是宋代的故事，但人物的打扮却是明代的。宋代的皇帝和官员，所戴的帽子皆为"长翅帽"，特征鲜明。但该画中却只是就着所在朝代的样子讲故事，故事以外的情况皆不顾及。当然，这也是古人的惯用手法，需要我们辨识。

刘素明作为著名的版刻家，拥有高超的版刻技术，主要版刻作品几乎都是小说插图，未涉足宗教版画人物形象的创作。

三、刘次泉——善于探新的版刻家

刘次泉是明代万历、天启年间的版刻名家。在晚明的版刻艺苑中，他的名气绝不逊于徽州虬村黄氏诸名工及刘素明等杰出版刻艺术家。

出于古代对工匠群体的集体忽视，刘次泉也是生卒不详、出身籍贯不详的一位，关于他的籍贯或身份，比较有代表性的说法有以下几种。

浙江武林人说。这首先出于郑振铎先生对刘次泉真实身份的一个怀疑，他说刘次泉"或是（刘）素明的别名，或是素明的一家"②。根据这个怀疑，郑振铎先生认定刘素明为武林（今杭州）人，因此认为刘次泉也为武林人。这一说法被版刻图像史研究者广为引征。其实郑振铎先生也只说了"或"字，并不是十分肯定的，时人多以郑先生为当然之权威故而绝对化了他的猜测。

安徽歙县人说。瞿冕良先生编著的《中国古籍版刻辞典》称"刘次泉（约

---

① 郑振铎：《中国古代版画史略》，《郑振铎艺术考古文集》，文物出版社 1988 年版，第 373 页。

② 郑振铎：《中国古代版画史略》，《郑振铎艺术考古文集》，文物出版社 1988 年版，第 373 页。

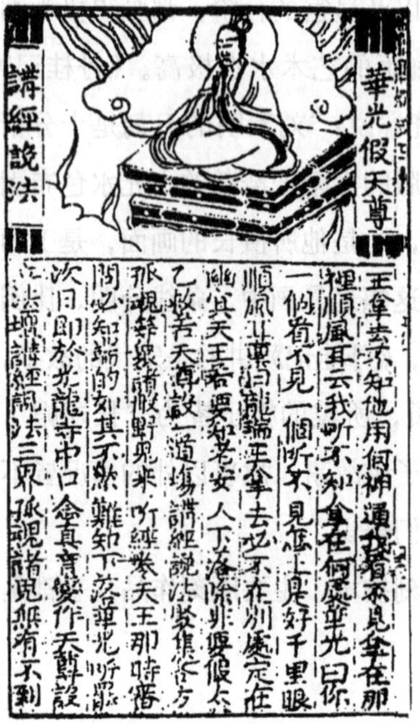

图 6-6 《五显灵官大帝华光天王传》

1590—1644）明万历间，安徽歙县人，版刻工人，兼营书坊，业于杭州”①。瞿先生没有给出他判断的理由，但据周心慧先生考证，《五显灵官大帝华光天王传》一书是刘次泉在明隆庆五年（1571）刻成的，这时的刘次泉大约二十岁左右，照此推算，刘次泉应出生在明嘉靖三十年（1551）左右。

福建建阳人说。周心慧先生认为，刘次泉的版刻艺术生涯可分为两个大的阶段，早期作品多为建安派版画风格，多完成于建阳；稍后则转变为徽派。周心慧主张，这个线索是认识刘次泉身世籍贯的“最主要根据之一”②。比如明隆庆五年（1571），即辛未年，刘次泉刊刻“昌远堂”的《五显灵官大帝华光天王传》（如图 6–6、图 6–7 所示），“昌远堂”为福建建阳的一家书肆，这是他最早的作品，书籍的形式是上图下文，是典型的建安风格。后来，在建阳还刊刻了《新刻音释评林演义

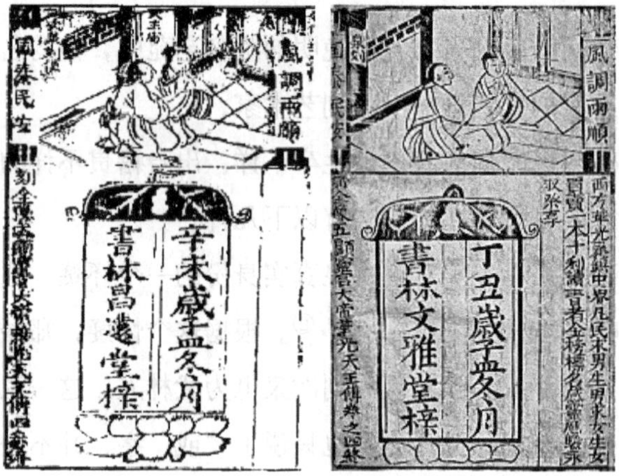

图 6–7 《五显灵官大帝华光天王传》的两个版本③

① 瞿冕良：《中国古籍版刻辞典》，齐鲁书社 1999 年版，第 162 页。

② 周心慧：《中国版画史丛稿》，学苑出版社 2002 年版，第 75 页。

③ 刘蕊：《奥地利国家图书馆藏稀见小说两种考略：〈刻全像五显灵官大帝华光天王传〉与〈聊斋全图〉》，《图书馆杂志》2019 年第 2 期。

三国志史传》《新刊京本春秋五霸全像列国志传》等书，上面均有“次泉刻像”“次泉”等字样。的确，古人生活的活动范围比较有限，出版物应该不会离开制作者籍贯地太远，甚至在籍贯地出版是概率最大的。然而，由于工匠们的资料实在难以捋清，我们也只能根据听上去最为合理的理由进行暂时的认定。

《五显灵官大帝华光天王传》是刘次泉的早期刊刻作品。图中线条颇为简洁，人物亦无表情，好似肖像画一般。即使华光天王出场，也只是用简单的背光、祥云作极为有限的渲染而已。周心慧说：“至明万历中叶，刘次泉的艺术风格已经开始发生变化，他镌刻的《春秋五霸全像列国志传》整版图，用线顺达流畅，刃锋起承转合莫不顺其自然，与镌刻《华光天王传》时用线之稚拙绝不可同日而语。明万历中叶之后，徽派纤劲细微的作风流播金陵、建阳，刘次泉自难免受其浸润，也说明他是一位不泥于陈章旧法，擅于接受新鲜事物，善于不断取他地版画艺术之长的具有革新精神的版刻艺术家。”① 如刊刻于明万历三十四年（1606）的三台馆刊本《新刊京本春秋五霸全像列国志传》，人物形态丰满，刀笔表达细腻，故事情节在画中充分体现出来（如图 6–8 所示）。

图 6–8 《新刊京本春秋五霸全像列国志传》②

明万历三十四年（1606）后，刘次泉走出建阳，在其他地方留下了许多优秀的版刻图像。在金陵（今南京）刊刻的作品有萧腾鸿师俭堂的《鼎镌陈眉

① 周心慧：《中国版画史丛稿》，学苑出版社 2002 年版，第 78 页。

② 周亮：《明清小说版画（上）》，安徽美术出版社 2016 年版，第 76 页。

公先生批评绣襦记》（与刘素明合刻）《汤海若先生批评琵琶记》等。明万历四十七年（1619）至天启元年（1621），他在杭州刊刻《唐诗五言画谱》《唐诗六言画谱》，此时他的画风发生了翻天覆地的变化。图 6–9 右侧为唐朝王维的诗作《田园乐》：“采菱渡头风急，策杖林西日斜。杏树坛边渔父，桃花源里人家。”（图上误作“王建”）左图中，山、水、树、人、船、岩，无不精雕细琢，水纹被采菱人与渔人搅动得微微起伏，石块的阴阳面也被表现得丝丝入扣，由远及近的画面比例安排也符合焦点透视法的原则。

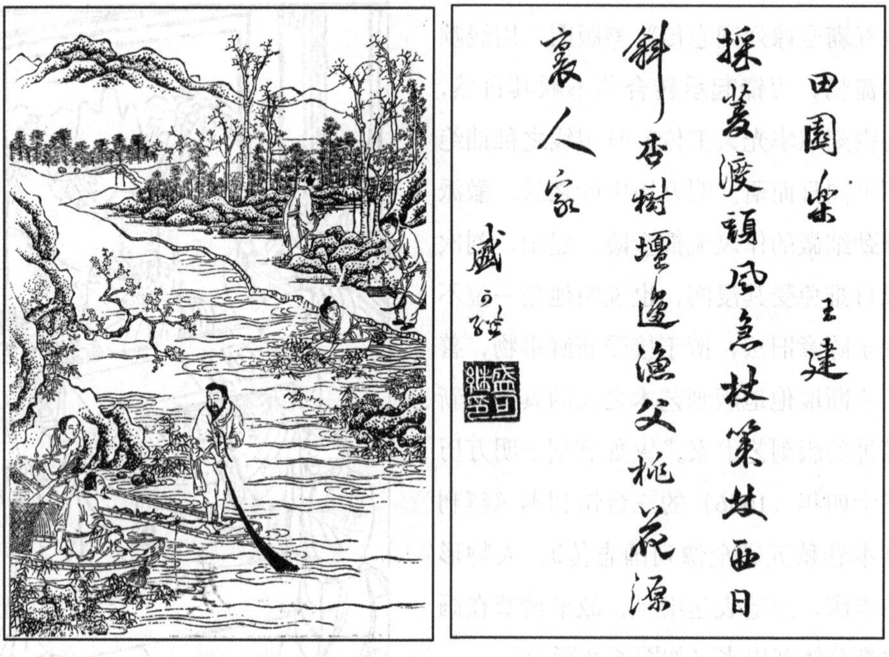

图 6–9　集雅斋刊本《唐诗六言画谱》中的“田园乐”（王维）诗画①

再看他出走金陵、武林后再回到建阳，为建阳书林萃庆堂刊刻的《四种争奇》中的图像。这部崇祯年间（1628—1644）所刻的《四种争奇》，无论是百鸟朝凤，还是人物走兽，皆笔触细腻，可以说达到了运笔自如的境界（如图 6–10、图 6–11 所示）。

① 黄凤池：《唐诗画谱》，河南大学出版社 2014 年版，第 143 页。

图 6-10　《四种争奇》中的“凤凰百鸟”“牡丹百花”

图 6-11　《四种争奇》中的“吹箫引凤”“折梅寄友”①

① 周心慧等:《中国古籍插图精鉴》，中国青年出版社 2006 年版，第 392—393 页。

对比刘次泉最早在建阳刊刻的《五显灵官大帝华光天王传》，那还是一个二十岁左右的年轻人；再回到建阳镌刻《四种争奇》时，已是一个年近七十岁的老人了，两相对照，艺术境界高下立判。

刘次泉的版刻风格呈现出一个长时间的多样变化，他留下的最重要的宗教版画作品，是早期的《五显灵官大帝华光天王传》。很显然，早期的作品还是比较稚朴的，而当他晚年版刻技法成熟时，却又将主要精力放在小说插画版画的创作上，不再关注宗教题材的版画创作了。

四、陈洪绶——个性鲜明的版刻家

陈洪绶（1598—1652），字章侯，号老莲、老迟、悔迟、悔僧、云门僧等，是明末清初的著名画家，主要活跃于明代。陈洪绶版刻像如图 6–12 所示。陈洪绶作为版画家，似乎较少被人提起，这与版画常出自工匠、绘画常出自文人，有很大的关系。其实，陈洪绶可以说站在了两者的巅峰上，而且他的绘画有着极高的辨识度，将之于他的版画合在一起看，别有一番趣味。

图 6–12　陈洪绶版刻像

陈洪绶的绘画作品内容特别丰富，人物画有《宣文君授经图》《石座白衣观音图》《桐下受教图》《罗汉图》等，花鸟画有《荷花鸳鸯图》《梨花图》《山水诗画册》等，其中《罗汉图》是较有代表性的作品（如图 6–13、图 6–14 所示）。图中罗汉是胡僧模样，大耳垂，戴着耳环手执羽扇，目光如死灰。其中最有标志性的，就是罗汉高阔的额头与挺拔的鼻子，这两个视觉要素结合起来，就显得人物面部狭长、瘦削，这是陈洪绶人物画的典型特征。用这个标志来看陈洪绶的版画作品，就会发现，他的版画作

图 6-13　陈洪绶《罗汉图》

图 6-14　陈洪绶《罗汉图》

品其实呈现了两种风格，一种延续了瘦长脸型的人物风格，一种则是传统绘画人物的风格。

纵观陈洪绶的版刻图像，为书籍创作的版刻图像最多，题材也相当丰富，如在《楚辞集注》《娇红记》《北西厢》《水浒叶子》等书籍中，他都曾进行过版刻图像的创作。同时他又深谙绘画技巧，不自觉地将绘画技巧融入到版刻中，形成了自己鲜明的艺术个性。其人物线描，上承李公麟、赵孟頫、钱选的风格，又运用怪诞的笔法，加入了自己独特的想象力突破陈规，古雅简朴、个性鲜明，成为明清版刻图像中的一个亮点。

《水浒叶子》是陈洪绶三十岁前后的版刻作品集，叶子是古代行酒令的酒牌，酒牌上的绘画，应该是非常市井的图像，但陈洪绶将之表现得饶有生趣。《水浒叶子》集绘画人物四十多位，人物线条具有陈洪绶早年的绘画特点，即线条刚硬，方折直拐，易整为散，如“豹子头林冲”的形象塑造（如图 6-15

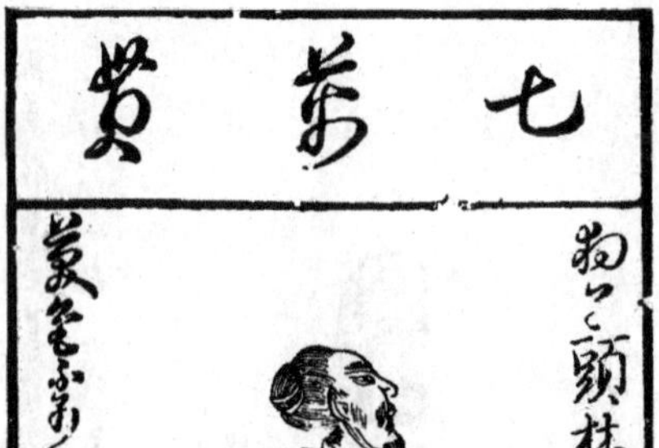

图 6–15 《水浒叶子》之林冲

所示)。其他的人物形象，哪怕是文字记载中仙风道骨的公孙胜等，也显得非常地接地气，绝无世外高人的气质。陈洪绶的水浒人物个个都威风凛凛，也体现了他对农民英雄的共情。

陈洪绶在崇祯十年（1637)，其三十九岁时创作的《屈子行吟图》(如图 6–16 所示)，显然与《罗汉图》有内承的关系。该图运用了大量的留白，人物在画面中所占据的空间很少，树与石都只是部分的显露出来，这种不全，使得画面有一种含蓄的美感，人物线条简略，刻画却入木三分，似乎有些变形的寥寥数笔，将屈子的孤寂之感、忧国忧民之情跃然纸上，富有极强的艺术感染力。

《博古叶子》是陈洪绶晚年的杰作，作于清顺治八年（1651)。该书是一部历史人物画册，不分贤愚，按照陈洪绶的喜好而定。其中，既有如范蠡、陶渊明、杜甫等文人雅士；也有卫青、韩信等名将；甚至还有董卓这样的大奸巨恶(如图 6–17 所示)。应该说，《博古叶子》是陈洪绶版刻艺术的巅峰之作。同样是“叶子”，《博古叶子》里的人物线条是流畅圆润的，而《水浒叶子》里的人物线条是曲折干脆的，呈现出两种完全不同的风格。周亮工在《读画录》中说：陈洪绶“崇祯间召入为舍人，使临历代帝王图像。因得纵观大内画，画乃益进。故晚年画博古牌略示其意。”① 看来，年长而变得圆滑，在版刻线条上的使用中也能见一斑。

陈洪绶为《西厢记》所做的插画，是他的另一部巅峰作品。《西厢记》插

① 周亮工：《读画录》，《续修四库全书》第 1065 册，上海古籍出版社 2002 年版，第 592 页。

图 6-16 《楚辞·九歌》中的“屈子行吟图”

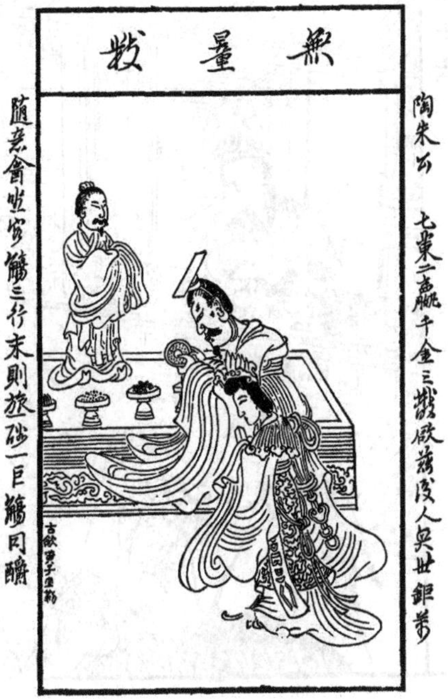

图 6-17 《博古叶子》中的“陶朱公像”

画与“叶子”是两种性质完全不同的内容了，前者属于文人雅士赏玩之物，而后者为市井里巷之物，因此版刻者所需要采用的创作风格也是需要改变的。图 6-18 表现了崔莺莺深锁闺阁之中，百无聊赖，凭栏呆坐，思念张生，望断秋水的景象。图像空白处题：“到晚来闷把西楼倚，见了些夕阳古道，衰柳长堤。”观者的心情好像左右摇晃的柳树，苦闷孤寂，又无所适从。

陈洪绶一生画了很多罗汉图，然而在他的版刻作品中，除了《九歌图》中的神仙勉强算是宗教人物外，就是《水浒叶子》中的两种“鲁智深”形象了（如图 6-19 所示）。左图中的鲁智深形象继承了他惯用的瘦长脸人物形象的典型特征，此外，图中的鲁智深穿着大僧袍，一圈一圈的纹路，活似一个大蚌壳，一个外刚内柔、粗中有细的人物，就在这么一种象征手法中被惟妙惟肖地刻画出来了。右图中的鲁智深是一名穿着花衣服的罗汉，没有陈洪绶人物绘画一贯的典型长脸形象，但也显得非常生动活泼。

图 6-18 《西厢记真本图册》（之一）

图 6-19 《水浒叶子》中的两种“鲁智深”

陈洪绶是一名多面手，能在绘画与版画间自由切换，并将绘画的技艺融入版刻之中，而他刻印的版画，从早年的干脆有力，到后来的圆润流畅，风格变化多样，从市井酒牌的刻印到《西厢记》的插图刻印，涉猎的题材也极为多样。尽管他在绘画中创作了大量的背景架空的罗汉人物，但在版画创作中，虽然形象设计是自由的，但主题却是围绕小说、叶子，几乎没有宗教人物的作品问世。

五、黄氏家族——徽派版刻的群体记忆

在明清年间，还有一个极其重要的版刻家群体，就是徽派黄氏家族。郑振铎先生说："徽派木刻画家们是成为万历的黄金时代的支柱。他们是中国木刻画史里的'天之骄子'。他们像彗星似的突然出现于木刻画坛上。他们的出现，使久享盛名的金陵派、建安派的前辈先生们为之黯然失色。他们得天独厚地产生于安徽的歙县。"①《状元图考》凡例中甚至将他们称为"雕龙手"，说："绘与书双美矣，不得良工，徒为灾木。属之剞劂，即歙黄氏诸伯仲，盖雕龙手也。"这是对版刻艺术家极高的评价，甚至还有人评价他们为"宇内（天下）奇士"，盖登峰造极之评价了。

黄氏家族作为一个群体，由于人数众多，能整体在青史留名，简直是一个奇迹。自明正统元年（1436）至清道光三十年（1850）止，四百余年中，可考的黄氏家族名字的刻工就有三百人之多。更难能可贵的是，黄氏一族大部分人都分散于全国各地，对中国整个版刻事业的推动是全面开花、入木三分的。据《明代刊工姓名索引》一书统计，在杭州的黄氏刻工有黄铤、黄铣、黄铅、黄烈、黄铄、黄大志、黄尚润、黄尚涧、黄观福、黄继福、黄应秋、黄应积、黄应和、黄应坤、黄应科、黄福元、黄满元、黄一彬、黄一村、黄积明、黄七宝、黄八宝、黄一松、黄一楷、黄社贵、黄三安、黄四安、黄一枝、黄贞祥、黄贞德、黄承中、黄师孟、黄师曾、黄建中、黄义中、黄重中等人，是散落全

① 郑振铎：《中国古代版画史略》，《郑振铎艺术考古文集》，文物出版社 1988 年版，第 377 页。

国的黄氏刻工中规模最大的一支；苏州的有黄鐈、黄德宠、黄应淮、黄应聘、黄应凤等人；北京的有黄招宝、黄铤、黄文享、黄玥、黄尚序、黄千老、黄朔等人；南京的有黄月中、黄明中、黄应麟等人；镇江的有黄一本、黄一泰、黄行中、黄从中、黄得中、黄衡中、黄值中、黄健中、黄一椿、黄质中等人；婺源的有黄钧、黄钩、黄仕环、黄仕璲、黄镑、黄应皋等人；金华的有黄长孙、黄喜孙等人；霸州的有黄天祥等人，可谓遍布各地。[①] 从“黄铤、黄铣、黄铅、黄铄”这几个名字不难看出，似乎就是以版刻为生的家庭为他们取的名，或者是后来因从事版刻行业而改的。

徽派版刻中的黄氏版刻是独具一格的。明代以前的版画多“粗壮”“简略”，而徽派版画的风格却有重大转变，工整精致、细腻多样成了那个时代的新潮流。“歙县虬村黄氏刻工，世代相传，长期寻求雕刻线条表现力的功夫，锻炼自己的雕刻技艺，他们力求把握刀刻的刚柔、轻重、急速转换的技巧，以线条的粗细、曲直、动静相照、繁简互衬等对应统一的规律来刻画人物。同时虬村黄氏刻工本身也具有一定的艺术修养，对画家的线条处理有着深刻的领会能力，这也是徽派版画能够达到精致程度的保证。”[②] 图6-20是明弘治十二年（1499）《休宁流塘詹氏宗谱》插图，是由老一代黄氏刻工黄永暠、黄永昇等所刻。虽然用笔简

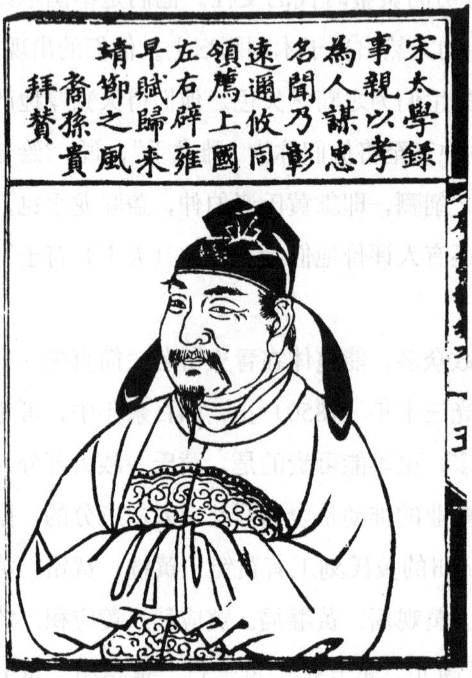

图 6-20 《休宁流塘詹氏宗谱》中的“詹录像”

① 参见李国庆：《明代刊工姓名索引》，上海古籍出版社 1998 年版。

② 汪良发主编：《徽州文化十二讲》，合肥工业大学出版社 2008 年版，第 368 页。

略，但比例匀称，人物形象的刻画非常细腻、传神。

我们不妨对比1609年刊印的《三才图会》，该书是由明朝王圻及其儿子王思义编纂的百科全书式的图录之书。图6–21是《三才图会》中李药师、虞伯施的版刻画像，虽然刊刻时间要比“凴录像”晚了近百年，但是细究人物的刻画，从线条、画面，到人物表达，似乎都难以企及徽派版刻早期阶段的“凴录像”，透过李药师、虞伯施两人的画像来看，也不难发现，《三才图会》中的数百位人物的长相几乎都非常接近，很少有本质上的差异，其实这是刻工的灵气不足造成的。郑振铎先生说：“举凡隽雅秀丽或奔放雄迈之画幅，一入黄氏诸名工手中，胥能阐工尽巧以赴之。”① 两相对比，确有所感。

图6–21 《三才图会》之李药师、虞伯施

《养正图解》是黄氏家族的另一位刻工黄鏻的重要作品。该书原是画家丁云鹏所绘，因为该书是皇家用于教育皇子的教材，所以其中有很多图像是对儒家故事的解释性说明，“欹器示戒图”便是其中一幅（如图6–22所示）。图中，孔子书生打扮，他面对欹器，拱手而立，示意弟子该物蕴含的道理。该图故事源自《荀子·宥坐篇》，讲的是在周太庙里，孔子带领弟子观看欹器——一种装满水就会翻倒、不装水就会倾斜的器具，因为它站立不稳，所以被吊挂起来，这是要告诫人君牢记“中庸”的道理：“虚则欹，中则正，满则覆”，教人处世要中正，不偏不倚，不满不虚。该图原画是丁云鹏的白描图，黄鏻细心琢磨，一丝不苟，唯恐有失原画的神意。其中人物衣褶的线条柔，而案台的线条直，刚柔相济，表现得极为恰当。

明万历二十五年（1597），黄鋑与黄一楷、黄一凤合刻的《琵琶记》是杭

---

① 郑振铎：《中国古代木刻画史略》，上海书店出版社2006年版，第54页。

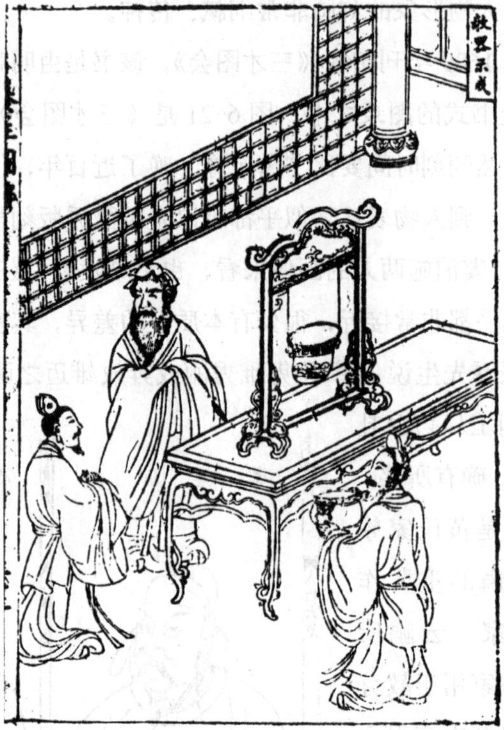

图 6–22 《养正图解》中的“欹器示戒图”

州一脉黄氏家族的重要作品。黄鋑（1553—1620，字秀野、君佩），与黄铤、黄镂是同一辈人。黄一楷（1580—1622）和黄一凤（1583—?）是他的儿孙辈。《琵琶记》作为两代人的合作，展现了刻工家族的传承与延续。《琵琶记》出自汉代，讲述的是书生蔡伯喈与赵五娘悲欢离合的故事。书生蔡伯喈与赵五娘新婚不久，正逢朝廷开科取士，伯喈以父母年事高，希望留在家中服侍父母为由，放弃科举。但蔡公不允，伯喈只好告别新婚妻子赴京考试。其中一幅“南浦嘱别”，描绘的就是伯喈与五娘告别时的情景（如图 6–23 所示）。图中，流水潺潺、杨柳依依，石板桥边，年轻的夫妇二人你侬我侬、依依惜别。整幅画中，线条刚柔并济、构图和谐饱满、视觉清朗秀美。

明万历二十七年（1599），黄应组（1519—？，字少川）刊刻了规模巨大的《人镜阳秋》，有图近千幅。收入的故事相当繁杂，如“举案齐眉”（如图 6–24 所示）“三顾茅庐”“卧冰求鲤”等各类历史神话故事。从艺术角度讲，较

图 6-23　《琵琶记》中的“南浦嘱别”

之前文的《养正图解》《琵琶记》，《人镜阳秋》中的人物都有鲜明表情。郑振铎先生称赞这部书“运以精熟之至的刀刻技术，使每一幅画面都显出迷人的美好。这就是‘古典美’的作品的一个最标准的范本”①。

除了《人镜阳秋》，黄应组还有万历三十七年（1609）环翠堂刊本的《坐隐图》（附于《坐隐先生精订捷径棋谱》后），以及《环翠堂园景图》《投桃记》《彩舟记》《王李合评西厢记》等传世作品。《坐隐图》和《环翠堂园景图》堪称“精致绝伦”，也被郑振铎先生评为“是木刻画里的奇作”。② 但是，《坐隐图》与《人镜阳秋》的画面展现风格却是完全不同的。

《坐隐图》是一幅六面连式长卷，图 6-25 展现的是其中一个情节，中间绘

---

① 郑振铎：《中国古代版画史略》，《郑振铎艺术考古文集》，文物出版社 1988 年版，第 381 页。

② 郑振铎：《中国古代版画史略》，《郑振铎艺术考古文集》，文物出版社 1988 年版，第 381 页。

图 6–24 《人镜阳秋》之“举案齐眉”

有四个人物，在松树下的石台旁，一僧一道两儒者，正坐着对弈，一远客执杖而来。这一静谧的画面，旨在表现弃官儒者过着悠闲的隐居生活，这幅画的高明之处在于刀笔的细腻，虽人物的发髻、须眉看似一片乌黑，但细看时，却是千丝万缕，极为分明。郑振铎评价黄氏道：“大凡歙人所刊版画，无不尽态极妍、须发飘动，能曲传画家之笔意。”①其实，画面上层层叠叠的假山也运用了同样的手法，表达了鲜明的光影效果，带给人极强的立体感。这里的重点是，黄应组所展现出来的光影效果，其实是由黑点和细若游丝的黑线构成的，简直令人惊奇。这里说的惊奇是指两个方面，其一，是黄应组用极细腻的刀笔线条勾画出这样的画面；其二，中国传统的美术作品历来被人认为不讲究光影效果，1804 年西方学者约翰·巴罗评价中国绘画：“它们只可被视作可怜的涂鸦，不能描绘出各种绘画对象的正确轮廓，不能用正确的光、影来表现它们的体

① 郑振铎：《中国版画史图录》，中国书店出版社 2012 年版，第 6 页。

图 6–25　《坐隐先生精订捷径棋谱》中的“坐隐图”

积，也不能施以富有层次的色彩，以求肖似自然的微妙色调。”① 传统作品一直给人以平面铺开为主、不追求光影效果，但这并不代表中国艺术家不懂得表现光影效果，这幅《坐隐图》从版画的角度，给出了最好的反驳例证。如此光影效果显著的作品，还有黄应光（1592—?）于万历年间刊刻的《小瀛洲十老社会诗图》《乐府先春》《吴骚集》《西厢记》《昆仑奴》《元曲选》《李卓吾先生批评玉合记》《李卓吾先生批评红拂记》《李卓吾先生批评琵琶记》《李卓吾先生批评忠义水浒传》等，可以说，幅幅佳优。

图 6–26 是《小瀛洲十老社会诗图》的一个局部，呈现的是文人墨客在曲水边吟诗作对的场景，曲水流觞，甚是惬意。画面中岩石的光影效果特别吸引人的目光，太湖石空洞凹陷处的阴影被惟妙惟肖地刻画了出来。其实，西方人不仅对中国绘画中的光影问题有误解，他们对中国绘画远大近小的透视问题同样怀有偏见。六朝宋宗炳在《画山水序》里说道：“今张绡素以远映，则崐阆之形可围于方寸之内，竖划三寸，当千仞之高，横墨数尺，体百里之远。”“去之稍阔，则其见弥小。”这就是典型的远大近小，但中国传统的画作有其特有的透视法，不同于西方的写实透视，并非是中国人不懂透视法。

黄氏家族的著名刻工相当多，其作品的艺术价值颇高。比如黄君蒨在天启四年（1624）所刻的《彩笔情辞》，同样展现了高超的光影效果；黄镐（生卒不详，字子周）在明万历三十四年（1606）所刻的《古列女传》是徽派版刻图像中最成熟的作品之一；黄应瑞（1578—1626，字伯符）在明万历三十年（1602）与黄应泰、黄应济合刻的《古今女范》，与他人合作的《明状元图考》《性命圭旨》《元曲选》等版刻图像都名垂青史；黄一楷（1580—1622）所刻的《王李合评北西厢记》《闺范》《顾曲斋元人杂剧》《牡丹亭还魂记》《吴越春秋乐府》等图籍；黄一彬（1581—?）与人合刻的《闺范》《青楼韵语》《西厢记》等图籍；黄一凤（1583—？，字鸣岐）所刻的《顾曲斋元人杂剧》《牡丹亭还魂记》《唐明皇秋夜梧桐雨》等图籍；黄建中（1603—？，字子立）在崇祯年间（1628—1644）与刘应祖、刘启先、洪国良等人刊刻《新刻绣像批评金瓶梅》等图籍，

---

① 转引自柯律格：《明代的图像与视觉性》，北京大学出版社 2011 年版，第 4—5 页。

都成了传世的珍品。黄鏻（1565—？，字若愚）、黄应泰（1582—1642，字仲开、初阳）、黄应道（1578—1655，字行素、宁纳居士）三人合作的《程氏墨苑》，更是一部传世奇书，将明代版刻艺术推到了顶峰。

图 6-26 《小瀛洲十老社会诗图》（局部）

黄氏刻工家族人员众多，绘刻的题材也很丰富，其中亦有一些宗教题材的版画。图 6–27 是黄铤、黄钫合作的《新编目连救母劝善戏文》中的插图，黄铤与前文《琵琶记》的刻工黄鋑是同辈人，与《琵琶记》呈现的图像风格不同，《新编目连救母劝善戏文》的图像中人物与场景的比例并不太协调，仙风道骨的气息更为浓郁，右边下图中的人物安排，遵从了主大从小的原则，与世俗小说故事的构图逻辑就不同了。

图 6–27 《新编目连救母劝善戏文》插图

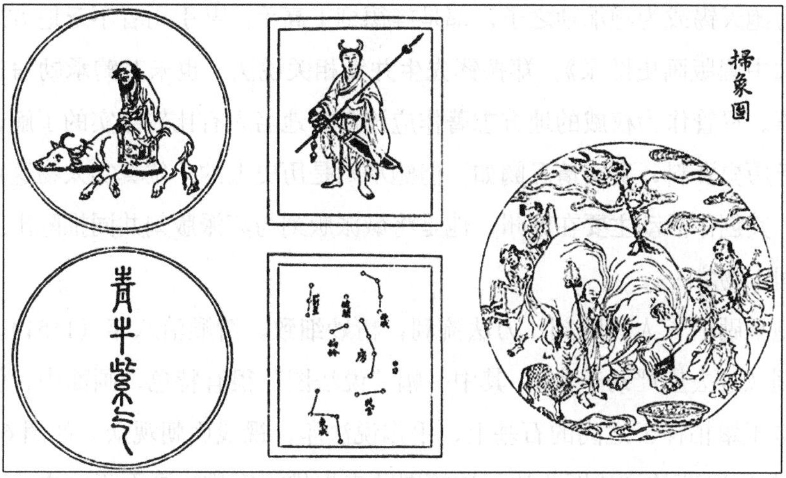

图 6–28 《程氏墨苑》之“青牛紫气”“房宿图”“扫象图”

图 6–28 是《程氏墨苑》中的几幅宗教题材版画图像。《程氏墨苑》的刻工有黄氏家族中的黄鏻、黄应泰、黄应道两代人。上文《养正图解》与《程氏墨苑》中的《圣母怀抱圣婴耶稣》都是黄鏻所刻，这几幅图的风格却不尽相同。《程氏墨苑》中的《圣母怀抱圣婴耶稣》遵循了西方的明暗刻画手法，但他在绘刻中国宗教人物图像时，却又遵从了中国传统绘画的技法，并不讲求光影生动，但是无论哪种技法，人物形象的生动性都是值得称道的。

六、鲍承勋——徽派版画的“殿军”

鲍承勋（约 1625—1705），名守业，字承勋，旌德（今属安徽）人，是徽派版刻图像群体中的巨匠之一，被郑振铎先生誉为徽派版刻图像的“殿军”，作为一名承上启下技艺高超的人物，堪与安徽的黄氏家族媲美。

鲍承勋的生平资料极少，后世的研究者几乎都引用了郑振铎先生在《中国版画史图录》中的说法：“旌邑鲍承勋为清初之镌图名手，所镌有《秦楼月》及《杂剧新编》之版刻图像等，此书尤为罕见”，“承勋为徽派版画之殿军，实刻于苏州，为苏州版画之佼佼者，名重于时。中国版画至康熙间犹方兴未艾，乃因鲍承勋、朱圭等名家出，使苏派版画崛起，有相帅领先之势”。有些著作还认为鲍天锡或为鲍承勋之子，都是旌德刻工高手。①引用者不乏地方志，但查遍《中国版画史图录》，郑振铎先生并无相关说法，也未对鲍承勋写过独立的评语。尽管作为权威的地方志著作应该对本地名人有比较翔实的了解，但由于缺乏历史资料，真实情况阙如。但鲍承勋是历史上的一位真实人物这点毋庸置疑，其创作活动主要在苏州，他是将徽派版刻与苏派版刻共同推陈出新的重要中间人物之一。

鲍承勋擅长人物雕刻，刀法流利，精妙细致。清顺治八年（1651），鲍承勋刊刻《过去庄严劫千佛》，其中一幅“说法图”很有特色，画面中，佛祖结跏趺坐于翠柏祥云之间的石基上，手作说法印，视线面朝观众（如图 6–29 所示）。与同时期的说法图相比，这幅图并未把佛祖安排在画面正中央，而是在画面的四分之三处，佛祖的面部无论是从画面的横向还是纵向来看，都接近于黄金比例分割线，除佛祖与跪在他座下的虚空藏之外，画面中其他人的视线都聚焦在虚空藏身上，众人在画中交流，而佛祖却仿佛在与画外人交流。佛祖说

图 6–29 《过去庄严劫千佛》中的“说法图”

① 安徽省地方志编纂委员会编：《安徽省志》卷六十六《人物志》，方志出版社 1999 年版，第 942 页。

法图的“原境”本被安排在给孤独园中，但大多数画家都无法展现“说法图”的原作环境，多以留白等技法模糊“说法图”中的具体环境，而这幅版画中的佛祖说法的环境，却被设定在一个中国式山水的自然环境中，给人耳目一新的感觉。从镌刻刀法上来说，整幅画的线条也是行云流水般的自然顺畅，力士的火焰纹细密，而人物衣褶却飘逸，整幅画面无不精雕细琢，功力毕见。

鲍承勋的另一幅代表作《华藏庄严世界海图》刻印于清康熙六年（1667），是一幅规模极为宏阔的独幅佛教信仰图像，长、宽皆在三尺以上，悬挂于镇江金山寺（如图 6–30 所示）。所谓“华藏世界”，即“莲华藏世界”的简称，指

图 6–30　《华藏庄严世界海图》

西天极乐世界。这幅版画线条绘刻繁密，人物众多，云集了约一百五十尊佛、菩萨及诸天神，佛国安乐祥和的氛围被表现得淋漓尽致。版画的左下角有“旌邑鲍守业”刊署，刊刻时间署“丁未”，即清康熙六年（1667）。在中国古代遗存的佛教版刻图像中，宗教人物形象如此之多实属难得。

鲍氏在乾隆年间还刊刻过一部道教书籍《太上感应篇图说》（如图 6–31 所示），有图五百一十九幅。《太上感应篇图说》是道教宣扬天人感应和因果报应思想的劝善书，认为“祸福无门，惟人自召，善恶之报，如影随形”。该书扉页写道：“(《太上感应篇图说》) 访求名笔，每事绘图。又遍觅旌邑良工，雕镂三载，方得竣事”，首幅图刻有“华亭价人李藩写”“旌邑鲍承勋刻”。图 6–31 中所刻的，是一间书肆中的众多人物，有执杖老者、书肆老板与童仆、街坊邻

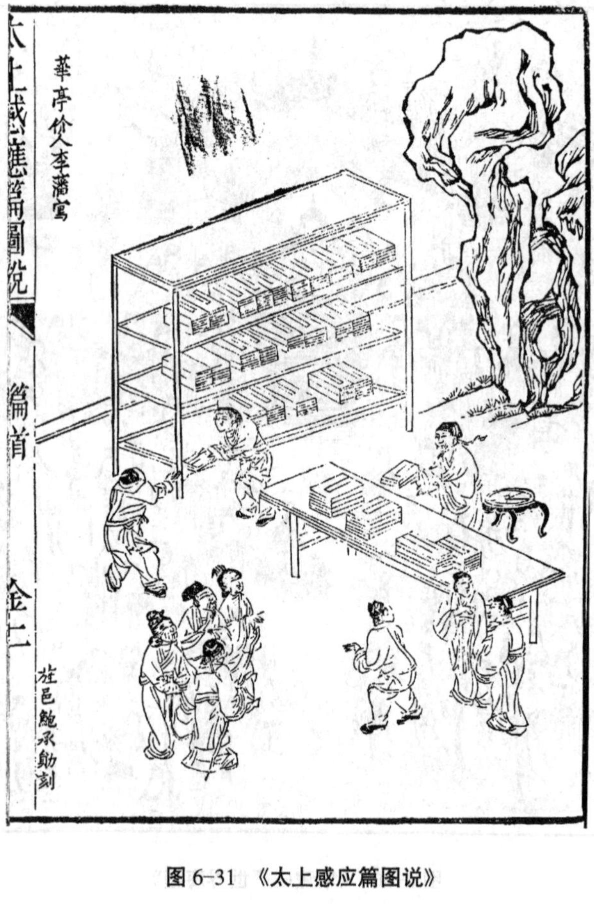

图 6–31 《太上感应篇图说》

居等等，惟妙惟肖。对比《华藏庄严世界海图》可知，前一种宏大叙事，后一种微观视角，但作者都能轻松驾驭。

在书籍插图刊刻方面，鲍承勋也有相当建树。刊刻插图所需要的基本素养，就是在极有限的画幅里表达清楚主题，这与“图说”的创作要求又不一样了。清康熙十四年（1675）启贤堂本《扬州梦传奇》，图中落款署“旌德鲍承勋子摹图”，这里的“子”或许指鲍承勋之子鲍天赐，但何以不直接署名？未可得知。又或者此“子”是尊称，如孔子、孟子者。此外，清康熙年间（1662—1722）的刻本《怀嵩堂赠言》《杂剧新论》《秦楼月传奇》等图籍，都是鲍氏书籍插图刊刻中的精品。其中，文喜堂刊本《秦楼月传奇》属版刻插图佳作中的精品，图 6-32 的“二分明月女子小照”是其中一幅，一位典型的明清江浙古典美女，发髻高耸、蛾眉朱唇、十指纤细、身材曼妙，被郑振铎先生赞誉为“欲‘乘风飞去’，以其衣袂飘举如仙也”①。从这里可以看出，鲍氏的技艺承自徽派，但他进行了技法的更新，从规模宏阔的极乐世界到江南市井生活的场景，皆能轻松驾驭，画面表现恰到好处。

图 6-32　《秦楼月传奇》中的“二分明月女子小照”

相比其他刻工，鲍承勋传世的宗教题材版刻图像比较多，《太上感应篇图说》是一部体量较大的宗教说法图书，另一部《华藏庄严世界海图》收藏于今天北京的法源寺，也颇有影响力。

---

① 郑振铎：《中国古代版画史略》，《郑振铎艺术考古文集》，文物出版社 1988 年版，第 412 页。

当然，和其他刻工一样，他的主要作品还是小说插图。

七、项南洲——擅摹脂粉的版刻家

项南洲（约1615—1670），字仲华，武林（今浙江杭州）人，明末清初著名版刻大家，与著名画家、版刻家陈洪绶多有合作。他的刀法受新安派版刻影响，又融入了武林派的清新绵密，创造了属于自己的版刻风格，其作品特别擅于表现女子的脂粉气，整体上婉丽隽秀，给人一种化不开的缱绻之感。

我们从他在崇祯十年（1637）刊刻的《吴骚合编》中的插图可见一斑（如图6–33所示）。“吴骚”，指昆山腔，《吴骚合编》是明人张琦（楚叔）选辑、张昶初删订的昆腔清曲选集，该书收录用昆山腔演唱的散曲，多为男女情爱之作。因为是以爱情为主题的缘故，该书所配的版刻插图也多浓郁的秀丽之气，全书二十二幅插图，相比全书篇幅而言不算太多，但幅幅是精品。图6–33所刻的是鸳鸯荷塘，图中虽没有人物，却以鸳鸯喻人，你侬我侬的缱绻之感跃然纸上。图左的文字写道“鸳鸯两两飞来，暖倚晴沙”，画面主体部分是荷塘，塘中莲花荷叶一丛一丛，水波潺潺荡漾，水草伸出水面随水摇曳。版刻家刀笔细密，丝丝入扣，给人温暖甜美之感。水中两个追逐的鸳鸯，岸上两个竹林空凳，似乎还隐隐告诉读者，爱情需要孤芳自赏的道理。从版刻线条到画面意蕴，都极为引人入胜。

图6–33 《吴骚合编》插图之一

明崇祯年间，项南洲刊刻的《李卓吾先生批点西厢记真本》也堪称精品。该书仅有插画二十余幅，十幅美人图、十幅花鸟图，交错出现，不依文本内容安排，但同样也是幅幅精彩。其中女子图，有倦睡状、倚楼状、散步状、拈花状、调鹦鹉状。图 6–34“双文小像”图即是调鹦鹉状，与山阴延阁李氏刊本《北西厢记》中的“崔莺莺”图像相似，是传世莺莺图像中最负盛名的佳作之一，图中女子手托鹦鹉，身着绘有鸳鸯花纹的锦缎，与上文图 6–32《秦楼月传奇》中的女子像，有着截然不同的气质。

图 6–34 《李卓吾先生批点西厢记真本》中的“双文小像”

同样刻画手法的还有他在明崇祯十二年（1639）刊刻的《张深之先生正北西厢记秘本》中的“目成”“观柬”“缄愁”等作品。图 6–35 中崔莺莺漫步庭院，手拈笺纸，偷偷读信。崔莺莺躲在屏风后，内心的冲突、矛盾、急切跃然纸上。人物刻画极为精丽，神情摇荡，眉目含情。背景屏风上的图案不是山水，而是梅花、荷花这些寓意高洁之物，却因为采用了巨型篇幅的表现手法，铺满画面，使得脂粉气浓郁起来，弥漫着世俗生活的气氛。

《新镌节义鸳鸯冢娇红记》是项南洲与陈洪绶共同刊刻的古本戏曲版刻书籍，作于明崇祯十二年（1639），该书原是明代孟称舜根据古代长篇爱情小说《娇红记》改编的传奇戏剧，讲述落魄书生申纯在舅舅家居住时与表妹王娇娘相爱的故事。这是一段曲折离奇的爱情悲剧，一开始受到舅舅侍妾飞红阻挠，后来飞红又暗中相助申纯与王娇娘私通；好不容易佳人得愿，又因为书生贫困

图 6-35 《张深之先生正北西厢记秘本》中的“窥柬”

遭到舅舅反对。经过千辛万苦的努力，申纯中了进士，王娇娘却又被地方军阀相中，最终，苦命鸳鸯双双殉情，王娇娘绝食病死，申纯自缢而亡。作者在书中给两人死后勾画了一个美好的结局：两人成仙，在月夜喃喃秘语。后来，两家将他俩合葬于濯锦江边。第二年清明，娇娘父亲在女儿坟前见一对鸳鸯嬉戏，故此被人称为“鸳鸯冢”。《新镌节义鸳鸯冢娇红记》的卷首是单面绣像仕女版刻图像，仕女图中没有背景，画面留白，如《双文小像》，项氏刀笔下的线条虽简洁，但人物着装华美，形态舒展隽秀，气质忧郁，被誉为中国古代仕女人物形象的典范之作（如图 6-36 所示）。

此外，项南洲还刊刻了《新镌全像孙庞斗智演义》（二十卷）、《新镌全像通俗演义隋炀帝艳史》（八卷）、《怀远堂批点燕子笺》（二卷）、《醋葫芦》（四卷），与洪国良合刻的有《七十二朝人物演义》（四十卷），此外还有《诗赋盟传奇》《歌林拾翠》《白雪斋乐府五种曲》《本草纲目》等。他一生著作颇丰，留给世人的

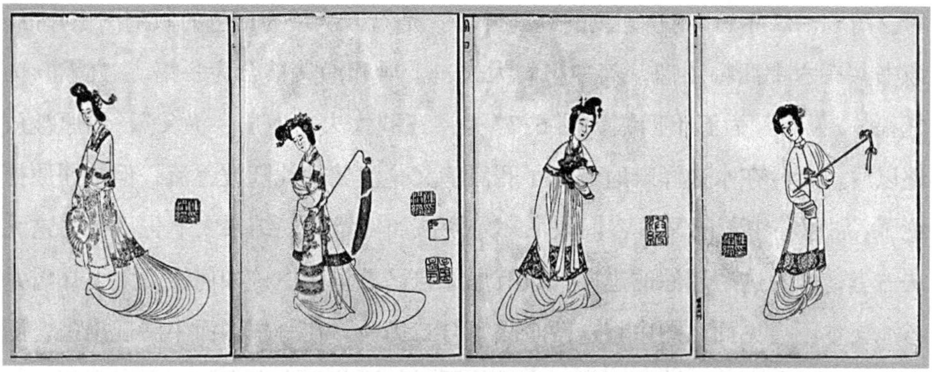

图 6-36 《新镌节义鸳鸯冢娇红记》中的四幅“娇娘像”

版刻图像遗产相当珍贵。然而，这位重要的版刻家却几乎没有刊刻过宗教题材的版画。

八、萧云从——为版画而生的画家

萧云从（1596—1673），字尺木，号无闷道人，晚号钟山老人，安徽芜湖人。明崇祯年间(1628—1644) 副贡生，清军入关后，与王夫之等大学者一样，采取不做官的态度，隐居在安徽马鞍山采石矶太白楼下，画了庐山、峨眉、泰山、华岳四大名山壁画四幅。

严格来说，萧云从是一名版刻画家，他善画山水，最出名的有《太平山水图》，也兼工人物，有《离骚图》传世，但他的主要作品因为是被刻成版画而流传的，故此必须关注这位特殊的“版画家”。萧云从生于明末，亲眼看到国破家亡，和许多亡国的文人一样，萧云从内心也非常崇拜屈原，他最著名的版刻作品就是《离骚图》。列夫 · 托尔斯泰说：“诗，是火焰，是点燃人类心灵的火焰。”[①] 萧云从爱国主义的火焰则是在版画上点燃的。萧云从曾不惜心力，在“宗紫阳之注”的基础上，对屈原的作品做了深入的研究，充分理解后融入他的艺术创作。所以，萧云从已不单单是一个工匠，而是从文学走向绘画的艺术

① ［俄］列夫 · 托尔斯泰：《托尔斯泰感悟录》，吉林人民出版社 2003 年版，第 105 页。

家。清顺治二年(1645)刊刻的《离骚图》，是萧云从最为出色的版刻图像作品，该书共有六十四幅图像，其中三闾大夫、卜居和渔父被合为一幅，“九歌”为九幅，“天问”为五十四幅。图 6–37 是“三闾大夫、卜居、渔父”，屈原被放逐以后，行吟在水边泽畔时遇见了智者渔父，渔父劝他随波逐流，但被屈原拒绝了；屈原心中苦闷又去咨询太卜郑詹尹该如何做人，结果太卜告诉他，这无法占卜，因为这是屈原的志向，只有屈原自己心里明白该如何做。太卜郑詹尹与渔父本不会见面，图中将这两个故事合二为一，在一幅画面中展现出来，图中的屈原面色憔悴、清癯刚毅，安排他同时与渔父和太卜会面，寓意屈原心中如明镜一般清晰。结合陈洪绶的《屈子行吟图》，可知这是两种不同的表达指向。陈洪绶强调的是屈原“世人皆醉我独醒”的孤寂，而萧云从强调的是屈原有明确的答案与决绝的意志（如图 6–37 所示）。

图 6–37 《离骚图》中的“三间大夫、卜居、渔父”

图 6–38 《离骚图 · 九歌》中的“山鬼图”

萧云从另一部作品《楚辞》的创作是带着强烈的个人情感的，他说："仆本恨人，既长贫贱，抱疴不死。家区湖之上，秋风夜雨，万木凋摇。每听要眇之音，不知涕泗之横集，岂复有情之所钟乎！谢皋羽击竹如意，哭于西台，终吟《九歌》一阕。雪庵和尚泛舟贵阳河，读《楚辞》毕，则投一纸于水中，号呜不已。"① 他对屈原和屈原所处的时代感同身受，非如此不能将《楚辞》读到自己的心中；非如此，不能想到要在绘画中特别表现屈原的坚定意志。《九歌图》是历代画家都不愿错过的创作题材，萧云从亦然，而且他的创作还带有自己与众不同的理解。比如"山鬼"形象的创作就与前人颇不相同，《山鬼》的形象在原文里的描述："被薜荔兮带女萝。既含睇兮又宜笑，子慕予兮善窈窕。乘赤豹兮从文狸，辛夷车兮结桂旗"。萧云从的理解是，山鬼的形象应该是穿着兽纹服饰的风姿绰约的美女（如图 6–38 所示）。

我们可以和陈洪绶的"山鬼图"（如图 6–39 所示）做一个比较，陈氏笔下的"山鬼"，身着树叶做的衣服，满脸胡茬，蓬头垢面，口中衔着树枝，

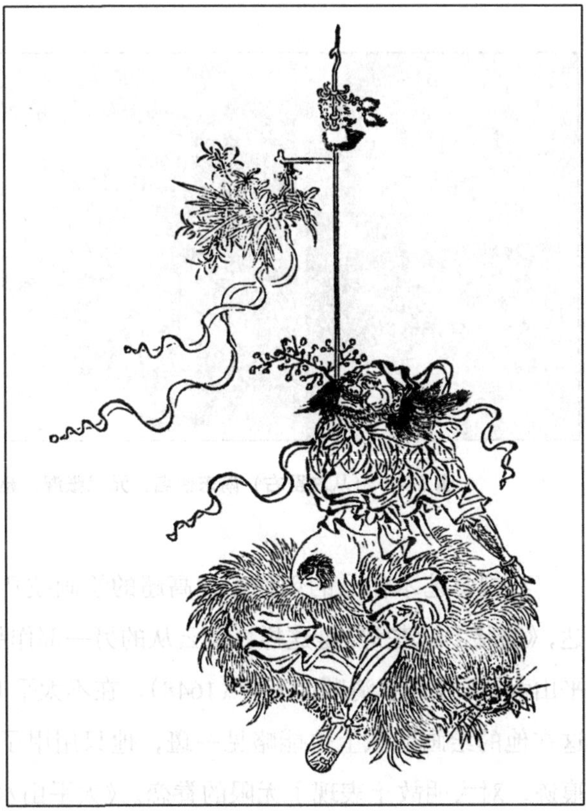

图 6–39 陈洪绶版刻《九歌·山鬼》

① 萧云从:《画九歌图自跋》，《中国古代版画丛刊》第 4 卷，上海古籍出版社 1988 年版，第 88 页。

坐在一个长满长毛的怪物身上，显得特别狰狞。宋元时人所画的山鬼也差不多，比如南宋佚名、元代张渥，以及赵孟頫所绘的《九歌·山鬼图》（如图 6–40 所示），虽不比陈洪绶所绘的那么狰狞，但形象也是丑陋的，他们都骑着豹子，这是契合原文里的描写的。张渥与赵孟頫所画的"山鬼"，是两个男子，与"被薜荔兮带女萝。既含睇兮又宜笑，子慕予兮善窈窕"的原文似乎相去甚远。对"山鬼"形象的塑造，可见萧云从是有自己独到想法的，至于他为何要把山鬼画得如此美好，其实这也不啻为一种反抗，要改造丑陋的东西，艺术家便只能用艺术的手段去实现。

图 6–40 （从左至右）南宋佚名、元代张渥、赵孟頫《九歌·山鬼图》

在视觉艺术作品的创作中，高超的绘画技巧通常都是作者深沉内心的表达，《离骚图》《楚辞》是这样，萧云从的另一部作品《太平山水图画》亦然。《太平山水图画》作于清顺治五年（1648），在不太平时画"太平"，当然别有深意，这在他的绘画题款上也能略见一斑，他只用甲子，不用年号，不愿着清代的痕迹，对大明故土表现了无限的眷恋。《太平山水图画》共有版刻图像四十三幅，其中太平山水全图一幅、当涂十五幅、芜湖十四幅、繁昌十三幅。萧云从在模仿历代名家王维、关仝、郭熙、夏珪、马远、黄公望、唐寅、沈周等的基础上，融入了自己的创作手法，从技法到意境均体现出萧氏的特色。《太平山水图画》中有"白纻山"一幅（如图 6–41 所示）。白纻山是安徽当涂的

图 6-41 《太平山水图画》中的“白纻山”

一座名山，王安石的诗“白纻众山顶，江湖所萦带。浮云卷晴明，可见九州外……登临信地险，俯仰知天大”被萧云从题到了画上。画中峰峦叠嶂，巨岩高耸，然而藏在巨大山体中的曲折山径，亭台楼榭却也清晰可见。版刻的线条对于表达凹凸的质感特别有劲道，因此，整个画面巨大的岩石，被压迫着的曲径小路，都体现出一种沉郁壮丽之感。张万选称赞萧氏说：“萧子绘事妙天下，原本古人，自出己意。”① 这是源于萧氏对家乡的热爱，否则如何能刻画得如此之独到呢。

萧氏的《太平山水图画》如郑振铎先生所云：“无一幅不具深远之趣。或萧疏如云林，或谨严如小李将军；或繁花怒放，大道骋骑；或浪卷云舒，烟霭渺渺；或田园历历如毡纹，山峰耸叠似岛屿；或作危岩惊险之势；或写乡野恬

① 张万选：《太平山水图画小序》，《中国古代版画丛刊二编》第 8 辑，上海古籍出版社 1994 年版，第 2 页。

静之态；大抵诸家山水画作风，无不毕于斯，可谓集大成之作已！”[①] 然而刀笔的刻画却要归功于徽州版刻家刘荣、汤尚和汤义，他们将萧氏极细密的构图和线条，或是遒劲、或是柔顺，作了极为精细的雕琢。甚至他们能努力体会萧云从的那种对故国山水的深沉情感，否则如何能将那种宏阔气象再现出来呢。又或许，他的绘画创作就是为版画的再现而生的。在版画史上，萧云从或许是个特例，他是一名画家，但是其作品却都是以版画形式被流传下来。版画家与画家的这种奇妙合作，由此使得萧云从成为版画史上很独特的一员。同样地，这位版刻画家也无宗教绘画作品传世，因为身在国破山河在的乱世，他的全部重心都在国家，而无暇关注神佛之事。

九、朱圭——儒者出身的版刻家

朱圭，字上如，别署柱笏堂，江苏苏州人，善绘画，被郑振铎先生称为“是这个时代的骄子”[②]。清康熙七年（1668），朱圭到北京雕刻刘源的《凌烟阁功臣图》，该书前有“吴门朱圭敬镌”记，其云：“圭世儒业，家贫未就”。“将托于当代之善书画者，以售其末技。”[③] 朱圭原本是读书出身，只是未能考取功名，所以改行入了版刻业，但是机缘巧合下，竟然创出了一片天地。

《凌烟阁功臣图》是朱圭的成名作，该图册有人物三十幅，其中二十四幅是唐朝的二十四位功臣，如长孙无忌、王孝恭、杜如晦、魏征、房玄龄等；另外还有观音、罗汉像数幅，每幅图像的正面都有作者自题的功臣名和传略。《凌烟阁功臣图》中的人物形象个个都显得自信满满，昂首阔步，甚至有些“趾高气扬”，可能这也符合他们“功臣”的头衔。图 6–42 是长孙顺德画像，长孙顺德是长孙无忌的叔叔、北魏上党文宣王长孙稚曾孙、隋朝开府长孙恺的儿子、文德皇后长孙氏的堂叔，唐武德九年（626），参与了玄武门之变，更成了李世

① 郑振铎：《萧尺木绘太平山水图画》，《郑振铎艺术考古文集》，文物出版社 1988 年版，第 291 页。

② 郑振铎：《中国古代木刻画史略》，上海书店出版社 2006 年版，第 169 页。

③ 《凌烟阁功臣图》，《中国古代版画丛刊》第 4 辑，上海古籍出版社 1988 年版，第 300 页。

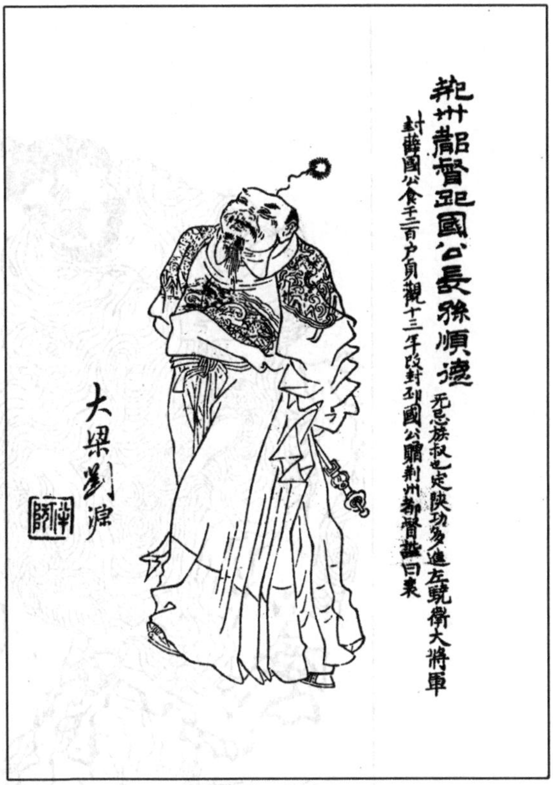

图 6–42　《凌烟阁功臣图》中的“长孙顺德像”

民的心腹，后被封为左骁卫大将军和薛国公，一世显贵。图中表现的是一位背着手的武官形象，他神气十足，贵气逼人，举手投足间，散发着功与名，个性极强，他的衣褶线条还转有力，亦显得桀骜不驯。萧震在《凌烟阁功臣图序》中说，“予披图但见所谓二十四公者，不言笑而具须眉，无血肉而有生气。并刘子心目。无一不历历焉，呼之欲出。”①

该画册中还辑录了几幅仙佛人物，图 6–43 是无名无姓一梵相罗汉，罗汉留着浓密的络腮胡子，右耳穿一大环，头上戴着佛冠；他抱着自己的右腿，看着地下在石洞里钻来钻去的坐骑，给人不怒自威之感。罗汉的衣褶与图 6–42 功臣的衣褶形成了鲜明的对比。功臣的衣褶多用直线，突显的是人物的刚毅感，而罗汉的衣褶则如水纹一般，又卷又舒，传递给人的信息是他能无所不化，无所拘泥。如此这般的不同处理，显然是有心的。《凌烟阁功臣图》前的记中对他的评价是：“苦心剞劂，诚如是言”。这本图录中的宗教人物图像仅数幅而已，且附录在《凌烟阁功臣图》中，显然处于不重要的位置，这说明朱圭只是在创作人物形象，尽管他创作的宗教人物形象惟妙惟肖，但与信仰无关。

① 萧震：《凌烟阁功臣图序》，《中国古代版画丛刊》第 4 辑，上海古籍出版社 1988 年版，第 286 页。

图 6-43 《凌烟阁功臣图》中的“罗汉像”

他的另一部和宗教人物有关的版画作品，是《石濂和尚行迹图》中的三十六幅插图。该书又名《石濂和尚离六堂集》或《大汕画传》中已展示了其中一幅“观象图”。大汕和尚与众不同，他带发修行像个道士(如图 6-44 所示)，图中大汕和尚盘坐在石座上，与众僧论道，画面结构也颇有主大从小的意思。该图册都由石濂和尚所绘，是石濂和尚的自传体绘画，但版刻则出自朱圭之手。石濂和尚的绘画造诣自不待言，王伯敏称之为“笔法奇古，绘刻精绝”①。画面中右侧站立的和尚，衣纹似蚌壳，与陈洪绶“水浒叶子”中的鲁智深的刻画手法倒是有点相像，这也许是当时画坛一种流行的手法。朱圭只是版刻者，并非绘画者，若就版刻本身而言，图中的线条行云流水，衣褶纹路飘逸圆润，确实是版画作品中的上乘之作。

图 6–44 《石濂和尚行迹图》之“论道图”

朱圭最为出名的版画作品是《耕织图》与《万寿盛典图》。康熙三十年（1691）前后，朱圭入内府供职，成为皇家的版刻家。康熙三十五年（1696），他为清廷刻制了皇皇巨制《耕织图》（如图 6–45 所示），图的左下角写着“钦天监五官臣焦秉贞画”“鸿胪寺序班臣朱圭镌”。清代康雍乾三朝为了标榜自己重视农业，特别请人制作了系列版画《耕织图》。其中耕图与织图各二十三幅，图 6–45 是织图中的两幅，在《剪帛》中，女人们完成了织布，正在一匹一匹地整理。女主人脸上带着微笑，图旁配诗云：“低眉事机杼，细意把刀尺；盈盈彼美人，剪剪其束帛；输官给边用，辛苦何足惜；大胜汉缭绫，粉污不再着”。《成衣》中，女人们抱来布匹，男人们或穿针引线，或裁量长短，或裁剪布匹，每个人都被作者分配了缝制衣服的环节，配诗云：“银针透锦丝，金剪冲娇绿；长短在工人，宽窄凭尺数；横裁雁阵云，碎补鸦翎目；衣成念织劳，莫把蚕家负”。学术界对《耕织图》的研究颇多，有从清代女红题材的角度，有从清代艺术风尚的

① 王伯敏：《中国美术通史》第 6 卷，山东教育出版社 1983 年版，第 380 页。

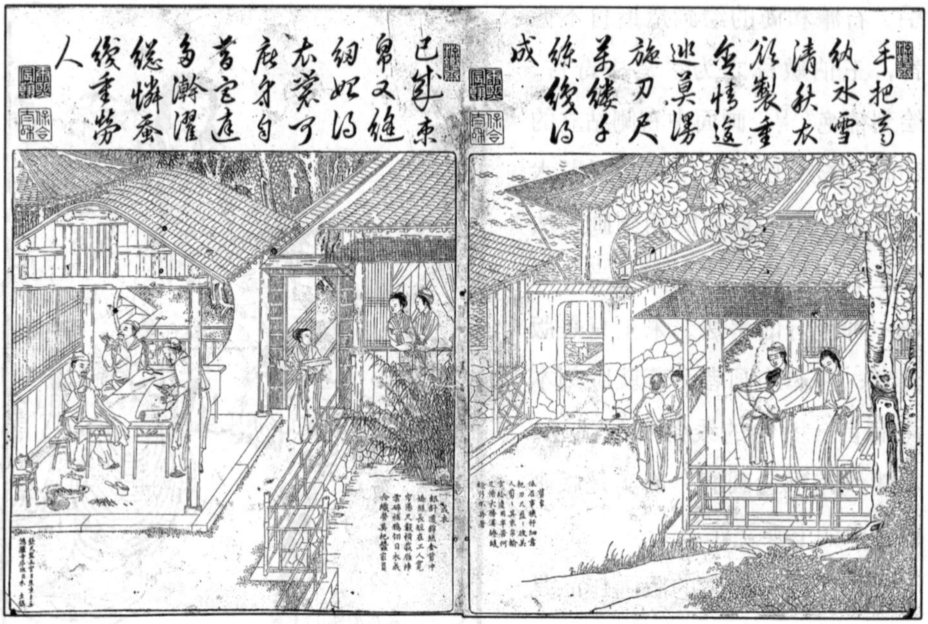

图 6–45 《御制耕织图》之《剪帛》与《成衣》

角度，还有从少数民族政权与农业、政治关系的角度等来研究的。但从版画的角度讲，虽然朱圭所做的仅仅是对绘画者焦秉贞画作的再现，但惟妙惟肖、精工细刻，同样成就了这幅版画的艺术价值。

朱圭的另一幅长卷《万寿盛典图》（如图 6–46 所示），反映的是清代皇家卤簿仪仗场景。《万寿盛典图》有图版一百四十八幅，各页画面接续，总长度约五十米，在这巨大篇幅中，与宏大场景相映成趣的是数以万计的细微的人物形象，有表演弹唱的，有悠然观赏的，还有骑马张望的。虽然人物众多，却绝不呆板单一，而雕栏瓦舍、植被风光，更是细腻写实。这幅康熙年间京城“写真图”，也可以用来考证当年北京城的城市样貌，因此又被人们称为清代社会的“纪录片”。《万寿盛典图》由宫廷画师宋骏业原作，王原祁补绘，冷枚等人又细加修改，篇幅虽大，但最终转化为版刻时，却由朱圭一人完成于康熙五十二年（1713）。以一己之力用版刻的形式，再现如此庞大的一个场景，山水、花卉、宫殿、民居、人物等，无一不精雕细琢，更体现了朱圭的刀笔功夫，谓之不朽，诚不为过。

图 6-46 《万寿盛典图》中的“江南十三府戏台”

朱圭除了《耕织图》《万寿盛典图》外，还有《避暑山庄诗图》《无双谱》等多幅版画名作。然而使他功成名就的，还是篇幅最为庞大的和儒家政治生活有关的版刻图像，这也契合了他儒者出道的身份。

十、改琦——独树一帜的版画家

改琦（1774—1829），字伯蕴，号香白，又号七芗，别号玉壶外史，清代著名人物画家，善绘佛像、仕女和肖像。他因祖、父亲任官在松江，所以他出生在松江（今上海市）。改琦幼时十分聪明，自小喜欢绘画、诗文。少年时，临摹明代唐寅、仇英的人物画，成人后善画山水、花草、兰竹。他的山水画学仇英和唐寅，花卉学恽南田，都属于工细一派。他还工书法，兼能诗词，有

《玉壶山房词选》传世。

改琦不愧是一位人物画大家，他选择了一个新奇的视角，别具匠心地演绎了人物画，其仕女画清雅脱俗，没有脂粉气，尤为出色，享誉画坛，与费丹旭并称“改费”。而且他还是一位天姿英敏、诗词书画并臻的艺术家。《红楼梦图咏》为改琦杰作。

改琦创作的《红楼梦图咏》，运用的是我国传统的白描手法，用飘逸的线条，勾勒纤细靓丽的仕女。改琦继承唐宋以来仕女画的传统，并吸取了明代仇英勾画精密雅致的画风，将工笔与写意相结合，塑造出纤细清巧的人物造型，同时，改琦通过人物的动作、神情和背景的烘托、渲染，来表现人物的性格特征，成功地塑造了如贾宝玉、林黛玉、薛宝钗等人物，准确地传达了原作的精神，达到了较高的艺术水平。

《红楼梦图咏》分为四卷，第一卷有“通灵宝石绛珠仙草”“警幻仙子”“黛玉”“宝钗”“元春”“探春”“惜春”“史湘云”“妙玉”“王熙凤”“迎春”“巧姊”等十二幅图；第二卷有“李纨”“鸳鸯”“可卿”“宝琴”“李纹”“李绮”“岫烟”“香菱”“晴雯”“芳官”“尤三姐”“莺儿”“平儿”“紫鹃”等十四幅图；第三卷有“袭人”“龄官”“麝月”“翠缕”“碧痕”“司棋”“佩凤”“小红”“智能”“春燕”“五儿”“翠墨”“小螺”“入画”“秋纹”“蕙香”“彩鸾”“绣鸾”等十八幅图；第四卷有“宝玉”“柳湘莲”“秦钟”“蒋玉函”“贾蓉”“贾蔷”“贾芸”“贾兰”“薛蝌”“焙茗”“北静王”“甄宝玉”等十二幅图；一共有《红楼梦》人物图像五十幅，共绘人物六十七人，其中有名字的人物五十五人，“郭凤梁”“郭凤冈”两人虽见于目录，但未见有图像。每幅版画后面还附刊有王希廉、张问陶、钱杜、吴荣光、徐渭仁等人题写的词七十四首。如“元春”的题词是：“宫花含笑对新妆，云髻凤鬟下御床，侬是承恩香殿里，也应仙艳冠群芳。”

《红楼梦图咏》刻于清嘉庆二十一年（1816），六十年后，光绪五年（1879），由淮浦居士单独刊行，才广为流传，深得好评。

中国绘画艺术的最高境界是“以形写神”，这是晋代画家顾恺之首先提出来的，也基本上确立了中国艺术神高于形的美学观。改琦全凭线条的虚实刚柔、浓淡粗细来体现物体的不同质感和变化，将《红楼梦》中人物的那种优雅超凡而又纤弱的贵族气质表现了出来。如薛宝琴身着贾母赏给她的凫靥裘将整个人囫囵地包在中间，立在雪地里的山坡上，身后一个丫头捧着一只梅花瓶，这是《红楼梦图咏》中十分醒目的一个场面，显示了她的冰清玉洁（如图 6–47 所示）。

改琦画人物画，十分重视环境、背景的衬托和渲染，对背景勾勒丝丝入微，用笔严谨不苟。在《红楼梦图咏》中，幅幅都有精致的背景，烘托了人物的精神世界。如“黛玉”图，改琦将她置身于竹林里。潇湘馆院内茂盛的竹子，可爱的鹦鹉（如图 6–48 所示），与林黛玉那种寄人篱下，却心气很高，孤独飘零，却情感热烈的境况，作了陪衬。站立在竹林里的林黛玉，就像作者曹雪芹借贾宝玉写的林黛玉的形象：“两弯似蹙非蹙罥烟眉，一双似喜非喜含情目。态生两靥之愁，娇袭一身之病。泪光点点，娇喘微微。闲静时如姣花照水，行

图 6–47　清光绪五年（1879）浙江文元堂杨氏刊本《红楼梦图咏》中的“宝琴像”

图 6–48　清光绪五年（1879）浙江文元堂杨氏刊本《红楼梦图咏》中的“黛玉像”

动处似弱柳扶风。心较比干多一窍，病如西子胜三分。”①

改琦对黛玉的理解都倾注在他的画面上，从而恰到好处地塑造了一个个个性鲜明的艺术形象。改琦还为读者留出了想象空间，采取了弃繁就简的白描手法，通过人物的眉间眼神和服饰，由表及里地进行刻画，使形象更具魅力。由于在画面中蕴藏着作者的无限深情，使观者的联想活跃起来了，不愧为作者精心架构的妙品。

《红楼梦》中贾母的内侄孙女史湘云，原籍金陵，父母双亡，由叔父忠靖侯史鼎抚养长大。她开朗豪爽，不拘小节。在《红楼梦》的姑娘群中，她是一位很有个性的姑娘。在“憨湘云醉眠芍药裀”一回中，将她写得很有特色，可称浪漫。

那一天，王夫人不在家，大家凑了份子给宝玉过生日，任意饮酒取乐。于是，史湘云醉了。改琦在《红楼梦图咏》中，将她画成醉眠在青板石凳上。在芍药花丛中，假山旁，史湘云沉睡于香梦之中。团扇丢在地上，地上花瓣散乱，将背景画得很美（如图 6–49 所示）。据《红楼梦》上说，史湘云只是在梦中念叨酒令，最后被众人的笑声打碎了她的美梦。改琦用超凡脱俗的笔触，刻画出史湘云的醉态和意境，使作品呈现出鲜明的个性特色，产生优美悦目的艺术效果，从而成为一幅幅传世的杰作。

改琦笔下的贾宝玉也与多数人画的不一样，不是《红楼梦》中整天混在女人堆中的公子哥，而是在读书，那么，他会不会读《大学》《中庸》，还是“西厢记妙词通戏语，牡丹亭艳曲警芳心”（如图 6–50 所示）。改琦对贾宝玉作了另一番演绎。

《红楼梦图咏》因其刻工精细，刀法纯熟，线条流畅，较好地保留了原作的精神，在清末版画中独树一帜，对清末版画发展作出了一定的贡献，故受到社会的关注。它的翻刻本较多，连日本也有它的复刻本。

① 曹雪芹：《红楼梦》（一），上海古籍出版社 1988 年版，第 48 页。

图 6-49 清光绪五年（1879）浙江文元堂杨氏刊本《红楼梦图咏》中的“史湘云像”

图 6-50 清光绪五年（1879）浙江文元堂杨氏刊本《红楼梦图咏》中的“宝玉像”

十一、任熊——奇古夸张的版画家

任熊（1823—1858），字渭长，一字湘浦，号不舍，浙江萧山人，为清末著名画家（如图 6-51 所示）。任熊幼时，天资聪明，喜欢涂抹，先跟私塾老师学画人像，后寓居苏州、上海，以卖画为生。在流浪到宁波时，遇见名师姚燮，在他家的“大梅山馆”学画。不几年，画艺大有长进，善画花鸟，尤精人物。道光末年（1850），他花了两个多月时间，根据姚燮的诗句绘成一百二十幅画，有故事人物、道释鬼神、翎毛花卉、四时景物，取名《大梅山馆诗意图》，使他画名大振。他的版画被认为是我国传统版画的最后一位大师。

在清末的画坛上，任熊得到人们的重视，并在画坛占有一席之地。他的人物画，虽风格近于陈老莲（洪绶），但已跳出老莲的风格，别具一格，从而奠定了他自己的绘画风格。在任渭长的四部版画作品中，《剑侠像传》（亦名《剑

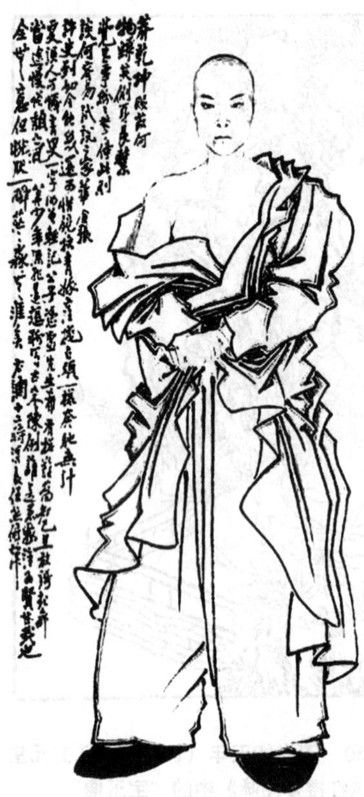

图 6-51 任熊自画像

客图》)，是其中最优秀的一部，其他还有《列仙酒牌》《於越先贤像赞》《高士传图像》等三种。

《剑侠像传》成于清咸丰六年（1856），由蔡照初镌刻。《剑侠像传》共分四卷，是王世贞录《太平广记》豪侠们及他旧作剑侠的故事，任渭长作画三十三幅。《剑侠像传》中的人物虽多是稗说寓言中的人物，但他们对我们并不陌生，如赵处女、西京店老人、卢生、荆十三娘、红线、李龟寿、贾人妻、兰陵老人、秀州刺客等几幅，人物形象虽都极为夸张、生动，极具个性，但又是我们都很熟悉的人物。

一幅“兰陵老人”的舞剑图尤为突出。其出典是唐朝有一个叫黎幹的京兆尹。京兆尹是一个管辖京都地区的行政长官，相当于郡太守。他在曲江涂龙祈雨时，有几十人在观看，独有一位兰陵老人见到黎幹不回避，黎幹的手下人就打他。后来，黎幹怀疑老人非一般人，命手下去找他。到了兰陵县，找到了兰陵老人。黎幹向老人赔礼道歉，兰陵老人原谅了他，并表演了他的剑术。一幅“兰陵老人”舞剑图，画的就是老人在舞长剑，他手持长剑七把，舞于中庭，或“迭跃挥霍，批光电激，或横若掣帛，旋若炊火”①(如图 6-52 所示)。脸上的褶皱说明了他的年龄；飘逸的衣服表达了他的身份，轻盈灵活的四肢又表现了他的功力。笔法圆劲，形象奇古夸张，衣褶银钩铁画，得陈洪绶精髓而别开生面。

《剑侠像传》的刻工蔡照初，亦名照，字容庄，号碧山外史，是任渭长的萧山同乡。他不只精于刻版，还能诗文。从作品上来看，蔡照初的刀法精炼，

① 佚名：《剑侠传》，《剑侠象传》卷一，人民美术出版社 1987 年版，第 16 页。

图 6-52　清咸丰六年（1856）刊本《剑侠像传》中的“兰陵老人”

能将任渭长白描的线条充分地展示。他所刻的线条十分流畅，如行云流水一般，尤其是衣服上的褶皱，他的熟练的版刻技术被发挥得淋漓尽致，确是一位高手。

在此以前，任渭长还画过一部《列仙酒牌》，成于咸丰三年（1853），刻于咸丰四年（1854）。

清咸丰六年（1856），任渭长还画就了另一部作品《於越先贤像赞》。“於越”是春秋时的越国，地处今浙江绍兴、上虞、余姚一带。《於越先贤像赞》就是浙江绍兴、上虞、余姚一带的名人，如范蠡、西施、郑吉、王充、王羲之、王琳、朱买臣、虞世南、贺知章、陆游、黄宗羲等人的传（如图 6-53 所示），由王龄逐一作传并赞，共八十人，任渭长为每传作一幅版画，计有八十幅版画。王龄在序中说：“余乃随掇一人行事以为赞，渭长因以为图。日或三四，或五六，初以为长夏消遣，计积二月，得八十人。渭长以事入城，余亦遂辍，惧佚也，交容庄蔡君梓之成本……一峰一峦而大致已隐于尺幅之外……八十人，则皆吾乡先贤人士也。”①

① 王龄：《於越先贤像赞·序》，《任渭长木刻画四种（一）》，学苑出版社 2000 年版，第 65—67 页。

图 6–53　清咸丰六年（1856）刊本《於越先贤像赞》中的“谢公安像”

王龄，原名锡龄，号啸篁，浙江萧山人，曾任过县令。喜欢弄文舞墨，爱慕任渭长的画，邀任渭长、蔡照初到他家，由任渭长绘画，蔡照初雕刻，先后完成《剑侠像传》《於越先贤像赞》《列仙酒牌》《高士传图像》等。

《於越先贤像赞》分为二卷，每卷四十人。版画中的人物大小不一，变化颇多，人物造型奇瑰，不可捉摸。对人物的处理十分注意周围环境的布置，以突出人物性格特点，如对王羲之、李光(如图 6–54 所示)、杨威、董袭、夏方、秦原、陈其汝等人的描写，以不同的山水变化，来衬托各个人物的风度。再加上刻工蔡照初以极精妙的刻刀，将鲜活的线描人物一个个复原出来，使这部作品得以光彩照人。蔡照初的功力可与清初的名家刻工媲美。

《高士传图像》是任渭长的最后一部作品，成为他的绝笔。《高士传图像》

作于咸丰七年（1857）。《高士传》是晋皇甫谧所撰，分为上中下三卷，共有九十传。上卷二十八传，任渭长只画了二十六幅，尚缺“披衣”“颜回”两幅，就因患痨病亡故。《高士传图像》，现在只能见到上卷有画像，“中下卷，仅有传无像”，虽有后人补绘，因技艺远不及任渭长，成为狗尾续貂。

图6–54 清咸丰六年（1856）刊本《於越先贤像赞》中的“李公光像”

任渭长绘制了二十六幅人物形象很具个性的高士，他们大多隐居于民间，自耕自食，与世无争，不谋名利，自命清高。这些人在任渭长笔下，无论是衣衫褴褛、满身补丁的曾参、林类、老莱子、江上丈人、石户之农，还是精神萎靡不振的许由、齧缺、子州支父，个个栩栩如生，呼之欲出。

曾参是南武城人，不愿做官，游居到卫国。他身着以乱麻为絮的袍子，脸上无色，浮肿的手脚都磨起了老茧。“三日不举火，十年不制衣，正冠而缨绝，捉衿而肘见，纳履而踵缺”。“鲁哀公贤之，致邑焉，参辞不受，曰：‘吾闻受人者常畏人，与人者常骄人。纵君不我骄，我岂无畏乎？’终不受，后卒于鲁。”①最后，曾参还是不愿做官。渭长笔下的曾参，是一个满脸胡须，穿着打

① 见皇甫谧：《高士传》卷上，《四库全书·史部》，上海古籍出版社1990年影印本。

图 6–55　清咸丰七年（1857）刊本《高士传图像》中的“曾参像”

满补丁的长袍，衣衫褴褛，精神萎靡不振，还自得其乐的人（如图 6–55 所示）。

王龄在《高士传图像·序》中，说：“渭长以高才畸行，不偶世。好与俗忤，人怒其气矫，而喜其技炫，心颇耐其刚，渭长益恣诡不随。”①从任熊的自画像中，也可以看出画家内心世界的深沉、矛盾和苦闷。

传统版刻图像在我国存在至少也有上千年的历史了，比世界上任何一个国家的版刻图像历史都久远，这也与文化的发展与信息传播程度息息相关。因此，木刻版画不仅作为艺术成就而成为我国宝贵的文化遗产，其烙下的历史印记，更是我们的宝贵财富。手绘图像是古代世界中主要的视觉传播手段之一，也保留下最丰富的历史印迹。现在留存下来的古代版刻图像，与其他画种相比同样毫不逊色。我们能从中获取到的历史信息自然极为丰富。所以，人们对版刻图像的研究，当然不限于版刻图像本身的意义，包括艺术价值，更多地或许还涉及版画中的历史文化、民俗信仰，甚至地理风貌、史料史实等重要信息。

职是之故，版刻家的群像勾勒，也就成为版画研究的一个重头戏。版刻是

① 任渭长：《高士传图像·序》，人民美术出版社 1987 年版，第 9—10 页。

一门专业技术，必须由专业人士完成。不同的专业人士面对同一个世界，一定会得出不同的看法，表达不同的观点，因此版刻家们一定会带给我们一个全新的认识古代社会的视角。

刻工和拓印者的名字最初是无所稽考的，它是一种群众性的集体创作。直到唐肃宗至德二年（757）在一幅《陀罗尼经咒图》的版刻图像上，我们见到了“成都府成都县龙池坊近卞……印卖咒本”等字样；到了北宋太平兴国五年(980)，在一幅《大随求陀罗尼轮曼荼罗》版刻图像上，出现了“王文诏雕板”五个字，这可能是画家和刻工为了计算工钱而留下的名字。宋以后，在书页上留刻工或绘者姓名，逐渐流行起来。明朝是版画的黄金时代，据统计有名有姓的刊工（包括刻工、书工、绘工、印工及装背工）就有五千七百余人，数量远超前代。且明清之际，著名的刻工也不断涌现，如刘素明、刘次泉、陈洪绶、鲍承勋、项南洲、萧云从以及黄氏家族，名家荟萃，载入史册的作品也远较前人的更为上乘。

当今时代，人们开始十分关注绘画艺术中保留下来的历史痕迹。古代用图文刷印留下的版画数量远远超过绘画艺术中的其他画种，从中获取历史信息的数量也更为丰富，自然人们对版画及图文印刷技术的研究，不限于版画图像本身的意义，而是更多地把目光投射到版画中所记刻流布下来的那些文字不曾记录的历史信息。

图例索引

第一章

第二章

第三章

第四章

第五章

第六章

参考文献

一、中文文献

阿英：《阿英美术论文集》，人民美术出版社 1982 年版。

阿英：《闲话西湖景》，《阿英散文选》，百花文艺出版社 1981 年版。

安徽省地方志编纂委员会编：《安徽省志》，方志出版社 1999 年版。

班固：《白虎通义》，《四库全书·子部》，上海古籍出版社 1990 年影印本。

斌椿：《乘槎笔记》，《走向世界丛书》，岳麓书社 2008 年版。

毕沅：《续资治通鉴》，上海古籍出版社 1987 年影印本。

曹雪芹：《红楼梦》，上海古籍出版社 1988 年版。

曾公亮主编：《武经总要前集》，《中国古代版画丛刊》，上海古籍出版社 1988 年版。

曾慥：《类说》，《四库全书·子部》，上海古籍出版社 1990 年影印本。

常春波、侯杰：《近代儿童日常生活》，山西教育出版社 2019 年版。

陈传席：《陈洪绶版画》，河南大学出版社 2007 年版。

陈洪绶：《陈洪绶版画·传世画谱》，江苏凤凰美术出版社 2016 年版。

陈怀恩：《图像学视觉艺术的意义与解释》，河北美术出版社 2011 年版。

陈建宪：《中华民俗丛书·玉皇大帝信仰》，学苑出版社 1994 年版。

陈桱：《通鉴续编》，《四库全书·史部》，上海古籍出版社 1990 年影印本。

陈梦雷：《钦定古今图书集成·明伦汇编·宫闱典》，清雍正四年（1726）内府铜活字印本。

陈师曾：《中国绘画史》，中华书局 2010 年版。

陈廷章:《水轮赋》,《全唐文》, 上海古籍出版社 1990 年影印本。

陈荫荣:《兴唐传》, 中国曲艺出版社 1984 年版。

程大约:《程氏墨苑》, 河北美术出版社 1996 年版。

戴榕:《黄履庄小传》,《虞初新志》, 上海书店出版社 1986 年版。

单国强:《中国美术・明清至近代》, 中国人民大学出版社 2004 年版。

邓椿:《画继》, 人民美术出版社 2004 年版。

丁亚平:《艺术文化学》, 文化艺术出版社 1996 年版。

杜佑:《通典》,《四库全书・史部》, 上海古籍出版社 1990 年影印本。

《尔雅・广雅・方言・释名》, 上海古籍出版社 1989 年影印本。

樊嘉禄、张孝进、赵懿梅、张小明:《徽州民间信仰》, 安徽大学出版社 2016 年版。

范成大:《四时田园杂兴》,《诗歌总集丛刊・宋诗卷》, 上海三联书店 1988 年版。

范慕韩:《中国印刷近代史》, 印刷工业出版社 1995 年版。

范晔:《后汉书》, 上海古籍出版社、上海书店出版社 1986 年影印本。

冯骥才:《中国木版年画集成》, 中华书局 2011 年版。

冯鹏生:《中国木版水印概说》, 北京大学出版社 1999 年版。

傅惜华:《中国古典文学版画选集》, 上海人民美术出版社 1981 年版。

傅垣:《乾隆准葛尔回部等处得胜图・跋》,《清代宫廷绘画》, 上海科技出版社 1999 年版。

房玄龄等:《晋书》, 上海古籍出版社、上海书店出版社 1986 年影印本。

干宝:《搜神记》,《四库全书・道部》, 上海古籍出版社 1990 年影印本。

高承:《事物纪原》,《四库全书・日下旧闻考》, 上海古籍出版社 1990 年影印本。

高罗佩:《中国古代房内考》, 上海人民出版社 1990 年版。

高士奇:《左传纪事本末》,《四库全书・史部》, 上海古籍出版社 1990 年影印本。

高彦颐:《闺塾师:明末清初江南的才女文化》, 江苏人民出版社 2005 年版。

葛元煦:《沪游杂记》, 上海书店出版社 2009 年版。

耿涵:《中国民间造神:内丘神码与民间信仰实践》, 广西师范大学出版社 2016 年版。

顾起元:《客座赘语》, 上海古籍出版社 2012 年版。

顾廷龙:《中国古籍善本书目》, 上海古籍出版社 1985 年版。

郭超主编:《四库全书精华·史部》,中国文史出版社 1998 年版。
郭璞传:《山海经笺疏》,齐鲁书社 2010 年版。
郭嵩焘:《使西纪程》,生活·读书·新知三联书店 1998 年版。
郭味蕖:《中国版画史略》,朝花美术出版社 1962 年版。
郭味蕖:《中国版画史略》,上海书画出版社 2016 年版。
顾炳权:《上海洋场竹枝词》,上海书店出版社 1996 年版。
韩丛耀:《图像:主题与构成》,北京大学出版社 2010 年版。
韩丛耀:《图像传播学》,威士曼文化事业股份有限公司 2005 年版。
韩丛耀:《中国图像科学技术简史》,科学出版社 2018 年版。
韩丛耀主编:《中华图像文化史》,中国摄影出版社 2017 年版。
韩非子:《韩非子·外储说右上》,上海古籍出版社 1986 年影印本。
韩琦:《祀坟马上》,《全宋诗》,北京大学出版社 1998 年版。
何楷:《诗经世本古义》,《四库全书·经部》,上海古籍出版社 1990 年影印本。
弘学编著:《佛教图像说》,巴蜀书社 1999 年版。
忽思慧:《饮膳正要·妊娠食忌》,《中国古代版画丛刊二编》(第一辑),上海古籍出版社 1994 年版。
华岳:《翠微北征录》,远方出版社 2005 年版。
皇甫谧:《高士传》,《四库全书·史部》,上海古籍出版社 1990 年影印本。
黄德宽:《书同文字》,江苏人民出版社 2017 年版。
黄凤池:《唐诗画谱》,河南大学出版社 2014 年版。
黄式权:《淞南梦影录》,上海古籍出版社 1989 年版。
嵇康:《杂诗》,《汉魏六朝百三家集》(二),上海古籍出版社 1994 年影印本。
焦仲卿:《焦仲卿妻》,《中国历代诗歌选·上编》(一),人民文学出版社 1964 年版。
介子平:《消失的民艺—年画》,山西古籍出版社 2004 年版。
《剑侠象传》,人民美术出版社 1987 年版。
康熙:《御制耕织图》,《续修四库全书》,上海古籍出版社 2002 年版。
孔国桥:《"在场"的印刷:历史视域下的版画与艺术》,中国美术学院出版社 2008 年版。
孔平仲:《孔氏谈苑·吴长文使虏》,齐鲁书社 2014 年版。

邝璠:《便民图纂》,《中国古代版画丛刊》,上海古籍出版社 1988 年版。

兰陵笑笑生:《金瓶梅词话》,香港梦梅馆 1988 年版。

蓝勇主编:《中国图像史学》,科学出版社 2015 年版。

李伯元:《文明小史》,三民书局 1988 年版。

李斗:《扬州画舫录》,中华书局 2007 年版。

李昉等:《太平广记》,中华书局 2021 年版。

李公明主编:《中国美术史纲》,湖南美术出版社 2004 年版。

李弘:《京华遗韵:版画中的帝都北京》,中信出版社 2018 年版。

李匡乂:《资暇集》,《四库全书·子部》,上海古籍出版社 1990 年影印本。

李汝珍:《镜花缘》,人民文学出版社 1955 年版。

李渔:《闲情偶寄》,中华书局 2011 年版。

李泽厚:《美的历程》,安徽文艺出版社 1994 年版。

李志生:《中国古代妇女史研究入门》,北京大学出版社 2014 年版。

郦道元:《水经注·河水五》,上海古籍出版社 1990 年版。

梁乙真:《中国妇女文学史纲》,开明书店 1932 年版。

林端:《中国传统童趣图谱》,广西美术出版社 2011 年版。

林惠祥:《文化人类学》,台湾商务印书馆 1993 年版。

林鍼:《西海纪游草·序》,《走向世界丛书》,岳麓书社 2008 年版。

刘侗、于奕正:《帝京景物略》,上海古籍出版社 2001 年版。

刘克明:《中国图学思想史》,科学出版社 2008 年版。

刘士圣:《中国古代妇女史》,青岛出版社 1991 年版。

刘向:《古列女传一·周室三母》,《四部丛刊初编—史部》,上海书店出版社 2015 年版。

《古今列女传评林》,《中国古代版画丛刊二编》,上海古籍出版社 1994 年版。

刘昫等:《旧唐书》,《四库全书·史部》,上海古籍出版社 1990 年影印本。

栾保群:《中国神谱》,天津人民出版社 2009 年版。

罗春荣:《妈祖版画史稿》,学苑出版社 2016 年版。

罗贯中:《三国演义》,人民文学出版社 1953 年版。

罗泌:《路史·后纪十二·夏后氏》,《钦定四库全书》。

罗树宝:《中国古代印刷史》,印刷工业出版社 1993 年版。

兰陵笑笑生:《金瓶梅词话》,上海杂志公司 1935 年版。

《凌烟阁功臣图》,《中国古代版画丛刊》,上海古籍出版社 1988 年版。

马书田:《全像中国三百神》,江西美术出版社 1992 年版。

马书田:《中国人的神灵世界》,九州出版社 2002 年版。

茅元仪:《武备志》,《四库禁毁书丛刊》,北京出版社 1997 年影印本。

梅尧臣:《宛陵集》,《四库全书》,上海古籍出版社 1990 年影印本。

墨翟:《墨子·备穴》,《四库全书》,上海古籍出版社 1990 年影印本。

年希尧:《视学》,《续修四库全书》,上海古籍出版社 2001 年版。

宁志斋:《丸经》,《中国武术大典》,中国书店出版社 2012 年版。

欧阳修等:《新唐书》,上海古籍出版社、上海书店出版社 1986 年影印本。

潘吉星:《李约瑟文集》,辽宁科学技术出版社 1986 年版。

潘吉星:《中国古代四大发明:源流、外传及世界影响》,中国科学技术大学出版社 2002 年版。

潘吉星:《中国造纸史话》,商务印书馆 1998 年版。

溥佳:《溥仪大婚纪实》,《晚清宫廷生活见闻》,文史资料出版社 1982 年版。

溥仪:《我的前半生》,群众出版社 2013 年版。

戚继光:《纪校新书》,《四库全书》,上海古籍出版社 1989 年影印本。

钱存训:《印刷发明前的中国书和文字记录》,印刷工业出版社 1988 年版。

钱穆:《中国文化史导论》,上海三联书店 1988 年版。

钱永兴:《民间日用雕版印刷品图志》,广陵书社 2010 年版。

乔继堂:《图说中国祈福神》,中国社会科学出版社 2020 年版。

秦理斋:《上海公园志》,《上海导游》,上海国光印书局 1934 年版。

瞿冕良:《中国古籍版刻辞典》,齐鲁书社 1999 年版。

曲艳玲、王伟:《云南纸马的艺术人类学解读》,云南大学出版社 2011 年版。

曲艳玲、王伟:《神圣空间:云南纸马造型艺术研究》,云南大学出版社 2013 年版。

《全唐诗》,上海古籍出版社 1986 年影印本。

《全唐文》,上海古籍出版社 1990 年影印本。

饶宗颐:《符号、初文与字母——汉字树》,香港商务印书馆 2015 年版。

任渭长：《高士传图像·序》，人民美术出版社 1987 年版。
上海图书馆近代文献部：《清末年画》，人民美术出版社 2000 年版。
邵晋涵、郑澐：《杭州府志》，上海古籍出版社 2002 年版。
沈榜：《宛署杂记》，北京古籍出版社 1980 年版。
沈德潜选编：《古诗源》，中华书局 2006 年版。
沈弘：《古代生活·民间年画中的脉脉温情》，中国财富出版社 2013 年版。
沈泓：《俗神密码：民间纸马中的祭祀神像》，浙江古籍出版社 2011 年版。
施耐庵：《水浒传》，人民文学出版社 1975 年版。
司马光：《书仪》，《四库全书·经部》，上海古籍出版社 1990 年影印本。
司马光：《资治通鉴》，上海古籍出版社 1987 年版。
司马迁：《史记》，上海古籍出版社、上海书店出版社 1988 年影印本。
宋濂：《重荣桂记》，《四库全书·江西通志》，上海古籍出版社 1990 年影印本。
宋荣：《御批资治通鉴纲目前编》，吉林出版集团有限责任公司 2005 年版。
宋世义：《中国传统人物图谱》，广西美术出版社 2011 年版。
宋兆麟：《中华民俗丛书·中国民间神像》，学苑出版社 1994 年版。
《诗经》，上海古籍出版社 1983 年版。
陶渊明：《和郭主簿二首·其二》，《先秦汉魏晋南北朝诗》，中华书局 1983 年版。
陶渊明：《饮酒·其五》，《中国历代诗歌选》，人民文学出版社 1964 年版。
陶宗仪：《说郛》，《四库全书·子部》，上海古籍出版社 1990 年影印本。
脱脱等：《辽史》，上海古籍出版社、上海书店出版社 1986 年影印本。
脱脱等：《宋史》，上海古籍出版社、上海书店出版社 1988 年影印本。
完颜绍元、郭永生：《中国吉祥图像解说》，上海书店出版社 1997 年版。
汪良发主编：《徽州文化十二讲》，合肥工业大学出版社 2008 年版。
王伯敏：《中国版画史》，上海人民美术出版社 1961 年版。
王伯敏：《中国版画通史》，河北美术出版社 2002 年版。
王伯敏：《中国美术全集·绘画·版画》，上海人民美术出版社 1988 年版。
王伯敏：《中国美术通史》，山东教育出版社 1983 年版。
王夫之：《读通鉴论》，中华书局 2013 年版。
王稼句：《桃花坞木版年画》，山东画报出版社 2012 年版。

王龄：《於越先贤像赞·序》，《任渭长木刻画四种（一）》，学苑出版社 2000 年版。

王圻、王思义：《三才图会》，上海古籍出版社 1998 年版。

王士禛：《西洋画》，《池北偶谈》，中华书局 1982 年版。

王树村、王海霞：《年画》，浙江人民出版社 2005 年版。

王树村：《中国民间年画史图录（上）》，上海人民美术出版社 1991 年版。

王韬：《瀛壖杂志》，上海古籍出版社 1999 年版。

王宜峨主编：《中国明清儒道释人物图像研究》，湖南美术出版社 2020 年版。

王奕清：《御定曲谱》，《四库全书·集部》，上海古籍出版社 1990 年影印本。

王祯：《农书》，国家图书馆出版社 2009 年版。

王祯：《东鲁王氏农书》，上海古籍出版社 2008 年版。

王重民：《中国善本书目提要》，上海古籍出版社 1983 年版。

卫湜：《礼记集说》，吉林出版集团有限责任公司 2005 年版。

翁连溪、李洪波：《中国佛教版画全集》，中国书店出版社 2014 年版。

乌丙安：《中国民间神谱》，辽宁人民出版社 2007 年版。

吴山：《中国工艺美术大辞典》，江苏美术出版社 1989 年版。

吴自牧：《梦粱录》，黑龙江人民出版社 2003 年版。

魏征：《隋书》，上海古籍出版社、上海书店出版社 1986 年影印本。

萧师铃：《中国古代文化遗迹》，朝华出版社 1995 年版。

谢灵运：《东阳溪中赠答二首》，《汉魏六朝百三家集》，上海古籍出版社 1994 年影印本。

谢水顺、李埏：《福建古代刻书》，福建人民出版社 1997 年版。

谢肇淛：《五杂俎》，上海书店出版社 2009 年版。

宿白：《唐宋时期的雕版印刷》，文物出版社 1999 年版。

徐彻：《中国百神仙》，上海科学技术文献出版社 2008 年版。

徐光启：《农政全书》，岳麓书社 2002 年版。

徐乾学：《西洋镜箱》，《清代诗文集汇编》，上海古籍出版社 2010 年版。

徐小蛮、王福康：《中国古代插图史》，上海古籍出版社 2007 年版。

徐小蛮、王福康：《中华图像文化史·插图卷》，中国摄影出版社 2016 年版。

徐小蛮：《版画》，上海古籍出版社 1997 年版。

徐应秋:《玉芝堂谈荟》,《钦定四库全书·子部》。

薛福成:《出使日记续刻》,《薛福成日记》, 吉林文史出版社 2004 年版。

薛福成:《出使四国日记》, 湖南人民出版社 1981 年版。

阳玛若:《天问略》, 商务印书馆 1936 年版。

杨絮飞:《中国汉画造型艺术图典: 人物》, 大象出版社 2014 年版。

叶大兵、乌丙安:《中国风俗辞典》, 上海辞书出版社 1990 年版。

伊沛霞、姚平:《当代西方汉学研究集萃(妇女史卷)》, 上海古籍出版社 2012 年版。

永瑢等:《四库全书总目》, 中华书局 1965 年影印本。

于敏中等:《天禄琳琅书目》, 中华书局 1996 年版。

余凤高:《插图的历史》, 新星出版社 2005 年版。

湛方生:《秋夜》,《先秦汉魏晋南北朝诗》, 中华书局 1983 年版。

张邦基:《墨庄漫录》,《四库全书·集部》, 上海古籍出版社 1990 年影印本。

张德彝:《航海述奇》,《走向世界丛书》, 岳麓书社 2008 年版。

张德彝:《欧美环游记》,《走向世界丛书》, 岳麓书社 2008 年版。

张庚:《国朝画征录》,《续修四库全书》, 上海古籍出版社 2002 年版。

张华:《博物志》,《古今逸史 11·博物志》, 文物出版社 2020 年版。

张立华:《九歌图七种古注今译》, 安徽人民出版社 2013 年版。

张满弓:《古典文学版画(小说·杂著)》, 河南大学出版社 2004 年版。

张万选:《太平山水图画小序》,《中国古代版画丛刊二编》, 上海古籍出版社 1994 年版。

张秀民:《中国印刷史》, 上海人民出版社 1989 年版。

章学诚:《文史通义·妇学》, 中华书局 1985 年版。

昭梿:《啸亭续录》, 上海古籍出版社 2012 年版。

赵学敏:《本草纲目拾遗》, 中国中医药出版社 2007 年版。

赵一凡等:《西方文论关键词》, 外语教育与研究出版社 2006 年版。

郑军:《中国传统吉祥图谱》, 广西美术出版社 2011 年版。

郑綮:《开天传信记》,《四库全书·子部》, 上海古籍出版社 1990 年影印本。

郑樵:《通志》,《四库全书》, 上海古籍出版社 1990 年影印本。

郑振铎:《萧尺木绘太平山水图画》,《郑振铎艺术考古文集》, 文物出版社 1988

年版。

郑振铎：《中国版画史图录》，中国版画史社 1942 年版。

郑振铎：《中国古代版画史略》，《郑振铎艺术考古文集》，文物出版社 1988 年版。

郑振铎：《中国古代木刻画史略》，人民美术出版社 1984 年版。

郑振铎：《中国古代木刻画选》，人民美术出版社 1984 年版。

郑振铎：《中国古代版画丛刊》，上海古籍出版社 1988 年版。

中国版画全集编辑委员会：《中国版画全集》，紫禁城出版社 2008 年版。

中国国家博物馆：《中华文明》，中国社会科学出版社 2010 年版。

周殿富：《明清刻本水浒人物图》，安徽人民出版社 2013 年版。

周亮：《明清小说版画》，安徽美术出版社 2016 年版。

周亮工：《读画录》，上海古籍出版社 2002 年版。

周密：《浩然斋雅谈》，《四库全书·集部》，上海古籍出版社 1990 年影印本。

周纬：《中国兵器史》，中国友谊出版社 2010 年版。

周芜：《中国版画史图录》，上海人民美术出版社 1988 年版。

周心慧：《中国版画史丛稿》，学苑出版社 2002 年版。

周心慧：《中国古版画通史》，学苑出版社 2000 年版。

周心慧：《中国古代版画史纲》，北京联合出版公司 2018 年版。

周心慧：《中国古代版刻版画史论集》，学苑出版社 1998 年版。

周心慧：《中国古代戏曲版画集》，学苑出版社 2000 年版。

周心慧等：《中国古籍插图精鉴》，中国青年出版社 2006 年版。

左汉中：《中国民间美术造型》，湖南美术出版社 2010 年版。

《礼记正义》，上海古籍出版社 1990 年影印本。

《毛诗正义》，上海古籍出版社 1990 年影印本。

《墨子》，上海古籍出版社 1986 年影印本。

《书香建阳》编委会编：《书香建阳中国闽北千年古县建阳历史文化》，海峡文艺出版社 2008 年版。

《仪礼注疏》，上海古籍出版社 1990 年影印本。

《中国大百科全书·美术Ⅱ》，中国大百科全书出版社 1990 年版。

《周礼》，上海古籍出版社 1990 年影印本。

《周易正义》，上海古籍出版社 1990 年影印本。

二、译文文献

阿什莫林博物馆：《牛津大学阿什莫林博物馆藏中国版画》（英文），2007 年。

［美］E. 潘诺夫斯基：《视觉艺术的含义》，傅志强译，辽宁人民出版社 1987 年版。

［美］E. 潘诺夫斯基：《造型艺术的意义》，李元春译，远流出版事业股份有限公司 1996 年版。

［瑞士］H. 沃尔夫林：《艺术风格学》，潘耀昌译，辽宁人民出版社 1987 年版。

［比］J.M. 布洛克曼：《结构主义：莫斯科—布拉格—巴黎》，李幼蒸译，商务印书馆 1987 年版。

［美］W.J.T. 米歇尔：《图像何求：形象的生命与爱》，陈永国等译，北京大学出版社 2018 年版。

［美］W.J.T. 米歇尔：《图像理论》，陈永国等译，北京大学出版社 2006 年版。

［美］W.J.T. 米歇尔：《图像学：形象，文本，意识形态》，北京大学出版社 2012 年版。

［美］阿瑟·阿萨·伯格：《通俗文化、媒介和日常生活中的叙事》，姚媛译，南京大学出版社 2000 年版。

［德］阿塔纳修斯·基歇尔：《中国图说》，大象出版社 2010 年版。

［美］保罗·M. 莱斯特：《视觉传播形象载动信息》，霍文利、史雪云、王海茹译，北京广播学院出版社 2003 年版。

［美］保罗·梅萨里：《视觉说服形象在广告中的作用》，王波译，新华出版社 2004 年版。

［英］彼得·伯克：《图像证史》，杨豫译，北京大学出版社 2008 年版。

［德］恩格斯：《反杜林论》，《马克思恩格斯选集》第 3 卷，人民出版社 1966 年版。

［德］费尔巴哈：《宗教的本质》，王太庆译，商务印书馆 2010 年版。

［英］弗朗西斯·哈斯克尔：《历史及其图像：艺术及对往昔的阐释》，孔令伟译，商务印书馆 2018 年版。

［英］贡布里希：《瓦尔堡思想传记》，李本正译，商务印书馆 2018 年版。

［英］贡布里希：《象征的图像：贡布里希图像学文集》，上海书画出版社 1990 年版。

［英］贡布里希：《艺术发展史》，范景中译，天津人民美术出版社 1989 年版。

［德］瓦尔特·本雅明：《迎向灵光消逝的年代》，许绮玲译，广西师范大学出版社 2008 年版。

［英］吉莉恩·萝丝：《视觉研究导论：影像的思考》，王国强译，群学出版有限公司 2006 年版。

［美］卡德：《中国印刷术源流史》，刘麟生译，山西人民出版社 2015 年版。

［美］卡特：《中国印刷术的发明和它的西传》，吴泽炎译，商务印书馆 1957 年版。

［英］柯律格：《明代的图像与视觉性》，北京大学出版社 2011 年版。

［德］莱辛：《拉奥孔》，朱光潜译，人民文学出版社 1982 年版。

［英］李约瑟：《中国科学技术史》，上海古籍出版社 1999 年版。

［俄］列夫·托尔斯泰：《托尔斯泰感悟录》，吉林人民出版社 2003 年版。

［美］鲁道夫·阿恩海姆：《艺术与视知觉》，滕守尧、朱疆源译，四川人民出版社 1998 年版。

［美］露丝·本尼迪克特：《文化模式》，王炜等译，生活·读书·新知三联书店 1988 年版。

［英］罗伯特·莱顿：《艺术人类学》，王红、王建民译，广西师范大学出版社 2009 年版。

［法］罗兰·巴特：《符号学原理》，李幼蒸译，生活·读书·新知三联书店 1988 年版。

［英］马凌诺斯基：《文化论》，费孝通译，华夏出版社 2002 年版。

［美］玛丽塔·史特肯、莉莎·卡莱特：《观看的实践：给所有影像世代的视觉文化导论》，陈品秀等译，脸谱文化事业股份有限公司 2009 年版。

［美］迈克尔·辛格尔特里：《大众传播研究》，刘燕南译，华夏出版社 2001 年版。

［法］莫尼克·西卡尔：《视觉工厂》，陈颖姿译，成邦文化事业股份有限公司 2005 年版。

［美］尼古拉斯·米尔佐夫：《视觉文化导论》，倪伟译，江苏人民出版社 2006 年版。

［英］诺曼·布列逊：《视阈与绘画：凝视的逻辑》，谷李译，重庆大学出版社 2019 年版。

［美］欧文·潘诺夫斯基：《图像学研究：文艺复兴时期艺术的人文主题》，戚印平、

范景中译，上海三联书店 2011 年版。

[美] 强纳森 · 柯拉瑞：《观察者的技术：论十九世纪的视觉与现代性》，蔡佩君译，行人出版社 2007 年版。

[意] 切萨雷 · 里帕：《里帕图像手册》，李骁中译，陈平校译，北京大学出版社 2019 年版。

日中艺术研究会：《解密封尘的中国民间版画：日中台国际论文集》（日文），1998 年版。

[英] 斯坦因：《西域考古记》，向达译，商务印书馆 2013 年版。

[日] 藤枝晃：《汉字的文化史》，李运博译，新星出版社 2005 年版。

[德] 瓦尔特 · 本雅明：《机械复制时代的艺术作品》，王才勇译，中国城市出版社 2002 年版。

[美] 威尔伯 · 施拉姆：《人类传播史》，游梓翔、吴韵仪译，远流出版事业股份有限公司 1994 年版。

[英] 约翰 · 柏格：《艺术观赏之道》，戴行钺译，台湾商务印书馆 1999 年版。

[美] 约翰 · 菲斯克：《传播符号学理论》，张锦华等译，远流出版事业股份有限公司 1997 年版。

[美] 詹姆斯 · 埃尔金斯：《图像的领域》，蒋奇谷译，江苏凤凰美术出版社 2018 年版。

致谢

拙作付梓之际，首先要感谢王福康、徐小蛮两位先生，尤其要感谢王福康先生生前的悉心指教和无私帮助。

当初确定以雕版图像史料作为研究对象撰写博士学位论文时，久闻两位先生是这方面研究的专家，多次专程登门求教。两位先生看到现在还有人愿意做这方面的研究，便倾其所有，将几十年来辛辛苦苦搜集到的传统木刻雕版图像及史料无私地交给笔者使用，他们希望传统文化研究能够薪火相传。由于雕版图像研究广博而又深远，笔者的博士学位论文将研究焦点集中在宗教图像的构建与变迁领域上，其他研究内容只能暂时“割舍”。顺利完成博士学业后，笔者便捡拾起曾经被“割舍”的部分内容与读者分享。

感谢创作雕版图像的每一位作者，是他们，让中华文明如此辉煌夺目。

感谢为笔者的研究提供了许多帮助的图书馆、博物馆、档案馆和美术馆的各位工作人员，他们为拙作的顺利出版作出了默默无闻的奉献。尤其要感谢南京大学图书馆、南京图书馆、上海图书馆、上海图书馆徐家汇藏书楼等，它们为本研究提供了许多方便与帮助。

由于笔者水平所限，深知文中还有许多不足和错误之处，祈盼方家和读者的批评指教。

笔　者

2024 年 6 月 6 日于月牙湖畔

责任编辑：詹　夺
封面设计：张婉秋

图书在版编目（CIP）数据

雕版上的中国　：图像、文字与传说　/　韩雪编著 . --　北京　：人民出版社，2025. 3. -- ISBN 978－7－01－027112－5

Ⅰ. TS872-092

中国国家版本馆 CIP 数据核字第 2025ZV1331 号

雕版上的中国
DIAOBAN SHANG DE ZHONGGUO
——图像、文字与传说

韩　雪　编著

人民出版社　出版发行
（100706　北京市东城区隆福寺街 99 号）

北京建宏印刷有限公司印刷　新华书店经销

2025 年 3 月第 1 版　2025 年 3 月北京第 1 次印刷
开本：710 毫米 ×1000 毫米 1/16　印张：29.5
字数：450 千字

ISBN 978－7－01－027112－5　定价：160.00 元

邮购地址 100706　北京市东城区隆福寺街 99 号
人民东方图书销售中心　电话（010）65250042　65289539